Searching for Memory

The Brain, the Mind, and the Past

探寻记忆的踪迹

大脑、心灵与往事

Daniel L. Schacter

[美] 丹尼尔·夏克特————著 张梦洁————译

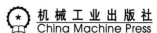

图书在版编目（CIP）数据

探寻记忆的踪迹：大脑、心灵与往事 /（美）丹尼尔·夏克特（Daniel L. Schacter）著；张梦洁译 . -- 北京：机械工业出版社，2021.1

书名原文：Searching for Memory: The Brain, the Mind, and the Past

ISBN 978-7-111-66967-8

I. ①探… II. ①丹… ②张… III. ①记忆 – 研究 IV. ① B842.3

中国版本图书馆 CIP 数据核字（2021）第 075760 号

本书版权登记号：图字 01-2020-3858

Daniel L. Schacter. Searching for Memory: The Brain, the Mind, and the Past.

Copyright © 1996 by Daniel L. Schacter.

Simplified Chinese Translation Copyright © 2021 by China Machine Press.

Simplified Chinese translation rights arranged with Basic Books through Bardon-Chinese Media Agency. This edition is authorized for sale in the People's Republic of China only, excluding Hong Kong, Macao SAR and Taiwan.

No part of this book may be reproduced or transmitted in any form or by any means, electronic or mechanical, including photocopying, recording or any information storage and retrieval system, without permission, in writing, from the publisher.

All rights reserved.

本书中文简体字版由 Basic Books 通过 Bardon-Chinese Media Agency 授权机械工业出版社在中华人民共和国境内（不包括香港、澳门特别行政区及台湾地区）独家出版发行。未经出版者书面许可，不得以任何方式抄袭、复制或节录本书中的任何部分。

探寻记忆的踪迹：大脑、心灵与往事

出版发行：机械工业出版社（北京市西城区百万庄大街 22 号　邮政编码：100037）	
责任编辑：杜晓雅	责任校对：殷　虹
印　　刷：三河市东方印刷有限公司	版　　次：2021 年 5 月第 1 版第 1 次印刷
开　　本：170mm×230mm　1/16	印　　张：26
书　　号：ISBN 978-7-111-66967-8	定　　价：129.00 元
客服电话：（010）88361066　88379833　68326294	投稿热线：（010）88379007
华章网站：www.hzbook.com	读者信箱：hzjg@hzbook.com

版权所有·侵权必究
封底无防伪标均为盗版
本书法律顾问：北京大成律师事务所　韩光 / 邹晓东

赞　誉

　　记忆是人类的一种奇妙能力：知识的获取和学习、对人生的回味、老龄脑功能的衰退等，无不与记忆息息相关。15 年前我曾翻译诺贝尔奖得主坎德尔的自传，深知普及记忆知识对大众有多重要。夏克特先生的这本《探寻记忆的踪迹》是记忆领域的经典作品，它从引人入胜的事例入手，展现了各种类型的记忆，从记忆相关的感受和情绪到记忆的认知神经科学研究成果，一步步揭开了记忆的神秘面纱。在"中国脑计划"启动之时，这本书既能够给大众以科普，又为专业工作者提供了坚实的科研基础。无论你的学科背景如何，只要你对记忆感兴趣，本书都值得一读。

——罗跃嘉
北京师范大学心理学部部长

　　这是一本关于记忆的经典名作。每一位试图了解人类记忆谜题的心理学爱好者，都应该从这本书入手。作者是哈佛大学心理学系教授，也是知名记忆研究专家。记忆是如何形成与发展的？什么是内隐记忆？什么是外显记忆？什么是情绪记忆？人类为什么会遗忘？记忆与人格有何关系？诸多关于记忆的谜题，读完本书，你将找到答案。

——阳志平
安人心智董事长
心智工具箱公众号作者

　　记忆永远是一个令人着迷和遐思的主题，尽管直到近年来，它的迷人特性才愈发显见。关于记忆，我们知道些什么？《探寻记忆的踪迹》这本书由全世界记忆领域最卓越的科学家之一写就，对这一问题做出了引人入胜、极具分量的解释。本书科学论述的透彻，对艺术和文学的点睛引证，对当下社会议题的关注，使之无愧为一本令人着迷而又不可或缺的指导书。

——史蒂芬·平克（Steven Pinker）
哈佛大学心理学教授
《语言本能》（The Language Instinct）作者

对于人性的本质，丹尼尔·夏克特对人性的本质充满着敏锐而诗意的洞察。在这本内容既严肃深沉又不失轻快的著作中，他对当前记忆研究的成果做了富有力量和原创的综述，引发了人们对于记忆力脆弱性质的深刻共鸣。《探寻记忆的踪迹》一书细致地探讨了记忆的每一个方面：疾病如何弱化甚至抹除各种形式的记忆；内隐记忆如何在远离意识的水平之下让我们有某些所感、所言和所行；记忆如何通过文化和艺术的作用得到传播和转化；记忆（以及我们自身）如何通过经验得以建构，并在一生中持续重建。

——奥利弗·萨克斯（Oliver Sacks）
哥伦比亚大学临床神经科教授
《火星上的人类学家》(*An Anthropologist on Mars*) 作者

在《探寻记忆的踪迹》这本广博的著作中，对于人类的记忆经验，丹尼尔·夏克特为大家提供了科研发现（其中很多源自他本人的研究）的权威综述，汇集了动人的相关艺术作品，并做出了令人信服的解释。

——霍华德·加德纳（Howard Gardner）
哈佛大学教育学研究生院教授
《领导智慧》(*Leading Minds*) 作者

如果你有过无法确信自己回忆的体验，如果你想了解为何记忆有时候会和我们开意想不到的玩笑，那么这本书正是为你而写的。丹尼尔·夏克特通过展示丰富的记忆研究发现，通过细致的学术探讨和敏锐的聚焦意识，以令人信服的方式将记忆的神话还原为过往经验的客观摹本。正如他在本书中做到的那样，对于这一我们借以探寻过去、充满创造性的心理重构物，他成功阐明了记忆背后的结构。这是一项了不起的成就。

——安东尼奥·达马西奥（Antonio Damasio）
美国南加州大学神经科学、心理学教授
《笛卡尔的错误》(*Descartes' Error*) 作者

Searching for Memory 致 谢

写作本书的初衷缘于1975年，我当时作为赫伯特·克罗维茨博士（Dr. Herbert Crovitz）的研究助理，在北卡罗来纳州杜伦地区的退伍军人管理医院（Veterans Administration Hospital）工作。在那里，我测试了一位大脑受到损伤的患者，他对任何新信息的记忆时长不超过几秒钟。这位先生和我交谈时很自然，看上去与其他正常人无异。但在我离开短短几分钟后再回来时，他却完全忘记了我们刚刚见过面。这位患者的病症给我留下了极为深刻的印象，我既感到震惊，又十分好奇这背后的原因。我由此对记忆产生了深厚而持久的兴趣，并在过去的20年中一直在这个领域探索。

在这个过程中，我得到了很多人的帮助。赫伯特·克罗维茨激发了我对记忆的兴趣，而在研究生阶段和之后的岁月，在恩德尔·图尔文（Endel Tulving）的熏陶之下，这一兴趣得到了很好的培养。在过去的20年里，我十分幸运，能和许多优秀的心理学家和神经科学家共事。在此，我要感谢下列研究者，感谢他们的研究对于本书的贡献：玛丽莲·艾伯特（Marilyn Albert）、纳特·阿尔珀特（Nat Alpert）、芭芭拉·丘奇（Barbara Church）、林恩·库珀（Lynn Cooper）、蒂姆·柯伦（Tim Curran）、伊丽莎白·格丽斯基（Elizabeth Glisky）、彼得·格拉夫（Peter Graf）、乔安妮·哈布鲁克（Joanne Harbluk）、约翰·希尔斯特伦（John Kihlstrom）、比尔·米尔贝格（Bill Milberg）、莫里斯·莫斯科维奇（Morris Moscovitch）、玛丽·乔·尼森（Mary Jo Nissen）、米歇尔·波尔斯特（Michel Polster）、斯科特·劳赫（Scott Rauch）、埃里克·雷曼（Eric Reiman）、卡里·萨维奇（Cary Savage）、恩德尔·图尔文（Endel Tulving）、安妮·于克尔（Anne Uecker）、米克·维尔费利叶（Mieke Verfaellie）和保罗·王（Paul Wang）——他们还只是我合作研究者中的一部分。此外，对于本书涉及的现象和问题，我也得到了很多同行的指点和建议，他们是：史蒂夫·切奇（Steve Ceci）、玛丽·哈维（Mary Harvey）、杰克·雅伯布斯（Jake Jabobs）、埃里克·坎德尔（Eric Kandel）、米歇尔·莱齐曼（Michelle Leichtman）、伊丽莎白·洛夫特斯（Elizabeth Loftus）、詹姆斯·麦高（James McGaugh）、理查德·麦克纳利（Richard McNally）、罗迪·罗迪格（Roddy Roediger）和拉里·斯奎尔（Larry Squire）。与哈佛大学心灵－大脑－行为启动小组成员许多灵感迸溅的讨论，帮助我深入透彻地思考本书涉及的各种问题，这个小组的成员包括：埃默里·布朗（Emory Brown）、约瑟夫·科伊尔（Joseph Coyle）、乔丹·菲尔德曼（Jordan Fieldman）、杰拉尔德·菲施巴赫（Gerald Fischbach）、杰里·格林（Jerry Green）、杰罗姆·卡根（Jerome Kagan）、伊莱恩·斯卡利（Elaine Scarry）和劳伦斯·苏利文（Lawrence Sullivan）。我也特别感谢对本书多版草稿给予洞见的同事和学生：莱尔德·瑟马克（Laird Cermark）、蒂姆·库兰（Tim Curran）、史蒂芬·科斯林（Steven Kosslyn）、魏尔玛·库兹塔尔（Wilma Koutstaal）、肯·诺曼（Ken Norman）、凯文·奥克斯纳（Kevin Ochsner）和罗宾·罗森伯格（Robin Rosenberg）。我也要感谢盖尔·贝森诺夫（Gayle Bessenoff）和丽萨·嘉露希尔（Lissa Gallucio）在整个波士顿查阅相关文献的努力，感谢马拉·格罗斯（Mara Gross）和金·奈尔森（Kim Nelson）持续追踪不断增加的参考文献。此外，毛拉·沃根（Maura Wogan）提出了许多实用的建议。在本书手稿的创作过程中，我的妻子苏珊·麦克林恩（Susan McGlynn）不仅带给我很有启发的反馈，而且对我常常因为需要多写一点内容而没有承担应尽的家庭义务给予了谅解和包容。她在本书写作过程中给予的爱和支持，远远超出了她的想象。

我的研究也非常幸运地得到了许多公立和私立机构的支持，在此深表感谢，它们是：空军科学研究办公室（Air Force Office for Scientific

Research)、康诺特基金会（Connaught Foundation）、查尔斯·A.达娜基金会（Charles A. Dana Foundation）、麦克唐纳·皮尤认知神经科学项目（McDonnell-Pew Program in Cognitive Neuroscience）、美国国家老龄化研究所（National Institute on Aging）、美国国家神经疾病与中风研究所（National Institute of Neurological Diseases and Stroke）、美国国家精神卫生研究所（National Institute of Mental Health）、加拿大自然科学与工程研究委员会（Natural Sciences and Engineering Research Council of Canada）。所有研究都有记忆受损的人士参与才得以完成，因此我特别感谢所有参与研究项目的患者和他们的家人，感谢他们为此投入的时间和精力。出于保护隐私的考虑，在介绍参与我研究的患者时，我使用的是假名或患者名字的首字母缩写，也改编了部分的背景信息。

尽管本书旨在介绍记忆领域的科学研究，但这并不妨碍我在书中汲取艺术家的灵感。在收藏以记忆为核心主题的画作的过程中，这些作品中体现的艺术家的投入和关于人性的神思时常令我深感触动。我深深地感谢他们，感谢他们允许我在此分享他们的创作，讲述他们的故事。本书中复制的所有画作，除了马格里特的《被威胁的刺客》，其余均来自我的个人收藏。

在 Basic Books 出版社，我非常幸运能和一群训练有素的工作人员共事。自本书书稿被接收之初至付梓，我先得到了乔·安·米勒（Jo Ann Miller）的明智建议以及很有见地的写作指导。苏珊·拉宾娜（Susan Rabiner）也加入了本书后期的出版工作，她工作起来是那么知性、热情和聪颖，极大地提高了本书终稿的品质。琳达·卡博恩（Linda Carbone）始终在帮助我实现更为简洁的表达，哪怕本书的工作打扰了她初为人母的时光时也是如此；我为此深深感谢她的付出。

我最需要感谢的是我的家人，苏珊、汉娜和埃米莉，她们是我最具生命力的记忆之源。

目录 Searching for Memory

赞　誉

致　谢

引　言　记忆的脆弱之力　/ 1
第 1 章　论记忆：回忆是时光的望远镜　/ 15
第 2 章　记忆的形成：过去编码，现在提取　/ 38
第 3 章　时间与个人记忆　/ 71
第 4 章　曲面镜成像：记忆的扭曲　/ 96
第 5 章　消失的踪迹：遗忘症与大脑　/ 133
第 6 章　内隐记忆的隐秘世界　/ 161
第 7 章　情绪记忆：当往事挥之不去　/ 195
第 8 章　雾中迷岛：心因性遗忘症　/ 221
第 9 章　记忆之争：在火线上寻求真相　/ 254
第 10 章　老年人的记忆　/ 288

注　释　/ 317
参考文献　/ 375

Searching for Memory

引　言

记忆的脆弱之力

在加布里尔·加西亚·马尔克斯（Gabriel García Márquez）的《百年孤独》（*One Hundred Years of Solitude*）这部史诗般的长篇小说中，一场奇怪的瘟疫席卷了整个马孔多（Macondo）小镇，镇上的居民逐渐丧失了他们的各种记忆。瘟疫导致的病症是逐步发作的。每个人先是遗忘了自己的童年，然后忘记了各种物品的名字和功用，接着认不出来周围人是谁，最后"竟然意识不到自己的存在"。

一个银匠在发现自己怎么也想不起手边常用的工具铁砧叫什么名字时，他感到非常恐慌，忙不迭地给家里的每一样器具都贴上标签。看着自己的方法挺管用，何塞·阿尔卡蒂奥·布恩迪亚（José Arcadio Buendía）试图给镇上的每一样东西贴上标签。

> 他……给动植物做上记号：母牛、山羊、猪、母鸡、木薯、五彩芋、香蕉。当他渐渐意识到，这种记忆的消退没有尽头之后，他知道也许总会有那么一天，即使人们能通过标记认出什么

东西是什么,但也没人知道它们的功用。因此,他把标记扩充得更易于理解了……这是母牛。每天早上都必须给它挤奶,这样它才会产奶;牛奶必须煮一煮再和咖啡倒在一起,这样我们就做出了牛奶咖啡。[1]

布恩迪亚一想到这贴标签的活儿是怎么也干不完的,就感到头疼,他打算再试最后一种了不起的办法来保存大家的记忆:他打算发明一种记忆机器,每个人一生积聚的所有知识和经验在写成条目之后,都可以储存在这个机器里。在为这个机器誊写了 14 000 条记忆条目之后,布恩迪亚幸而在一个陌生人的帮助之下,终于摆脱了这个噩梦般的疫病。这时候他才反应过来,这个陌生人原来是他的亲密老友。

这部小说构想了一个没有记忆的世界:在这个世界里,密友和家人感觉上与陌生人无异;符号层面的交流失效,社会赖以存在的绝大部分事务运转不灵;最惊心的莫过于,连自我的身份感和自我意识都被剥夺掉了。索尔·贝娄(Saul Bellow)的小说《贝拉罗莎暗道》(*The Bellarosa Connection*)中那个开办训练机构让人提升记忆力的叙述者在顾客面前下过结语:"记忆就是生命。"[2]

然而,除却这些记忆失灵或者看到我们身边熟悉之人饱受失忆之苦的时刻,大部分人几乎不会意识到,其实自己说话做事样样都离不开记忆系统高效流畅的运转。我们可以停下来设想一下,如果你要安排与一位朋友在餐馆的会面,完成这样一个简单的任务,哪些过程需要参与其中:首先,你必须能够想起你的朋友叫什么,他的电话号码是多少,以及知道怎么给他打电话;然后,你需要借助对于声音的记忆,识别出接电话的人是不是你的朋友;在整个通话过程中,为了时刻记着你此次交谈的目的,理解对方向你说的话,你得持续地调取脑子里那本关于语言、发音、语义、句法的词典;在某个时刻,你得在脑子里搜索一遍去过的餐馆,想想最近有没有新店推荐，哪一家店会是不错的选择；你还得尽可能回忆你朋友的性格特点、特别的喜好，以及其他任何能帮助你们和谐交流、避免矛盾冲突的地方；之后，你还需要依靠已有的经验技能把自己送达目的地；最后，你必须十分清楚生活中正在发生的事情，以免和朋友约定一个本有其他安排的时间见面。

尽管这样的任务需要记忆提取系统近乎完美地运作，而且这些系统的运作如此复杂，但我们却能轻而易举地完成它们，哪怕是目前最高级的计算机，也做不到像我们这样轻松和高效。更不必说，在日常生活中的每一天，这个系统都要进行无数次类似的操作。

正如其他基于生物学机制的能力，记忆系统整体而言能够很好地适应日常生活的需求，因为它在应对自然选择的压力下，经过了无数代的进化。一种在觅食时能够回忆起自己曾在哪些地方找到过食物的动物，相比于记忆没那么准确的动物有更大的生存优势；对于生活在丛林里的动物，那些能快速识别捕食者脚印的个体比识别速度更慢或识别准确度更差的同类更可能及时逃命。我们的确可以说，记忆的许多特点之所以能在严苛的进化过程中留存下来，正是因为它们有助于人类以及其他动物的生存和繁衍；任何会导致严重记忆扭曲的系统都不可能历经数代保持下来。[3] 尽管我们的记忆系统远远没有达到完美满足所有人类需求的地步，但它们确实相当不错地应对了我们的各种需要。

然而，记忆的这种光环最近黯淡了下来。我们听到接受心理治疗的病人虚假得令人揪心的创伤记忆。我们读到人们被外星人绑架的真切生动的回忆。我们也发现，科学家能通过一些简单的方法，让一些人回忆出根本没有经历过的事情！

这是不是意味着，尽管记忆在大部分情况下是准确的，但它确实不像我们原本相信的那样一贯可靠？或者是否可以说，记忆的可靠性需要视情况而定，在一些情况下——也许是那些与个人福祉甚至生命安危密切相关的情况，它会非常准确，而在其他情况下则没那么准确？又或者说，在我们大体回顾过往经历时，它是准确的；而在回忆具体入微的细节时，它没那么准确？

我们都亲身体会过记忆的瑕疵。我曾问我的一位同事他多久没刮过胡子了。他却非常困惑地对我说，他一直都把胡子刮得干干净净的。我们都对自己的记忆很有信心，但放在一起对照着看却相互矛盾。同样，我们也都有过这种不舒服的经历：某个词或者某个人的名字你明明知道，但就是说不出来；或是看到一张熟悉的面孔，但就是想不起来与之相关的信息；或是在朋友提到某件可能大家一起做过的事情时，你的脑子里却一片空白。也许我们要问，为什么会这样？为什么有时候想要回忆什么东西和抓住转瞬即逝的幻影一样困难？这是进化留下的瑕疵吗？或者说，这是记忆的好处必然带来的负面效应吗？想象一下，假如你脑中所有的经历和知识都即刻可得会怎么样。也许正是为了避免这种状态所带来的混乱，我们需要付出有时候无法提取出信息的代价。

研究记忆的学者正在热切地探求这些以及其他一些有趣的问题的答案，尝试解答"我们究竟是如何记住过去的"这一核心问题。比如，在研究情绪时，研究者经常会请参与者回忆他们人生中最悲伤或最开心的经历。我们可以很明显地观察到，回忆悲伤的事情能在顷刻间让人掉泪，而回忆快乐的经历能让人的精神立马为之一振。为何记忆对我们的生活具有这样的影响力？[4]

为了回答我提出的这个问题，我们必须首先理解，记忆到底为何物。在我20年前初涉记忆研究领域时，认知心理学家很喜欢将记忆比作存放在计算机里的信息，我们需要时就把这样的信息提取出来。当时，没人认为记忆的研究需要囊括回忆感———一种感觉到自己在回忆的主观感受。而现在，我们多少能够确信，记忆并不像计算机那样不带情绪和感受地存储和提取信息。当然，艺术家和作家一直以来都深知回忆感对于记忆的重要性。有时，对于记忆究竟意味着什么，他们在其充满创意的作品中体现的先见之明，实在让我深感震撼。

比如，在马修·斯塔德勒（Matthew Stadler）的小说《风景：记忆》（*Landscape: Memory*）中，主人公马克斯韦尔·科斯佳腾（Maxwell Kosegarten）开始描绘几年前见过的一段风景。随着马克斯韦尔一次又一次地提取和探索自己的记忆，画面慢慢展开。在绘画的过程中，他自己的体会告诉他，记忆并非静态的复制品。他这样写道：

> 如果我的记忆本应是原有经验的精确复本，那么我的画简直是无可救药地偏离了这种精确。它会是一幅描摹失真记忆的糟糕作品。但是我更乐意这样想：记忆并不是凝固的，也不应当是凝固的。我的绘画成功地传达了记忆这种以原初经验为起点的动态流变。我可以说，正因为我的绘画是那么精确地描绘了记忆，若与原初的经验形态相比，它看上去一定不是那么回事。[5]

许多世纪以来，哲学家和作家一直在尝试揭开记忆的神秘面纱；近100多年以来，科学家也在极尽所能地探索记忆和遗忘的现象。在大部分时间里，进展是缓慢的，直到近几十年来，这一领域才有了极大的转变，其中一些甚至可以说引发了记忆研究的变革。最重要的是，我们现在逐渐意识到，记忆其实不像我们一直以来设想的那样，它并非一种独立的、单一的功能。与之相反，记忆含有多个不同的、彼此分离的过程和系统。每个系统依赖于一系列特定的神经网络集合，需要不同的大脑结构的参与，这些大脑结构在系统中起着非常特定的作用。借助新型的脑成像技术，我们有史以来第一次得以观察，这些特定的大脑结构如何在不同的记忆过程中起作用。

在本书中，我将辨别和讨论各种类型的记忆。其中，有些类型的记忆能够帮助我们在短时间内保持信息，有些帮助我们习得习惯，有些负责识别日常对象，有些负责获取新的概念，有些负责回忆特定经历。这些记忆系统同时运行，从而帮助我们应对各种日常事务，也为我们的思考和体验提供各种过去的想法和感受，帮助我们有目的地行动、有体会地生活。但记忆不仅仅是关于过去的记忆内容，随着我们逐渐认识到记忆并非某种单一的实体，我们将进入内隐记忆这一无意识记忆的新世界。正是由于这种记忆的存在，我们能够不费什么心思地骑自行车或者弹钢琴，而无须在每每执行这些动作时做出有意识的努力。许多人以为这类记忆藏在我们的手指里头，但是新的研究发现，存在特定的脑系统，专门负责这种过去对于现在的无意识影响。

现在，对于记忆是如何存储和提取的，我们已经掌握了足够多的知识，足以推翻另一长久以来的迷思：记忆被动地、原版原样地记录现实。还有不少人仍将记忆看作心灵相册一类的东西，里头存放着一系列的家庭合照。我们并不会不加主观判断地保存过往经验的快照，相反，我们紧紧地把握着这些经验中蕴藏的意义、感受和情绪——现在看来这一点非常明显。尽管严重的记忆扭曲并不常见，但对这类现象的研究能极大地促进我们对于记忆的理解。因为它们的存在是由于记忆系统的特性使然，因此为我们理解这些特性打开了一扇窗户。

记忆尤为重要的一个特性在于，在当下的经验正在涌入记忆时，我们无法剥离过往经验的影响。想象一下，在一定的时间段里把两个人绑在一起，他们经历了完全相同的体验，包括看到的、读到的、新发现的、体验到的情绪等内容。除非这两个人拥有完全相同的过去、具有完全一样的人格，否则他们对于这一时间段的记忆也会大为不同。过去发生的事情决定了我们现在从生活中摘取怎样的片段加入记忆；记忆记录的是我们如何体验事件，而非事件本身。当下的经验被编入大脑的网络系统时，这些系统的连接方式已经被过往经验塑造。这些已存在的知识经验强烈地影响着我们如何编码和存储新的记忆，因而影响着我们对于当下经验的记忆的性质、质地和质量。

毫不意外，这些发现以及其他一些观察和洞见在很大程度上向我们展示了记忆的脆弱，帮助我们理解为何有时我们的回忆会易于受到暗示的影响和摧残，以及我们的记忆在没有即时和明显诱因的情况下如何受到扭曲。我们开始理解，为何一些记忆能让我们发笑、流泪或颤抖。当然，我们还远远不足以说，人类记忆如何运作的真理已尽在掌握之中，但经过数个世纪的沉寂，我们终于开始发现理解记忆这一谜题的许多线索。

促使这一新兴研究领域形成的一个原因在于，原本在各个领域探索大脑与心灵的学者，在历经了数十年来不相往来的状态之后，逐渐走到了一起，致力发展整合性的研究方法——认知神经科学。这一方法也让记忆领域的研究得以转向。就在 20 年前，记忆的研究成果还是来自认知心理学家、临床专家和神经科学家这三大彼此独立的研究阵营。认知心理学家在实验室研究记忆，但对于记忆在实验室外的大千世界、在人的大脑之中如何运作，他们提不起太多兴趣或完全没有兴趣；临床专家——心理学家、神经病学家和精神病学家，描述了各种有趣的记忆障碍，但他们对认知心理学家剖析记忆的巧妙技术却一无所知；神经科学家通过切除动物的特定脑组织，并观察相应的效应来研究记忆，他们大多并不留意认知心理学家和临床专家的发现和观点。

20 世纪 80 年代，认知心理学家开始走出实验室这一研究环境的局限。一些人开始研究日常的记忆现象，这为他们的工作带来新的丰富性。另一些人开始测试记忆有问题的病人，运用各种得力的实验手段，深入探究遗忘症中各种令人困惑的现象。对失忆感兴趣的临床专家，开始广泛运用认知心理学家发展的各种技术和理论，以及包括磁共振成像在内的各种新的脑成像方法，来精确地描述病人的脑损伤特点。与此同时，各种致力探索大脑精微结构的科学技术取得了突破，基于神经网络的理论得到新的有力的推演；在这两者的助力之下，神经科学得到了惊人的发展。越来越多的神经科学家开始将研究大鼠和灵长类得到的发现引入人类记忆的研究。而就在过去的几年中，新的功能性神经影像技术，如正电子发射断层成像（positron emission tomography，PET）的出现，让我们得以观察大脑在人们记忆的过程中如何活动。如今，这些开创性的神经影像技术为研究记忆与大脑打开了一扇新异的窗户，认知心理学家、临床专家和神经科学家正致力探索这一新领域。过去 20 年以来，这种研究的整合令人兴奋，整合的范围也非常广阔。

我决定写作本书，正是因为我相信，是时候从亲历这一过程的参与者的角度，和大家分享这其中的故事了。我研究生涯的大部分精力，就用于密切结合认知心理学、临床观察和神经科学这三股力量，发展合一的方法来理解记忆。我在此展示的，正是我所看到的关于记忆的图景。

但我写作本书的目的不仅仅在于介绍记忆领域的新成果，提供我自己的相关研究发现和观点。许多研究在阐明一些发现的同时，也向我们强调了记忆的一个谜题——我也会在本书中对此进行探讨。这一谜题在于：记忆作为一种如此复杂且可靠的能力，为何会在有些时候狠狠地欺骗我们？不过，尽管记忆有可能在一些情况下非常难以把握，甚至出现致命的错误，但它仍是支撑我们自我感的最有力基石。我曾访谈过一位脑损伤病人，这位病人在丧失了许多宝贵记忆的同时，也丧失掉了他的自我感。他满脑子想的都是自己丢掉了人生的某些篇章，因而根本无法思考或谈论任何其他事情。

"我不能回顾自己的过去。"他反复对我说。

记忆的这种两重性（它的许多局限和它无所不在的影响力）是我在本书将要探讨的核心，因为这是理解过去如何塑造现在的关键所在。我将这种两重性理解为记忆的脆弱之力。近年来，这种独特的力量影响了越来多人的生活。激烈的争论在心理治疗、法庭和大众媒体中爆发，人们带着强烈的信念，坚信自己恢复了长久以来被遗忘掉的、童年时期被性虐待的经历。在这些回忆中，是否有一部分并非真正得到恢复的记忆，而是在心理治疗过程中形成的幻觉记忆？我们也意识到了被指控虐待儿童的幼教工作者这样一个群体的存在。那些孩子真的经受了他们所说的那些折磨吗？还是反复的不当提问让他们形成了子虚乌有的记忆？

记忆的这种脆弱之力在其他社会领域中也很常见。随着老年人的寿命逐渐增长，越来越多的家庭受到了阿尔茨海默病的侵扰。通过这种记忆障碍极具破坏力的病程，我们见识了人类对于记忆的极度依赖，以及记忆对于脑功能变化的极度易感性。而也许最令人感到沉重的是，在大屠杀过去50年之后，那些所谓的纳粹复兴团体试图否认幸存者的回忆，质疑那堆积如山的指证纳粹罪行（现代社会所发生的最可恶的罪行）的证据。

这些情况的存在提醒我们，要理解记忆的脆弱之力，我们不能只是出于好奇而做一些智识上的思辨，我们也非常需要关注当今社会最值得关切的一些问题。在本书中，我会引入现代记忆研究的观察和洞见，借此阐明日常生活中重要的记忆现象。第 1 章的核心主题在于探讨主观的回忆体验。我们曾相信，回忆就是将对于经历的记录提取到意识当中，但近期的研究推翻了这一误解。在这一章中，我们将会看到，哪怕是简单地回想起一段特定的经历，比如上周六的晚上做了什么、第一次约会去了什么地方，也受到两个方面的影响：当下的状态和以往信息的存储状态。

在第 2 章，我将解释几个形成记忆的关键过程。我将向大家阐明，编码的性质如何帮助我们理解为何一位长跑运动员能够回忆超长数字串，为何一位自闭症天才（autistic savant）拥有非凡的视觉模式记忆，却很难记住其他信息。在分析一位脑损伤男孩可以通过书写而非言语进行回忆的案例时，我也会借此向大家阐释记忆提取的复杂性。我们也将会看到，对于大脑如何完成记忆的编码和提取这一问题，正电子发射断层成像的研究正在转变我们的观念。我参与了其中的一部分研究，也将给大家介绍这一前沿领域最令人兴奋的发现。

第 3 章将着重讲述我们如何将随时间不断流变的经验碎片构建成完整的个人记忆 / 自传体记忆。我们会发现，不像一些研究者所认为的那样，记忆既不放置于大脑的某个特定位置，也不分散于整个大脑的所有地方。不同的脑区负责存放经验的不同方面，它们彼此连接在一起，构成独特的记忆系统，深藏于我们的大脑内部。这些关于个人记忆的新知识将帮助我们理解：一位大脑受损的男性为何活在一种幻觉记忆当中，觉得自己正参加第二次世界大战；以及一位小说家向她即将死去的女儿讲述自己的人生故事时，这一切意味着什么。

我们在讲述自己的故事时，有多少内容是值得相信的呢？在第 4 章，我将探索记忆与现实之间的关联，并考察两者间的关系受阻时，会出现怎样的状况。不断有证据表明，我们对于过去的大体印象往往是准确的，然而在回忆特定的细节时，却容易有所偏差和歪曲。我们尤其容易忘记记忆的来源，正如我在文中所举的一位女性的例子那样：她将电视里看到的一位男性与强奸她的罪犯混淆在了一起。对于神经系统遭受损伤的病人的研究正在逐步揭示，究竟是大脑的哪些区域，帮助我们将对真实经历的记忆与幻觉和想象区分开。

脑损伤的成年人会失去大部分对于过去的记忆，这是因为他们要么无法形成新的记忆，要么回想不出自己的过往经历。通过观察这些病人的失忆情形，我们也将学到重要的内容。在系统了解第 5 章所涉及的研究发现之后，我们将面对一个意义深远的结论：记忆不是一个自给自足的独立实体，它依赖于多个不同的大脑系统。

对于遗忘症病人的研究也为我们打开了原本深藏不露的内隐记忆

（implicit memory）的新世界。内隐记忆指的是，过往经验能无意识地影响我们的感知、思考和行动。在我刚进入记忆这一研究领域时，心理学家经常请实验参与者尽可能回想几分钟前见过的单词或其他材料，以此来探究对近期经历的外显记忆（explicit memory）。但20世纪80年代的一些研究带来惊人的发现：即使我们无法有意识地回想或识别近期的经验，它们仍会以难以察觉的方式影响我们。我们将在第6章看到，尽管脑损伤病人丧失了对近期经验的外显记忆，但他们仍然存有对这些经验的内隐记忆。我们大部分人对内隐记忆一无所知，毕竟它的运作通常不易被我们察觉。但这种记忆的影响却渗透在生活的方方面面。我们将观察内隐记忆在知识产权的法律纠纷以及观点剽窃纠纷中的作用，从而理解它如何影响各种日常情境。[6]

情绪性创伤的经验往往最能体现记忆的力量，我将在第7章探讨这一主题。在这一章中，我会列举一些经受过巨大创伤的男性和女性的案例，这些受害者毕生都无法忘记发生在他们身上的灾难：从一场大火中死里逃生，在纳粹集中营经受数年的虐待，令人心惊胆寒的战斗经历。我会和大家分享神经科学研究的近期发现，以理解这些记忆的力量基于何种要素。尽管这些创伤记忆会比普通的记忆更令人难忘，但它们无疑也是复杂构建的结果，而非对现实情况的原版复制。

不过，并不是所有的情绪创伤都能产生鲜明的记忆；相反，在一些情况下，激烈的情绪体验会带来遗忘症，殃及除情绪创伤之外的更广泛的记忆。第8章将讨论令人感到困惑的心因性遗忘症的案例，比如，一位年轻的男性在经受了心理上的创伤之后，丧失了他生命中的几乎所有记忆。我将在此探究，在人们经受震惊后失去记忆时，到底发生了什么，比如为何一个谋杀案的主犯会忘记自己所犯的罪行。我也会考察充满争议的多重人格障碍，这一人格障碍现已更名为解离性身份障碍。它能否为我们提供理解记忆与自我身份感的新知？是否如对此持怀疑态度的人所言，现在对多重人格的诊断过于频繁，我们应当质疑它们存在的真实性？在研究过一些解离性身份障碍病例后，一方面我认同批评者的意见，对于这种疾病的诊断和治疗确实多有缺陷；但另一方面我也认为，并不是所有这类障碍的案例都能通过诊断和治疗存在缺陷得以解释。我将引用近期研究发现的、与应对压力有关的激素对大脑的影响，来分析这些令人费解的案例。

在第9章，我将考察创伤与遗忘症的相关问题。关于是否存在被压抑的性虐待童年记忆，大家展开了激烈的争论。这场争论一直被认为是赢家决定一切：支持恢复的记忆真实存在，还是支持这些被恢复的记忆是一种错觉——哪一方获胜，则哪一方的观点正确。在我看来，更明智的选择是退出这场争论，并意识到非黑即白的倾向过分简化了问题，毕竟它们涉及许多彼此关联的部分，需要我们逐一厘清。尽管一些心理治疗师确有可能促使病人形成了虚假的幻觉记忆，使得他们相信自己曾被虐待过，但不可否认的是，一些得到恢复的记忆确实是真实准确的。

在本书的最后一个章节，我将重点探究随着我们逐渐衰老，记忆会发生怎样的变化。我们会发现，在衰老过程中，有些对记忆起关键作用的脑区很少发生神经元消亡，而不同类型的记忆将受到衰老过程不同程度的影响。我们将看到富有启发的线索，提示哪一个脑区最易受到衰老过程的负面影响，以及这种影响对记忆而言意味着什么。就在我写下这些内容时，我自己实验室的团队以及其他一些研究团队正在利用正电子发射断层扫描成像研究，带来关于记忆与大脑老化的新发现。通过观察老年人的记忆状态，我希望让大家看到记忆脆弱之力的性质。

相较于理解个人意义，科学往往更倾向于探明整体机制。但是为了深入理解记忆的脆弱之力，我们必须两者兼顾。这正是我在书中引入一些故事的初衷。我讲述了一些由于神经损伤或心理创伤而患上遗忘症的病人的故事，也分享了一些艺术家和作家的经历，由于创伤记忆或者重新理解过去的热望，他们的生活发生了极大的转变。

我也在书中引用了一些聚焦于阐明记忆性质或功能的艺术作品。可以说，所有的艺术都密切地依赖记忆，每一件作品都直接或间接地受到艺术家个人经验的影响，其中更有一些艺术家，会直接通过艺术创作，集中探索记忆这一主题。我十分钦佩艺术家在有力传达记忆的个人体验方面的才能，有时，文字无法传达类似的效果。[7] 科学研究能够最有力地阐明记忆如何运作，而艺术家能够以最好的方式表达记忆对于日常生活的意义。在本书的各个章节中，我将引入和介绍一些艺术作品，它们极为有效地，有时甚至是极为深刻地表现了相关的记忆主题。

凯瑟琳·麦卡锡（Catherine McCarthy）和克里斯特尔·蒂尔博纳（Christel Dillbohner）这两位艺术家在她们缅怀故去兄弟的、非常私人的作品中，极其纯粹地表现了记忆的脆弱之力。麦卡锡的《丛林中的孩子们》（*Children in the Wood*，见图 0-1）和蒂尔博纳的《远行 VI》（*Excursions VI*，见图 0-2）分别包含了逐渐黯淡的记忆画面，但它们仍然散发着强烈的情绪气息。这两位艺术家似乎都在说，记忆既转瞬即逝，又充满力量。我们将尝试解答，为何我们需要面对和探索记忆的脆弱之力。

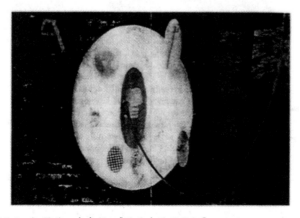

图 0-1　凯瑟琳·麦卡锡，《丛林中的孩子们》，1992。40×60"。材质：油彩和清漆，油画布，双联画。波士顿尼尔森美术馆（Nielsen Gallery）藏。

画上的年轻女孩（艺术家本人）手里紧紧攥着一条在黑暗的空间中飘荡的丝

带,丝带的另一头在油画右上方,连着一个小男孩的一条腿——我们几乎很难看清那一部分身影,那是她早年意外去世的兄弟。这条丝带似乎象征着挥之不去的情绪记忆的力量,它将艺术家和她的兄弟连在一起。她还将自己裹在一个白色的椭圆当中,里面有各种模糊的物品,它们可能源自麦卡锡的童年。其中有几个可以辨认的物品:一个单独的电话柄、一个机车发动机。其他的则是一些难以辨认的模糊形状,它们传达了童年记忆那种难以被有意识回想并清晰呈现的特质。椭圆旁边基本看不清的文字内容源于一本小孩非常喜欢的童话书——《丛林中的孩子们》。就像其他久远之物那样,书中的字迹早已蒙尘,模糊难辨。

图 0-2 克里斯特尔·蒂尔博纳,《远行 VI》,1993。$8\frac{1}{2} \times 5 \times 2\frac{1}{2}''$。材质:种子、蜡、装在盒子里的焦油。图片由艺术家本人提供。

蒂尔博纳广泛运用老旧的废弃物品作为记忆的视觉象征,比如这只竖立的破行李箱。箱子的一侧收纳了各种破烂的物品的碎片——比如一架梯子、一个滤斗和两粒种子,而另一侧则铺着一层薄纸和一层薄蜡。如同记忆在意识中浮现那样,透过这层薄雾状的纸和蜡,一张老照片如同幽灵般地显形,照片上是蒂尔博纳兄弟触动人心的身影。她这位兄弟很小的时候就去世了。通过装入满含记忆的照片以及各种物品,艺术家传达了我们每个人都随身携带的破碎而强烈的记忆。

Searching for Memory

第 1 章

论记忆

回忆是时光的望远镜

"52年前我来到波士顿公园广场时,对它的第一印象并不好,"在这座破旧不堪的广场于1995年关闭前夕,《波士顿环球报》的体育记者威尔·麦克多诺(Will McDonough)感慨,"这地方就是个垃圾场,我唯恐躲不及。然而在我的记忆里,它却是另一番模样——那可是专属于我的'波士顿公园记忆'。"紧接着,麦克多诺回忆了一系列发生在这座著名广场的动人情景:有一次曲棍球比赛,场内的水管爆掉了,整个看台都被水淹了;还有一天,正是在这里,一个叫查克·库珀(Chuck Cooper)的无名小辈成为第一个成功闯入美国职业篮球赛的黑人运动员;还有那一次,篮球运动员威胁要罢工,危及整个全明星赛……尽管波士顿公园即将化为尘土,关于这座广场的记忆却能,并可能一直存于麦克多诺心中,对于其他人也是如此。如《波士顿环球报》的头版标题所言:"66年过去了,波士顿公园虽然即将成为历史,但它留给人们的回忆必将持续存在。"[1]

诸如波士顿公园关闭之类的事情表明,我们保留着过去经验的印迹,这些印迹以某种特殊的方式将我们与过去联结在一起。有些地方、有些人虽然已从世上消失，却会在我们的回忆中继续存活，有时如同面目模糊的幽灵般的幻影，有时却生动得如在此时此地一般毫厘毕现。每个人的记忆专属于自己，独一无二。我们之所以这样认为，一定程度上是因为记忆深植于不断向前推进的事件序列，而这些序列构成个体独特的人生。我们读早报、逛公园、和朋友聊天，这些源源不断的经验以某种方式瞬间地或者永久地改变着我们。每个人在一生中都经历过无数的独特事件，但能够回想起来的只占其中很小一部分。正如在作家索尔·贝娄的《贝拉罗莎暗道》中，当叙事者被问及一件无法忆及的久远往事时所言："这位女士，此事仅只是我亿万往事之沧海中的一粟，我为何偏要记得它呢？"[2]

我们有各种各样的内心体验，回忆往事的感觉是其中既让人熟悉又频繁出现的一种，以至于让人觉得没有深究它的必要。如果我请你回想上周六晚上都做过些什么，你可能需要花几秒钟才能想到有关当晚的某些片段，但用不了多久，你就可以重温当晚情景的点点滴滴。当你回想时，感觉就像是关于那晚的种种画面、声音和情绪，都沉睡在宽广无比的记忆储存室里，而你手握聚光灯，将灯光一一扫向它们。这种联想乍看没什么毛病，还挺合理似的，但实际情况并非这么回事。当然，我们回忆一件事情，一定程度上依赖于大脑存储的关于此事的信息；但与此同时还有其他的因素在起作用，才使我们主观上有了"回忆"这种感觉。要理解记忆的脆弱之力，我们需要理解促成主观回忆感的各个要素。

重拾往事：回忆主体

认知科学家往往将人类的记忆系统类比为信息处理器，一台可以编码、储存和提取信息的计算机。尽管这一类比涵盖了人类记忆的某些重要特征，却无法解释回忆往事时的主观体验。尝试回忆你参加的距今最近的一次婚礼。婚礼上的某些场景、声音、人脸和名字，可能会在你的脑海中一一浮现。你不仅仅会回忆出这些信息，你还确信这些回忆源自你本人的生活经历，同时还会想起在该记忆片段之前和之后发生的一些事情：比如你也许会想起新郎和新娘宣誓时你自己的感受；想起当时注意到了某个老相识，你吃了一惊——他看上去精神很好或者差得很；想起自己在婚礼上再次听到年轻时听过的歌，开心到跟着音乐跳起舞来。

我们无时无刻不依赖于过去习得的知识。比如为了能在电脑上打出这一行字来，我需要提取许久之前学会的词汇和语法，但主观上我并没有一种"回忆出它们"的感觉。每一次你发动汽车准备上路，你需要用到此前学会的驾驶技能，但主观上你并不觉得你在进行回忆、重温驾驶知识。接下来我们将看到，以上两种提取信息的方式依赖于大脑的两大记忆系统：语义记忆（semantic memory）和程序记忆（procedural memory），前者包含事件和概念，后者囊括技能和习惯。对于人们平日里所说的"回忆"，回忆感（知道自己在回想的意识）是其区别于其他记忆类型的重要特点，然而将记忆类比于储存和提取设备的科学家一直忽略了它。回忆的体验必然基于提取特定的时空场景，并自然而然地认可自己曾亲历这些场景。心理学家恩德尔·图尔文认为，这类回忆属于一个特殊的记忆系统：情景记忆（episodic memory）。正是这个记忆系统让人们能有意识地回想构筑自己人生的独特经历。任何有关情景记忆的分析都必须考虑进行回忆的主人公，恩德尔·图尔文称之为回忆主体。图尔文强调，回忆主体与回忆内容之间是紧密相连的，他认为："两种独特的意识状态是'回忆'的重要构成部分，一是哪怕回忆的内容支离破碎、模糊不清，回忆主体也确信它或多或少对应某件事情，是事情发生后留下的些许印迹；二是回忆主体确信该事件是自己的亲身经历。对于回忆主体而言，回忆是心灵的时光之旅，意味着重新体验过去的某些经历。"[3]

将回忆视为"心灵的时光之旅"这种想法值得一谈：作为回忆主体，我们能免受此时此地的时空限制，随心所欲地重温过去、畅想未来。我们通常会认为，这种奇异的时空穿越之旅只有在科幻小说中才可能实现。殊不知，在现实生活中的每一天，我们都在以这样的方式旅行。请试着回忆以下三件事：童年的一次生日聚会、你在第一份工作中碰到的某件事，以及你昨晚睡前做的最后一件事。在短短几秒钟内，你就能回想出人生以往的经历，而它们彼此相隔几年甚至几十年——看吧，没有炫酷的时光机，你照样可以在时光中旅行。

视觉艺术家通过创作来刻画回忆主体的回忆体验。比如，19世纪的肖像画家呈现了人们在回想时刻，沉浸在内省之中的情态。通过描绘情绪外溢的面部表情，画家表达出人在回忆时内心的涌动；场景的映照、作品的名字，则提示着回忆主体所忆的主题。来自马萨诸塞州的艺术家坎迪斯·沃尔特斯（Candace Walters）所画的现代画《寻找昨日》（见图1-1），耐人寻味地表现了回忆的本质：一个年轻女孩的半身像悬挂于画框中，她的眼睛凝视着观画者目不可及的远处。她看上去正全情沉浸在回忆之中。这个女孩的一部分身体在画框之内，一部分在画框之外，同时停留在两重现实之中——这或许是一个隐喻，象征着回忆主体同时存在于现在和过去。

另一幅由纽约的当代画家南希·戈德林（Nancy Goldring）创作的作品《旅人忆》（见图1-2），同样表现了回忆主体在过去与现在中的双重存在。

关于回忆主体回忆体验的艺术表现持续不断地与观者产生共鸣，而科学家却直到最近才开始尝试研究它。20世纪以来，大多数的记忆研究与心理学其他领域的研究一样，以行为主义为宗旨。行为主义学派否认主观的心理体验能作为科学问题进行研究。行为主义之后，认知心理学在20世纪六七十年代流行，此学派的理论基于认知过程与信息处理之间的类比，所以自然对研究回忆的主观体验没有兴趣。回忆体验究竟是怎么回事，哲学家给出了引人深思的描述，而科学家却选择忽视。[4]10多年前，当图尔文写下对于回忆主体主观体验的想法时，并没有多少有力的证据支撑更深层次的研究。而如今，持续累积的科学证据正在展开一个关于回忆主体内心世界的迷人故事，这一故事将打破我们关于日常记忆来自何处的直觉。

图 1-1　坎迪斯·沃尔特斯,《寻找昨日》, 1992。 $11 \times 8\frac{1}{2}''$。纸本拼贴油画。马萨诸塞州林肯镇克拉克美术馆（Clark Gallery）藏。

标题点明该画的主题为"追寻过往"。一滴眼泪流过画中女孩的脸颊, 象征过去一去不返。记忆中充满田园气息的弗吉尼亚夏季, 童年时代的故事和感受, 正是沃尔特斯在这幅画中包含的追思。她在这个年轻姑娘的身后画着局部拼凑的乡村景象, 象征回忆主体渴望的往昔时空, 既令人神往, 又踪迹难觅。"我的根扎在南方,"画家曾自述,"我的画钟情于南方的门廊秋千和东升西落的太阳, 我借画逃进茫茫的时间之旅, 在精神的世界中遨游, 想要体会事物深处的意蕴。"[5]

图 1-2　南希·戈德林,《旅人忆》, 1987。 $15 \times 18''$。Ektacolor 相纸印制。纽约市杰恩·鲍姆美术馆（Jayne H. Baum Gallery）藏。

戈德林通过视觉形式将回忆比作一场心灵的时光之旅。这幅作品结合了绘画和摄影, 画中的女人（旅人）凝望窗外, 显然沉浸于对往事的追忆。在她身后, 有幽灵般的人影、交错的网格状结构, 以及如梦般空幻的景色, 这些在旅途邂逅的人与景, 如今存在于记忆破碎的画面中。

回忆的视角

不妨再次回想你最近参加的那场婚礼。当婚礼的某个场景出现在你的脑海中时，思考这些问题：你能在这个场景中看到自己吗？还是感觉自己就在婚礼现场，通过自己的眼睛向外观察着一切，因而你并不是场景中的一个客体？我估计第二种可能性更大。然后你不妨回想下第一次去幼儿园的经历，这次你倒是很可能在回忆的画面中看到自己。

以上这两种回忆模式分别被称为"场景回忆"和"观察者回忆"。西格蒙德·弗洛伊德（Sigmund Freud）是区别这两种回忆模式的第一人。他认为这样区分对其精神分析的理论有所帮助。弗洛伊德认为，我们在认知世界时感受到的原本是一帧帧的场景意象，而在回忆时却产生了"观察者回忆"（在这类回忆中，我们作为抽离的观察者，能在回忆的景象中看到自身），这无疑是因为记忆发生了重构。弗洛伊德发现，他的来访者在讲述童年记忆时，时常采取"观察者回忆"的角度，这让他确信人类的早期记忆本质上被重构了。[6]

1983 年，认知心理学家乔治亚·尼格罗（Georgia Nigro）和乌尔里克·奈塞尔（Ulric Neisser）发表了第一份针对"场景回忆"和"观察者回忆"的研究。他们要求参与研究的人根据关键词，比如"看惊悚片""身处险境"等，回忆并讲述自己的相关经历。结果表明，这些回忆大多数属于"场景回忆"，但也有相当一部分（40% 多）属于"观察者回忆"。回忆较久远往事时，我们倾向于在回忆中看到自己的一举一动（如弗洛伊德所言）；而对近期发生的事，我们会以类似于当时感知和体验事物的方式回忆。

后续研究中，尼格罗和奈塞尔要求一部分参与者在回忆往事时，特别关注自己的情绪体验，而要求另一部分参与者留心回忆中的客观环境。结果很奇妙，关注情绪的参与者有更多的"场景回忆"，而关注周围环境的参与者有更多的"观察者回忆"。你关于婚礼的记忆符合同样的规律。如果我要你集中精力回想婚礼现场的客观环境（比如哪些人参加了、他们穿了怎样的礼服），你更有可能以"观察者回忆"的视角进行回忆；如果我要你在回想时关注自己的感受，你更可能体验"场景回忆"。这说明，作为回忆体验的重要部分，你是否能够在回忆当中看到自己，很大程度上是在你回想时决定的。回忆的角度决定你能否在回忆中看到自己，而角度的选择往往取决于你抱着怎样的目的进行回想。你回忆的过程参与了记忆画面的绘制。[7]

在一项更近期的研究中，实验参与者首先回忆了人生中各个时间点的往事，将这些回忆归入"场景回忆"或者"观察者回忆"，并对事情发生时和回想时体验到的情绪强度评分。然后他们被要求再次回想这些往事，其中一部分人以原本的角度回想，一部分人的回想角度从"观察者回忆"转变为"场景回忆"，另一部分人的角度从"场景回忆"转为"观察者回忆"。结果，当回想角度从"场景回忆"切换为"观察者回忆"时，人们对于事件的情绪体验与之前回忆时相比变弱了；而在回忆视角保持不变和由"观察者回忆"切换为"场景回忆"时，情绪体验的强度没有变化。[8]

这些研究的发现可能同样适用于你对婚礼回忆的情况。假设我先请你以"场景回忆"的视角回忆新郎与新娘的第一支舞，你想起自己当时在现场的强烈的幸福感，甚至在你回想的当下，类似的感受再次涌现。哪怕我叫你再回想一次，仍以"场景回忆"的视角，你的体验也不会有多少改变。但假设我现在请你以"观察者回忆"的视角再次回想这对新人的第一支舞：在这次的回忆中，你能看到自己出现在回忆的画面中，比如你看到自己坐在桌前，看着这对新人站在舞池当中。我刚刚介绍过的研究结果表明，在这一次回想当中，你的情绪体验不会那么强烈，你还会觉得自己当时在现场的感受也没有之前回想时那么强烈。这样的观察结果可能会让你很吃惊，它表明你回忆往事时的情绪体验至少部分取决于你回忆的角度，连事情发生当下你的那些情绪感受，也受到你此刻如何回忆的影响。

认识过去的两种体验：记得和知道

再次回到我们关于婚礼的例子。比如在婚宴上，你碰到的第一个熟人是亲爱的海伦阿姨，你们有段时间没见过面了。你立马认出了她那张又衰老了些的脸，想起她的名字和你对她的称呼。你还想到，自从上一次类似的家庭聚会，你已经整整三年时间没见过她了呢。你感觉自己也认识站在海伦阿姨旁边的那个人，可奇怪的是，你想不起他的名字、他做什么、你可能在哪里碰见过他。你万分确定自己是认识他的，可当他伸出手来和你打招呼时，你只能寄希望于他自报家门。幸好他确实这么做了：原来是新郎的好朋友比尔，你们在一年前的一个聚会上见过。

我们一生中多少有过与此类似的经历。有时我们能回想出关于人物、地点的丰富信息，有时我们却只能感觉自己是知道此人或此物的，但想不起来任何东西。心理学家在探索这两种体验状态时，分别称之为"记得过去"和"知道过去"。一些研究表明，对往事所包含的物理环境的视觉重现是体验"记得过去"的关键。在其中一项研究中，参与研究的大学生随身携带传呼机，传呼机会在一天中不定时发出响声，提醒他们记录当时发生的事情（时机不适合无法记录除外）。后来，学生被要求重新回忆出这些事情时，他们记得最有信心、最准确的情节包含大量的视觉片段。主观上体验到回想某事，几乎总是同时意味着某事在视觉上的重现。[9]

对画面的回忆为何会让我们产生强烈的回想感？部分原因在于，有些脑区同时参与视知觉和视觉想象。[10]当我们意识到必须依赖这些脑区觉知外部世界时，也就不难理解运用这些脑区进行视觉想象时的真实感了，就像是体验事件遗留下来的视知觉余迹。此处有一重要提示，即我们可能对一些编造的视觉意象信以为真。[11]认识到画面感会强化回想的感受，我们能更好地理解为何有人会回想出完全没有发生过的可怕记忆。

记忆画面的重现固然重要，但这并非我们感觉到自己在回忆某事的唯一途径。当我们想起与过去某事相关的联想和想法时，也会有回忆的感觉。比如我看了某位著名哲学家所写的关于记忆和意识体验的长篇论著，边看边在心里标记哪些观点我赞成，哪些我觉得不是这么回事。如果你现在问我这篇文章的事，我敢百分之百地保证自己读过它，尽管我没有任何关于这篇文章的画面记忆，也不记得那篇文章看上去什么样子，等等。我之所以记得我读过它，是因为我能想起来文中的观点和我对这些观点的看法。[12]

如果事情发生之时，我们被干扰或者心里想着别的，那么尽管能大概记得发生了这么一件事，我们也很难回想出这件事的细节。知道却无法回想有时会令人尴尬。有一次，我受邀给一大群人讲一场关于记忆的报告，报告开始前参加了一场为我接风的宴会。在宴会上，当我被一一介绍给许多人时，我一直在脑子里预演我的报告。在某个谈话进行到一半时，一位女士加入进来，我伸出手向她介绍自己，同时觉得她有些面熟，好像在哪见过。她握住我的手，看上去有几分不高兴地说，我们几分钟前刚会过面！我对她的记忆存档足够我"知道"自己见过她，却不够我"记得"任何与她初次会面的细节。

最近，英国心理学家约翰·加德纳（John Gardiner）和艾伦·帕金（Alan Parkin）在实验条件下创造了类似的体验：一部分实验参与者可以集中全部注意力观察一组人类面孔的图片，另一部分实验参与者必须在观察面孔图片的同时，完成另一个任务。实验结果表明，分散注意力使参与者更少地"记得"自己见过这些面孔，但不影响他们"知道"自己见过这些面孔。另有实验证据表明，当词语以实验参与者不能辨认的速度从眼前闪过后，尽管他们并未意识到自己见过这个词语，也会说自己"知道"它在实验当中出现过。[13] 这些发现有助于理解为何有时我们确信自己认识眼前这个人，却不知道他/她是谁的体验：你之前遇到这个人时，可能在分心想别的事情，从而没有获得与此人相关的一些细节，而这些错过的细节能助你联想并确定他/她的身份。

很显然，我们究竟能"记得"一件事还是只是"知道"它发生过，取决于我们在事情发生时如何参与其中，以及在试图回想时所能提取的信息。然而正如"场景回忆"和"观察者回忆"的分野受到回忆方式的影响，我们如何回忆，也能影响我们最终究竟能"记得"某事还是只能"知道"某事发生过。在一项简单的实验中，参与者需要判断他们是否能"记得"自己见过一系列单词，还是只是"知道"这些单词出现过而不伴有任何回忆。在没有任何提示的情况下，他们更倾向于"记得"自己见过这些单词；一旦通过提示启动他们的记忆，他们会倾向于认为自己仅仅"知道"这些单词出现过，而没有确切的回想体验。这一研究再次强调，回忆的主观体验部分取决于我们如何回忆。[14]

这种仅仅"知道"的体验与另一种我们熟悉的体验密切相关，即话到了嘴边又想不起来的感觉。这两种体验中，我们都确信自己知道或者记得某件事，但就是想不起来这件事具体是什么。我和其他一些人的研究表明，当我们提取了关于某事的部分信息，但信息又不足以支持我们回忆出整个事件时，就会有这种"话到嘴边"的感觉。[15] 比如，我如果问你站在海伦阿姨旁边的那个人是谁，你可能想不起来比尔这个名字，但你可能记得他长什么样子，以及他的名字以 B 开头。这些信息碎片使你坚信自己终究可以认出或是想起他的名字来。

新的研究提供了"话到嘴边"现象的另一来源：最初引发我们去回想的刺激或提示恰好为自己所熟悉。对引起回想的刺激物的熟悉感可以让我们强烈地、往往也是不真实地认为自己知道某事。比如，如果我以"站在海伦阿姨旁边的那位是谁"的方式诱导你,你对海伦阿姨的熟悉感可能会让你确信你能回忆出比尔的名字——尽管事实上你可能做不到。[16] 此处我们又提供了另一个例子,表明回忆的主观体验既取决于你过去经历了什么,也在同等程度上取决于你如何回忆它们。

如认知心理学家拉里·雅各比(Larry Jacoby)所言,回忆的主观体验取决于我们如何看待或解释为何对某事感到熟悉、为何某些画面或想法突然地或者轻易地在脑海中浮现。如果我们的目的是想起某件事,那么我们会将熟悉感归于过去的事情;如果我们的目的是做出当下的判断或解决手头的问题,那么我们会将这种熟悉感归因于得心应手完成任务的轻松感。这一点是我们为何会产生错误的回忆主观体验的原因之一。[17]

过去的引线:三个故事

为了让大家充分理解回忆的主观体验的巨大影响力,我决定列举以下三个故事,它们无一例外地展示了回忆人生这一能力非比寻常甚至无与伦比的意义。马塞尔·普鲁斯特(Marcel Proust)和弗兰科·马格纳尼(Franco Magnani)无止境地沉溺于对往事的追忆,并通过艺术手法表达这种不懈的求索。另一位以姓名首字母 GR 为人所知的意大利画家,先是丧失了全部的人生记忆,后来又奇迹般地恢复了过来——没什么比这个记忆失而复得的故事更能让人领会拥有回忆多么重要。

马塞尔·普鲁斯特:无意识的回忆

没有哪一部文学作品如马塞尔·普鲁斯特的《追忆似水年华》(*In Search of Lost Time*)[18] 一般关心人类的记忆。普鲁斯特对追忆往事的沉迷之深,怎么描述都不为过。《追忆似水年华》洋洋洒洒八大卷,普鲁斯特于 1908 年前后动笔,直至 1922 年他去世前几个月才完成,写作过程历时将近15年。整部著作有3 000多页,其主要的内容是通过各种尝试回想往事,以及对记忆本质的思考。写作这本书时,普鲁斯特心无旁骛,把自己关在房间里,与社会隔绝,并饱受疾病和疲劳之苦,他以这种方式创造了一个时间的世界,以此取代了空间的世界。从普鲁斯特对过去的执着中可以看出,他热切地相信,只有理解记忆与时间,才能理解人类经验。

文中有一个与回忆密切相关的片段引人注目:小说的叙述者马塞尔去探访母亲,他的母亲拿出茶和一种叫小玛德莲蛋糕的点心招待他。他将一块玛德莲蛋糕泡在茶汤里,然后吃掉——就在这时,他被一阵突如其来的、强烈而不知名的幸福感所浸没。"这无比强烈的幸福感,究竟从哪里来的?"他自问,"我感觉它与茶和蛋糕的味道有关,但绝不只是这些味道而已,它本质上完全不同于味觉。它究竟来自哪里?又意味着什么?我该如何把握它、理解它?"[19]他又尝了几口茶和蛋糕,想要再次体验到那种感觉。但每多吃一口,感觉便弱了几分,于是他得出结论,这种体验"并非源自杯中的食物,而是我自身"。他推测茶和蛋糕合在一起的味道不知何故激发了他对一些过去的回忆,并好奇自己最终能不能有意识地将它们回想起来。

后来,在一个神奇的闪念间,回忆自动浮现,谜团自动化解。"原来,我住在康伯雷(Combray)⊖时,每周日的早上会去利奥妮(Leonie)阿姨那儿给她请安。她总会拿一小块玛德莲蛋糕,在茶汤中蘸上一会儿给我吃。"在马塞尔的印象中,自那以后,他再也没有尝到过像阿姨家中的这两种食物混合在一起的味道。这也是为什么这两种味道能如此独特地唤起这段模糊而顽固的记忆。"从长远的时间角度来看,没有什么能够幸存。人会死去,事物会破损、消亡。然而在这堆过去的废墟中,气味与味道如同灵

⊖ 康伯雷是普鲁斯特在书中虚构的儿时居住的小镇。

魂一般长久而沉默地蛰伏着，回忆，守候，期待，更脆弱但是更持久、更顽固、更接近灵魂、更坚定自如。在它们微妙难言、无法触及的本质之中，不屈不挠地深藏着记忆的广阔图景。"

在玛德莲蛋糕记忆浮现的时刻，作者同时见证了记忆的脆弱和记忆的力量。这些能被特定的气味或味道勾起的回忆是脆弱的：由于少有机会能使它们浮出意识的水面，它们一不小心就会消失。但那些留存下来的记忆却具有惊人的力量：在长时间的休眠之后，一旦偶然被某种气味或味道唤醒，那些看似早已消失的过往又历历在目。这真是令人感到惊奇。

玛德莲蛋糕的回忆的另一个启示是：我们能否重历往事，往往取决于与一些事物的偶然相遇——这些事物是重启记忆之门的钥匙，错过它们，记忆将可能沉陷、被永久封锁。马塞尔意识到，这种自发的回忆难以把握，它们通常只能持续短短数秒，而且只能寄希望于与某些特定气味或场景的偶遇。他因此决定转移回忆的焦点。随着小说情节的推进，他寻求自我理解的方式越来越依赖于主动地、有意识地回想过去。[20] 在小说的最后一卷《重获旧时光》中，有一个展现他通过主动回想探索自我的关键场景：在一场老朋友的聚会中，马塞尔对着多年未见的朋友们，竭力回想他们的身份，并将他们一一对应到回忆出的过去场景中。以这种方式将过去和现在放在一起之后，他对自我有了更深的认知。

在 1922 年的一封信中，普鲁斯特借用了光学中的概念以类比的方式描述时间和记忆。"在我的构想中（尽管不太完美），望远镜最能充分体现回忆的特殊性质。回忆是一架时光望远镜。望远镜能让人看见肉眼不可见的星星，而回忆使得那些深藏于过去、被彻底遗忘的、处于无意识状态中的经验，重新在意识中浮现。"[21]

普鲁斯特进一步运用光学概念以类比的方式表明，回忆过去的体验并非单纯地将记忆画面召回心灵；这种体验应该在两个画面的比较之中产生：

一个源于过去,一个源于当下。正如对三维世界的视觉体验需要结合两只眼睛接收到的信息,借回忆感知时间时,我们需要集合过去和现在的双重信息。研究普鲁斯特的知名学者罗杰·沙特克(Roger Shattuck)解释说:"普鲁斯特意在让我们看见时间……光是记住一件事情并没有什么意义,重要的是它与记忆之间的相互映照。正如眼睛之于视觉,回忆基于过去和现在——两者浑然一体,共同构成现实的深度。"[22] 普鲁斯特察觉到,回忆体验是过去与现在之间微妙的相互作用。如此深刻的洞见,在此后整整半个世纪都领先于科学研究。

弗兰科·马格纳尼:强迫性回忆

普鲁斯特通过写作展现了回忆原始而强大的力量,而艺术家马格纳尼则通过绘画持续捕捉关于往昔的记忆。[23] 马格纳尼强迫性回忆的对象是他童年时居住的村庄庞蒂托(Pontito),位于佛罗伦萨(Florence)以西 65 公里的意大利山脉卡斯特尔维奇奥(Castelvecchio)附近。1934 年,马格纳尼出生于此地,并一直在此生活直至 1958 年外出谋生。他在外四处闯荡,后来在旧金山定居了七年。此后不久,他得了一种怪病。这种病使他持续低烧、神志不清,承受了身体上以及精神上极大的折磨。在病中的夜晚,马格纳尼开始反复做梦,这些梦都与庞蒂托有关。在梦境中,他的幻觉非常强烈,许多关于庞蒂托的景象以无比清晰的细节涌现,这些细节是在他清醒时根本无法回忆出来的。马格纳尼此前从未认真作过画,这一次,他铺开画布,拿起画笔,试图留住这些睡梦中光临的意象。大量奇特的记忆中的图景开始不请自来,侵入式地自动涌现在马格纳尼的脑海中。

1967 年,马格纳尼完成了他第一幅关于庞蒂托的油画。此后,他整个生活的重心都放在描绘记忆中的庞蒂托上。"他经常迫切地感觉到,必须马上把脑海中的场景画下来,"他的好友迈克尔·皮尔斯(Michael Pearce)回忆,"有时他在酒吧和我们喝酒喝到一半,就跑回去速记,他这一点在我们这儿是出了名的。"[24] 马格纳尼以精细的笔触，勾画在他记忆中的庞蒂托的房屋、街道和旷野。在他的作品中，几乎没有人物出现，它们散发出一种古典宁静的气质，魔力般地让你在其中丧失时间感。1988年，位于加利福尼亚州旧金山市的探索博物馆为马格纳尼的作品举办了一次展览。馆内的一名摄影师苏珊·施瓦岑贝格（Susan Schwartzenberg）曾去过庞蒂托，并拍摄了一些马格纳尼画中的景物。她试图从作品的角度进行对照。探索博物馆将苏珊的照片与马格纳尼的作品并排展出。结果，马格纳尼对庞蒂托的记忆之精准令人称奇，有时甚至令人难以置信。另外，我们也可以通过画作和照片的对比看出，马格纳尼笔下的庞蒂托更美、更具有对称性、更完整，那些现实中的瑕疵被他理想化的记忆过滤掉了，他在脑海中创造了一个现实无法企及的天堂（见图 1-3a、图 1-3b）。

图 1-3a　弗兰科·马格纳尼，《路过莫扎小巷弗兰科家的房子》（*Via Mozza, la casa del nonno di Franco*），1987。14×10$\frac{1}{2}$"。油画画板。图片由画家本人提供。

图 1-3b　苏珊·施瓦岑贝格，照片《位于莫扎小巷弗兰科家的房子》。图片由摄影师本人提供。

在马格纳尼 1987 年完成这幅画作时，他已经近 30 年没有看到过这座祖父的房子了。可他画出来的石径小路的长度和轨迹，两栋建筑的连接处与上面雕像的位置，以及所有窗户和门的位置，都与真实的情况异常贴合。当然，这幅画的风格还是相当浪漫的，回忆的内容也有形变之处。比如，通过画面的这个角度，那片花圃和好看的屋顶原本是看不到的；左侧墙壁上拱形的门道也被略去了；并且画作呈现了一种整体的秩序、完满之感，这是照片所没有的。

这与神经学家奥利弗·萨克斯（Oliver Sacks）对马格纳尼所描绘的记忆所持的看法一致，"尽管它们精确到令人震撼，但终究是通过想象重新构造出来的，而非对现实的生硬的复制"。[25]

和普鲁斯特一样，马格纳尼对过去的关注从艺术创作领域渗透到了生活的方方面面。除庞蒂托外，他很少思考或者谈论别的东西。他无休无止地回想，因此失去了不少朋友。他绝少出门，更别说出远门。简而言之，他就像萨克斯所说的那样，退化到了"仅有一部分存在于当下"的状态。[26]

1993年夏天,我第一次前往旧金山市郊拜访马格纳尼时,体会到了他的一些习性。进家门前,我就注意到了他的强迫性特点:他的门前挂着一块自制的门牌,上面写着"庞蒂托"这几个字,房子的砖墙风格使我联想到他的作品。他走出车库(也是他的工作室),又高又瘦,看上去45岁上下,顶多50岁,但实际上他当时已经快60岁了。他向我展示自己如何改造厨房的橱柜、砖瓦和壁橱,以使它们看上去和庞蒂托的相像。他试图仅凭一人之力完成这项耗时的工作,后来意识到这项改装非常费钱,自己没有足够的资金将之改造完毕,乃至最后把厨房搞得他完全用不上了——在讲起这项光荣的任务时,他仍旧笑得很开心。他也曾尝试创造一个三维空间,将记忆中的庞蒂托安置于此,从而使之变成这个继续运行的世界的一部分。[27]在向我介绍他挂在墙上的作品时,他简直是以叫喊的方式谈论与之相关的回忆,直到最后回忆完毕,他才放松下来,回到现实当中。在这次拜访的过程中,回到过去的氛围如此浓烈,以至于我感觉到自己被时间的狂流裹挟,似乎亲眼看到了普鲁斯特第一次品尝玛德莲蛋糕的画面。

画展之后,马格纳尼曾两次因故回到庞蒂托。村庄发生了令人不快的改变(那里几乎已经无人居住),有些地方与他的记忆大相径庭,他为此感到吃惊,甚至是失望。然而,哪怕只能看到或触摸长期存在于睡梦和记忆中的庞蒂托,他也感到满足,有时沉迷其中。如今马格纳尼仍在继续描绘他的老庞蒂托,不仅仅因为这些生动的回忆满足了他的感官体验,他还有更大的决心:他想为其他人保存对庞蒂托的记忆,将他非比寻常的记忆化为某种可见的形式,打动和丰富更多人的生活和记忆。"这个任务是没有尽头的,"萨克斯认为,"它不可能在哪天被完成,走到结局。"[28]

"GR":失而复得的记忆

如果说马塞尔·普鲁斯特是在日常生活的细节中尽力回忆,弗兰科·马格纳尼是在睡梦和强迫性侵入的图像中体验回忆,那么在医学史上以其姓名首字母GR而闻名的一名意大利男性则是不由自主地被带入了一个没有过去的世界。GR 是位诗人、画家和艺术评论家。1992 年 3 月 19 日，病发前他一直在埋头处理一些文化方面的事务，结果早上他一觉醒来，发现自己处于一种非常混乱的状态。他的右手不能动，连讲话也变得非常困难。更可怕的是，他回忆不出自己的任何事情，甚至不能确定自己是谁。他被立即送往医院，脑部扫描的结果显示他中了风，左侧丘脑因此受损。

时间一天天过去，GR 始终不能记起自己的职业。他认不出自己画的画，也想不起自己手头正在创作的一本书的主题。尽管他能认出妻子和儿女、知道他们的名字，但想不起任何与他们有关的事情来。当他看到自己在艺术展览上的照片时，或当其他人向他讲起那些印象深刻的往事时，他自己一点儿都记不得。米兰曾是他非常熟悉的城市，可现在对他而言却陌生得很。他无法回忆人生中的任何经历，这被神经心理学家称为逆行性遗忘（retrograde amnesia）。这一病症通常由中风、脑部损伤或其他心理和生理创伤引起，病人通常不能回忆自己以前的一些经历。GR 同样不能记住当下发生的事情，神经心理学家将之称为顺行性遗忘（anterograde amnesia）。[29]

遗忘症持续好几个月后，丝毫不见好转的迹象，GR 的感觉很糟糕，幸福随记忆一并消失掉了。"他感到非常抑郁，对自己的症状非常绝望，他甚至不再画画，"他的神经科主治医生说，"因为如他自己所说，他'现在根本没有自我需要去表达'。一天的大部分时间，他都在睡觉，或在对外界不闻不问的麻木状态中度过。"如果你告诉他一些关于他是个怎样的人、他做过哪些事情的信息，他能够记住其中的一部分，但这些却成了关于他个人经历的二手信息，而并非他自己原有的记忆。尽管在讲起这些往事时，GR 能讲出一些对自己过去的看法，但他毫不客气地将这些从别人那里得到的关于自己的信息称为"重新学到的知识"，完全没有真正回忆的感觉。

在中风大约一年后，GR 的心跳变得不太规律，医生决定给他植入起搏器。他被局部麻醉，但在整个手术过程中仍能保持清醒。他安静地躺在手术台上，当外科医生在他的胸前做植入起搏器的准备时，他突然觉得有些不舒服。然后，在令人无法置信的一瞬间，GR 清晰地回想起自己曾有过一次非常类似的手术经历，那大概是在 25 年前，他当时因为疝气做了次手术。短短几秒钟之后，他想起了关于那次手术的其他事情。紧接着，他过去经验的种种图像和想法像洪流一样注入，他的脑海中充斥着各种混杂的回忆。在接下来的几天中，GR 被他所称的"倾泻的回忆"裹挟，除了不断诉说他对过去的回忆之外，他什么也没做。一开始，他的记忆是混乱的，但它们很快按照时间的顺序重新排列组合。他一边整理这些驳杂而丰富的往事，一边在回忆中理解它们，终于，GR 感到中风前的那个自我又回来了。

GR 的经历几乎史无前例。逆行性遗忘是一种常见的脑损伤后遗症。有时，随着病人从脑损伤或其他病理性状态中恢复，那些丧失的记忆也会逐渐恢复。然而像 GR 这样，彻底地忘记自己的全部过去，又因为某个特定的刺激全部回想起来，这样的例子真是非常罕见。GR 的记忆功能并没有全部恢复，他仍旧很难记住当下发生的事情。但至少他已经把他的过去找回来了，同时也找回了他的自我。正如普鲁斯特小说中，一块玛德莲蛋糕开启了童年回忆之门，在医生给 GR 做手术时，他所感所想的某些方面也开启了他如洪水一般的记忆之闸。神经学家将 GR 记忆的恢复称为"小玛德莲蛋糕现象"。[30]

没人知道为什么 GR 对单独一件事的回忆使他的所有记忆得到恢复。治疗他的神经科学家认为，脑损伤暂时性地损坏了储存个人记忆的神经网络，打个比方，就像一个压缩光盘被拉成了鸡蛋的形状之后，因此其中的信息无法被读取。但不知何故，GR 对单独某件事的回忆使紊乱的神经网络得到重置，从而恢复到原来的正常形式。哪怕事情真如专家所言的这样，不可否认的是，GR 是在整理了自己的记忆之后，即在确切感受到这些记忆是他个人的体验之后，才意识到自己找回了可以表达的自我。[31]

上述这三位的时光望远镜（对于普鲁斯特和马格纳尼而言是以年为时间单位，而对于 GR 则是不同寻常的几天）启示我们：尽管一般人的日常体验不会和他们的一样极端，但道理是类似的，即记忆对于人的自我认知意义非凡，我们对自我的感受强烈依赖于回忆个人经历的主观体验。

计算机能否算作"回忆主体"

正是通过回忆体验这一入口，我们才得以理解普鲁斯特、马格纳尼和 GR 的经历。也正是通过回忆体验，人类习以为常的情景记忆才能得以呈现（我们通过回忆在时光中旅行），这可能是人类与众不同甚至独一无二的特点。存储和提取信息的能力并非人类的智能所独有，甚至都不能算是生物体所独有的。我们每一次在电脑前敲击键盘，都在与一个强大的记忆系统互动。[32]

认知科学家对人脑和计算机记忆进行了这样的类比：在人脑中，所有的指令、程序和规则是由神经元执行；而在计算机中，完成这些任务的是硅芯片和导线。不少认知科学家认为，人类的智能是一种特定的运算系统，只要他们能得到这个系统的运行规则，就能制造出与之相同的计算机。问题是，计算机能像我们这样，进行心灵的时光之旅、重验过去吗？计算机能像威尔·麦克多诺感受到波士顿公园的一系列回忆属于他那样，感受到某个记忆是"属于"它的吗？

这些问题与一个更为本质的问题密切相关，即从理论上讲，计算机能否具有某种形式的意识。这是图灵测试所衍生的典型问题。图灵测试[33]源自伟大的英国数学家阿兰·图灵（Alan Turing）的工作，它假设了这样一种情境：一个观察者可以提问，由一台计算机和一名人类回应者作答，观察者在无法区分这两名回应者身份的前提下，反复提出各种问题，直到问题穷尽或是判断出两者的身份。如果观察者始终不能确定谁是谁，那么计算机就通过了所谓的图灵测试。人工智能（artificial intelligence，AI）的支持者认为，一旦计算机通过了图灵测试，必然意味着它拥有人类的思考能力。为了接下来的分析，我们不妨假定他们的设想成立，那么一个更深层的问题来了：通过图灵测试的计算机，能像人类那样，哪怕只是粗略的类似，意识到自己的想法吗？

信仰"强人工智能"（strong AI）的人坚信，计算机表现出所有人类智能特征指日可待。[34]一些哲学家也是这样认为。比如丹尼尔·丹尼特（Daniel Dennett）认为，人类的意识产生于一种类似于计算机程序的运作，他将这种意识的运作程序称为"虚拟机"（virtual machine），在对应的大脑硬件上组织、运行："如果（也可说正是如此）人类的意识现象可以'仅'由这台虚拟机的活动解释，而虚拟机的活动本质上源于人脑中无数可调节的连接，那么理论上讲，一台硅芯片的计算机，即一个适当地'程序化'（programmed）的机器人，就能够产生意识、拥有自我。"[35]如果丹尼特所说的机器人拥有了意识和自我，那它肯定也能像人类这样回想过去，进行时光之旅。丹尼特对计算机发展前景的展望与一些作家所虚构的未来世界一致，比如威廉·吉布森（William Gibson）的科幻小说《神经漫游者》（*Neuromancer*）和由他的小说改编的电影《捍卫机密》（*Johnny Mnemonic*）中描绘的世界。在这些作品中，人类和机器可接入一个共同的网络空间——通过这个心灵和思维的传输系统，信息可以在个体之间传递，人类和计算机的主观体验在不知不觉中融合为一。

人类意识只不过是一系列恰好被装入人脑细胞的程序，这种观点听上去挺诱人，但不少哲学家和科学家一针见血地指明了它的幼稚之处。[36]如果一台计算机连基本的意识都没有，那该如何设想它能进行主观的回忆体验，如何设想它能体会某些记忆属于自己呢？

关于计算机意识的争议是一个很好的入口，它能帮助我们更深刻地理解，为何回忆这一行为总包含着回忆感这一意识体验。比如在我前文介绍的实验中，实验参与者可以回答自己"记得"还是只是"知道"某件事，他们认为这两种回答能很好地区分回忆的质量。设计一个计算机程序，让它在一个记忆模拟实验中给出这两种回答，这是很容易办到的，但没人会因此相信，计算机像我们一样可以体验到自己记得某事、知道某事。如何使人相信计算机拥有主观体验？对于回忆体验，是否存在合适的图灵测试？

在雷德利·斯科特（Ridley Scott）导演的电影《银翼杀手》（*Blade Runner*）中，计算机技术和生物工程共同创造了"复制人"，这个物种在几乎所有方面和人类别无二致。在影片中，瑞秋（Rachael）是被新造出来的实验复制人，她被植入了丰富的记忆从而拥有过去。这些记忆非常强大，以至于她根本意识不到自己并非真正的人类。德卡德（Deckard）负责对这些复制人进行图灵测试，排除那些不合格的个体。他向瑞秋讲了许多非常独特的童年回忆，将她引入这些记忆的现实之中，还告诉她其实那些并不是她的记忆，而是别人的。但是通过瑞秋的眼泪、表情、语调可以得知，她对那些回忆的情绪反应非常强烈。德卡德因此相信，这些回忆在某种意义上是属于她的，她应当被允许像人类那样生活。可以说，瑞秋通过了回忆体验方面的图灵测试：她充分表现了回忆的强度，她在回忆时的体验深度在各个方面与人类一丝不差，德卡德无法区分她和人类的回忆体验。回忆体验对于人类而言是不可或缺的。因此，要想说服人们相信计算机的确能像我们一样记忆，回忆体验将是必不可少的证据。[37]

神经生物学家杰拉尔德·埃德尔曼（Gerald Edelman）认为，人类的回忆体验如此之丰富，像"存储""提取""输入""输出"这等贫乏的计算机语言，根本无法充分表达其特性。[38]我认同他的观点。正如埃德尔曼所强调的，我也将在下一章中提到，回忆的主观体验与大脑某些特定的网络和系统密切相关。因此，让不具备同等生物结构的电脑程序体验回忆过去，我对此感到怀疑（见图1-4）。

我从回忆主体进行回忆体验（记忆的最终产物）这一问题开始本书的写作，是为了能让大家清楚地看到，记忆对于我们的精神生活最为关键的一些作用。为了更深入地理解回忆体验的本质和功能，我们需要从回忆过程的产生开始，一直理解到回忆的终点站——回忆体验。我们在回忆中感觉到过去、感觉到某些经历属于自己，这些体验让普鲁斯特和马格纳尼陷入强迫症的边缘，也让 GR 在自我失而复得之后，深感回忆是人类不可或缺甚至独一无二的禀赋。若想了解回忆的生成机制，我们需要进一步往前探索。

图 1-4　理查德·谢弗（Richard E. Schaffer），《记忆的色彩》（The Color of Memory），1988。22×30"。纸上混合多种媒材。图片由艺术家本人提供。

理查德·谢弗是一位来自亚利桑那州的艺术家。在这幅多媒材的拼贴画《记忆的色彩》中，他运用视觉象征所展示出来的想法，很好地反映了计算机记忆与人类记忆之间的关系。画面的左侧是一个驱动软盘、各种形式的代码和数字输出；画面的右侧是一系列图画碎片，表明人们在回忆时，视觉体验非常重要。在前文讨论的背景下，谢弗的作品和我个人的观点都强调：计算机程序相当于只提取信息，而无法回忆各种体验。至于两者之间的鸿沟是否完全甚至永远无法弥合，我们只能拭目以待。

Searching for Memory

第 2 章

记忆的形成

过去编码，现在提取

我生长在纽约，曼哈顿的现代艺术博物馆是我最爱去的地方之一。记得从中学开始，我常常怀着朝圣般的心情前往这座艺术的圣殿。渐渐地，许多常年在此展出的画作，就成了我智慧而熟悉的老友。和老友一样，有时候你正想着它们，它们却没法出现在你跟前。记忆中不知有多少回，当我兴冲冲地回到平时最爱去的展区，想再看一眼德·基里科㊀、霍普㊁或克利㊂备受推崇的作品时，却发现它们被借去外展了。看不到这些作品，我当然感到失望。不过，有时候为了让自己开心点儿，我会在脑海里构想这些作品：那幅画里有哪些人和物？这些人和物的位置关系如何？作品的尺寸如何？主色调和主题是什么？构想完成后，我会在附近的博物馆商店里找到复制品，看看自己回忆得有多准确。

如果人们熟悉一幅画，他们记住的会是画上的哪些内容？法国画家苏

㊀ 乔治·德·基里科（Giorgio de Chirico），意大利画家。——编者注
㊁ 爱德华·霍普（Edward Hopper），美国画家。——编者注
㊂ 保罗·克利（Paul Klee），瑞士裔德国画家。——编者注

菲·卡勒（Sophie Calle）对这个问题感兴趣。为了解答自己的疑问，她设计了一个在自然环境下开展的记忆实验，并在其中加入了一定的艺术技巧。在现代艺术博物馆内，一些画作被搬离原来的位置，博物馆不同岗位的工作人员描述了他们对这些作品的记忆。作品留在记忆中的"画魂"，通过忆者的语言描述，被重新刻画在纸面上。最令人吃惊的是，大家对于这些作品的记忆各不相同。有的人只能回忆出某种主要的色调或是某个物体，而有的人能记住非常微妙的细节，如作品在形态、空间和人物上的细微差异。

卡勒的发现表明，对于日常生活的环境，不同的人记住了不同的方面。为什么会这样？因为大脑并不像照相机或复印机那样工作，科学家对此表示赞同。在事情发生后，哪些内容会被记住？每一位认真思考过记忆与遗忘本质的哲学家、心理学家和神经科学家，都对这个问题感到困惑。多数时候，即使追溯到遥远的古希腊时代，当学者沉思记忆究竟是怎么回事时，他们会赋予记忆某种空间形态。希腊哲学家将记忆比作一块蜡版，经验被刻画其上，甚至以此方式永久保存；西格蒙德·弗洛伊德和威廉·詹姆斯推测，记忆应像摆放在一座房屋的各个房间中的物品；甚至有一位博学之士称，记忆其实是个垃圾场，里面包含的乃是各类随意弃置的物品。[1]

我们的经验被忠实地记录在脑内，以便在将来的某些时刻以原样重现——这种观点被认知心理学家乌尔里克·奈塞尔称为"重现假说"。然而奈塞尔并不赞成这样的想法。他认为，在我们接收的所有信息中，仅有一部分得以保存，而且是以碎片化的形式。这些得以保存的经验碎片，是回忆过程中重建往事的原材料。这和古生物学家用一堆骨头的化石重新拼出恐龙很像。"通过一些遗存的骨片，"奈塞尔说，"我们能回忆出一只恐龙。"[2]

奈塞尔的这一想法与一位以色列画家埃兰·沙金（Eran Shakine）的

画相互映照。在沙金的作品中,他将一些老照片的碎片和文字拼贴在一起,并用乳白色颜料在其上作画,《哈达萨》(Hadassah)是他在这类艺术表现中的典型之作(见图2-1)。沙金在作品中表达了这样一种矛盾的感受:自我作为人类精神存在的基石,却在很大程度上依赖于从经验中遗留的模糊的记忆碎片。人们对于自我的信念,往往取决于他们记得怎样的过去。如果记忆能像录音机那样就好了。这样一来,我们过去的经历就能以精确的细节重现,我们能通过和过去精细比对,来检验自己的信念。可惜在现实生活中,对于过去,我们不得不仰赖于记忆所赐予的碎片和点滴。

图 2-1　埃兰·沙金,《哈达萨》,1992。12×16"。材质:油彩,拼贴画,清漆胶合板。图片由艺术家本人提供。

一小片老建筑和几乎无法辨认的家庭照片呈现了艺术家个人生活的不同阶段,而如今那些记忆都变成了模糊的碎片。

　　记忆由碎片化的经验构建而成。这个大原则能帮助我们理解回忆主体回忆体验的关键特点,以及记忆的歪曲和内隐记忆效应。这些内容会在后面的章节中介绍。眼下要紧的是理解这些经验的碎片如何形成,以及如何重建记忆。

巴博的故事：记忆编码的性质

巴博（Bubbles P.）先生是费城的一名职业赌徒，他一生几乎所有时间都在掷骰子、玩地下扑克等赌博活动中度过。他没上过多少学（还说自己一辈子只读过两本书），但在某些方面他的记忆力非常惊人，恐怕连最博学的人也望尘莫及。在看完或听完一串数字后立即复述时，大部分人最多只能复述 7 个数字。如果不是要求复述而是倒背，多数人会记得更少。但不管是顺着来还是倒着来，巴博对数字都有惊人的记忆力。[3] 为了理解他的这种能力，你不妨看下面这串数字：43902641974935483256，每个数字看一秒钟，全部看完之后马上移开你的视线，从最后一个数字开始倒背。我估计当你倒背至 8、4 或 5 时，就很难记起来下一个数字了；当然我也很乐意打赌说，几乎没人能倒背到 0，能一路背完的就更不用说了。可像这样的数字串，巴博能一次性记住 20 个数字。他怎样做到的？难道仅仅因为他天生有照相机式的记忆吗？

这个问题的答案可能藏在同形成碎片化经验类似的过程中，心理学家将这一过程称为编码（encoding）：将人们的所见所闻、所感所想转化为记忆的一道程序。我们可以将编码看成一种对正在发生的事情的特殊注意方式，之后如何回忆主要受此影响。

在 20 世纪 60 年代，伴随对"短时记忆"（short-term memory）白热化的争论，心理学家开始认识到编码过程的重要性。短时记忆只持续短短几秒钟。如今，研究者相信这种对信息的短暂保持有赖于一个被称为"工作记忆"（working memory）的特定系统。工作记忆在极短的时间内保持少量信息，你刚才所做的数字串记忆任务就是一个例子。这种记忆的运作方式在我们的日常生活中很常见。比如，你需要查看电话簿才能给一个朋友打电话：你先找到号码，然后穿过房间向电话机走去；在你穿过房间的过程中，你会尽可能飞快地反复默念这个号码；这时候，哪怕你被随意打断一下，也只好掉头重翻一次电话簿。一旦拨通了这个号码，你可能马上把它忘得一干二净。为什么这种记忆逃逸得如此之快？

部分原因在于，负责这种工作记忆的大脑结构网络不同于长时记忆（long-term memory）系统。当一些病人的大脑中部的内侧颞叶损伤之后，尽管他们能保持对一串字符几秒钟的记忆，却无法形成更持久的记忆，也无法回想久远的往事。也存在另一类病人，他们的大脑顶叶皮层的特定区域受损之后，长时记忆几乎没有受损，但他们无法维持对字符串的短时记忆。他们缺乏工作记忆的一个特定部分："语音回路"（phonological loop）。大多数人都通过此回路短暂地维持语音信息。[4]

编码的概念由此出现。借助语音回路反复默念一个电话号码，你对它的加工是非常粗浅的。为了得到更加持久的记忆，信息必须以更深入彻底的方式进行加工，你必须将它纳入已存在的知识和记忆之中。这意味着你需要比通过语音回路循环播放信息付出更多。比如，你不再仅仅单纯地重复 5556024 这串数字，而是赋予它们某种意义。如果你像我一样玩高尔夫球，就可以把 555 想成一个标准 5 码孔，而 6024 是 18 洞的高尔夫赛程的长度。这样一来，你进行了更深入的编码，当然也就能更持久、准确地记住它们。这一现象在心理学领域被称为"加工层次"效应。[5]

类似的效应可能也在像巴博一样的事例中起作用。巴博精通数字，他看起来能非常轻松地把一长串数字分解为一系列有意义的单元和组块。在我们大多数人疯狂地重复这些数字时，巴博借助在赌场上多年来积累的技巧，将数字串转化成了一串记忆中现成的知识。毕竟整体而言，巴博并非记忆力超群。除了数字，他对于词汇、面孔、物体图片和位置的记忆力并不比普通人强多少。

精细编码

为了控制人们的编码方式，研究记忆的学者尝试了很多特殊的办法。

在过去20年的时间里，这些编码方式对记忆和遗忘症的研究起到了非常关键的作用。[6]假设我对你进行一个小的记忆测验，请你在一小时后回忆以下这些单词：地板、汽车、树、蛋糕、衬衫、花朵、杯子、草、狗、桌子。为了记住这些单词，你可能会构想一系列画面，或是单纯地一遍遍重复它们，又或是编个小故事将这些词串在一起。一旦任由你随意选择记忆的方式，我将无法探知编码方式的不同如何影响回忆的效果。因此，我需要想些办法控制你对记忆材料的加工方式。

研究记忆的学者发明了"定向任务"（orienting task）。在定向任务中，人们无法以自己的方式处理信息，而是被引导着回答特定的问题，从而对材料进行特定类型的加工。比如我可以问你："衬衫（shirt）是服装的一种吗？"这样一来，这个问题引导你对"衬衫"这个单词进行了一种较有深度的语义加工。因为你不思考衬衫的含义，就没办法答对这个问题。反之，我也可以问你："衬衫（shirt）一词包含的元音字母多还是辅音字母多？"这样一来，你对该单词的加工层次相对粗浅，不用分析语义。因为你根本无须关注这个单词的含义，就能回答问题。假如你以这两种方式其中之一加工了包括衬衫在内的一系列单词，并且你需要尽可能地将它们一一回忆起来，我可以很有把握地说，回答第一种定向问题能让你回忆或认出的单词量，远多于第二种问题。

这个结果并不让人感到出乎意料，我们在日常生活中有类似的体会：那些具有某种含义的事物比没有含义的更容易让人记住。但实际上，只有一类特定的语义加工能提高记忆水平，那就是精细编码。运用此种编码方式，你能将新学到的信息纳入与该信息相关的知识系统。举个例子，你仍然需要记住衬衫一词，但你对它的编码方式变成了回答我的这个问题："衬衫是否为一种昆虫？"同样，你需要关注衬衫一词的含义才能答对问题。与之前例子的不同之处在于，回答这一问题并不能帮助你将衬衫纳入你已有的关于衬衫的知识。这样一来，你就没有对这个单词进行一种有效的整合。所以，如果你是通过回答类似的问题编码这一系列单词，那么你对这些单词的回忆情况将会相当糟糕。[7]

可以说，在日常生活中，记忆是我们面对和消化不断展开的事件时，自然而然甚至自动生成的副产物。如果我们想将一件事或者一个知识点记得更牢，就应该用心思考它，将之与已知的事物联系起来，充分进行精细编码。实验室研究发现，单纯地想要记住一件事情并不会让你记得更好，除非你能将这一迫切的愿望转化为有效的精细编码。比如，在准备一场考试时，一个善于考试的学生会尤其花心思，通过各种联想将学习材料组合成有意义的整体，如果他不需要参加这场考试，那根本没必要进行这样的精细加工。在上文提到的例子中，通过定向问题——"衬衫是否为一种服装"，我能确认你不得不以精细加工的方式编码信息。仅仅"用力去记"（trying to remember）是没有用的。

当然，问题的另一面是：绝大多数能轻松回忆起来的日常经历，在事情发生当时，我们根本没有刻意去记住它们，比如昨天中午非常重要的聚餐、上周的一个大型聚会、去年夏天的度假，等等。某些时候，当事情显然非常重要时，我们也会格外留心，对事件进行更深度的加工。但哪怕我们很用力地记住生活中发生的每一件事情，以便将来能——回想起来，我们也不可能真正做到，这样的努力甚至有些危险，可能让我们的生活失控。记忆的机制在很自然地替我们选择什么被记住、什么被遗忘。我们的已知信息在塑造我们如何选择对未知信息的编码。对我们有意义的事物会被自动整合，从而更难被遗忘。记忆系统以这种方式使我们尽可能记住最重要的信息。

有深度地、精细地处理信息不仅让我们记住更多，也让我们记得更好。正如我在第 1 章中所提到的，如果我们在新认识一个人时，将有关他的信息和与之有关的事物联系到一起，那在未来会更有可能"回忆"出与他相遇的经历；如果不进行整合，那么我们很可能仅仅是"知道"这么个人，却想不起来任何与他有关的事情。我们能回忆出过去发生的事情，并伴随丰富而生动的细节，精细编码在其中起到了非常关键甚至是必不可少的作用。[8]

记忆对于精细加工的依赖也有其负面作用：一旦没有它，回忆会变得支离破碎、非常贫乏。实验曾揭示了这样一个令人惊讶的发现：很少有人记得硬币的正面和反面长什么样子，尽管大家日复一日地看到它们，使用它们。[9] 可能是因为我们在日常生活中使用硬币时，只需要注意大致的形状和颜色，对表面的图案只有非常粗浅的加工。一旦抓取到了必要的信息，编码过程随即停止，我们根本没必要对一枚硬币有更多的了解。在这个例子中，我们和参与实验的志愿者在定向任务中的行为类似，非常表面、粗浅的加工即可完成任务。如果我们一贯地不带脑子做事，不仔细分析周围的环境，不反思自己的经历，那么对于从哪些地方出发走到现在、有过怎样的经历，余下的只有与速写画类似的记忆，代价不可谓不沉重。

编码与记忆术

在几乎所有提高记忆的方法中，精细编码都非常关键。最古老的记忆术是一种视觉想象法，最早由公元前477年的希腊演说家西蒙尼德斯（Simonides）发明。关于这个记忆术，流传着这样一个故事：西蒙尼德斯是位诗人。有一次，他应邀去一个大型的宴会朗诵诗歌。宴会中，他突然被叫到外面去见两个年轻人。结果他刚从屋子里出来，会客厅的屋顶就塌掉了。所有的宾客都被砸得面目全非。西蒙尼德斯通过想象宴席上的每一个位置，再回忆在每个位置落座的人，最终重新列出了所有宾客的名单，被大家视为英雄。

西蒙尼德斯能一举完成如此困难的任务，全凭他所创造的系统性的记忆方法——位置记忆法，这一方法自此在古希腊变得有名。他是怎么做的呢？编码信息时，想象生动的画面，将需要记住的内容放在画面中熟悉的位置。之后回忆时，你就可以像西蒙尼德斯回忆宾客名单那样，[10] 通过回想位置，想出与位置联系在一起的对应信息。比如，你记着要去买啤酒、薯片和牙膏，那你可以把家里的房间当作"位置"，想象你的卧室漂浮在啤酒里面，厨房整个儿塞满了土豆，客厅涂满了牙膏。等你到了商店，在脑子里走一遍家里的房间，就能想起来每个房间里要买的东西。

现代的记忆专家使用位置记忆法和与之相关的意象法，一次性记住大量东西，比如一大本电话簿上的所有名字和号码，其实无非是旧瓶装新酒。古希腊时代的演说家早就用这些记忆术记住篇幅甚长的演讲稿，罗马的将军用它们记住麾下成千上万士兵的名字，中世纪的学者用它们学习没完没了的宗教图腾。事实上，在整个中世纪，记忆术在社会上具有非常重要的作用，对艺术和宗教生活极具影响力。[11]

等到15、16世纪，西蒙尼德斯相对简单的位置记忆法被越来越巴洛克式的"记忆剧场"所取代。这种记忆法是由一些极具创造力的欧洲人构思出来的。这些复杂且有时相当漂亮的结构包含了成百上千的位置，每个位置包含着颇为神秘的想法和箴言。虽然记住"记忆剧场"的每个位置和箴言之后，我们可以在任意位置放入需要记忆的新东西，但记住这个"剧场"本身就是一个相当艰巨，甚至不太可能完成的任务。应用这些记忆术本身所需的巨大记忆量，最终反而违背了促进记忆的初衷。[12]

我想表达的关键是，视觉意象类记忆法的核心认知操作，即创造一幅画面，并将记忆信息与特定的位置联系在一起，是一种有深度的、精细的编码。记忆术所创造的丰富而细致的编码信息，尽管与我们先前具备的知识密切相关，却又不尽相同。根据我在前文所讲的，视觉重现对有意识回想十分重要，这似乎也说明，记忆术中的视觉意象能促进有意识的记忆。[13]

事实证明，精细编码在类似巴博的记忆专家案例中也很重要。卡内基–梅隆大学的心理学家想知道，普通人能否通过练习，在仅看过一次后就记住超过7位数字的内容。他们招募了两名普通大学生参加实验室的每日训练，这两名大学生需要在训练中回想出记过的数字串。开始几周的训练并没有带来什么变化。其中一位学生终止了训练，但另一位姓名首字母为 SF 的学生坚持了下来，在不久之后，他记忆的数字串长度逐步增加，再后来急剧增加。几个月的训练下来，只要看一遍，SF 就能回想出长达 80 个数字的数字串。

训练能否促进整体的记忆能力？任何人都能通过记忆训练，达到和 SF 类似的水平吗？当然不是。SF 之所以能达到非凡的记忆水平，是因为他使用了精细编码。当能记住的数字串长度开始增加时，他找到了一个记忆的好办法，可以对数字串进行精细加工水平的分析。作为学校田径队的一名跑步运动员，他通过赋予那些原本没有任何意义的数字串跑步时间的含义，从而记住它们。比如，4125 会被他想成"速度为每英里用时 4 分 12 秒 5，在大风天还算不错的成绩"。他能记住不断变长的数字串，说明他进行精细编码的复杂性也在相应地不断增加。然而 SF 在其他方面的记忆能力并没有得到提高。在训练结束时，当需要记住的是包含字母的字符串时，他单次的记忆量并不能超过 7 个。[14]

类似地，象棋高手也能记住棋盘中大量棋子的位置。一项研究表明，这些棋手只需要观察一副真实的棋局 5 秒钟，就能记住几乎全部 25 个棋子的位置，而新手只能记住 4 个。并且，棋手的记忆能力与他们是否知道接下来要被测试记忆无关。即使他们不刻意去记，也能记得一样好。但如果看到的是随机摆放的棋子，没有任何对弈的局势可言，他们能记住的位置的数量和新手没有差别。之后的研究表明，对于桥梁和电子技术方面的专家而言，在能够使用专业知识有意义地构想信息时，他们能记住的内容远多于新手；而一旦专业知识派不上用场，哪怕是同样的信息，他们的记忆水平也不会高于新手，对于他们专业领域之外的信息更是如此。[15]

然而罗马并非一日建成的。要像拥有超级记忆力的专家那样，具备如此广泛而深厚的知识基础，并非一日之功。在许多领域，你需要通过长达十年的广泛学习、练习和准备，才能达到被广泛认可的专业水准。而这花费十年时间建成的知识库，能为高度精练而有力的精细编码提供基础。专家能从新事物中高效地提取关键信息，并赋予其丰富的含义，将其纳入已有的知识之中。经验丰富的演员记住长篇的台词，也是类似的道理。近期研究显示，演员们并不靠死记硬背记台词，而是通过分析台词找到角色的动机和目标的线索，记忆不过是这种精细编码自然而然的副产物。如一名演员所说："我并非真的在记忆，我没有在这上面花半点儿精力，但最后就是记住了。一天的早些时候，我就知道了这些台词。"演员在寻求台词的深层含义时，会深入而广泛地分析角色所使用的一字一句，这反过来促使他们精确地回忆出这些台词，而不是仅仅回忆出大概意思。[16]

精细编码的概念也能帮助我们理解一些被称为自闭症天才的人十分惊人的记忆能力。这些人通常智商很低，社交能力差到无法应付日常交流，然而正如达斯汀·霍夫曼（Dustin Hoffman）在电影《雨人》（*Rain Man*）中塑造的角色一样，他们可能具有惊人的记忆力。一位根据姓名首字母被称为 JD 的男孩，在 5 岁时被确诊患有自闭症。他从 3 岁开始回避社交，喜欢发出奇怪的叫声，身体总是摇来摆去，语言的发展也滞后于和他同龄的孩子。[17]

但 JD 的父母发现，他在视觉记忆方面具有非凡的能力。年仅 4 岁时，他尽管不会阅读，却能用字母块拼出电视屏幕上飞快闪现的文字。家人一同出游时，他能准确记住他们曾走过的地方，一旦司机稍微偏离原来的路线，他会非常沮丧。父母还发现，JD 有种神奇的能力，能帮助他完成那些需要复杂视觉分析的任务。年纪还小的时候，他就能在大约两分钟内拼完由 500 片构成的拼图。

心理学家林恩·沃特豪斯（Lynn Waterhouse）在 JD 18 岁时对他进行了测试。JD 当时的词汇水平相当于 6 岁的小孩，但对于搭积木重建复杂图像或维持物体位置的视觉记忆这样的任务,他的分数高得出奇。和巴博、SF一样,JD这种非凡的记忆力非常有局限性。比如,他很难记住人脸,词语就更别说了。他能毫不费力地对视觉模式进行操作和记忆,但在其他方面却很难做到。

博物馆测试

在上文提到的测试中,精细编码也能帮助我们理解现代艺术博物馆员工对绘画作品的回忆,结果相当有趣。参与实验的工作人员按照苏菲·卡勒的要求,回忆马格里特的作品《被威胁的刺客》(见图2-2),其中四人的描述如下:

(1)画上有粉色肉体、红色血迹,还有几个黑衣人。背景呈蓝色,阳台有一些法式铁制品,米黄色的卧室。看上去唯一显眼的颜色来自血迹,有点儿像番茄酱。

(2)这幅画画面平整,便于查看,长约2.3米、高1.7米,胡桃木色的画框,看着有些过于朴素。我从不喜欢它,对所谓的画中故事没什么兴趣,也没心思去琢磨这些东西。这么说吧,我从未仔细瞧过这幅画。

(3)这幅画有一种黑色电影的画面感,看上去神秘而奇异。它像谜一样在你眼前,给你提供了大量细微的线索,却无法从中推知任何结论。画中有几名黑衣黑帽的男子,装扮上挺像电影《东方快车谋杀案》中的阿尔伯特·芬尼,他们与一具尸体共处一室:画面中央那一个看起来像是谋杀者,他正在拨唱片机的指针,躲在两侧的两个男人看上去很是神秘。还有一个人的脸,从阳台窗户朝屋内看着,有点儿像太阳露出地平线。而且你如果看她(指女性尸体)看得足够仔细,会发现在那条毛巾下面,头可能被砍了下来。

(4)这幅画是一个谋杀现场,有几个穿黑衣服的男人,一个身体苍白的女人,以及泼溅的血迹。这就是我对它的全部记忆。[18]

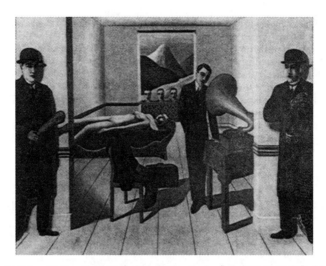

图 2-2　勒内·马格里特（René Magritte），《被威胁的刺客》（*The Menaced Assassin*），1926。$59\frac{1}{4}" \times 6'4\frac{7}{8}"$。布面油画。纽约现代艺术博物馆，凯·萨基·唐盖基金会藏。图片来自《纽约现代艺术博物馆 1996 年展藏摄影集》。

艺术家苏菲·卡勒询问了展馆内的工作人员对于这幅画的记忆，并得到了各式各样的回忆。

　　通过这些回忆，我有一定把握猜出这几个人的身份：第四位回忆者是保安员，或其他类型的非专业人士，第一位也是，他们的回忆全部局限在作品的物理特征上。第二位回想起来的信息主要是作品尺寸和装潢方式，可能是个保管员。第三位的回忆有主题性的丰富记忆，可见他应该是负责策展或有类似专长的员工。这些猜测的理由显而易见：博物馆员工的记忆，主要取决于他当初对这一幅画的感受和想法，这些观感如何被编码，则取决于他长时记忆中的知识储备。

　　编码和记忆的过程可以说是不可分割的，但二者之间的这种密切关系有时也会给我们制造难题。我们记住的是那些已经编好码的信息，而我们会对什么信息编码，又取决于自我——我们的经验、知识以及各种引起关注的需求都会对我们产生巨大影响。这就是为什么，两个不同的人经历同一件事，记忆却千差万别（见图 2-3）。

第 2 章 记忆的形成：过去编码，现在提取 51

图 2-3 杰里·科克（Jerry Coker），《记忆、树与人》（*The Memory Tree Man*），1993。15×10$^{3}/_{4}$×1"。材质：铸合金上使用混合材料。康涅狄格州锡姆斯伯里市玛丽森·哈里斯美术馆（Marison Harris Gallery）馆藏。

杰里·科克通过自学成为一位面具手工艺人，他利用金属碎片和其他日常生活中的废弃物，创造童年记忆中的人物面具。这些面具非常生动。《记忆、树与人》中面具上的脸，来自一位和家人同去阿肯色州偏远地区打工的人。小杰里在祖父的苹果树附近玩耍，这一家人路过时停了下来，看着这棵苹果树。杰里看出他们想摘些苹果，便说你们想摘苹果的话就摘一些吧。他们拿出几个大袋子，最后袋子里装满了苹果，还很高兴地告诉杰里，他们明天还会再来。

但这个工人第二天跑回来，要摘走树上所有的苹果时，杰里的祖父非常不乐意。工人反复强调，是杰里说如果他想要的话，就可以把所有苹果都摘掉，而杰里却向祖父发誓，自己绝对没有说过那样的话。是不是一定有人在撒谎，还是他们各自对前一天的事情有不同的记忆？杰里的祖父必然理解，人与人对同一段经历的记忆编码可以非常不同，因为他明智地判断说：只有那棵苹果树才知道到底发生了什么。即使最后他公平地解决了这件事情，但他始终没有调和两段截然不同的记忆。[19]

扫描心灵：大脑与编码过程

就某种程度而言，记忆是大脑赋予环境秩序的一种尝试。[20]近年来，由于活体脑成像技术的创新和运用，我们对记忆整合编码的神经机制有了新的认识。通过运用这类技术，心理学家在研究知觉、语言、记忆等认知过程的大量实验过程中，得以观察人类在完成这些任务时，特殊的大脑活动。在所有脑成像技术中，正电子发射断层成像（PET）最为先进。在PET扫描的研究中，实验参与者平卧，环形的扫描仪固定在头颅四周；扫描仪开启后，能够准确读取大脑特定部位的血流量。[21]PET扫描的基本原理是，当大脑某一部位参与一项认知活动时，活动量就会相应增加，比那些不参与这一活动的脑区需要更多的血液供应。

在一项PET扫描成像研究中，多伦多大学的一个实验小组（该小组成员之一是弗格斯·克雷克（Fergus Craik），即加工层次理论的提出者之一）要求实验参与者以两种方式加工信息：深度的精细编码，或者粗浅的非精细编码。[22]为确定深层次精细编码所激活的脑区，他们用此种编码时大脑的PET活动水平，减去非精细编码时相应的活动量。结果发现，大脑额叶有强烈的激活（大量的血流涌入），额叶是广泛覆盖于大脑前部的皮质区（见图2-4）。与精细编码密切相关的激活，主要在大脑前部下方的左侧额叶。另外的一些PET扫描研究表明，当人们进行深入的分析活动时，这一区域同样被激活。并且，一旦这一脑区遭到损伤，人往往会难以很好地对新信息分类加工，从而表现出记忆编码的困难。因此在深度的、精细的编码活动中，左侧前额叶起着重要的作用。[23]

编码活动与额叶密切相关表明，记忆的各种认知过程，可以与大脑的特定部位相关联。事件相关电位（event-related potential，ERP）的研究，提供了大脑如何编码信息的新知。所谓事件相关电位，是由特定刺激如光线、声音等所引起的脑电波反应。精细编码所引发的一个特定脑区的

ERP 被称为 P300，它在人看到一个词或接受其他外部刺激约 1/3 秒（即约 300ms）后出现。当刺激特别明显、强烈时，比如安静环境下的一声巨响，其引发的 P300 振幅会增大。这表明大脑对出乎意料、引人注意的信息会进行更多加工。可想而知，编码过程中的 P300 越高，对信息的记忆越好。[24]

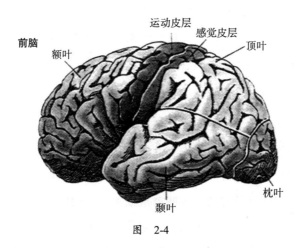

图 2-4

如图所示，大脑每个半球的皮层主要可以分为四个部分：额叶、顶叶、颞叶和枕叶。额叶皮层分布广泛，其中包含了各种次级结构，它们负责执行各种认知功能，比如记忆的精细编码、策略性提取、工作记忆及回忆源信息等（参见第 4 章）。顶叶、枕叶和颞叶中的某些特殊区域负责存储长时记忆的不同方面和特性（参见第 3 章）。这些皮层与大脑更深处的一些皮层下结构，比如海马等（见图 5-1）密切关联地运作，从而使得我们能够记住当下正在体验的经历。

图片来源：Reprinted from F. E. Bloom and A. Lazerson, *Brain, Mind, and Behavior*, 2d ed. (New York: W. H. Freeman Co., 1988).

在记忆研究领域广为人知的脑区海马，也参与对新异事件的编码。海马深藏于颞叶内侧，是一个形似马蹄铁的微小结构（见图 5-1）。对脑损伤病人的研究表明，海马的损伤会引起严重的近期记忆丧失，这导致过去几十年来记忆领域的学者一直聚焦于海马记忆功能的研究。尽管近年的一些新发现在某种程度上调整了原来的结论，但海马在记忆活动中的重要作用是无可置疑的。

PET 扫描成像研究发现，当人们在观看风景图片，如南美洲的雨林或西藏高原时，海马会变得非常活跃。我和同事们的一项 PET 实验也发现，当实验参与者观看"在现实中不可能 / 不合理"的图形，并需要对它们分类时，他们的海马也会活跃起来。[25] 这些脑成像结果表明，在信息编码过程中，海马对新异的信息会有特定反应。在面对新异刺激时，海马会活跃起来，我们的注意力也会被引向这个刺激。这种注意力的转移会继而激活一个包括大脑左侧额叶在内的神经网络，从而激活大量语义联想和知识的素材库，最终完成精细编码。

上述行为和生理方面的研究证据表明，我们对于以往经历的记忆，是在感受和分析这些信息时自然而然的产物。我们对往事的回忆，在很大程度上取决于记忆编码过程。比如，只有那些经过精细加工的方面，才有可能成为我们后来回忆的对象。这些被精细编码过的信息，就是我们意识中的所谓经验，亦即奈塞尔笔下的"恐龙化石"或沙金笔下的模糊的记忆碎片。编码越精细，能够保留下来的信息也就越丰富，也更容易引起我们对于相应往事中所见、所感、所思的回忆。可以说，记忆在很大程度上就是编码。不过更稳妥的说法是，记忆建立在编码的基础之上。因为，如下所述，有意识回忆的决定因素并非那么简单。

历史插曲：理查德·西蒙的故事

与任何其他领域的科学活动一样，记忆研究也经历了一段由诸多先驱引领的历史。这些先驱人物的成就在今天仍受到学者们的认可和赞赏。在我还是一个研究生时，就开始对理查德·西蒙（Richard Semon）感兴趣，尽管他在记忆研究的历史中并不那么有名。20 世纪最有名的学者，如哲学家伯特兰·罗素（Bertrand Russell）、物理学家埃尔温·薛定谔（Erwin Schrödinger）等人，对西蒙研究的巨大价值的评述，引发了我对他的兴趣。

1977 年，记忆研究领域几乎还没有人知道他，但不久后我就发现，他的观点既充满创造性，又具有重大的理论意义。[26]

西蒙在 1859 年出生于柏林，那一年达尔文正好发表《物种起源》（*Origin of Species*）。西蒙在年轻时便十分仰慕达尔文进化论的创见，并进入耶拿大学师从进化论著名的宣传者，生物学家恩斯特·海克尔（Ernst Haeckel），最后获得博士学位，成为该校年轻有为的教授。在欧洲，耶拿大学是进化论的主要研究中心之一。1897 年，西蒙与一位颇具名望的同事的妻子相爱并同居，遭到世人的非议。西蒙因此辞去教授一职，携所爱前往慕尼黑完婚。此后，西蒙作为一个隐世学者做独立研究，并逐渐形成了一种记忆理论。

1904 年，西蒙出版了一本小册子，叫《论记忆》（*Die Mneme*）。在这本书中，他尝试将遗传的生物学分析以及对记忆的心理、生理学分析加以整合。在他看来，遗传和繁殖是一种对世代相传的经验加以保存的记忆方式。他参照希腊神话中的记忆女神摩涅莫辛涅（Mnemosyne）的名字，创造了"记忆基质"（Mneme）一词，用以指代他所深信的记忆形成的底层机制，可以支持遗传的"记忆"和日常记忆。他觉得这种机制基于生物组织的基本元素的可塑性，可以将经验给人带来的影响在时间的流变中固定保存下来。

西蒙将记忆分为三个阶段，他认为这些阶段对于理解日常记忆和遗传性记忆都至关重要。由于日常用语容易引起误解，他不愿在阐释科学意义时使用它们，便创造了三个术语来描述记忆的这三个阶段：engraphy——信息编码进入记忆中的过程；engram——经验在神经系统造成的持久变化（所谓的"记忆印迹"），经验的物质形态在时间中得以保存；ecphory——激活或提取某一记忆因素的过程。

西蒙的这些生僻词汇及其对记忆和遗传之间的类比，在当时的科学界引起了强烈反对,而他对日常记忆活动的理论也被人们忽视。只有一位美国心理学家亨利·瓦特(Henry Watt)直接放弃《论记忆》中遗传问题的部分,深入挖掘西蒙的理论中重要的方面。瓦特评论说:"本书最有价值的部分,是关于诱发记忆的刺激的概念。但西蒙却想在有机体的繁殖和记忆的复现之间寻求某种共通,从而偏离正道(探究诱发记忆的刺激的本质)。"[27]

瓦特的评论究竟旨在说明什么?在当时,心理学家很少对记忆的提取过程感兴趣,他们相信,一个人能否回忆某一经验,完全取决于最初编码这一经验相关的信息时,所形成的联想的强度。根据这种观点,如果信息很引人注意,或者反复出现从而与已有的知识形成牢靠的联想,那么我们后来就能很好地回忆。相反,形成的联想弱,记忆就差。而西蒙的想法则不然,他认为记忆并不完全取决于编码时联想的强度,还取决于诱发刺激,即引发回忆的线索,以及诱发刺激与最初编码的记忆印迹之间的关系。瓦特发现,西蒙揭示了记忆研究中一个向来被人忽视的方面,并希望他能将精力更集中于此。

1909年,西蒙发表了《记忆心理学》(Mnemic Psychology)。这本著作完全集中于对日常记忆的探讨,而没有《论记忆》中有关遗传的颇受争议的论题,这令瓦特深感欣慰。在这本书中,西蒙结合一些重要的议题,详细解释了他的记忆提取理论。然而,让西蒙沮丧的是,他的理论在学者中反响平平,似乎对记忆研究没有产生任何长远影响。心理学家认为他的观点相当反传统,大多保持沉默。他们实则误解了西蒙的理论。此外,西蒙自绝于学术机构,这也不利于他的理论的发展。他与永动机信奉者等边缘人物类似,被科学界忽视。

1918年,西蒙的妻子因癌症去世。不久,他在妻子的床头竖起一面德国国旗,用手枪结束了自己的生命。

西蒙认为自己的工作不该受到忽视,并相信自己的观点在不久的将来会得到学术界的认同,但他的愿望并未实现——除了记忆印迹这个概念。1950年,著名的神经科学家卡尔·拉什里(Karl Lashley)在一篇题为《寻找记忆印迹》(*In Search of the Engram*)的论文中表明,他曾尝试寻找某一特定记忆在单一、特定脑区的表征,但是失败了。由于这篇文章后来在心理学领域被奉为经典之作,且记忆印迹一词也是第一次在学术界出现,所以大多数心理学家认为这个词是拉什里创造的。拉什里本人也很少提及,甚至没有讨论过西蒙对记忆印迹的优先使用。

记忆印迹是大脑因编码某一经验而产生的短暂或持久的变化。神经科学家认为,大脑对信息的编码,通过加强参与这一编码活动的神经细胞群间的联系得以实现。日常事件一般由声音、景象、运动、语词等构成,对事件不同部分的分析由大脑的不同部位完成,因而这些不同部位的神经细胞间的联系就会更加紧密。这种神经细胞间新的联系方式,就是大脑对该事件的记录,即所谓的记忆印迹。这一观点最先由加拿大心理学家唐纳德·赫布(Donald Hebb)提出。在此之后,他又深入细致地阐释了这一观点。[28]

我们在主观上将某一事件体验为关于过去的记忆,记忆印迹在这个过程中起着决定性作用,但它并不是影响回忆这种主观体验的唯一因素。记忆印迹是神经细胞间的联系方式,在一般情况下它们处在无意识之中,并具有进入意识的潜力。只有在特定条件下,记忆印迹才能引起意识层面的回忆活动,并且特定的条件只能激活特定的记忆印迹,而其他大部分的记忆印迹都只处于潜伏状态,也就是说,诱发回忆的刺激与回忆内容之间存在一些对应规则。比如,回忆中学时代参加过的最精彩的体育运动会怎么样?在我还没有问你的短短几秒钟之前,与此相关的许多记忆印迹还处在无意识之中,而后活跃起来,构成你对运动会的回忆活动。同样,若问你上次在意大利风味餐厅吃饭的感觉如何,进入你意识的会是另一些完全不同的记忆印迹。在真正被问到之前,你与这些问题相关的记忆印迹,早已存在并潜伏于你的无意识之中。

西蒙认为，记忆印迹让回忆成为可能，但为了理解记忆活动本身，我们还需要知道哪些因素才能使记忆印迹得以呈现于意识之中：诱发回忆的线索应具有哪些特征，才能够"唤醒"沉睡的记忆印迹？为什么有的线索能更有效地引起回忆？西蒙认为，任何一种记忆，只能由特定的几个线索诱导。在一个事件发生之时，我们真正注意到的一些经验素材，往往是能够诱发回忆这一经验的有效线索。因此，当类似于原始经验的一部分的线索得到呈现时，就足以引起我们对整个经验的全面回忆。

如果你想回忆高中时代参与过的最令人激动的运动赛事，你并不需要将当时经历过的所有内容全部回顾一遍。而只有其中的一部分是回忆所必需的，这一部分与你当时对这一经验的编码密切相关。假设这一事件是一场橄榄球比赛，而赛场上的四分卫屡屡表现惊人，最后奇迹般地帮助团队取得了胜利。你最初编码与整合这一事件时，编码的信息就会集中在四分卫的表现上。多年之后，也许只要提到这个四分卫的名字，或是仅仅瞟上一眼他的长相，当时整个比赛的场景、参与的选手，以及你们队怎么获胜的记忆就会自动涌进脑海。但如果没有碰上这个关键的线索，你就不会回忆起这件事情来。当一个朋友问你，是否还记得你们队曾经打败了由一个年轻教练带领的专业球队，你可能会挺困惑，不知道他指的到底是哪一次比赛，对那个教练也只有非常模糊的印象。但只要你朋友接着提到你们队的四分卫在比赛最后几分钟的关头连来两个接地长传球，你立马就能回想起整个比赛。由此可以看出，在尝试回忆的过程中，如果当初编码的内容和场景没有充分地得到激活，那么即使经验的编码广泛且深入，我们也很难回忆起来。

西蒙的遗产：依赖线索的回忆

在当代，我的研究生导师恩德尔·图尔文对理解记忆编码和提取间的关系，做出了相当了不起的贡献。编码特异性原则（encoding specificity principle）是他最具影响力的观点之一。这个原则于20世纪70年代提出，在很多方面与西蒙的理论相似。根据这一原则,一个人思考某事件的方式决定了编码的特异性,也就决定了这一事件的记忆印迹;这一事件之后能被回忆起来的可能性,则取决于提取线索与当时编码的相似度。有意识回忆往往取决于这种编码过程与提取过程的相似性。[29]

让我们借用苏菲·卡勒研究中的那些材料来做一个假想的研究(即科学家所说的思想实验),并以此阐明记忆提取的原则。先来看看现代艺术博物馆员工对马格里特《被威胁的刺客》的另外两种不同的回忆:

(1)那幅画很大,画面很惨。那个裸体的女人躺在一张桌子上,像块羔羊肉,一条粉色的蟒蛇搭在她的脖子上。我能想起来的就这些。

(2)我记得几个穿着衣服的男人围着一个裸体的女人,那个女人已经死了,像是房间里的祭品。你一眼看过去就会注意到她。我记得最清楚的是从女人嘴里流出的血和谋杀者。那个男的看上去有罪。

在我假想的实验中,我通过简短的描述提示员工,让他们回想出博物馆中符合描述的那幅画。"蟒蛇缠着女人"这样的提示更容易让第一个员工想到马格里特的这幅画,而"一个邪恶的男人射击",更容易让第二个员工回想起该画。提示的有效性取决于当初编码的性质。[30]

这个例子说明,我们如何感知和思考一件事,在很大程度上决定了哪些提示线索能在将来使我们回忆起这件事来。但对于有意识回想,关键之处并非提示与编码的条件相同,而是提示线索要能激活重新体验某事的主观感受,包括编码时人们具体的想法、幻觉或推理,等等。看到下面这句话时,你有怎样的想法?

那条鱼袭击了游泳者。

大部分人会很自然地认为,是一条鲨鱼袭击了游泳者。实验表明,一段时间之后,如果我希望你回忆出这个句子,虽然"鱼"才是原句中的词,但"鲨鱼"的提示会比"鱼"更容易让你回忆出这个句子。在这种情况下,"鲨鱼"之所以比"鱼"的提示更有效,是因为它与你看到这个句子时的想法更加吻合。[31]

记忆编码和提取之间的密切联系能帮助我们更好地理解日常生活中的记忆和遗忘。前段时间,我和家人短暂地逃离了波士顿(Boston)的冬天,在圣迭戈(San Diego)度过了愉快的一周。有好几个下午,我们在圣迭戈动物园和海洋世界玩得很开心,尤其是我的两个女儿。但这两个地方我以前旅行时都去过,所以还想找一些新的地方看看。因此,在雾蒙蒙的周日早上,我们开车来到一家颇具历史风韵的19世纪的科罗纳多旅馆。旅馆坐落在紧邻圣迭戈海岸的一座半岛上。当我们驶过连接半岛和陆地的长长的高架桥时,我的妻子描述着那个旅馆的大小、它的优美之处,以及我们的旅行指南上说它是第一个使用电灯的旅馆。而我对科罗纳多一无所知,期待着赶紧了解它。

当车开到旅馆门前时,眼前看到的景象确实没令我失望:这是一座恢宏而辉煌的典型维多利亚建筑。大厅装饰优雅,为华丽的深棕色木质结构,陈列着格调高雅的家具。大厅后面是一座安静的庭院。当我们踏入这座庭院时,我突然被一种意料之外却又非常强烈的确信感攫住:我曾经就站在这个庭院里,和参加一个科学会议的同人聊天。我清晰地记得,当时我们几个人正在谈论我即将前往哈佛大学任职的事情。短短几秒钟内,我记起来是在大概四年前,我来过这个科罗纳多旅馆。当我和妻子、孩子们一起站在这个庭院中时,我能够回忆出自己当时住哪个房间,以及其他一些当时发生的事情。

为什么妻子在车上描述那座旅馆的时候,或当我看到旅馆壮丽的外观和华丽的大厅时,我没能想起来之前来过这儿呢?为什么是庭院的景象勾起了我的回忆呢?原来,我编码那次经历的核心基调是"去哈佛之前的一次会议"。我根本没有特别留心这座旅馆的名字、它悠久的历史以及它维多利亚式的建筑。当时我满脑子想的都是在去哈佛之前的这两周我还需要完成哪些事情。在开会间隙，大家三三两两地聚在庭院里闲谈，似乎每个和我聊天的人都很关心我去哈佛的事情。所以，这座庭院是一个有效的记忆线索，它能激发我关于上次行程所编码的信息，而上述的其他线索却不具备这种作用。

我们自身的心理状态也是回忆的有效线索。在一项记忆实验中，实验参与者在记忆编码的同时，摄入某种烟或酒。一段时间后，如果他们不能回忆当时编码的内容，再次给予类似的刺激，就能促使他们更多地回忆编码的内容。这种情况在多种实验条件下都会出现，被称为状态依赖性回忆（state-dependent retrieval）。通过烟、酒等刺激物将身心恢复到人们编码时的状态，编码与提取状态的匹配有助于唤醒他们对实验材料的回忆。[32]

编码过程与提取过程之间相互依存的微妙关系，也证明了我在前文介绍的、关于精细编码与有意识回忆的一些观点。我的一个基本想法是，如果对一事件进行过精细编码，我们更容易再次回忆它；如果对一件事的编码水平很浅，我们对它形成的记忆就差。然而，如果在粗浅编码之后，给被试类似于编码信息的提取线索，他们对事件的回忆反而会比精细编码的情况更好。例如，我要你想一个与"brain"（大脑）押韵的词，并在一段时间之后测验你对目标词"brain"的记忆情况。如果你只是执行这个任务来完成一次浅层编码，那么在后来便很难想起来"brain"是我给你看的目标词；但如果你对它进行了精细编码（比如联想大脑的三个主要功能），你就能轻易地回忆起"brain"这个目标词。反过来，如果我在测验阶段给你的回忆线索是"一个与'train'（火车）押韵的词"，那么对"brain"的浅层编码会更有利于回忆出这个目标词。[33]

在其他条件类似的情况下，精细编码之所以比非精细编码导致更好的有意识回忆，原因可能是丰富而精细的编码为回忆提供了更广泛的可提取的线索,而对于浅层的、单一的编码,可与之完美匹配的记忆提取线索会少得可怜。我们可以假设这样两个求偶的单身汉:其中一个是医生,有广泛的文化和娱乐爱好,他可能是很多种类型女性的潜在佳偶;而另一个则一门心思扑在高能粒子物理研究上面,只考虑找和他一样热爱粒子研究的物理学家。后者找到符合期望的伴侣的概率会远小于前者,但万一他被爱神眷顾,真的遇到了心中期盼的那种伴侣,那么他起码和前者一样开心。类似地,精细编码会比浅层的编码带来更多碰上"对"的提取线索的机会,因而提高成功回想起来的可能性;但一旦提取线索恰好"对"上了浅层编码的信息,类似甚至好于精细编码条件下的回忆也会一触即发。

基于上述分析,有个推论会让我们心头一亮:只要完成了精细编码,且尝试回忆的时候遇上了"对"的提示线索,那么回忆就会相当精准。在一个实验中,参与者需要记忆 600 个单词——让人望而生畏的数量!实验人员引导他们对这些单词进行扩展性的精细编码,并在之后的回忆测试中给予匹配编码的提取线索。结果在看完这 600 个单词之后,参与者立马能回忆出其中 90% 以上的单词。[34]

由于我们对自己的理解非常依赖于对过往经历的记忆,认识到对一件事的回忆在很大程度上依赖于相关的回忆线索不免使人沮丧。提示对于回忆的重要影响告诉我们,某些记忆之所以潜伏在意识之下,只因为我们尚未遇到唤醒这些记忆的线索。这也许就是为什么久别重逢往往令人悲喜交加:与老朋友的重逢,让许多线索扑面而来,从而使我们想起各种或悲或喜的往事;若不是朋友的出现,我们平时很难得到这些线索,而没有这些线索,我们对那些往事的记忆便封锁在无意识状态,无法触及我们当下的情感生活。

在马塞尔·普鲁斯特的小说中,主人公在不懈追寻自我理解的过程中得到的一个启发是,他捕捉往事的能力,取决于他能否找到那些能够引导他回忆的线索。最后他认识到,他不能让心灵的时光之旅依赖于同玛德莲蛋糕味道的偶遇，他需要主动寻求引发回忆的线索。我们同样面临着普鲁斯特的问题：为了更好地理解自己，我们需要以种种方式主动寻求线索，否则我们对往事的记忆将永远沉睡直至消逝。在 GR 的病例中，我们也看到，一个偶然的有效的回忆线索（一次与以往经历类似的手术），使他重获曾经丢失的个人经验。

当然，这些考虑不应引起我们的误解，即认为所有的往事经验都已在大脑中以某种方式记录在案，只等适当的回忆线索将之带入意识之中。虽然实验室研究已反复证明，回忆线索能够使我们回忆起那些似乎已经消逝的经验，但这并不必然意味着，所有的经验都得到了保存，并且具有被回想起来的潜能。我们之所以会遗忘某些往事，尽管有时是因为没有得到适当的线索提示，但有时也是因为，我们对这些往事的记忆印迹已经衰退，或变得模糊不清。[35]

记忆提取的线索有时像便携式吸铁石那样，能帮助我们找回在海滩上丢失的那枚记忆的硬币。如果硬币被沙子掩埋了，那么清扫海滩的人就需要用吸铁石才能找到它们。但如果海滩上原本就没有硬币，那么即使磁力再强大的工具也无法探测到它们的存在。在我们的脑海中，有的海滩上有硬币，而有的则没有。像清扫海滩的人寻找硬币那样，在搜寻之前，我们并不知那会是一片带来收获还是一无所获的海滩。

尼尔的故事：大脑与提取过程

1988 年，一位叫尼尔的 14 岁英国男孩因脑内肿瘤接受放射治疗。在此之前，尼尔在各方面都表现正常，直至脑瘤的增大逐渐干扰其视觉和记忆，并引发其他的一系列症状。他先是接受效果还不错的化学治疗，但因此在认知能力方面受到损伤，他几乎失去了阅读能力，也叫不出常见事物的名字。他虽然记得手术前的经历，但再也不能记住当下的日常经历。

奇怪的是，尼尔在学校的成绩却相当好，特别是英文和数学。那些对他进行记忆测验的心理学家因此感到困惑。为此，他们根据尼尔正在学习的、洛瑞·李（Laurie Lee）编写的一本录音教材《萝西与苹果酒》（*Cider with Rosie*）向他提问，他什么也想不起来。考虑到对尼尔学习效果的考核主要通过书面的方式进行，以及他回答不出提问时那种沮丧的神情，研究人员请他把自己能回忆起来的内容写下来。过了一会儿，他写道："充血的天竺葵窗户，萝西·德拉尼亚姆与苹果酒闻到了发潮的爆米花与蘑菇生长的气味。""我写了些什么？"——他不能阅读他自己所写的内容，却能够正常说话。熟悉这本书的测试员很快意识到，尼尔所写的这句话正好来自教材。

尼尔能够写下自己不能口头表达的信息，那么他能否书写两年前与他住院有关的事？当心理学家要求他谈论自己住院的事时，尼尔根本回忆不出什么内容。但他能写出来："有一个人的皮肤患了毒疮。"这正是与尼尔同乘一辆救护车去医院的病人的情况。

尼尔的父母曾要他把全班同学的姓名写出来，他写出了一个长长的名单。有一次，他母亲问他上学时所发生的事情，他写道："妈妈，我在回家的路上看到了郁金香。"这是两年来尼尔第一次向母亲描述她不在场时发生的事情。

尼尔的父母给他配了一个随身携带的小笔记本，他开始持之以恒地记录日常事件，但他始终不能口头表述它们。当把这些事件记录下来后，他自己也无法阅读这些内容。倘若别人将他所记录的事情告诉他，他也会惊讶不已。一天下午，他们全家去几个熟悉的地方游玩。当有人问他去了哪些地方时，他什么也想不起来，但要他把去过的地方、发生的事情写下来时，他能够以简洁的、概括性的语言描写整个下午的活动："我们去了博物馆，还吃了些比萨饼。然后去了海边看海。之后就回家了。"

在心理学、精神病学和神经病学领域中，这一个案尚属首例。[36] 尼尔的脑瘤确实损伤了他的大脑，其中包括一些与记忆活动密切相关的结构。但对他大脑状况的研究没有为我们提供任何线索，说明他为什么能够通过书写，而不能通过口头表达的方式回忆近期的经历。

其他证据表明，大脑以不同的系统提取书写形式与口语形式的信息。哈佛大学的神经心理学家阿尔方索·卡拉马扎（Alfonso Caramazza）报告了两位病人的病例。这两个病人分别在大脑左半球的不同部位受到创伤，这些创伤都会损害病人的语言能力。他们在受伤之后都在英语动词的使用上有某些特殊的问题（对名词的使用依然正常）。其中一个病人能够说出动词却不能把它们写出来，而另一个病人则与之相反，能够写出动词却不能把它们说出来。[37]

卡拉马扎的发现尚不足以让我们理解，为什么尼尔能通过书面形式却不能通过口头形式回忆近期经验。但这些与记忆提取相关的特殊病例，也向我们提出了一些理解记忆的关键问题。比如提取过程究竟发生了些什么？当有人问"你去年夏天干什么去了"时，大脑中究竟有着怎样的变化，才使这一提问能作为线索，引发我对去年夏天在塔霍湖区旅游以及湖光山色的主观回忆体验？虽然我们尚不能全面理解，回忆的提取是如何进行的，但我们的研究工作已经揭示了一些可能的线索。[38]

一个核心的观点是，生成回忆的过程对应着大脑的"重建"活动。这一观点与神经学家安东尼奥·达马西奥（Antonio Damasio）关于大脑如何记忆的理论相互印证。正如我将在下一章阐述的那样，达马西奥认为，对某一经验的记忆印迹绝不仅仅处于大脑某一单一部位。在大脑皮层的后部，有一些皮质区参与知觉分析。正是这些参与表征感觉经验的区域，保存着日常事件中有关视觉、听觉信息的记忆。而在一些被达马西奥称为信息整合脑区的部位，则包含着联系不同感觉片段以及先前知识的代码，构成对经验的复杂记录。达马西奥认为，如果来自整合脑区的某些信号，引起已相互联系的感觉信息的自发激活，回忆便自然发生。被提取的记忆，正是大脑若干区域活动的一种综合，是一个建构起来的、由多种因素决定的产物。[39]

哪些脑区与记忆的提取相关？PET 扫描成像研究为我们提供了一些新知识。我曾在前文中指出，左侧前额叶皮层的某些区域在编码过程中特别活跃。相比之下，使用单词、句子、人脸等材料的 PET 记忆研究发现，在提取情景记忆时，大脑的右侧前额叶的某些特定区域，远比左侧对应脑区的活动性高。[40] 当然，仅根据某一脑区在提取过程中变得活跃，并不能说明它在提取过程中所起的作用。如果 PET 扫描观察到的右侧额叶的活跃区域真的构成提取情景记忆的信息系统，那么，这个区域的损伤就会导致有意识回忆的能力受损。这样的病人在回忆往事方面会有很大的困难。但总体而言，右侧额叶受损病人的研究并未揭示出他们的回忆能力受损，研究发现的是，病人有某些类型的记忆障碍，比如不能确定两个事情发生的先后顺序，并将幻觉误认为记忆。我后来认为，这些障碍可能是由于错误的提取过程造成的。

1992 年，加州大学圣迭戈分校的神经科学家拉里·斯奎尔（Larry Squire）和同事公布了一项 PET 研究的结果。研究表明，海马在外显记忆提取时被激活，而我们已知，海马的激活在编码新异信息的过程中有重要作用。[41] 如果回忆近期事件过程中，海马和额叶都变得活跃，那这两个结构在提取过程中分别有什么作用？我和同事最近的一项 PET 研究表明，这两个结构的作用完全不同。比如，如果我问你上周末晚上做了些什么，你在对这些事件回忆的过程中会包含大量的心理活动，你会试图想起一些你可能见过的人、去过的地方，来帮助自己想出当晚的经历——这些努力尝试的过程构成了提取的一个重要组成阶段。但在某一时刻，你真切地回忆起了当晚的体验：那天晚上你去看了一场电影，电影的恐怖情节让你毛骨悚然。回忆的这种主观体验，也是提取过程中非常重要的部分。当大脑的某个区域在记忆提取过程中活跃起来，它所反映的或是试图回忆的种种努力，或是真实回忆的主观体验。我们所设计的 PET 研究，旨在分离提取过程的这两个方面。结果表明，在提取过程中，额叶皮质的血流量增加，主要反映尝试回忆的各种心理努力，而试图回忆某事的努力或愿望，尚不足以引起海马的活跃。海马血流量的增加，似乎反映了回忆体验的某些方面。[42]

与这些发现相一致，多伦多大学的神经心理学家莫里斯·莫斯科维奇（Morris Moscovitch）提出，海马系统和额叶系统所参与的可能是两种不同类型的提取。一种是联想提取（associative retrieval），它依赖于海马和内侧颞叶的相关结构，是一个自动的联想过程。某一线索自动触发起回忆体验，便是一种联想提取。大家一定熟悉这些现象：听到一首心爱的歌曲，我们会想起在哪里、什么时候第一次听到这首歌；或者我们常说，某个人使我们想起另一个人，等等。另一种是策略提取（strategic retrieval），是用心寻找某种记忆的过程，主要依赖额叶皮质的某些区域——或者可以更精确地说，正是在 PET 研究中发现的、在有意识的提取过程中活跃起来的右侧前额叶。[43]

当回忆上周末晚上做了些什么时，你首先需要依靠策略提取，触动若干回忆线索，这些线索继而会激发自动的联想提取，最后引起对相关事件的回忆。在这一过程中，如果额叶系统产生一个与记忆相匹配的线索，那么内侧颞叶系统便会自动地激活相应的记忆印迹，回忆由此生发。如果没有额叶系统的帮助，那么内侧颞叶系统只能"等待"某一线索的产生，以激活它储存的记忆。我们将在第 3 章中看到，内侧颞叶系统与大脑后部的某些脑区交流密切，记忆印迹正由这些脑区存储。内侧颞叶系统还包括部分枕叶和顶叶在内的脑区所形成的网络，使我们能够编码和回忆近期经验。但我们也将会看到，对远期经验的回忆不需要内侧颞叶系统的参与。

这些观点有助于我们理解，内侧颞叶系统的损伤会严重影响对近期经验的记忆,而额叶系统受损则不会。如果自动的联想提取系统功能紊乱,那么策略提取系统的活动便会无效,病人也很难回忆近期经验。但如果自动提取系统完好、策略提取系统受损,那么适当的回忆线索出现时,病人仍能进行正常回忆。对于这些病人而言,他们的回忆缺陷主要局限于那些需要策略提取系统参与、寻求线索才能实现回忆的情境。因此,那些因额叶受损导致的记忆障碍,其情形就有了相对合理、准确的说明。

目前脑成像技术的发展,使我们有可能期待在不久的将来,记忆提取的神经机制将被破解。我们有足够的知识解释,尼尔的脑损伤为何能让他通过书写(而不能通过口语)回忆自己的经历。

构建记忆:提取环境如何影响回忆

要理解记忆,理解提取过程的神经机制必不可少。但形成心理学层面的、充分解释提取过程的理论同样重要。在我们回忆某事时,我们认为我们提取的是什么东西?所谓提取,和激活某一休眠状态的记忆印迹并将之引入人的意识是一回事吗?

比如,根据我给你的提示"去年感恩节你是怎么过的",你可能立马会想起,去年感恩节是在哪里、和哪些人一起过的。但与此同时,你也会主观地重新体验当时的一些感受。回忆的这种主观体验是从哪里来的?最简单的回答是,线索以某种方式激活了相应的记忆印迹,而你回忆这件事的主观体验,不论多么的支离破碎,都是沉睡在大脑之中的记忆物质的直接反映:就像一盏关着的台灯突然被打开一样。

然而,记忆的提取过程并非如此简单。奈塞尔将记忆的提取比作根据恐龙化石碎片重建恐龙骨架——这一类比隐含了记忆提取的另一个侧面。对古生物学家而言,考古挖掘所发现的化石碎片,与利用这些化石碎片建构出来的恐龙完全不是一回事。建构一只完整的恐龙，所依据的是构造者关于恐龙形象的一般知识，用的是这些碎片和其他合适的碎片。同样，对回忆主体而言，记忆图像（对某一事件所存储的信息片段）和回忆的主观体验是不同的。虽然被储存的信息片段是回忆体验不可缺少的素材，但它们只是构成回忆体验的部分材料。回忆体验的另一个重要部分，是提取线索本身。尽管人们通常认为，提取线索只是唤醒沉睡于大脑深处的记忆，但我在此处已指明了另一种可能性：线索与记忆图像相结合，产生一个既不同于线索也不同于单纯的记忆图像的新实体，在心理层面上也就是回忆的主观体验。其实普鲁斯特的小说已隐含了这一观点，其中，回忆产生于当前感觉与过往体验的对比与结合，恰似由双眼信息的复合形成立体的视觉。

如果记忆提取线索的作用仅仅是激活某一休眠的记忆，那么我在前文对一些研究的探讨就失去了意义。比如，先以"观察者"视角回忆一段经历，然后再以"场景"视角回忆这段经历，人们会说在第二次回忆中，没有第一次回忆那么多的情绪体验；在我们知道某一信息，却无法确切地有所回忆时，这种知道的感觉通常由我们所熟悉的线索所引发；当我们面临一些特定的提取线索时，对经验的"回忆"之感会有所减弱，而"只是知道"这个事情发生过的感觉会有所增强。一旦我们意识到，提取线索会结合记忆印迹，并由此引发我们称为记忆的一些主观感受，那么我们就可以开始理解这些显然存在的问题了。

我的实验室在近期的一项研究中证明，提取线索所具有的特征会影响回忆的结果。一群大学生参与了这项研究，他们观看了一些人物说话的照片，同时听这些人物说话的录音。这些人的语调有些是欢快的，有些则显得烦躁。一段时间之后，参与者看到人物的照片时，需要回忆对方的语调。结果发现，当照片上的人物面露笑容时，被试倾向于将语调回忆为欢快的；如果照片上的人物面有怒色，他们便倾向于认为语调是让人烦躁的。但实际上，人物照片中的表情与之前在录音中的语调没有任何关系。所以，被试所报告的"记忆"并不包含他们所要回忆的事件（人物语调）的信息，反而受到线索（人物表情）的强烈影响。[44]

到目前为止，研究者仍然很少注意到提取线索的特征如何影响回忆的主观体验。这主要是因为图尔文所说的传统理论的"势力"。传统理论认为记忆过程只是过往经验的片段被重新激活。[45]人们从直觉上能强烈地感觉到，以某种形式储存于我们大脑中的记忆，与这一记忆的激活引发的回忆体验之间，存在着相对稳定的对应关系，以至于认为对这种观点的质疑毫无意义。然而，研究记忆并试图提出理论说明的科学家，对这种观点的质疑正在逐步加深。

例如，近年来，记忆研究领域发展出了强劲的新观点——联结主义。这种观点否认了回忆是对储存特定往事的记忆的激活。联结主义或者神经网络模型的基本原则是，大脑通过加强参与对某一经验编码的神经细胞间的联系实现对经验的记忆储存。当我们编码特定经验时，那些活跃的神经细胞之间的联系就会加强，这种特殊的大脑活动模式，就构成了记忆印迹。当我们回忆这一经验时，提取线索所诱导的是另一种大脑活动的模式。如果这一模式与之前的编码模式足够相似，就足以引起一次回忆活动。在神经网络模型中，"回忆"并不只是被激活的记忆印迹，而是由提取线索和记忆印迹共同作用所产生的一种特殊模式。神经网络将当前环境中的信息与过去所储存的模式相结合，所产生的就是回忆的神经网络。我们在回忆时，大脑所产生的正是与记忆印迹匹配的活动模式，而不是像一束光线照到相应的记忆内容那样，全然是记忆印迹的激活。[46]

回忆在提取线索和记忆印迹交互作用中生成，这样的观点大家目前仍难以接受。如果我们希望理解经验的片段如何转换成我们的个人历史、形成我们的自我，就应该抛弃那些习以为常的偏见。

Searching for Memory

第 3 章

时间与个人记忆

画家米尔德里德·霍华德（Mildred Howard）喜欢用视觉语言讲述家庭故事。在第二次世界大战爆发之时，由于家庭成员增多，原来的地方不够住，她的父母领着全家，从得克萨斯迁到了加利福尼亚。兄弟姐妹十人中，米尔德里德最小，也只有她是在加利福尼亚出生的。在米尔德里德的成长过程中，她总喜欢听家人讲她家在得克萨斯农场的探险和遭遇。大姑妈所讲的故事尤其令她着迷。她的这位姑妈简直是收藏家族故事的高手，脑子里藏着各种过去的故事。在《罗斯（罗斯福）》(Rose (Roosevelt))这幅画中（见图 3-1），米尔德里德将她家的一张旧照片嵌进一扇旧窗框，用这些线索邀请我们想象姑妈所讲述的背后的故事。家里人讲述家族的历史时，米尔德里德非常着迷，同时又有些嫉妒，毕竟她没有生在得克萨斯，也没能亲历自家的不俗事迹。这也许解释了为什么多年来，她一直尝试以绘画的形式，捕捉那些仍然鲜活又不断消逝的回忆。一位观察家这样评论米尔德里德·霍华德的作品："所表达的正是那种随着岁月和记忆流逝，逐渐黯淡的家族荣耀。"[1] 在作品《卡尼·克里克》(Caney Creek) 中（见图 3-2），时间和记忆彼此交织,记忆指向过去,同时面向并塑造着未来。米尔德里德·霍华德通过古旧的物品,表达对久远往事的追思,作品本身即揭示了时间和记忆彼此依存的关系。在她看来,时间不紧不慢地往前流淌,那些消散的、流变的甚至增强的记忆,决定了我们对于"我是谁""我将成为怎样的人"的思考。我们的个人记忆,整个人生历程的积淀,也源于时间和记忆相互作用的动力过程。若不仔细观察记忆如何随着时间变化、如何根据经验的遗迹作为个人记忆来定义自己,我们就难以理解记忆的脆弱性质。

图 3-1　米尔德里德·霍华德,《罗斯(罗斯福)》,1992。28×18×2"。材质:窗框与混合材料。旧金山鲍尔·安格里姆美术馆(Gallery Paule Anglim)藏。

在一个窗框之中,有两个着装得体的男人,围坐在一个微型窗框两侧,微型窗框内镶着画家的姑妈年轻时的一张照片。这两个男人是谁?他们是姑妈年轻时候的追求者吗？或是两个与姑妈一起亲历那些神秘农场生活的亲戚？我们无从得知这些，但可以感受到其中一定有着奇妙的故事。

图 3-2　米尔德里德·霍华德，《卡尼·克里克》，1991。21×24×6"。材质：窗框与混合材料。波士顿尼尔森美术馆藏。

画中三人（画家在得克萨斯乡下的亲人）的身影在似乎逐渐后退的背景中，变成模糊的一片。画四周窗框上的油漆在剥落，到处都是裂缝，更深切地传达出久远记忆被时间销蚀之后的状态。画的前景是六个香草苏打水的饮料瓶。这些空瓶子激起霍华德对于欢乐的家庭聚会或在炎炎夏日的午后与兄弟姐妹们谈天说地的情景的怀念。

从记忆中消散的往事

1885 年，德国心理学家赫尔曼·艾宾浩斯（Hermann Ebbinghaus）完成了历史上第一个研究记忆和遗忘的实验分析，具有跨时代的重要意义。他的研究发现，随着编码与提取记忆内容之间的时间延长，遗忘大大地加深。艾宾浩斯作为唯一的实验参与者，给自己布置的任务是记住一长串没有语义的音节，然后在间隔不同的时间点上测验自己所回忆的音节数量。他的测验有 6 个不同的时间间隔，从一小时到一个月不等。结果发现，在依次增长时间间隔之后，他能回忆起来的音节越来越少，而且时间越靠后，遗忘的速度越慢。比如，他在第一小时到第九小时之间忘掉的内容，多于第一天和第二天之间忘掉的内容。后来的很多研究者也发现，遗忘的速度随时间下降。[2]

后来，心理学家研究了承载日常经历的个人记忆如何随时间变化。20世纪70年代早期，心理学家赫伯特·克罗维茨将英国科学家弗朗西斯·高尔顿（Francis Galton）在19世纪提出的一种方法加以修订，用于研究生活事件方面的记忆。这种方法非常简单，现在通常被称为克罗维茨法。举个例子，看到"桌子"一词之后，回想你第一个想到的、不论发生于何时的个人记忆。一旦你想到了一段回忆，请标记一下它最初发生的时间。你可以用同样的办法试试"受伤""奔跑"等词。

在克罗维茨的实验中，参与者会回忆出不同生活时期的事情，从实验开始前的几分钟一直到童年早期。他发现大多数回忆发生在不久前，离当下最远的回忆最少（我自己做这项实验时，想起在一周前我为同事准备了文件放在"桌子"上；孩童时期玩棒球手指脱臼（"受伤"）；几个月前，我在纽约为叫到出租车而"跑"了起来）。如果将参与者的回忆按时间排列，还能发现参与者回忆出的近期记忆的数量随时间推远有明显减少，而远期记忆的数量随时间的变化趋于平缓。[3]

尽管有少数例外，在大多数情况下，记忆会随着时间的流逝而消退。有时，在一件事情发生很久之后，我们会惊讶地发现，自己已经忘记了那么多东西。比如在一项调查中，研究人员调查了590名一年内发生过交通事故的人。他们发现，在调查之前3个月内发生交通事故的人，基本记得事故的前前后后；而在那些事故发生于调查之前9~12个月的人中，有27%的人回忆不起来事故的细节。研究人员认为："很显然，事故与调查之间的时间间隔越长，人们回忆事故细节的能力越差。"[4]

为何时间的流逝与记忆的消退密切相关？这是因为时间带来了新的经验，对新经验的编码和储存，会干扰我们回忆先前的经验。我当然记得今天早餐吃了什么，但很难想起去年今日吃的什么。因为从那时到现在，我吃了几百次早餐，这些重叠的经验会妨碍我回忆其中特定的某次早餐。随着时间的流逝，这类干扰使得日渐久远的记忆影像模糊起来。[5] 日常生活中，记忆印迹的衰退与困扰着我们的遗忘密切相关，多数记忆领域的研究者认同这种观点。不过，也有一些人认为，我们永远不会真的丢失记忆之中的信息，也可以说，我们所有的记忆都保存在大脑之中，不会有太大变化，只要通过恰当的线索就能激发它们。

伊丽莎白·洛夫特斯（Elizabeth Loftus）和杰弗里·洛夫特斯（Geoffrey Loftus）是记忆研究专家，他们曾询问了大量心理学家，选择下列两种遗忘理论中的哪一个。一种理论认为，过去发生的所有事情，都持久地保存于我们的大脑之中；虽然我们并不能时时记起与之相关的各种细节，但通过某些合适的方式，我们一定能慢慢回忆起来。另一种理论则认为，有些经验会永远从记忆中消失，并没有任何特殊的方法可使之恢复。84%的心理学家认同第一种理论。结合我在前文所介绍的、提取线索影响回忆的重要证据来看，这个结果也许是合理的。比如，那些忘记交通事故的人，如果得到特殊的线索提示，如描述事故发生时周遭的详细情形，他们很可能重新回忆起来。但正如我在上一章中所言，所有经验都在大脑某个未知角落永久保存，这样的观点似乎很难成立。[6]

20世纪50年代，加拿大神经外科医生怀尔德·潘菲尔德（Wilder Penfield）所做的、如今得到广泛引用的"刺激大脑"（brain-stimulation）系列研究，似乎为第一种理论提供了有力支持。在洛夫特斯夫妇的调查中，心理学家纷纷援引潘菲尔德的研究，作为第一种理论的关键证据。毋庸置疑，潘菲尔德的研究结果相当惊人。他将电极小心地放置在进行大脑外科手术病人的大脑颞叶皮层表面。在病人处于清醒状态时，他通过给电极施加电流刺激颞叶皮层,结果在一些刺激之下,病人出乎意料地回忆出原本以为早忘得一干二净的事情。"对了,医生,我听到一个母亲在某个地方叫她的小孩,"一个病人在受到刺激时回忆,"这应该是很多年之前发生的事了。"另一位病人说:"对了,医生,对了!现在我听到有人在笑,是我在南非的朋友。"医生问他是否能认出朋友是谁,病人回答:"当然了,她们是一对堂姐妹(或表姐妹),贝西和安·胡里奥。"[7]

潘菲尔德认为,这些事实表明,大脑永久性地存储着人生经验:"显然,与意识相随的神经活动,在大脑中留下了永久的印记。"[8] 如果可以发现这些长期稳定的神经活动留下的痕迹,我们就能回忆甚至重新在意识中体验所有经历。也许,时间的流逝并不侵蚀经验留在脑中的痕迹,而是破坏了重新激活尘封往事的力量。

这一观点无疑具有巨大的诱惑力,因为依照这个观点,我们都有可能像普鲁斯特和马格纳尼那样,全方位追踪往日经验的足迹。不过,现在多数心理学家和神经科学家都认为,潘菲尔德的发现并不能证实这一充满浪漫主义色彩的观点。在潘菲尔德研究的 520 位病人中,只有 40 位在接收颞叶皮质电刺激时,报告了可被理解为回忆的心理体验。更重要的是,潘菲尔德也未曾说明,病人在电刺激之下产生的心理体验,究竟是对往事的真实回忆,还是种种幻想和幻觉。[9]

在后来的一项研究中,法国研究者在颞叶区癫痫的病人中,也发现了类似的心理体验,他们称之为"梦样状态"(dreamy state)。这要么是病人颞叶及周边区域的电刺激引起,要么是在他们癫痫发作前的自发状态。虽然病人有时会说他们体验到了某种回忆,但他们所"回忆"的往往是一些普遍的场景,而非独特的事件。例如,一个病人说:"我看到了我祖母同村友人家的房子,一会儿它就消失了。接着我又看到自己在布列塔尼(Brittany)度假时住的那座房子。"另一个病人说:"我看见自己站在厨房的水槽前，穿得和平时一样。"有些病人甚至会说这种体验是奇特的幻觉性的回想，其中一位病人这样描述，"这种感觉就像我已经做完正在做的事情，整个事情我都曾经历过，又有一种奇怪甚至是恐怖的感觉"。[10] 病人这些回忆的主观感觉，源于颞叶皮质的电活动——指明这一点很重要，因为颞叶在记忆中起着其他脑区无可比拟的作用。但与潘菲尔德的研究类似，这个研究中的病人报告并不能说明，大脑中存在着不受时间影响的记忆印迹。

所有经验都已被永久地保存，只等恰当的线索将之带入意识。这种观点不能通过心理学层面的研究否定。因为即使一个人在多种线索的提示之下仍然不能回忆某一经验，他还是有可能受到其他线索的偶然牵引而回忆出往事。而且可以肯定的是，如果我们能营造出一个人经历特定事件时的身心状态，对方确实很可能回想出原本似乎已经忘记的经历。不过，以无脊椎动物为对象的神经生物学研究已经发现，那些与简单形式的记忆相关的神经变化，会随着时间的推移变弱甚至消失。虽然尚未得到完全证实，可以想见，类似的情形也存在于哺乳动物的神经系统中。这一类的研究发现表明，特定经验记忆的基础——神经细胞之间的联结，其强度可能会随时间衰退。从生物学角度而言，某些记忆片段可能真的会消失得无影无踪。[11]

解释遗忘现象的两极观点，要么认为遗忘是特定记忆片段的生物基础彻底消失的结果，要么认为所有记忆的神经表征都完好，遗忘只是提取线索不足以激活回忆，两者似乎都过于简单。我们需要做的，并非厘清所有经验是否都被永久保存的争论，而是重新思考遗忘背后究竟发生了什么。情况更可能是这样的，随着时间的流逝，新经验生成的记忆具有干扰作用，我们一方面越来越难以意识到有效的提取线索，而日渐模糊的记忆印迹也变得难以激活。认知心理学家玛丽戈尔德·林顿（Marigold Linton）在一项著名的研究中测试了自己的记忆，其研究结果支持这种观点。她坚持每天简要记录生活中至少两件事情,然后在多个时间间隔之后,随机选择并回忆它们。这项研究持续了 14 年,直到林顿于 1986 年公开研究结果。她发现,在大约一年的时间间隔以内,她可以"轻松回忆"每件事,几乎任何相关的线索都可以引发回忆。[12] 但是随着时间间隔的延长,记忆影像的痕迹会日渐模糊,能够引发特定回忆的线索也日渐减少。这说明当我们偶然回想出原本似乎遗忘的经历时,很可能是碰巧提取线索与衰退而模糊的记忆印迹完全匹配。

在我去 25 年前打工做服务生的一个夏令营营地时,我驱车路过一片湖泊,在此可以看到营地后方的美丽景象。我透过车窗往外看时,突然想起自己曾和几个朋友一起来过这个地方,那应该是我唯一一次来到这个地方。25 年来,我从未想起过这件事,甚至在车上时也想不起来当时在这里做了什么,具体和哪几个人在一起。但我很确信,如果不是从这个地方,不让视线越过整个湖面看到那块营地,我是怎么也想不起来这段已经模糊了的记忆的。

与此同时,对于理解提取线索与记忆印迹如何相互作用,这些思考也提供了十分重要的线索。在其他条件相同的情况下,如果我们在一件事发生之后立即回顾,那么这一事件的记忆印迹就是一个丰富的信息源,甚至是回忆该事件的决定性因素。几乎不需要什么线索就能激活这样的记忆印迹,而且线索对回忆的主观体验也基本没有作用。例如,如果我问你在阅读本书前在做什么,你可以轻易回忆起来,并不需要我提供任何线索。而且不管我提供什么线索,你的回忆基本不会变。我们不厌其烦,反复咀嚼、讲述的那些往事正是这种情况:不论是什么线索打开了话匣子,同样的故事被反复讲述。

不过,对于那些从未回想过的陈年往事,引发回忆的线索与记忆印迹之间相互作用的本质大为不同。在这种情况下,记忆印迹所表征的信息已经衰退，要回忆出这样的信息，需要大量线索的提示，而且线索的特点也会极大地影响回忆的主观体验。如果我要你回忆6年前感恩节晚餐期间所发生的事件，你需要许多提示的线索才能回忆起来，而你能够回忆出哪些内容，在很大程度上取决于这些线索。比如你可能记得，老朋友乔治从别的地方飞过来与你共度假期。然后，为了想起那次感恩节的更多事情，你会仔细回想有关乔治的事。假设你和乔治在这几年里发生了矛盾，你对他不再像以前那样有好感了，那么这些印象会被整合到你对乔治的总体看法之中，并影响你回忆那次感恩节晚餐的内容。你可能因此想起他在那次晚餐上一些不得体的言行，尽管那次晚餐的记忆印迹所表征的内容已经相当模糊。由此可见，在记忆印迹衰退之后，回忆在很大程度上依赖于线索的特点。同时，这些线索本身也在记忆之中，有许多与之相关的联想和意义。

虽然从表面上看，记忆印迹逐渐变得微弱和模糊的事实令人感到遗憾，甚至令人沮丧不安，但换个角度考虑，从不遗忘的情况可能会更加糟糕。在豪尔赫·路易斯·博尔赫斯（Jorge Luis Borges）的小说《博闻强记的富内斯》（*Funes, the Memorious*）中，一个年轻男人能记住所有事情的全部细节，比如他所看到的每一棵树上的每一片树叶。但是这完美无缺的记忆有沉重的代价：他的心灵充斥着各种微不足道的细节，概括各种经验对他而言异常困难。他无法理解，明明是各不相同的狗为何都被叫作狗。博尔赫斯让我们意识到："思维就是抽象化的过程，是忘记差异。"后来，苏联神经心理学家亚历山大·鲁利亚（Alexander Luria）报告了一位记忆惊人的男性——舍雷舍夫斯基（Shereshevskii）。他和博尔赫斯小说中的主人公有类似的困扰：他能记住无数琐碎的信息，比如鲁利亚在实验中要求他记住的任何长度的数字串和名词。作为记者，他的记忆力有很大帮助，他从不需要在采写新闻的现场紧张地做笔记。可在他阅读或是听人聊天时，他却难以理解这些内容的意义。他和富内斯一样，难以掌握各种抽象的概念。[13]

遗忘非我们所愿，却是一种适应性特征。我们无须记住所有东西，对于那些我们不需要用到的东西，忘记是最好的选择。认知心理学家约翰·安德森（John Anderson）的说法很有道理，逐步忘记那些细碎的事物是一种理性的反应，能帮助我们的记忆更好地适应实际生活。我们没有必要记住所有细小的经验，并让它们充斥于我们的头脑中，以备哪天将其派上用场。[14] 但我们确实有必要形成对于世界总体特征的相对精确的图景，这也正是我们所擅长的。整体而言，我们能相当准确地回忆自己的过往经验。鱼和熊掌不可兼得，假如我们能像富内斯和舍雷舍夫斯基那样，记住人生所有的一幕幕往事，也许就会失去连贯的人生故事。

记忆的增强与巩固：它是否会随时间加深

尽管遗忘具有适应性，但时间仍是记忆的敌人：随着记忆编码与提取之间的时间延长，我们所编码的经验就会被遗忘，遗忘的速度不一。记忆并非一味地随时间衰减，也存在着一种被心理学家称为记忆增强（hypermnesia）的神奇现象。如果实验参与者在实验中看到大量图片，然后多次接受测试，回忆在实验中看到过的图片。总体而言，尽管距离记忆图片的时间在延长，但随着测验次数的增加，他们回忆的正确率会逐渐提高。如果实验中另有两组参与者作为参照，他们分别在时间间隔较长和较短时接受一次回忆测验，那么结果毫无悬念，在较长时间间隔之后回忆的参与者，其回忆效果比时间间隔较短的参与者差。但那些反复回忆图片的参与者，他们的记忆随时间增强。这可能意味着，反复回忆是一种主动的练习，它之所以能帮助参与者想起那些原本会忘记的图片，是因为参与者在后面的回忆中创造了新的提取线索，从而激活了在前面回忆中无法激活的记忆印迹。于是我们便看到了这样的结果，记忆似乎并没有随着时间消退，反而得到了强化。与此相似，心理学家和神经生物学家发现，有些记忆印迹会日渐稳固，这种看似令人费解的现象被他们称为巩固（consolidation）。[15]

在记忆的心理学和神经生物学研究中，巩固的概念经历了漫长的争议。目前，很多研究者区分了记忆巩固的两种类型。

第一种记忆巩固只持续几秒到几分钟，它将瞬间的短时记忆转变为相对持久的长时记忆。如果遭受严重的脑损伤，人很可能丧失这种巩固短时记忆的能力。遭受脑损伤的病人无法记住导致大脑受伤的事故或事故前数分钟内所发生的事，而且几乎永远无法恢复这些记忆。这些事情在发生之时也许进入了短时记忆或工作记忆系统，但它们进入长时记忆系统的通路受阻。一些有志于探究这一现象的研究者，曾深入观察一支大学生橄榄球队每周的现场比赛，以期在队员受伤时进行现场研究。当猛力的攻击（行话叫"暴击"（ding））导致身体伤害时，研究者会立即冲到事故现场进行研究。当在一次比赛中，一个经验丰富的后卫队员在带球过程中，被对方防卫队员猛地踢倒在地，缩成一团时，一位研究人员立即冲向现场。大约30秒后，研究者询问这位受伤队员的感受，他回答说感觉自己在高中时期，但仍能回忆他们队刚才执行的战术。20分钟后，这位队员清醒过来，但他不记得自己受伤的事故以及受伤前的战术。这是橄榄球运动员在被"暴击"之后的普遍情况：在刚刚受伤时，他们记得当时的情况，但几分钟之后他们就再也不记得场内的情况和发生在自己身上的事情。[16]

神经生物学家以大鼠、果蝇，甚至结构更为简单的无脊椎动物海兔为实验对象，对短时记忆巩固进行了大量研究。海兔的神经系统极为简单，仅由大约2万个神经细胞构成。相比之下，人脑的神经元数量约有1000亿个。当研究者在海兔的尾部施加一个负面刺激时，它会收缩柱状尾部回避，而且很快对这种刺激反应敏感起来，能够越来越快地收缩尾部或以其他方式逃避刺激伤害。诺贝尔生物学或医学奖得主埃里克·坎德尔（Eric Kandel）和他的同事发现，哪怕海兔只承受了一次负面刺激，也能在好几分钟内记住回避反应，但几分钟之后这种记忆就逐渐消失了。这说明海兔对单次负面刺激形成的是短时记忆而非长时记忆。但如果研究者不断对它施以刺激，它记住尾部收缩反应的时间就会越来越长。在这种情况下，它的短时记忆转化成了长时记忆（也可说是巩固）。

在海兔接收负面刺激的神经细胞（感觉神经元）与尾部负责收缩反应有关的神经细胞（运动神经元）的连接部位（突触），某种神经递质释放量的增加与海兔的短时记忆密切相关——坎德尔及其同事的研究充分证明了这一点。多次接收同一刺激之后，这两种神经细胞之间的化学传递变得更有效率。长时记忆不仅意味着蛋白质的合成，还伴随着新突触的生成。他们因此认为："就细胞水平上的理解而言，短时记忆向长时记忆的转变，实质是由以过程为基础的记忆向以结构为基础的记忆的转变。"[17]

同时，第二种类型的记忆巩固也已得到了大量证据支持。这类巩固的作用时长以年月计算，甚至可以长达几十年。换句话说，存在那么一些记忆印迹，它们在经历漫长时间的淘洗之后，反而更能抵御神经结构损伤的负面影响。一种由于大脑颞叶深处的结构损伤引发的记忆障碍，为这种记忆巩固的理论带来了证据支持。这类记忆障碍病人很难记住脑部受伤之后所发生的事情（顺行性遗忘），甚至也难以记得受伤前一段时间发生过的事情（逆行性遗忘）。在一些病例中，病人难以回忆受伤前的近期记忆，但在回忆久远往事方面却没有任何困难。这类病人在回忆方面的时间特点，最早由19世纪的法国心理学家泰奥迪勒·里博（Théodule Ribot）发现，因此被称为里博定律（Ribot's Law）。[18]

多数由脑损伤导致记忆障碍的病人，其记忆受损的情况符合里博定律。他们往往会永久性地忘记脑部受伤的前因后果，也很可能暂时地忘记受伤前数天乃至数月间的记忆，但更远的记忆却分毫无损。对这一现象的可能的解释是，那些更久远的记忆，由于经历了长时记忆神经系统漫长的巩固作用，因而更能对抗大脑的损伤。

在20世纪七八十年代，部分研究者在精妙的实验设计之下，也发现了类似的结论。比如，神经心理学家玛丽琳·阿尔伯特（Marylyn Albert）和尼尔逊·巴特斯（Nelson Butters）设计了"名人面孔实验"。在这个实验中，实验材料是不同年代（横跨 50 年）的名人面孔，如查尔斯·林德伯格[①]（Charles Lindbergh）、约瑟夫·麦卡锡[②]（Joseph McCarthy）、奥利弗·诺斯[③]（Oliver North）等，遗忘症病人需要一一辨识这些名人的面孔。参与这项实验的部分病人很难认出在近期出名的人，但认出较早出名的人却轻而易举。但由于这个实验中用到的那些较早出名的人物，一部分当时仍在世且闻名依旧，实验的结果无法证明病人远期记忆的保留。拉里·斯奎尔想到了一个特别的方法克服这个问题。他用那些只在特定时期播放过的电视录像作为实验材料，结果发现，对于播放时间越近的电视内容，遗忘症病人回忆起来越困难。这种现象在某些精神病病人中尤为明显。这些病人往往因难以治愈的重度抑郁症，而不得不接受电休克疗法。电休克疗法会引起暂时的逆行性遗忘。在电休克疗法实施前，这些病人对近期电视节目有较为准确的记忆，而更少记得较远时期的电视节目，这与一般人的情况类似。但在接受电休克疗法之后，病人回忆不起来治疗前一两年内的电视节目，而他们对于更远期电视节目的记忆却没有变差。[19]

斯奎尔及其同事还发现，那些由于大脑内侧颞叶（包括海马在内）的某些结构损伤而失忆的病人，回忆久远往事的能力远好于回忆近期事件。对于某些类型的测试如回忆电视节目，病人只是难以回忆遗忘症前一两年内的事情，而在其他类型的测试上，他们的记忆障碍表现在更长的时间范围内。例如，斯奎尔给这类遗忘症病人看提示词，要求他们根据提示自由回忆任何时候发生的事情。结果发现，他们的童年回忆与一般人没什么两

[①] 查尔斯·林德伯格，1902—1974，美国飞行员、作家、发明家与社会活动家。——编者注

[②] 约瑟夫·麦卡锡，1908—1957，美国共和党参议员，极端的反共产主义者。——编者注

[③] 奥利弗·诺斯，1943 年出生，美国政治评论员。曾在 20 世纪年代末政治丑闻"伊朗门"事件中担任美国国家安全委员会成员。——编者注

样，但童年之后发生的事情，他们基本回忆不起来。[20] 因此，记忆的充分巩固到底需要多长时间？也许并没有精确的、唯一的答案。

有一个特别有趣也相当悲惨的例子，是一位有名的科学家由于长年酗酒，最后患上了逆行性遗忘症的故事。长期酗酒有时会导致维生素 B1 的缺乏，从而损伤与内侧颞叶皮质密切相关的脑结构——间脑。间脑损伤导致的遗忘症又被称为科萨科夫综合征（Korsakoff's syndrome），这是为了纪念有史以来第一个发现此类病例的学者，19 世纪的俄国精神病学家谢尔盖·科萨科夫（Sergei Korsakoff）。那位患遗忘症的科学家在资料文献中被简称为 PZ。他相当有名，我们今天还能读到他的自传，也因此得知他当时的详细情况。尼尔逊·巴特斯和莱尔德·瑟马克（Laird Cermark）通过查阅 PZ 的自传，总结了 PZ 的记忆特点：PZ 对大多数童年往事的回忆非常准确，但对于中年以后发生的事他的回忆逐渐减少，而人生最后 20 年的事情，他一件都不记得。[21]

近来，动物研究为我们提供了理解逆行性遗忘症的重要知识。在 1995 年，如果一个人由于脑损伤再也认不出奥利弗·诺斯的脸，我们没有办法得知他在受伤之前对诺斯的熟悉程度。而通过动物实验，研究者可以严格控制实验对象对特定信息编码和记忆的程度，然后在这一记忆生成的几天、几周或几个月之后，进行脑损伤处理。假如记忆会随时间巩固，且内侧颞叶在巩固过程中发挥重要作用，那么，在特定记忆生成较长时间之后切除内侧颞叶，应该不会对记忆产生影响；相反地，如果在记忆生成之后的较短时间内损伤内侧颞叶，那么记忆应该会严重损失。以猴子和大鼠为实验对象的研究发现正是如此。[22]

这些研究发现都指向同一个结论，即记忆在最初被大脑编码之后，需经过一段时间的作用才能充分稳定地建构起来。斯奎尔等人认为，对于神经系统而言，海马以及与之紧密相连的内侧颞叶在记忆的巩固过程中起着非常重要的作用。但这种作用时间有限，长时记忆的存储发生在内侧颞叶以外的脑皮层神经网络之中，不同区域的神经网络表征不同类型的信息。例如，视觉信息的记忆储存于枕叶和颞叶下回，这些皮层对于处理视觉信息必不可少（见图 2-4）。枕叶和颞叶之间的连接处有一个被称为梭状回的皮质结构。切除梭状回之后，人们不能认出原本熟悉的人脸，在辨认其他类型的视觉对象时也表现困难。例如，安东尼奥·达马西奥及其同事这样描述一位 65 岁的女病人 EH。一次事故导致 EH 大脑两侧的梭状回受损，在此之后，她虽然能将人脸识别为一张"脸"而不是其他东西，却再也不能通过脸认出自己的朋友、丈夫、女儿和其他亲人。对镜自照时，她也只能在理性上知道镜中必定是自己，但感觉上完全认不出来。EH 在视敏度、智力、语言理解和应用等方面却完全正常，她能通过别人说话的声音，认出对方是谁。EH 也很难辨认自己的房子、汽车、衣服等，虽然她能够辨别一件东西属于房子、汽车、衣服还是其他类别。EH 的脑损伤使她丧失了对特定物体的视觉记忆。

与之相反，大脑皮层不同部位的损伤会导致不同类型的缺陷。例如，大脑顶叶受伤的病人会忘记他们曾经熟悉的空间表征，比如无法在地图上绘出他们日常来往的路线；言语听觉的长时记忆，则与大脑左侧颞叶一个被称为"韦尼克区"（Wernicke's area）的脑区密切相关。这一区域受伤的病人无法理解别人说的话，虽然他能说出不同的词语，却无法通过说话表达任何有意义的内容。[23]

有意识的回忆通常包含各种类型的信息，如视觉、听觉、空间、语言等信息。我们已经在上一章中指出，达马西奥认为，这些不同类型的信息在"联合区"得到整合。所谓的"联合区"就是将知觉经验的各种信息片段综合为一体。达马西奥认为存在一系列不同处理水平的联合区，如将各种视觉特征整合为脸部信息、将各种脸部信息整合为其他更高级信息等。内侧颞叶被认为是有意识的记忆（陈述性记忆）的信息整合中心。许多研究者相信，内侧颞叶中存在着一种类似于索引的系统，能由此追溯在大脑不同区域内储存的信息。在各皮层区域之间的直接联系可以形成完整的记忆印迹之前，内侧颞叶的索引对于听觉、视觉、味觉、触觉等信息的有意识的回忆体验必不可少。最后，回忆便不再依赖于索引。记忆存储的这种观点意味着，不论是去年感恩节的晚餐，还是在婚礼上与海伦阿姨重逢，这些记忆并不是一幅完整而静止的画面。回忆它们更像是玩拼图游戏，你需要根据线索将许多内容拼凑起来。内侧颞叶有完成拼图的指令，帮助你完成回忆的拼图过程。不过，随着时间的推移，这一指令最终由大脑各皮层区域共同执行。[24]

就心理层面而言，长期的记忆巩固之所以会发生，部分原因在于我们经常谈论并回想过去。越是久远的记忆，越是受这种回顾的影响。也许正是这谈论和回想过往经验的过程，促进了表征并存储这一经验的各皮质区域之间的直接联系。一段记忆如果被反复回想，就会日渐巩固，不再依赖于内侧颞叶的整合作用。近年来，詹姆斯·麦克莱兰（James McClelland）及其同事提出了一种新的神经网络模型。这个模型所表达的正是内侧颞叶如何与其他皮质区域配合，实现长时记忆的巩固。这个模型的模拟结果与研究发现一致，逆行性遗忘伴随着这样的规律：近期记忆被遗忘，远期记忆得到保留。[25]

长时记忆的巩固究竟对应着怎样的大脑变化？我们目前尚无定论。我们确切了解的是，大脑内部的神经元能够随时间变化重新排列。近期的一项研究发现尤为惊人。成年猫的双眼视网膜被损坏，由此导致局部的盲视，视觉皮质对某些位置的光线或物体不再有反应。但在9个月之后，这些视觉区域又重新开始对视觉刺激有反应。这是因为这些区域的神经元逐渐重新组织，其中包括形成新的连接。也许，在记忆的长时巩固过程中，也发生了与此类似的某些变化：逐渐形成了某些新的神经连接，从而使那些被反复回顾的记忆难以被遗忘。[26]

最近的研究发现，睡眠也对记忆巩固过程起作用。在大约10年前，神经科学家乔纳森·温森（Jonathan Winson）提出一个假说：在睡眠期间，尤其是做梦最多最强烈的快速眼动（REM）睡眠阶段，记忆得到巩固。温森认为，在我们睡觉时，大脑不再像在清醒状态时那样接收外部刺激，而是整理白天的所有经验，去除琐碎信息，保留有意义的内容。

电生理学研究为温森的观点提供了证据。我们通过大鼠的电生理学记录发现，在睡眠过程中，海马将近期接收的信息"回传"到大脑皮质，那些储存长期记忆的区域。这很可能体现了海马在记忆巩固中的重要作用。睡眠专家早已发现，梦总是包含近期经验的片段。现在我们也许可以这样认为，在我们睡觉时，我们的大脑却在努力工作，那些长久保存的记忆由此得以巩固。我们在清醒状态下的所思所想，也会影响睡眠过程中的记忆巩固。那些对生活具有重要意义的事情，我们在醒着的时候会反复思量，在睡眠中它们也相应地反复"重现"（replayed）。在清醒时不受注意的经验，在睡眠中出现的可能性也很低，并逐渐被遗忘。也许，清醒状态下的意识活动和睡眠状态下的潜意识活动相互配合，共同塑造着我们关于自己的故事，我们的个人记忆。[27]

一生的回忆

1991 年 12 月，作家伊莎贝尔·阿连德（Isabel Allende）在马德里的一个聚会上，发布了她最新的一部小说。在她向来宾解释自己写作这本小说的动机时，一个不幸的消息传来：她年仅 27 岁的女儿葆拉（Paula）被送进医院急救。葆拉和家人早在几年前就得知，她患有某种罕见的代谢遗传病——卟啉症。如今这种病开始发作，并导致她昏迷不醒。在葆拉去世前昏迷的一年多里，阿连德一直守护在女儿身边。她没有办法可以让女儿醒过来，也不确定女儿万一哪天醒过来，是否还记得自己的过去，最后她决定向女儿传输记忆。"葆拉，你听着，"阿连德在记述抗争病魔的回忆录

《葆拉》的开头写道,"我必须给你讲一个故事,免得你醒来之后大脑一片空白。"她开始讲述她和葆拉一起生活的种种经历、那些葆拉不知道的秘密,以及世世代代流传下来的家族故事。阿连德将自己一生的经验合成一个整体讲给葆拉,希望可以借此打破她与无法醒来的女儿之间的沉默。她回忆道:"在那漫长的沉默中,我沉浸在各种回忆里面,好像所有的事情都是同时发生的,我全部的生命也似乎是一个单一的、不可理解的意象。童年时代作为小孩和女孩的我、现在作为一名妇女的我,以及将来要做老太太的我,全都汇成了同一条河流。我所有的记忆像一幅墨西哥壁画,所有往事都在此时此地。"[28]

阿连德的讲述触动人心。由于女儿的病情与她对一生的回忆密切相关,回忆本身也因此变得沉痛。不过在许多方面,阿连德与大多数人以同样的方式回忆人生:其中既包含特定时刻的细节,也有对某一大段生活的整体感觉。比如,她回想儿时在拉巴斯(La Paz)所见的满天繁星,8岁时在海滩遭遇恐怖又困惑的性,还有20世纪50年代旅居黎巴嫩时的情形,以及她坐在葆拉床边时讲述的数不胜数的人事和心得。

尽管我们的个人记忆非常复杂,支撑它的内在却具有一定的结构性。尽管对一件发生过的事情的回忆,像一堆毫无章法的快照和故事,还是有许多研究者区分出了不同层次的个人记忆(自传体记忆)。不同的研究者往往采用不同的术语描述这些层次。我在此按照自传体记忆的两位先驱研究者——马丁·康威(Martin Conway)和大卫·鲁宾(David Rubin)所提出的区分规则讲述。[29] 他们假定存在三种层次由高到低的自传性知识,高层包含人生各阶段的回忆,即以年或10年为单位的生活阶段,如上大学的阶段或在某地生活和工作的阶段等;中间层包含那些以天、周、月为单位的总体事件的回忆,如大学一年级举行的足球比赛、游览科罗拉多大峡谷、刚工作时完成的第一项任务等;最低层囊括了人生特定时刻以分、秒、时为单位的回忆,如足球比赛接近尾声时的激烈鏖战、第一眼看见科罗拉多大峡谷时的感受、未做准备的情况下进入会议室的感觉等。

我们在回忆人生时，三个层面的回忆通常同时存在、相互交错。例如，在伊莎贝尔·阿连德的自传中，她回忆旅居黎巴嫩的总体生活，如经常去逛露天集市，那是一个曲折狭窄而拥挤的商业区，里面有可以买到你所能想到的任何水果的商店。"我现在仍能闻到市场的气味，散落在街道各处的小店的气味，混为一股奇特的蒸汽，"她继续回忆，"店主们几乎是上街把客人拉到他们塞满货物的阿里巴巴的洞穴。"这时，她并没有回忆特定时刻的记忆，而是在提取许多经历之上的特点和主题，因此是一种总体性的回忆。但她也能沿着更高层的回忆，往下翻出很多细节来。她由那个商业区想起，有一次在街上打折的店铺里，母亲劝她买些做嫁衣的布料。她那时还相当年轻，短期内不可能结婚。"我们买了好几米长的白色丝绣的纱料，还有为嫁妆备置的桌布，以及一架此后历经30余年流浪迁徙仍保留下来的木刻屏风。"[30]

实验研究表明，三种类型的自传知识具有不同的功能，并且很可能以不同的神经系统为基础。从实验结果看，总体事件是我们回忆人生的切入点。当实验参与者回忆往事时，他们的大部分回忆属于总体性事件。人们总是倾向于这样回忆，"我上高中时真的非常喜欢打篮球"，而不是说自己在哪上高中，篮球比赛的某一刻发生了什么。[31]

总体性事件之所以会优先被回忆选择，得益于这类经历的重复。正如我之所以记得自己给哈佛本科生上的第一堂课是什么，是因为我需要在一个学期内上很多次这门课。但记住这些课堂上发生的那些具体的事，却是非常困难的，因为它们只发生过一次。让我们回想一下玛丽戈尔德·林顿对自己记忆情况的研究。她发现在一年之内，她能够相当准确地回想起来经历过的事情；而一旦超过一年，那些个人化的、确切具体的记忆就会消失，那些独特的事件会融合成为一种总体性的事情。失去对单个事件的细节性回忆，而获得一种整体性的理解，这就是玛丽戈尔德记忆的命运。这也许解释了为什么当我们回忆往事时，往往以总体性的事件作为切入点。总体性事件集中体现了我们在特定生活阶段的整体性经验。通过多次重复的增强，它们在记忆中鲜明起来。

所谓的人生阶段还有另一个作用。如果我让你回忆一生中的任何一件事，我想你绝不会有人生阶段的概念，比如"在我上高中的时候……"这样的信息过于概括，并不能表达真切的人生经验。不过，以某个人生阶段为引子，你能想起属于那一阶段总体性的事件。人生阶段的划分有助于我们回忆总体性事件和其中具体的事情，这为我们回忆人生提供了大致的框架。[32]

基于这些事实，康威和鲁宾提出了有关个人记忆性质的一个重要观点：也许并不存在与我们回忆的往事一一对应的独立的记忆表征。很可能是另一种情况，即我们每一次回忆人生，都需要从三种层次的自传体知识中提取信息片段，最后组合成完整的记忆。回忆单个事件也像拼图那样需要拼凑多个板块，回忆人生更是如此。

一个奇特的逆行性遗忘症病人的案例充分说明了这一观点。1993年，英国学者约翰·霍杰斯（John Hodges）和罗瑟琳·麦卡锡（Rosaleen McCarthy）描述了一位 67 岁的遗忘症病人 PS。PS 在一次事故中丘脑受伤，这个脑区的损伤一般会导致遗忘症。事故之后，PS 很难记住正在发生的事，也失去了他之前人生的所有记忆——除了其中的一个阶段。他坚信自己还生活在第二次世界大战期间，坚信自己正作为一名海军士兵，即将回船上服役。尽管 PS 还记得一些其他的破碎不堪的经历，但他对自身状态的理解，却被过去的阶段性记忆占据，活在近半个世纪前的幻觉中。

PS 的奇特遭遇说明，不同层面的自传体记忆被拆散之后，会导致不可思议的回忆现象。PS 拥有一部分总体性事件的记忆，但无法回忆任何具体的事情。若说这些记忆已经消除，也不大可能，因为记忆研究者并不认为丘脑是储存记忆的脑结构。我们应该记得，GR 也是在丘脑受伤之后失忆，但后来又逐渐恢复了记忆。此外，长时性的（得到巩固的）记忆储存在大脑的皮层区域，PS 的这些脑区没有受伤。丘脑是大脑前后脑区沟通的信息中转站。霍杰斯和麦卡锡认为，PS 储存记忆的脑区与大脑额叶的记忆提取系统失联。在正常情况下，正是记忆提取系统使记忆素材进入意识之中。[33]

当然，单是这种记忆分离的假说并不能解释 PS 活在某段过去时光的持续幻觉。PS 的另一个特别的症状在于，他不能回忆最高水平的自传知识，即有关各种人生阶段的记忆。通常，我们对人生阶段的记忆都处于受抑制的状态。只有我们在回忆时，才会将之激活。例如，我当然记得自己是 20 世纪 70 年代在北卡罗来纳大学读书。在一般情况下，我关于大学阶段的记忆处于休眠状态，只有我的注意力重新锁定这一人生阶段时，它才会在记忆中鲜活起来。但这种记忆的复苏并不会让我觉得自己还生活在 20 世纪 70 年代，还在北卡罗来纳读书。而且只要我的注意力转向其他事情，这一阶段的记忆又会复归静息状态。可是 PS 却做不到，他对于"我正在第二次世界大战的海军部队服役"这段记忆的神经表征，一直处于活跃状态。一部分可能的原因是，丘脑的损伤使他陷入那段记忆的世界不能自拔。另一部分原因可能在于，第二次世界大战期间他在海军部队服役的经历是他人生中无比重要的一部分。在此之外，我觉得他之所以抱定这种幻觉，可能是因为 PS 在第二次世界大战阶段的记忆与其他人生阶段的记忆断了联系。正是因为他无法回忆除此以外的其他事情，才被困在一个挥之不去的信念里：假期快要结束，他很快就能归队。

如果自传体记忆的不同层次能够彼此分离，我们大概就会意识到，虽然我们感觉记忆是连贯的，但在这种表面的连续之下，却隐藏着许多记忆的结构和模块。我们所体验的对人生的回忆，其实是在人生阶段、阶段内的总体性事件和具体事件这三个水平的记忆中建构起来的。当我们将所有这些信息组织起来时，便拥有了关于过去的回想。当阿连德向她昏迷不醒的女儿倾诉往事时，她清楚地明白自传性回忆的建构性质。她写道："在讲述人生的过程中，我的人生被创造出来。当我记录下我的记忆时，我的记忆变得更加强烈了。"她渴望终有那么一天，葆拉会醒过来——事实未能如她所愿，她想象着和女儿一起构建回忆："你醒来之后，我们有大把时间重新拼凑那碎裂的记忆，还可以根据你的幻想，创造新的记忆。"[34]

心理学家逐渐发现，我们关于个人经历的复杂知识，所谓的人生故事和传奇，其实是构建起来的。这种知识我们称之为自传体记忆，是我们的过去和未来之间的桥梁，满足一种叙述的连续性。心理学家丹·麦克亚当斯（Dan McAdams）坚信自传体记忆对认知和行为的影响力。他认为自传体记忆中的高水平的部分，同样是被构建出来的：

> 我们不断延展的个人生活史，主要由对经历的叙述而非经历本身构成。它不是一部"编年史"，也不像会议记录那样，记录何事何时发生。个人生活史主要是关于意义而非事实。在我们主观修饰经历并讲述它们时，所谓自传体记忆得以构建——历史是被造之物。[35]

如果自传体记忆是被构建的，还时常发生形变，我们对于人生和自我的基本信念会不会是完全错误的？如果我们构建自传体记忆的方式就像玩拼图，拼凑大量的碎片化信息，并在很大程度上受当下需要和愿望的支配，我们是否会受到蒙蔽，对人生的基本事实视而不见？小说家雷诺兹·普莱斯（Reynolds Price）在回忆人生时曾想，如果父母在他的成长过程中多拍些照片、多做些记录该多好啊，他就不必不安地质疑记忆的可靠性了。"我想我能回忆那些欢笑、痛苦和渴求时的语气和面容，"他写道，同时在括号内注明"我对于这些回忆的真实性的信心，全有赖于我神志清醒、力求准确"。但他又接着写道："要达成对回忆的本质过程的基本理解，我必须承认，那些我自认为生动的记忆，很可能要么失真，要么是谎言或纯粹的错误。"[36]

所有自传体记忆都是复杂的建构之物，普莱斯对此有清醒的认识。当然，这并不意味着我们生活在自己虚构的幻象之中。相反，我们有很好的理由相信，关于往事的记忆，大体而言是准确的。在一个家庭之中，往往会有这样的情况：某个家人记得的事情，其他人却忘记了；对于同一事件，不同的人有不同的记忆。比如，我弟弟肯（Ken）就不记得，在一个炎热的6月，我们全家一起看过一场棒球赛，洋基队（Yankee）输了，他为此大哭了一场。而我对此记忆犹新。我们家养过一条狗，关于那条狗的事情弟弟全记得，我却想不起来。回忆这些事情的差异，可能一方面反映了我们最初编码记忆的程度不同，另一方面也反映了我们此后复述和诠释它们的差别。比如，那只宠物狗主要由我弟弟喂养，他经常想起或者说起这只狗的事情。而那次去看棒球比赛，是父母送给我的生日礼物，因此在我记忆中格外鲜明。弟弟是洋基队球迷，每次这个队输掉比赛他都会哭。那次因为输球大哭，只是他许多次类似经历中的一次，因此很难与其他记忆区分。

相比之下，成年人在更大的时间尺度上回忆往事时，回忆通常相当准确。比如，我和弟弟能够大致相似地回忆小时候父母的关系、我们玩些什么、祖父母和其他亲戚是什么样的。我们具有这样的典型经验。研究已经发现，同胞兄弟姐妹对原生家庭总体特征的回忆往往契合。[37]

有意思的是，认知心理学家也发现，人们一方面对单一具体事件的回忆往往变形扭曲，另一方面又有着相当准确的总体性记忆。克雷格·巴克雷（Craig Barclay）研究了一群大学生的日常生活。这些大学生有写日记的习惯，在那些值得记住的事情发生之后，他们会及时记录。一个学生在日记中写道："我去了购物中心，本想给父母买一件结婚纪念礼物，却没有找到一件合适的，真是没劲。"学生如何回忆日记本里数月至数年前记下的事情？在一些研究中，巴克雷复印学生的日记，询问他们这是不是原来的内容；有时，他会修改日记的细节，如"我去了购物中心，走了十家商店却没有找到一件合适的礼物，真是没劲"。对于这些稍做修改的记录，随着时间的推移，学生倾向于认为它们就是自己的原始日记，甚至还有人误把别人的日记当成自己的。不过，虽然他们在回忆的诸多细节上出错，但对于总体经验的回忆却是准确的。巴克雷总结道："那些关于生活事件的理解，自传体记忆得以构建的基础，是全然虚构的假象吗？当然不是，我们对于人生的回忆具有内在的完整性。"[38]

可以说，记忆是伴随我们从摇篮到坟墓的东西。如果我们的人生故事有可能全然扭曲，这该多么可怕。正是记忆的纽带将我们与去过的地方、熟知的人们联系在一起，一些人物与事物，正是通过记忆超越其本身的生命限度。出生于阿根廷的画家戴安娜·冈萨雷斯·甘多尔菲（Diana Gonzalez Gandolfi）在其作品《记忆的回响》（Memory Weaves the Echoes）（见图3-3）中，表达了这一思考。受诺贝尔文学奖获得者巴勃罗·聂鲁达（Pablo Neruda）的诗歌的影响，她逐渐认识到，那些逝去的密友仍活在她记忆的回响之中。她在画中排列的挂衣钩和衣物，是勾起对逝者回忆的幽灵。

图3-3 戴安娜·冈萨雷斯·甘多尔菲，《记忆的回响》，1990。$26^1/_2 \times 33^1/_2$"。材质：油画，蜡，聚合材料。波士顿兰德尔·贝克美术馆（Randall Beck Gallery）藏。

画中幽灵般的身影是画家已故的朋友，他们现在只能以记忆的回声在画家心中回荡。

记忆的回响对于伊莎贝尔·阿连德来说是如此重要。每每想到女儿所受的苦难,她就回忆起祖父说的一句话:"不存在死亡。只有我们忘记一个人时,他才真的死了。"阿连德意识到,葆拉活在她们共有的记忆之中:"记忆真是神奇,它使你想起一个人的气味、说话的语气,在心里重新将他创造出来。"葆拉同样认识到了记忆的这一关键作用,她知道卟啉症将过早地结束她的生命,于是提前给家人写了封信。在她去世之后的好几个月里,她的母亲都没有勇气打开它。当母亲终于打开这封信时,看到她通过记忆的力量安抚家人的语句:"我知道,你们会永远记住我。只要我活在你们的记忆里,我就永远和你们在一起。"[39]

Searching for Memory

第 4 章

曲面镜成像
记忆的扭曲

在葆拉不省人事的那段时间,伊莎贝尔·阿连德渐渐地视记忆为自己的亲密朋友,一位持续安慰她的朋友。心理学家什洛莫·布雷兹尼茨(Shlomo Breznitz)在回忆躲避纳粹迫害的经历时,也有类似的体验。他说:"记忆是再自由不过的了。空间服务于它,时间则是任它驰骋的原野。在人的一生中,再没有比记忆更诚实的朋友了。"[1] 一般来说,我们可以如同信赖密友那样信赖我们的记忆。不过,即使是最亲密的朋友,有时也会蒙蔽我们;与之类似的,记忆偶尔也会在我们最需要相信它的时候欺骗我们。当记忆被扭曲生成错觉时,我们可以通过观察这些错误的记忆,找到启发我们理解记忆脆弱性的丰富线索。这些记忆的错误也极其生动地表明,我们所坚信的过去,会如何给日常生活带来翻天覆地的变化。

由于一段痛苦的遭遇,弗兰克·瓦勒斯(Frank Walus)真正体会到了记忆的扭曲是怎样一回事。1978 年,他被指控为纳粹战犯并接受审查。有几位证人认定他是残忍的盖世太保,指认他于 1939 年至 1943 年间,在波兰的两座城市(捷斯托瓦和基尔斯)对平民施行恐怖政策。其中一位证人回忆，他曾亲眼看到瓦勒斯杀害两个孩子和他们的母亲。另一个证人回忆瓦勒斯曾闯进他家，残害他的父亲，并亲眼看到瓦勒斯枪杀一名犹太律师。在一堆照片中，这位证人轻易认出了瓦勒斯。他十分肯定地说："这张脸我这一辈子也无法忘记，正是这个人杀害了一个无辜的人，那个人唯一的过错就是他是犹太人。"基于证人的证词，瓦勒斯被判定为战犯，其美国公民的身份也被废除。

当瓦勒斯上诉之后，大家发现这个故事还有另一个完全不同的版本。法院调查德国战争记录后发现，并没有弗兰克·瓦勒斯或任何与这个名字类似的其他人的记录。波兰的战犯管理委员会也没有任何关于瓦勒斯的记录。最重要的事实也许在于，瓦勒斯有资料和证人证明自己战时并不在场，他被遣往巴伐利亚州的农场做苦力。在一审时，法官看到一张瓦勒斯在巴伐利亚州的农场拍的照片，但他在照片上的样子与1978年法庭上的他判若两人，法官因此质疑了照片的真实性。但人们随后发现，瓦勒斯在农场的照片与他参加美国雇佣军时的一张确证无疑的照片完全符合，因此在二审时，法院推翻了一审的判决，但仍然保留他再次被指控的可能（虽然他后来未被指控）。心理学家威廉·瓦格纳尔（Willem Wagenaar）这样评论瓦勒斯案："美国地方法院承认了自己所犯的严重错误，弗兰克·瓦勒斯并不是证人所认为的35年前的那个战犯，他应该得到赔偿。"证人之所以错认战犯，很可能是因为晚年的瓦勒斯酷似那个纳粹战犯年轻时的样子。

瓦格纳尔还指出了与瓦勒斯一案颇为相似的另一个更有名的案件——克利夫兰汽车厂（Cleveland Auto）工人约翰·德米扬鲁克（John Demjanjuk）案。他被指控为恶魔伊万（Ivan）。伊万是穷凶极恶的纳粹战犯，曾在特雷布林卡（Treblinka）集中营残害犹太人。德米扬鲁克最终被判处死刑并被押送到以色列，在那里服刑8年后，以色列最高法院推翻了对他的判决。法院根据一些证据相信，真正的战犯可能是一个叫伊万·马尔岑科（Ivan Marchenko）的人，这个人在战争结束后神秘消失。瓦格纳尔是德米扬鲁克的辩护专家，他对案件的详细分析在 1988 年德米扬鲁克被判刑后得到发表。这些分析严肃地质疑了提审和取证的程序，正是这些程序的不当之处导致人们将德米扬鲁克误认为伊万。这些不当之处包括具有误导性的问题，提供给证人辨认的照片的不当组合，以及法院忽视了证人不能指认德米扬鲁克的部分情况。毫无疑问，确实有一个叫伊万的人犯下了滔天罪行，不过以色列最高法院却找到了足够的理由，质疑证人指认德米扬鲁克为"特雷布林卡集中营恶魔"的可靠性。[2]

诸如此类的事例，足以撼动我们对于记忆的信赖——原来记忆是容易出错的！不过这样的事实对于精神病学家和心理学家而言，并不值得大惊小怪。他们早已清醒地认识到了记忆的脆弱性质。围绕弗洛伊德关于病人回忆童年性创伤的观点，已有大量的文献可查。最初，弗洛伊德相信病人的回忆，他认为通过催眠而获得的这种记忆对应着真实发生的事件。但在 1897 年后，他认为病人的回忆是基于幻想的虚构。这和我们对于恢复童年性创伤记忆的看法一致。一部分人认为，弗洛伊德是在重新审视、分析临床观察之后改变了自己的看法；也有部分人认为，他的同事不认可他对病人的性创伤回忆的信任，他因而没有足够的勇气相信这类回忆；还有部分人认为，弗洛伊德是以某种方式诱导病人虚构性创伤故事，以证明他自己的理论，即早年的性创伤是心理病理问题的重要诱因。[3]

不论出于什么原因，最后的结果都是弗洛伊德对记忆扭曲背后的作用越来越感兴趣。他在 1899 年发表的经典论文《屏蔽记忆》(*Screen Memories*)中指出，当我们回忆童年早期的经验时，呈现于我们脑海之中的视觉意象，并不是童年经历的真实图景，而是经过扭曲或被屏蔽的，以此逃避真实的情境。弗洛伊德这篇论文的中心思想，即有意识的回忆总是不可避免地被我们的愿望以及潜意识冲突所扭曲，是整个精神分析理论的核心假说。在弗洛伊德看来，精神分析的一个主要目标，就在于揭露隐匿在屏蔽机制背后的"真正的"现实。弗洛伊德将精神分析学家比作考古学家，通过层层挖掘、向更深处进发，最后得以发现原始的痕迹和童年记忆的残留。不过，至于如何从那层层包裹的扭曲外壳下区分出被隐藏的真实的核心，弗洛伊德似乎没有过多地解释。[4]

弗洛伊德所提出的理论，其局限在于，他无法确切地知道被分析者在童年期的真实经历。要想对记忆有十足的确知，我们必须记录经历的客观事件。英国心理学家弗雷德里克·巴特莱特（Frederic Bartlett）用实验方法研究了人们如何回忆复杂的事件，并于1932年在他的经典著作《论记忆》（Remembering）中发表。在巴特莱特的实验中，他让实验参与者听一则古老的印度传说"鬼魂之战"（The War of the Ghosts），然后分别在几个场景下复述这个故事。巴特莱特发现，人们很少能准确回忆故事里的情节，他们能够回忆出来的，往往是那些符合常识的或者他们自认为应该如此发展的情节。他还发现，在不同的复述中，人们的回忆会有所变化，有时这种变化相当惊人。巴特莱特因此得出结论：回忆是对往事充满想象的重建。回忆所带来的记忆经验，不仅取决于特定的记忆内容，还取决于回忆者的"态度"，即他对于应该发生什么、发生过什么的一般认知和预期。[5]

记忆会受到扭曲，这一点是很容易看出来的，记忆扭曲所带来的社会启示和影响力也不言而喻，难就难在理解这种记忆扭曲背后的机制。接下来，我将尝试揭开这个谜底。总体而言，记忆和现实彼此适应，两者通常相互一致，不过有时记忆会被极度地扭曲，甚至因此永久地、彻底地改变我们的生活。

作为陷阱的已知信息：编码与记忆扭曲

我们生活在一个相对主义盛行的时代，大多数人乐意承认，他们会建构自己的主观生活。然而，我们仍然很难质疑这样一个基本的假设：存在着一个真实的外部世界，我们在一定程度上能通过记忆共享这个世界。这一假定不仅在社会机制的诸多方面具有非同寻常的重要性，如法律体系、教育体系等，也是我们相信个人记忆并借此理解自我的重要依据。尽管一个人对外在世界某些方面的理解会有偏差，但他往往能准确地知道自己编码过哪些记忆内容。

有时，来自证人的错误指证是由于记忆编码的限制。20多年前，由于错误的指证，劳伦斯·伯森（Lawrence Berson）被指控为强奸犯，身负好几起强奸案，乔治·莫拉莱斯（George Morales）被指控犯有抢劫罪。后来，一个叫理查德·卡蓬（Richard Carbone）的人供认了所有这些罪行。伯森和莫拉莱斯之所以倒霉，是因为他们与卡蓬在相貌上有几处显眼的相似：他们年龄相仿，戴款式类似的眼镜，都留黑色小胡子、长度类似的卷发，脸型也彼此相像。如果一个证人只编码了卡蓬与伯森、莫拉莱斯相似的部分，而没有编码那些能够区分他们的特征，那么当他看到伯森或者莫拉莱斯的照片时，他自然会把照片中的人指认为罪犯，并由此准确地回想当初编码的那个犯罪现场。但是，如果要证人将卡蓬从这三个人当中识别出来，则需要他在案发当时编码更多能够区分出卡蓬的信息。因此，在编码不足的情况下，这样的指证必然会导致悲惨的错误指控。[6]

如果编码的过程中添加了某些其他信息，有可能会在将来造成回忆的形变。比如，我们通过语言描述编码一张脸、一种颜色或一种葡萄酒的味道，如果语言描述不够准确，且凌驾于非语言的信息之上，那么接下来的回忆可能会有困难。[7]此外，我们对于会发生什么有所期待，哪怕并未发生，期待的内容也会被编码进入记忆。类似地，我们的已知信息和知识积累，在帮助我们获得和提取信息的同时，也会扭曲我们的记忆。你可以想象这样的场景：在一个晴朗温暖的午后，你坐在观众席前排看一场棒球比赛。主队在第一垒和第三垒上都有人，有一人出局。投球手将球投向本垒板，击球手击中地面球并试图定位地面球，完成两次出局（double-play），第三垒的跑垒员得分。

如果你不熟悉棒球这项运动，你的想象很难超出这段文字的描述。你可能会想象一个挤满热心球迷的体育场，或者各色各样的球队运动服。但如果你是一个真正的棒球爱好者，那么你的想象肯定会补充这段文字没有描述出来的细节：第三垒的跑垒员得分，说明击球手一开始是安全的。如果击球手出局，也就是两次出局的策略成功，那么这局早就终了，第三垒的跑垒员也就不可能得分。在一个有棒球专家参与的实验中，如果给他们看上面那样一段故事，他们多半会坚持认为："那个击球手本来是安全的。"不懂棒球的人往往不会有这种错觉。正是丰富的棒球知识让这些专家掉进了"自作多情"的编码陷阱。[8]

总体而言，我们对于世界的知识可以轻而易举、非常有效率地被激活，使我们的认知得以高效顺畅地运转。比如，我们走进一家餐馆吃饭时，从入座到离开给小费，我们都可以预测这期间将要发生的大部分事情的顺序。又比如，当我们走进一家音乐厅，理解和欣赏音乐的知识得到激活，让我们预期另一系列事件的发生。正是因为这些已经掌握的、对不同场景或事件序列的知识常被轻而易举地激活，基于这些知识所形成的预期和推断会在不知不觉间溜进我们对外部事件的编码和记忆之中。[9]

我们可以做一个实验，让各位亲自体验这种类型的记忆扭曲。请大家仔细观察下列词语：糖果、酸味、白糖、苦味、良好、味道、牙齿、不错、蜂蜜、苏打、巧克力、心脏、蛋糕、吃、派。现在不要再看这些内容，尽可能回忆上述的词语并把它们写下来。

然后进行下一部分的测验：请不要回头看刚才的词语，请回想并判断一下，滋味、地点、甜味这三个词语是否出现在刚才的列表里。在判断每一个词语之前，请仔细回想并回答，你是否真的在之前的词语列表中见过它，衡量一下自己的肯定程度。在很多人的回答中，他们十分肯定自己曾见过"甜味"这个词，但它其实并未出现在上面的列表里。心理学家亨利·勒迪格（Henry L. Roediger）和凯瑟琳·麦克德莫特（Kathleen McDermott）所做的这个实验发现，人们不仅相信甜味一词出现在列表里，还会坚称他们清清楚楚地记得，在列表里见到过它。[10]

我曾对上千人做过演示实验，并成功诱导其中 80%～90% 的人无中生有，认为我念到的单词中包含了甜味一词。大家为什么会轻而易举地上当呢？因为词表中与甜味一词紧密联系的单词如此之多，激活了听众内心"甜的东西"这一记忆领域，并在随后的测验中回忆起这个领域的内容。另一种与此相关的可能性是，在实验的过程中，词表中的一些词使人联想到甜味这个词，在后来的回想和再认测验中，人们很难准确地区分，究竟这个词是在词表中见过的，还是在看词表的过程中联想到的。

参与者误认甜味一词的现象，反映了人们其实在整体上对词表的一般情况有准确的印象。与此一致的是，在我给遗忘症病人做这个实验时，他们一方面很难记住词表中的各个单词，另一方面也很少误认甜味一词，因为他们无法整体地编码和记忆词表中的内容。误认基于对词表整体含义和一般特征的准确记忆，这一功能由大脑的海马以及海马周围的内侧颞叶皮层支持，由于遗忘症病人的这些脑结构受到损伤，他们自然也就不会出现这种错误的回忆。此外，在我和同事开展的一项 PET 研究中，实验参与者在正确回忆和误认词语时，许多相似的脑区会激活，其中就包括左侧内侧颞叶，而外侧颞叶和部分额叶在两种回忆情况下的激活水平不一样。在后续的跟进研究中，我们通过记录脑电的方式，得到了与 PET 方法相当一致的实验结果。[11]

因此结论很清楚，在一定程度上，编码过程会带来记忆的扭曲。我们已掌握的知识，虽然常常有助于精细编码和加工，但有时也会混入新记忆中，从而扭曲记忆。事实上，通过神经网络模型观察，我们会发现这种扭曲是记忆自然而然的特征之一。在这些神经网络中，记忆印迹以相互交叠的活动模式存在，其中的某个网络"单元"，作为一个节点，可能同时参与多个不同记忆印迹的表征。这就意味着，新记忆不可避免地受到原有记忆的影响，从而使记忆扭曲成为一个相当常见的现象。就单个神经网络而言，对某一事件的记忆必然受到其他记忆的影响甚至是改造。[12]在前文中，我们曾看到知识对于建构新记忆的种种帮助，现在，我们见证了为此付出的代价。

混乱的线索：记忆提取与记忆扭曲

在1030年的巴伐利亚，一位名叫阿诺德（Arnold）的修道士受修道院院长的差遣，去了一趟潘诺尼亚（Pannonia）。几年后，他在对这次旅行的回忆录中，讲述了一个稀奇古怪的经历：他看见了一条飞龙。阿诺德这样描述那条飞龙：那个庞然大物盘旋在上空，身长足有一公里，光是它的头就有一座山那么大；它浑身长满盾甲般的鳞片，在空中盘旋数小时后以闪电般的速度离开。

阿诺德对那只巨龙的记忆，是从他长期浸淫于宗教典籍的经历，以及时人普遍相信的关于龙的宗教意义中，逐渐生发出来的。或者换种说法，阿诺德在旅途中可能真的看到过一只大鸟或者诸如此类的动物，但他对所见之物最后的回忆，却需要花时间在饱含各类提取线索和信念的提取环境中建构出来。阿诺德对那只巨龙的回忆，不只激活了他对旅途中所见之物的记忆印迹，当他试图理解这个经历、赋予它某种含义时，这更是一个想象和再创造的过程。于是，对于他当时所获得的原始经验他渐渐生成了新的解释，并掺入了符合当时流行的宗教意义的龙的意象。[13]

如今，几乎不会再有人回忆说自己见过在空中翱翔、数公里长的巨龙，但是人们各种扭曲记忆的事实，与阿诺德变形的记忆其实没有本质的区别。为了理解阿诺德扭曲的"巨龙记忆"，以及种种与之类似的记忆形变,我们需要意识到:引发回忆的线索不仅仅唤醒了那些休眠的记忆印迹,回忆的主观体验也不单是某个记忆印迹的激活过程。正如我在前文中所提到的,回忆的主观体验,是提取线索和记忆印迹共同作用的产物。根据这一观点,当一个人在主观上对于一项记忆坚信不疑,但在事实上又难以证明自己回忆的正确性时,我们需要细致考察这一记忆所涉及的过去的信息和激发回忆的线索与环境。阿诺德之所以回忆出一条巨龙,正是因为促成他回忆的环境中,充满了关于龙的传说和想象。

20世纪,心理学家们通过特别的提取线索,让记忆在实验室发生扭曲。比如,已有一些实验证实,我们询问一件往事的方式会影响回忆的结果。[14]当我们在实验中要求参与者回顾自己的某些态度或观点并做出判断时,他们现有的态度和观点会影响回忆的结果,这就是心理学家罗宾·道斯(Robyn Dawes)所说的"回忆的偏向性"(biases of retrospection)。在1973年的一项研究中,实验参与者需要表明自己对5个社会问题的态度:职业终身制、犯人的权利、少数民族的保障、吸食大麻合法化、女性平权。9年之后,这些实验参与者再次受邀表达对这5个问题的态度,以及回忆自己在1973年的态度。研究发现,人们回忆的1973年的态度,更接近于9年之后第二次实验之时的态度,而基本上与1973年的实际态度无关。此外,即使在较短的时间内,回忆的偏向性也依然存在。在另一项研究中,实验参与者被随机分为两组,其中被告知刷牙有利于健康的一组,回忆出的前两周的刷牙次数远多于被告知刷牙不利于健康的一组。这种回忆的偏差也许可以部分地解释,为什么人们在参与了实际上无效的自助活动之后,仍然相信自己大有收获。比如,学生在参与一项学习技能提升训练后,对自己参与培训前的水平评估会有所变化,他们在培训之后对自己培训前的技能水平有更低的判断,而等待相同时间、没有参与培训的学生却不会这样。在培训中付出了大量努力之后,参与者通过改变对自己初始水平的记忆,认可自己的投入,这符合他们当下的心理需求和信念。[15]

临床心理学家和治疗师也意识到，回忆的线索和提取环境影响人们对回忆的建构。精神分析学家唐纳德·斯彭斯（Donald Spence）在其精深的著作《叙述真理与历史事实》（*Narrative Truth and Historical Truth*）中，否定了弗洛伊德对精神分析学家与考古学家的类比。弗洛伊德认为，精神分析学家试图在来访者记忆的碎片和废墟中，挖掘出病人"真实的"记忆，而斯彭斯觉得："事实上，在分析的过程中，回忆是持续不断地在分析过程中被重建，这一过程远远超出了我们的意识。"斯彭斯意识到，精神分析师是来访者回忆的背景环境中的重要因素之一，他不只是挖掘而且决定了来访者对回忆的内容与形式。当精神分析师试图最大程度地理解被分析者的问题时，他在分析过程中所使用的语言，并不仅仅是"唤醒"或"激活"了被分析者沉睡的记忆，更塑造了被分析者的记忆和回忆的主观体验，使得与症状密切相关的记忆得到充分的释放。精神分析师对某个意象或模糊感觉的钻研兴趣，可能会让病人以此建构出一种回忆，这种回忆可能基于某一久远往事残存的痕迹，也可能是彻底的无中生有。[16]

如果我们考虑到在精神分析或其他形式的深层心理治疗中，来访者努力恢复的正是那些通常无法进入意识的经验，那么上述的这些问题则显得尤为重要。当一个人试图回忆模糊不清的或已经衰退的记忆时，蕴含着提取线索的环境对于回忆的结果影响甚远，尤其在心理治疗这样特殊的情境中，更是起着重要的作用。在来访者的心目中，治疗师是无所不能的权威，而来访者与治疗师之间的这种复杂关系（移情），正是精神分析起治疗作用的基础。这可能部分地解释了我即将在下文介绍的现象：那些通过心理治疗，相信自己儿时遭受过性虐待的来访者，无一例外地证明，治疗师在诱发并保持这些所谓"真实的"记忆方面起到了如何强大的作用。治疗师是来访者提取记忆的主要背景因素，他们塑造着来访者关于过去的信念。

另一种在人际互动的情景下，运用类似的原理唤起遥远记忆的方式是催眠。催眠是一种人际互动的过程，在这一过程中，催眠师的暗示和线索引发被催眠者进入一种想象的、角色扮演的状态。催眠师的暗示并非对所有人都有效,但对于被专业文献称为"极易催眠者"(high-hypnotizable subjects)的群体而言,他们很容易在催眠的暗示作用下产生幻觉性回忆。[17] 然而在很长一段时间内,催眠被视为一种能让人吐露实情的神奇方剂,人在催眠状态下生成的、与现实并非一一对应的意象,也被绝对地视为潜藏在无意识心灵深处的真相。这种催眠引发的意象可以带来深远的影响。1973年,佛罗里达州奥兰多地区的一位护士被杀,陪审团认定一个名叫约瑟夫·斯帕齐亚诺(Joseph Spaziano)的人是凶手,法官也判处他死刑。对于斯帕齐亚诺的有罪判决,几乎全靠一个时年16岁的少年安东尼·迪利西奥(Anthony Dilisio)的证词。迪利西奥回忆,斯帕齐亚诺曾带他去弃尸的地方看尸体。然而,陪审团不知道的是,迪利西奥在被催眠之前,一直都没有回忆起这件事。而对他实施催眠的乔·B. 麦考利(Joe B. McCawley)说:"我们的目的就是让他说出真相。"在麦考利看来,一个品德良好的催眠师是不会诱发虚假记忆的,他说:"催眠术只要运用得当,你就可以得到真相。"但令人讽刺的是,几年之后,佛罗里达州最高法院宣布,催眠所获的证词的可靠性不够,不能成为法庭证词,但这对斯帕齐亚诺来说已经太晚了。1995年,斯帕齐亚诺的律师在奥兰多的一家报纸上发表了一篇情绪激昂的文章,促使佛罗里达州州长劳顿·奇利斯(Lawton Chiles)同意斯帕齐亚诺的死刑暂缓执行,而迪利西奥也否认自己曾与斯帕齐亚诺去过弃尸的地方。[18]

不论催眠师再怎么宣称催眠的效用,实验研究表明,催眠根本不能带来更准确的记忆。实际上,催眠所创造的是这样一种回忆的环境:让处于催眠状态的人相信,他体验到的心理意象都是基于真实的"记忆"。虽然催眠确实可以使人想起真实的经历,但有时它也会使人错把幻觉当作回忆,而直到今天我们都没有一个可靠的途径区分二者。研究还表明,虽然人们更相信催眠过程中产生的记忆,但这种记忆的准确性并不比非催眠状态下的高。尤其是，催眠会赋予回忆更生动的视觉意象，接受催眠的人也往往因为这种心理意象之生动，坚信这是确切的回忆体验。[19]

催眠与记忆扭曲之间存在关联，这一观点至少可以追溯至19世纪后期弗洛伊德对催眠所诱导的回忆的研究。弗洛伊德在初期工作中，经常运用催眠了解来访者童年的创伤，这些创伤往往包含被成年人性虐待的记忆。但是如前所述，他很快就意识到，病人在催眠状态下的性虐待回忆很可能是一种幻想，因而他在后来的治疗工作中放弃了催眠。

弗洛伊德对于催眠所引起的回忆的质疑，进一步得到了研究结论的支持。研究证实，经过催眠师的暗示，被催眠者能够"回想出"从来没有发生过的事。比如在一项研究中，催眠师暗示对方，他们在几天前的一个晚上被噪声惊醒。在后来的测试中，有将近半数的人认为自己真的有过这一经历。即使被告知这一记忆是催眠师暗示的结果，多数人仍然坚信自己真的听到了那些噪声，如其中一个实验参与者所说："我确信自己听到过那些噪声，百分之两百地确信。"近期的一些研究表明，对于"极易催眠者"而言，即使没有正规的催眠，他们也倾向于生成类似催眠诱导的"虚假记忆"。一个人在催眠状态下产生这种回忆幻觉的倾向，与其易受催眠的程度密切相关，也与诱发回忆的提取环境的性质相关。比如当参与者在实验中感受到巨大的社会压力，认为自己需要有某种记忆，他们就真的有可能回想出从来没有发生过的事情。如果被催眠者与催眠师之间的关系不那么密切，当被催眠者被鼓励要小心辨别现实和想象，或是让他们认为自己在催眠状态下仍然具备这种辨别能力，他们的幻觉性回忆就会减少。[20]

另外一些研究发现，被催眠者会非常确信地回忆自己的所谓"前世"。《前线》(*Frontline*)栏目播放的一部纪录片将全国观众的眼球都吸引了过来。在这部记录人们恢复受性虐待记忆的片子中，有一位叫道恩（Dawn）的女性在催眠状态下想起自己在某一个"前世"被杀的经历。道恩本人是一位心理治疗师,她一直患有胃病,病因不明。当她在催眠状态下回想过去时,她想起自己曾在公元 1 世纪被一群士兵鞭打砍杀致死。她回忆说:"在他们要杀死我时,我决心绝不哭叫,要死得有尊严。我的哭喊都留在了肚子里,留在了身体里,这就是多年来我胃病的病因所在。"纪录片中的另一位妇女则相信,小时候曾经虐待她的保姆原是"前世"受到虐待的仆人,过了几个世纪,她的保姆终于可以一报还一报了。

这些奇怪而不真实的回忆可能源于催眠师和治疗师的共同期待,同时也反映催眠的一种性能:在被催眠状态下,人们倾向于将想象出来的经历当作记忆。实际上,已有研究发现,当人们在被催眠状态下退回到所谓"前世"时,他们倾向于对催眠师所说的任何内容信以为真。这一发现也可解释最近冒出的一种现象:有些人坚称自己被科技发达的外星人绑架和虐待。这些回忆也毫不意外地源于催眠。[21]

虽然催眠可能会无中生有地生成记忆,却不是造成幻觉性记忆的唯一方式。近期有研究发现,即使不存在正规的催眠诱导,我们仍能产生看似复杂实则虚假的记忆。在一项著名的实验中,伊丽莎白·洛夫特斯邀请了一些同胞兄弟姐妹参与,让他们回忆过去发生的一些事情,其中的一个话题焦点是童年时走丢的记忆。不过,并非所有走丢的记忆都是真实的。同胞手足中的一个提前知晓了实验意图,并配合编造一个对方走丢的经历,然后对方需要回忆这个经历。这项研究中最有名的案例是这样的:哥哥吉姆向 14 岁的弟弟克里斯详细描述了弟弟在 4 岁那年,在一家商店里走丢,哭泣并被一位老人发现的经历。其实这件事并没有发生,而是实验人员编造的一个故事。克里斯听吉姆讲完故事几天后,洛夫特斯让他回忆这个经历。克里斯描述了一个具有诸多细节的记忆,比如他说自己当时"非常害怕,害怕再也见不到家人了",他回想起"那个人问我是不是找不到家了",还记得那个老人穿着"法兰绒衬衫",又想起母亲对他说"再也别到处乱跑了"。[22] 洛夫特斯研究了 5 个人(两位成人、3 位儿童),其中 4 个人都无中生有地回忆出了某些"往事"。

这些人究竟是相信了同胞编造的记忆，还是迫于实验情境的压力敷衍了事呢？此外，我们也无法确定，克里斯或者其他人是否真的在儿时走失过。尽管存在这些可能性，洛夫特斯的发现在伊拉·海曼（Ira Hyman）及其团队的独立研究工作中得到印证。他们邀请一群大学生参加实验，并事先询问他们的父母关于他们小时候所发生一些事情。接下来，学生会被问及一些亲身经历，同时也会夹杂着被问一些编造的虚假经历，比如：夜里突然耳朵发炎，被送去医院急诊；一次有比萨吃、有小丑助兴的生日聚会；在一次婚宴上打翻了饮料；在自助喷水灭火装置启动后从蔬果杂货店撤离；被单独放在车上时，触发停车制动器导致车祸。尽管在第一遍询问时，大家很少表示自己记得这些编造出来的话题，但经过多次询问之后，其中20%～30%的人会对这些虚构的经历产生回忆。在接下来的实验中，海曼进一步证明，对虚假经历的想象能诱发虚假的回忆。实验参与者的想象越生动、对暗示的反应越强，注意力和记忆力越衰弱，就越有可能产生这种虚假记忆。[23]

如果我们坚持传统的观点，认为回忆只是记忆印迹再次得到激活，那么这些研究的发现就难以解释：对于那些并未发生过的事情，我们并没有储存任何记忆印迹，为什么会有相应的回忆体验呢？但如果我们考虑到，环境中的提取线索对回忆的形成具有决定性的影响，这些研究就可以得到解释。在洛夫特斯和海曼的研究中，提取记忆的环境总体而言是值得信任的，因为参与者认为所有信息都来自可信赖之人的回忆，而实际上其中部分内容是虚构的。在这种情况下，某些模糊的熟悉感、对个别相关经验碎片的记忆，甚至是幻梦中的所想所见，都可能成为线索，引起记忆被唤醒的主观感受。一旦有了记忆被唤醒的感觉，回忆程序被启动，剩下的一步就很简单了，他们会像我们所有人通常所做的那样，召集与回忆主题相关的经验片段和感受，编织并述说成连贯的故事。

另一个情况也值得注意，即如果我们多次被问及并尝试去回忆某个经历，哪怕这个经历并不存在，我们仍有可能牵出一段相应的回忆来。这说明反复地思考或试图提取信息，会让人越发地确信事情真的发生过。实验研究也发现，我们如果反复讲述一个虚构的经历，最后也会误认为它真的发生过。类似地，若我们反复思考或谈论某一经历，我们就会越来越相信自己的回忆是准确的。有时，我们反复讲述的经历的确存在，但对于我们无法准确记忆的那些事情，反复讲述也让我们愈加相信它们真的发生过。哪怕是一个明显有破绽的虚构事件，反复的回忆也会让我们变得确信不疑。对记忆的确信程度与记忆实际的准确性之间的微妙关系，尤其应在法庭证词方面受到重视。当证人被法官或律师反复地询问，因而反复讲述他的证词时，他会对自己的证词变得极度确信，哪怕事实与证词不符。反复提取证词会导致这种结果，意识到这一点至关重要。大量的研究表明，证人言之凿凿的程度，会极度影响陪审团的判断。[24]

约翰·迪安（John Dean）对他与理查德·尼克松（Richard Nixon）在水门事件中谈论如何掩盖窃听的回忆，充分表现了反复记忆和提取带来的后果，那是近几十年来最具轰动性的事件，尼克松因此下台。在迪安的证词中，他与尼克松、罗伯特·霍尔德曼（Robert Haldeman）以及其他关键人物对话的记录，包含大量细节，包括在什么场合、哪次对话，和什么人说了什么话。迪安对这些对话的记忆非常细致，他因而被时人称为"人工录音带"。然而当尼克松在白宫办公室的秘密录音带被公之于众后，人们才发现迪安的回忆并非极度准确。心理学家乌尔里克·奈塞尔在对比迪安的证词和录音之后指出：迪安几乎没有回忆出任何一次对谈的原话。尽管迪安对自己的证词非常确信，但测验却表明，他对某次对话总体内容的回忆，甚至常常都是错误的。比如，关于1973年9月15日他与尼克松、霍尔德曼的关键谈话，迪安回忆说尼克松当时的言谈表明他完全知道水门事件。他回忆了这次谈话之初的许多细节：

总统请我落座，看上去他们二人都很有精神，待我也十分热情亲切。总统告诉我，鲍勃（指霍尔德曼）总是及时地将我处理水门事件的情况报告给他。总统十分赞赏我的工作，说他知道这是一件很棘手的事，他很高兴看到案情终于在利迪（Liddy）那里画上句号了。我说这不是我个人的功劳，还有很多人的工作比我的更为艰难。当总统向我了解事态的最新进展时，我说我所能做的是遏制案情，不让白宫受到影响。

实际上，尼克松并没有请他入座，也没有说霍尔德曼向他报告事情的处理进展；他没有赞赏迪安的工作，迪安也没有推辞承让，更没有人提到戈登·利迪（Gordon Liddy）。不过，尼克松确实在这次谈话中暴露了他是知情人，这一点迪安的回忆是正确的。此外，迪安对总体话题的把握，以及对谈过程中反复讨论的部分，回忆都是准确的。奈塞尔认为，"迪安具体到特定事件的记忆，其实来源于那些重复的经历、反复的回想和述说，或是总体的印象"。[25]

迪安并非特例，在其他同样有名的案件中，证词之间的冲突矛盾也不少见。比如在1991年托马斯一案中，克拉伦斯·托马斯（Clarence Thomas）与安妮塔·希尔（Anita Hill）在最高法院的确认听证会上激烈争辩、各说各话，许多人觉得肯定有一个人在说谎。但是否有这样一种可能性呢：他们都在尽最大可能回想事实，只是对于两人之间发生的事情，他们在事发之后有了不同的理解，这些理解影响甚至塑造了记忆，从而使得真实的经历在两人的回忆之中分道扬镳。

在辛普森一案中，许多人听着双方证词，只能费解地抓脑袋：辛普森的管家做证说，主人那辆臭名昭著的白色福特野马一晚上都在案发现场，而他的司机却说，他晚些时候到达现场时，车子并不在那里。这是不是因为律师和警官过分地询问证人这段记忆，乃至双方都坚信自己说的是实情？[26]

默想或向他人述说选定的记忆内容，有助于长期地巩固记忆。但是，如果我们反复回想的内容本身并不准确，这反而会促使我们对错误的记忆坚信不疑。当我们回想错误的信息时，各种经验碎片之间的缝隙被虚构的内容填充，我们因而在不知不觉间形成了错误而深刻的信念（见图4-1）。

图 4-1　谢丽尔·卡勒里（Cheryl Calleri），《记忆无常Ⅲ》（*Fugitive Memory Ⅲ*），1992。15×12×5"。影像重构。洛杉矶露丝·巴科夫纳美术馆（Ruth Bachofner Gallery）藏。

卡勒里尝试以一种视觉的形式（将一张老照片展示在一块曲面透镜之下）来表达她对记忆的看法：记忆随时间流变。由于曲面镜的反射，原来的影像出现了与之交叠的重影，让人感觉到记忆一刻不停地变幻。《记忆无常Ⅲ》展示了一张19世纪锡版摄影法所摄照片的转瞬即逝的双重影像。卡勒里的作品强烈地暗示了无时无刻不在捏塑、雕刻甚至歪曲我们记忆的过程。

变幻莫测的源记忆

唐纳德·汤普森（Donald Thompson）是一名心理学家，他将人生最好的时光都投身于记忆研究。他是澳大利亚人,于 20 世纪 60 年代后期前往加拿大留学,师从恩德尔·图尔文。汤普森与图尔文合作进行了一系列著名的实验,并提出了颇具影响力的"编码特异性原则"(encoding specificity principle),这一原则认为,编码信息的特异性,决定了哪些线索能够有助于我们回想起这些信息。获得博士学位后,汤普森回到澳大利亚继续做研究。他将主要的研究精力集中于记忆扭曲和证人辨认方面。他经常作为记忆专家,在那些需要证人回忆的法庭案件中做鉴定。

当汤普森被法院传讯,说他与一位受害者描述的强奸犯特征非常吻合时,我们不难想象他内心会有何感想。他虽然对这一指控感到不知所措,但幸好有充分的不在场证据。在强奸案案发前不久,他正在一家电视台接受访谈,因此从时间上考虑,他不可能出现在犯罪现场。颇为讽刺的是,访谈的主题正是给人们科普如何提高对人脸的记忆力。后来人们发现,原来受害者在被强奸之前正在收看汤普森的电视访谈,并将在电视上看到汤普森的记忆与被强奸时对罪犯的记忆混淆在了一起。真相终于大白,汤普森被立即释放。

与此类似的案件还有一大堆。证人在犯罪现场之外的地方见过某人,最后指认此人为嫌疑犯。他们往往想不起来究竟在何时何地见到过这个被指控的人,却保留着一种强烈的熟悉感。[27]

这些记忆扭曲的实例充满戏剧性,也很引人关注,它们的存在也说明,回忆是否准确往往取决于我们能否正确地回忆某件事发生的时间和地点,这一部分我称之为源记忆(source memory)。上述强奸案的受害者确能记起自己曾看到过汤普森的脸,但她却弄错了在何时何地见到汤普森的脸。近期研究明确发现,源记忆极易出错,也正是源记忆的丢失或出错,才导致了证人证词和其他日常回忆中的种种错误和扭曲。

在洛夫特斯团队对证人记忆的经典研究中,他们让实验参与者观看一组幻灯片，上面演示了一辆汽车在停车标志前急刹车后造成的一场事故。看完幻灯片后，一些参与者需要回答这个问题："这辆车在停车标志前停车之后发生了什么？"而另一些参与者得到的问题具有误导性："这辆车在让路标志前停车后发生了什么？"随后，每一位参与者都需要回答，这辆汽车是看到停车标志还是让路标志之后停下来的。那些回答具有误导性问题的参与者，都倾向于回答在幻灯片中看到的是让路标志。洛夫特斯因此判定，具有误导性的问题使实验参与者再也想不起来自己看到的是停车标志。[28]

总体而言，重要的科学发现往往会引发随之而来的研究热潮，从而有助于我们澄清或修正对最初发现的理解，洛夫特斯的这一研究也是如此。后续的研究发现，误导性的信息并不会消除原来的记忆，如果测验方式恰当，我们会发现原来的记忆仍然存在。同时有越来越多的证据表明，在这类实验中，参与者的源记忆会有严重的问题，比如他们分不清楚，究竟是看到了让路标志还是后来听说的。在一项尤其惊人的实验中，实验参与者被特地告知，在原始事件之后研究人员给出的叙述都是虚构的。尽管如此，在一周之后的测验中，仍有人坚持认为这个叙述部分的内容是原始事件的一部分。源记忆在此出现了失误：人们不再记得，某些信息究竟属于事后的陈述，还是属于原始事件。[29]

认知心理学家拉里·雅各比设计了一项精巧的实验，该实验表明，源记忆出了问题，记忆会跟着受到扭曲。大家请看看这些名字：塞巴斯蒂安·威斯道夫（Sebastian Weisdorf）、罗杰·班尼斯特（Roger Bannister）、瓦莱里·马什（Valerie Marsh）、米尼·珀尔（Minnie Pearl）、阿德里安·马尔（Adrian Marr）。这些人当中，有谁是社会名流？或许只有田径运动员罗杰·班尼斯特和谐星米尼·珀尔算得上。在雅各比的实验中，如果参与者看完名单后立即接受测验，他们基本不会将如塞巴斯蒂安·威斯道夫这样默默无闻的人认作名流。但如果过一天再接受测验，他们往往会把塞巴斯蒂安·威斯道夫认作名人，这很可能又是源记忆出错导致的：随着记忆消退，他们不再记得塞巴斯蒂安·威斯道夫这个名字是在实验室里看到的，但仍觉得自己见过它，觉得眼熟。雅各比戏谑道，他已向大家证明，一夜成名确有其事。[30]

回忆信息来源的能力，是我们分辨记忆和幻觉、想象的核心基础。大家或许有过这样的经历：盘算着去做一件简单的事，比如寄一封信，之后又很难想清楚，自己是真的把信寄出去了，还是只想了一下尚未行动。为了说服自己信确实寄出去了，你可能会搜肠刮肚地回想，寄信的时候发生了些什么。比如，你可能会具体地想到，当你打开邮筒的时候，看到里面装满了信，这时你就放心了，相信自己确实把信塞进邮筒了。相反，如果你怎么也想不起任何当时的情况，那么你肯定还会绞尽脑汁地继续想，信到底寄出去了没有。

来自认知心理学家马西亚·约翰逊（Marcia Johnson）实验室团队的研究发现，我们对于记忆源头相关信息的回忆，决定了我们分辨记忆和想象的能力。一般而言，对外部事物的典型记忆包含对环境中大量细节的知觉记忆，而对内部事件（如思维、想象等）的记忆，则很少包含这些环境信息。如果我们无法回忆出记忆事件的环境背景信息，那在判断某一外部事件是否"确实"发生过时，我们就失去了重要的依据，记忆也因此极易受到扭曲。相反，如果某一想象或幻觉中包含了大量与之相关的环境细节，我们便会倾向于相信这一想象或幻觉的心理体验，是对外部事件的真实记忆。在本章后面的讨论中，我们将会看到，记忆过程的这些现象，在著名的英格拉姆事件中，起到了何等重要的作用。有一位叫保罗·英格拉姆（Paul Ingram）的小镇居民，他对一些不可能事件的"记忆"，颠覆了这座华盛顿小镇上许多人的命运。[31]

源记忆的脆弱对于日常生活也有重要的启示。我们生活在一个媒体渗透的时代,这些媒体随时随刻地向我们输送大量新闻、八卦、谣言等,这些内容的可信度天差地别。打个比方,假设你在排队购物时,读一份小报打发时间。你在上面读到一则丑闻,某位名人的信誉可能因此大打折扣,但你并不会把它当回事,因为它的来源十分可疑。但假设几个月过后,你和大家讨论名人的诚实问题时,想到了那则丑闻,却想不起来丑闻的来历,那会怎样呢?你很可能会超过合理限度地相信那则丑闻,因为你已经忘记了丑闻暧昧不明的来源。

社会心理学家确实发现,当人们忘记自己是从不可信的来源处获得信息时,那些并不值得信赖的人所说的话,会过度影响他们。例如,假设一个自诩为记忆专家的琼斯教授告诉你,人能够记住出生一周时候的事情,但此时你又得知他的博士学位是假的,且他从未接受过正规的研究记忆的训练,那么你不会相信人一出生就能记事的说法。但又过了一周之后,你可能会倾向于更相信那个说法,因为这时候你可能忘记这个说法来自一个不可信的人了。这些研究发现的结果令人担忧,因为社会心理学家同时也令人信服地证实,人通常总是倾向于相信新接受的信息。丹尼尔·吉尔伯特(Daniel Gilbert)及其同事做过这样一项实验,他们给实验参与者看一系列陈述句,每个句子中都含有一个杜撰的词,比如"臂力卡是一种矛"(A bilicar is a spear,bilicar 是生造的词),并随机地对每个句子给出正确或错误的判断。结果发现,对于任何这样的句子,如果参与者忘记了它在实验中的对错判断,他们就会倾向于认为它是对的。吉尔伯特指出,要让人们"不相信"(unbelieve)新接收的信息,真是需要煞费苦心地调集各种心理能量。这样一来,对源记忆的遗忘为各种莫须有的甚至危险的信念打开了方便之门。[32]

事件发生的时间也是源记忆的重要组成部分。如果我要你想一想,在 1994 年 7 月 16 日那天做了些什么,你不太可能直接想起当天的经历,顶多只能减小可能性的范围(比如说"那年 7 月中旬,我在科德角(Cape

Cod）度假，所以 16 日那天我应该在海滩边玩耍"），并试图搜索其他信息，做出进一步假设（如"从日历上看，7 月 16 日是星期六，我记得当时有一个星期六的下午，我们在岛上参观普罗温斯海湾小镇"）。尽管如此，你肯定不能像查看当年的预约事项簿那样，望一眼便对这一记忆确信无疑。

记忆是在时间之上的重新建构这一性质，在各种幻觉和记忆扭曲中体现得尤为明显。[33]有一种常见的记忆扭曲的现象叫作尺度效应（scale effect）。比如，你可以回想一下自己在 1995 年参观博物馆的经历。你能记起参观的日期以及参观的具体时间吗？也许你能正确地回忆起来，你是在晚上去的博物馆，却把日期记成了 6 月而非实际的 8 月。如果我们的记忆能对时间有一一对应的记录，那就不会出现日期记差了好几个月，而一天之内的具体时间又记对了的情况。尺度效应的存在意味着，我们通过回忆中的各类信息，如物理环境的特征等，来推测和构建某一事件的发生时间。比如，在上述的回忆中，你可能想起是在夜色中离开博物馆的，并因此推测你是在晚上参观的博物馆。此时，你可能又想起当时因为天热，你穿着薄短衫，说明这是在夏天。因此，当你试图回忆具体日期时，除非能够想起其他更为醒目的信息（比如那次参观博物馆是你的生日庆祝活动的一部分），从而将具体日期找出来，否则你就很可能回忆出错误的时间，甚至是相差甚远的错误日期。

人们在回忆一些众所周知的公众事件的日期时，往往会有系统误差，具体表现为同时发生的事情中，重要的事情被认为发生得更近，而不那么重要的事情在回忆中显得更为久远。[34]

在回忆具体日期或其他原始信息时所犯的错误，反映了我们有意识的记忆的一个弱点，即构成日常经验的各种要素，视觉的、听觉的、意义层面的内容，并不总是作为一个整体被绑在一起。如果我们忘记了一段经历的原始信息，却又保留着它的某些方面，比如对袭击者的面孔或某个名字的熟悉感等，那么我们会想方设法弄清楚这种熟知的感觉是怎么回事。

如果我们错误的猜想无关紧要，倒也无妨，不会有人因为我把塞巴斯蒂安·威斯道夫当成名人而受到伤害。但如果事情非常紧要，这种捉摸不定的源记忆则可能酿成灾难。

记忆扭曲与大脑：源记忆的遗忘与虚构

大脑受到损伤的病人经常会严重地丧失源记忆。20世纪80年代早期，在我研究记忆和遗忘症时，曾有机会观察到这种记忆的丧失。我当时想弄清楚的是，当有意识的记忆（术语称为外显记忆，指能有意识体验的记忆，与无意识的记忆，也称内隐记忆相对）出现障碍时，人能否记住新的事物，尤其是记住自己在何时何地获得这些新记忆的。最早参与测试的脑损伤病人是一个年轻人，我称他为吉恩（Gene），他几年前在一次摩托车事故中受伤。吉恩的大脑因为这场事故严重受伤，尤其是海马和颞叶中回，这些脑区都与有意识的记忆相关。此外，他的大脑额叶也大面积受到损伤。

吉恩为人绅士、沉静，也很配合我们的实验，他除了几乎完全没有记忆之外，看上去就是个正常人。为了探究他能否记住新事物，我和一位女助手轮流向他讲述一些随意编造的小事，比如："鲍勃·霍普（Bob Hope）的父亲是消防员""简·芳达（Jane Fonda）早餐最喜欢吃燕麦粥"。一个人讲完1～2分钟过后，另一个人随即问他："鲍勃·霍普的父亲是干什么的""简·芳达最喜欢什么样的早餐"，等等。出乎意料地，吉恩有时能够回答正确。而真正让我感到吃惊的是，我问他怎样确定自己知道答案，他的回答非常奇怪，总说是侥幸猜中的、在报纸上看到的或从广播上听来的，他从不记得这些事情是我和助手告诉他的。

吉恩的这种记忆障碍被称为源记忆遗忘症（source amnesia）：虽然能掌握新事物，但无法记住获取新事物信息的来源。[35] 在某种程度上，他对于记忆来源的记忆方式与我们非常相似。比如，若有人问我们，是怎样记得巴黎是法国首都的，我们很难准确回忆出于何时何地知道这件事，但可以推测说：应当是在小学或某本百科全书上得来的知识。吉恩的病症之所以惊人，是因为他几乎在刚刚掌握某一事物之后，立即就忘记了记忆的来源。而对于一个健康的成年人，这通常要在很长时间之后才会发生。

我们发现，在研究中被测验过的所有记忆障碍病人，多多少少都有一些源记忆遗忘的症状。总体而言，严重的源记忆遗忘与额叶受伤有关系，而轻微的源记忆遗忘则很少与额叶受伤联系在一起。之后的研究确认，那些额叶特定部位受伤且并未丢失所有记忆的病人，源记忆的丧失尤其严重。这些额叶特定部位遭受损伤的病人，同时也很难记住事物的时间序列，比如相继发生的事件顺序或是实验中相继呈现的物品顺序等。这些观察结果表明，大脑额叶对于我们记住事件发生于何时何地非常重要，这也是支持我们情景记忆系统（episodic memory system）的关键因素。[36]

某些额叶受伤的患者，在丧失源记忆的同时，还会无中生有地虚构记忆，即产生一些从未发生过或根本不可能发生的经历的记忆。虚构的记忆通常也包括歪曲过去经历所发生的时间。神经心理学家莫里斯·莫斯科维奇曾发表过这样一个病例：一位61岁的男性病人，在其额叶大面积受伤之后，坚称自己与妻子刚结婚4个月，而实际上他们已经结婚30余年。他能够正确地回忆出，他与妻子生育了4个子女，但同时又自然而然地补充说："是4个月之内生下来的，还不赖吧。"被问到4个子女的年龄时，他说最大的已经32岁，最小的22岁——这怎么可能是在4个月内生下来呢？病人似乎准备好了回答这个问题："他们是领养来的。"[37]

这种虚构的记忆在主观上让人坚信不疑。比如，有一位病人被要求回答究竟是真的"记得"这些个人经历，还是仅仅"知道"这些经历曾发生过。不管这些经历是准确的，还是明显包含了虚构，他都一律回答说，他记得他所报告的这些经历。[38]

通常，这种虚构的记忆包含着真实经历的某些部分，但这些经验的碎片早已脱离原来的背景信息，说明源记忆的丧失是导致虚构的重要因素。不过，并非所有虚构的记忆均以真实的经历为基础。在一些被称为"幻觉性"的虚构记忆中，病人会编造一些根本不可能发生的、偏执自大的经历。这种幻觉性虚构可能由环境中的某些线索诱发而成。比如，有一位病人在诊室里，突然向医生讲他做水手的"往事"，而这"往事"是全然虚构的，是被医生挂在诊室里的一幅航海风景图刺激而生成的。在这个例子中，源记忆的丧失显然在起作用，因为病人没能意识到，他对所谓遥远往事的回忆，其实可以归因于他当下接受到的某种刺激的作用。[39]

回忆的虚构也与我在第2章中谈到的联想提取和策略提取的区别相关。联想提取是一种自发的回忆，比如当我们见到某个事物或者听到什么话时，回忆一触即发；普鲁斯特的《追忆似水年华》中，主人公被如潮水般涌入的回忆包围的例子正表现了这一形式的记忆提取。而策略提取是主动的回忆，需要付出有意识的努力。比如我问你，你在6周前的那个周四做了些什么，那么你对此所做的回忆便是策略提取。在回忆的虚构过程中，联想提取通常发挥着活跃的作用：在环境线索的作用下，各种经验自发地涌现。相反，策略提取毫无用武之地。这就意味着病人并不借助意识，努力回想所忆之事发生的时间或地点。他们的脑海中充斥着各种记忆的漂浮物，它们是脱离特定时空信息的经验碎片，易于结合成各种奇特的记忆体。脑损伤病人杂乱而荒诞的回忆正是来源于此，也难怪亲朋好友往往难以理解，又感到束手无策。这些病人通常也意识不到自己的回忆是歪曲的，他们对那些虚构性回忆的真实性确信无疑，与正常人对自己回忆的确定性一样强烈。此外，这些病人通常还患有遗忘症，我们即使请求他们不要虚构记忆，他们也很快会忘记，因此不会有什么成效。[40]

回忆幻觉：大脑右侧额叶与误认

1994 年春天的一个早晨，我在波士顿退伍军人医疗中心的一次周会上，给研究记忆的同行做了一次非正式的研究报告。那时，我正尝试验证大脑右侧额叶在记忆提取中所起作用的一些想法。这些想法源自部分大脑 PET 研究的发现，这些发现提示大脑右侧额叶可能在记忆的有意识提取过程中起着重要作用。会后，一位同行向我介绍了他最近接触到的一名病人的情况，他认为这可能会对我的研究有帮助。这位病人在一次严重的事故中大脑右侧额叶大面积受伤，其他部位完好无损。病人时年 60 多岁，我在此称他为弗兰克。弗兰克退休前是一位颇有成就的律师，即使在大脑受伤之后，他的许多认知技能依然完好。如果你在对他大脑受伤不知情的条件下，与他共处几个小时，恐怕很难发现什么异常：他乐观豁达、举止得体，很配合我们，也能很好地回忆和表达近期和久远的经历。可是，他的大脑右侧额叶确实存在大面积的损伤，这一损伤对他的记忆究竟有着怎样的影响呢？

为回答这一问题，我和同事给弗兰克做了一个简单的记忆再认测验。[41] 首先，弗兰克学习了一个单词表，表上有一些常见的单词；几分钟后，弗兰克需要一个个地判断，给他看的单词是不是刚才学过的。此外，我们还让弗兰克说明，对于每一个他判断为"学过"的单词，他是能够确切地"记得"自己在学习阶段见过这个词，还是觉得单词看着眼熟，因此只是"知道"它是学过的。另一组在年龄、教育背景等方面与弗兰克相似的健康参与者也完成了实验，我们对比了两者的测验情况。

弗兰克对真正学过的单词的判断与健康参与者无异，对于这些单词，弗兰克判断为"记得"和"知道"的单词的比例，也与健康的实验参与者类似。可是，弗兰克对那些没有学过的单词的判断，却表现出某种异常：他坚称自己"记得"这些新单词曾出现在学习的单词表中，这样的判断在所有新单词中的比例是 40%。而健康的实验参与者很少将新单词误认为是学过的，而且即使误认，他们也都说是"知道"它们是学过的，而非"记得"在单词表上见过它们。在一系列类似的其他测验中，我们发现弗兰克对于并未学过的声音、无意义音节、图画等，都表示自己"记得"曾学过它们；而健康的实验参与者则很少表示自己"记得"那些没有学过的内容。

在日常的闲聊中，弗兰克的记忆问题也很明显。我第一次拜访他家时，问他是否见过我，他非常肯定地说见过，还称自己"记得"我曾在办公室给他做测试。为何弗兰克会认为自己见过我呢？在后来的实验中，为何他会认为那些未曾接触过的单词、声音、音节和图画，是自己接触过的？存在很多种可能性，而我们的研究指向其中一种可能。

在一项实验中，我们发现了阻止弗兰克的错误回忆的方法，这项实验也给出了理解他记忆问题的重要线索。在这项实验中，我们给他看一些常见物品的图片，比如椅子、衬衫等，然后再掺入一些同类物品的新图片，让他一一判断之前是否见过这些物品。这项实验的关键在于，我们也给出一些动物的图片，让他判断之前是否见过。他会不会说"记得"自己见过这些动物的图片？不是这么回事：尽管弗兰克在看到新物品时，仍然认为自己见过它们，但对于所有的动物图片，他的回答都是否定的。

现在，我们应当能够领悟弗兰克回忆错误的一些基本原因。在需要判断的新刺激在总体特征上与他之前学过的内容相似时，他便倾向于认为自己接触过它们。比如弗兰克在实验中学习了一个单词表，那么只要他在再认测验阶段见到一个常见的单词，即使是没有出现过的单词，也足以让他觉得自己见过它。又比如弗兰克在学习阶段看到的是无意义音节组成的假词，那么如果他在测验阶段看到一个假词，哪怕是新的，也会激起他回忆的主观感觉。然而我们看到，弗兰克在学过物体图片之后，并不会误认动物的图片，因为两者在类别上具有很大的差异。

这些发现使我想起之前所说的，有关个人生活记忆的分层：即对总体事件和具体事件的储存。总体的事件指各种广泛的情节，比如去看电影，而具体事件是指包含于总体事件之中的特定情节，比如去看电影时，买了爆米花或是对电影的结局感到意外等。在我们对弗兰克所做的实验中，学习单词表或各种物体的图片，便是总体事件；而他在学习阶段看到的每一项内容，则可以看成具体事件。如此看来，弗兰克在测验和回忆阶段，是以总体事件的知识为基础，而不是以其具体事件的知识为基础，从而认为自己"记得"那些需要判断的具体的内容。

我们的发现和假说推进了对弗兰克受损的大脑部位——额叶皮质功能的理解。弗兰克的例子很好地解释了额叶皮层在主动回忆和提取过程中的重要作用。如果策略提取的过程受损，那么他的回忆能力就被"阻滞"在总体事件的层面，无法进行具体、特定事件的搜索，而这种搜索对于判断特定的单词和图片是必不可少的。弗兰克似乎不愿意或者不能够付出有意识的努力，去判断一个特定的意识体验是否属于真正的"回忆"。

这一理解与近期一些脑成像研究的结果相当吻合。当一个人主动回忆时，他的额叶皮质区域就变得活跃起来。弗兰克大脑右侧额叶的损伤，让他很难进行记忆提取的心理活动，结果在他需要判断单词和图片是否见过时，只要它们在类别上与学习过的内容一致，他便认为自己"见过"它们。类似地，弗兰克认为自己曾经见过我，这也有他的根据。因为曾有一个男性的心理学家给他做过测试，而弗兰克据此错误地认为，那位心理学家和我都是他的老相识。

弗兰克误认的情形也可以在"裂脑人"的表现中得到进一步说明。裂脑是指那些左右两侧半球之间的连接通过外科手术被切断的大脑，"裂脑人"两侧的大脑半球不再能够相互沟通，研究者可以分别向两侧半球提供不同的信息。近期的研究发现，大脑左半球通常会误认那些与学习内容类型相同的新单词或者新图片，而右半球则不会犯这样的错误。总体而言，大脑左半球能够进行推理和联想，因而易于让记忆受到扭曲；而大脑右半球更能加工和保持未加过多修饰的、更为真实的表征。由于弗兰克遭受损伤的是大脑右半球的额叶，在他做再认判断时，主要依赖左侧额叶进行回忆，从而易于对从未接触过的事物产生有记忆的感觉。[42]

虚构的陷阱：当学前儿童遗忘源记忆

近年来，证明源记忆遗忘和虚构记忆相关的一些最惊人且最具社会意义的证据，来自对幼年儿童记忆的研究。近段时间以来，幼儿记忆的易错性一度成为热门话题，主要的原因则是儿童证词在性侵犯案件中起到了关键作用。特别在一些涉及学前儿童被性侵犯的案件中，社会公众和媒体的关注尤为强烈，而卷入此类案件的教师或专职人员，也往往因为猥亵或丑陋而扭曲的性侵犯行为受到起诉甚至被定罪。[43]

其中轰动一时的一个案例，是1993年7月由《前线》栏目跟踪报道的案件：北卡罗来纳州艾登顿小镇的地方法院受理了一起案件，几名来自小拉斯卡尔斯幼儿园的学前教员，其中包括身为人母的年轻女教员，被指控性虐待学前儿童。该指控基于学前儿童对他们受虐待以及目睹教员之间的性行为的回忆。然而，法院询问儿童的问题却具有很大的暗示性，并且他们的证词中包含着一些荒诞的、幻想的成分。比如其中一个学前儿童回忆说，他的小伙伴正受到被放入湖中的鲨鱼的袭击，他跳进水中救他；另一个儿童"记得"自己曾见到过外星飞船。尽管如此，这些学前儿童关于他们受虐待的回忆，最终导致艾登顿地方法院将两名教员定罪并送进监狱，其中一位是幼儿园园长罗伯特·凯利（Robert Kelly），另一位是在幼儿园工作的年轻母亲，凯瑟琳·道恩·威尔逊（Kathryn Dawn Wilson）。[44]

在有许多特点都与此案相似的另一案件中，来自新泽西州保育学校的一名26岁的女教员，玛格丽特·凯利·迈克尔斯（Margret Kelly

Michaels），也因各种恶劣行径被指控。[45]

虽然没有任何身体上的受虐证据，而且很奇怪的是，学校也没有人看到过迈克尔斯的不轨行为，但是学前儿童对他们受到虐待的回忆似乎又令人信服，足以使法庭对迈克尔斯针对20位学前儿童的100余次性虐待定罪，并判处47年有期徒刑。然而5年之后，法院对迈克尔斯的判决在其上诉后被推翻。和北卡罗来纳州的案件类似，新泽西州的这个案件中，审判官们似乎预先认为虐待属实，他们对学前儿童的反复提问具有高度的暗示性。

北卡罗来纳州和新泽西州这两个案件的起诉和定罪，均以儿童的回忆为基础。陪审团接受儿童关于受虐待的回忆的证言，究竟是对还是错？儿童的回忆究竟在多大程度上易于扭曲，甚至属于纯粹的虚构？在具备哪些条件的情况下，他们的回忆应当被采信？数十年来，心理学家、社会工作者、律师甚至父母，都对这些问题感到苦恼，而专业意见也处于两极分化的状态。部分人认为"小孩不会撒谎"，他们能够准确地回忆大部分经历，而且他们受暗示影响的程度和成人差不多。另一部分人则认为，儿童通常不能区分幻想和现实，极易受到暗示，而且他们不可能对过去提出可靠的证言。斯蒂芬·塞西（Stephen Ceci）与玛吉·布鲁克（Maggie Bruck）在回顾了近百年来的研究之后，采取了一种中间态度：幼年儿童比更大的孩子和成年人更易受到暗示的影响，也更倾向于歪曲记忆；但在适当的条件下，他们也能够准确地回忆许多经历。[46]

近期的研究已令人信服地表明，幼年儿童通常会丧失源记忆的信息，这反过来促成了他们虚假记忆的倾向。此外，具有暗示性的提问会极大地破坏儿童回忆的准确性，这一点也已经得到证实。塞西及合作者已经为我们展现了一些颇具戏剧性的研究。[47] 比如，在一项实验中，他们既询问学前儿童一些真实发生过的日常事件，也询问他们一些从未发生过的事件，如让他们回忆这样一次经历："一根手指被捕鼠夹夹住了，被送去医院取掉捕鼠夹。"其中一位实验者鼓励儿童通过将这些事件想象出来的方式努力地回忆。孩子们每周进行一次这样的练习，10周之后，实验者这样测试他们："告诉我，是否有一次你的手指被捕鼠夹夹住了，为了取掉这个夹子，你不得不被送去医院？"

塞西和同事发现，对于那些实验中编造的事件，有超过半数的儿童至少对其中一个事件有了"回忆"。典型的"回忆"表现为复杂的叙述，围绕着所想象的事件，存在丰富的细节。比如，一个小男孩回忆说，那件事情是在哥哥抢他的玩具时发生的："我哥哥想抢我的卡通图，我当然不希望他把它抢走，所以他跑着追我，把我逼到我家的木柴堆附近，捕鼠的夹子刚好就放在那里，我的手指就是在这时候被夹住的。医院离我家很远，爸爸妈妈和哥哥开车将我送到医院，医生还用绷带帮我包扎了被夹的手指。"[48]

这个孩子以及其他孩子似乎都表现出某种源记忆遗忘的情况。他们对自己述说的事情感到熟悉是因为经过了数周的联想，但他们却无法记住这是他们想象出来的事情。正因为记不住事情的源记忆，他们把事情说得好像是真实发生过一样，并且对这些虚构的记忆确信不疑。即使被告知，捕鼠夹以及其他的事情是他们想象出来的，它们并没有真的发生过，有的孩子还是会坚持对父母说，这些事件肯定发生过，因为他们很确切地记得它们。

哈佛大学心理学家米歇尔·莱齐曼（Michelle Leichtman）与塞西合作的一项研究发现，儿童在受到误导的情况下，会直接虚构日常的生活事件。研究者安排一个名叫山姆·斯通（Sam Stone）的陌生人花了两分钟，围着教室走了一圈。他向老师问了一声好，而老师这样介绍他：孩子们正在看的那个故事，是山姆最爱的作品之一，然后山姆离开了教室。研究者询问部分学前儿童各种具有误导性的问题，比如："山姆·斯通走进你们的教室时，将巧克力吐在白色的毛毛熊上，你觉得他是不是故意的？""山姆把书撕碎了，这是不是很愚蠢或者因为他很生气？"实际上，山姆既没有在玩具熊上吐巧克力，也没有撕书。然而在10周之后询问他们时，超过半数的3～4岁的学前儿童都说，记得山姆将嘴里的巧克力吐向玩具熊或是把书撕了。其中大约1/3的儿童甚至说，他们当时看到了山姆做这些事。比如一个3岁的女孩回忆："他……在老师说要小心娃娃时，却把娃娃举了起来，然后……就有些玩具碎了。"当研究者问她为什么有些玩具碎了时，她这样解释："因为他把玩具到处乱扔。"研究者又问，山姆还干了别的事情吗？女孩回答说："他拿起一本书扔向空中，有一页书被撕碎了。"研究者接着问："是真的吗？他是怎么把书撕碎的？"这小女孩答道："因为他把书乱扔。"这个女孩还回忆："他在玩一个玩具时说'应该小心'，但他却并不小心。然后他又走到育幼室里玩玩具，还把一个玩具给扔了。"5～6岁儿童的记忆稍强于3～4岁的儿童，在实验中，只有不到40%的孩子回忆山姆做了这些事，而且很少有孩子说，自己看到了山姆做这些事。

与这些儿童相反，在没有受这些暗示性问题误导的孩子中，3～4岁的儿童很少说山姆对玩具或书做了什么，没有5～6岁的儿童有这类回忆。这些没有受到暗示的儿童，不论男孩还是女孩，对山姆的行为都有相当准确的回忆。[49]

和捕鼠夹子实验中的情况类似，在这项实验中，学前儿童的记忆受到扭曲也可能因为源记忆的丧失：一些被误导的儿童不记得自己是真的看到过山姆吐巧克力在玩具熊上，还是后来听说了这样的事情。于是，围绕着暗示性提问所植入的信息片段，他们虚构出了与之相关的记忆。

这些观察说明，如果我们向幼年儿童暗示具有误导性的信息，他们很难准确回忆真实发生过的事情。相反，在没有暗示影响的情况下，儿童的回忆会非常准确。布鲁克和塞西对学前儿童去医院体检的观察（这是所有儿童都很熟悉的日常事件）也充分证明了这一点。[50] 一组5岁的儿童在儿科医院进行日常检查的过程中，大夫对他们做了体检，注射了一次疫苗，并给他们口服脊髓灰质炎疫苗；一位助手招待了他们，给他们讲了一个故事，还和他们讨论墙上的贴画。过了一年之后，研究者询问这些儿童那次体检的情况，并在对一些儿童的提问过程中加入了一些具有误导性的暗示，比如告诉他们是助手给他们做了体检和注射，而大夫则招待了他们，讲了故事和墙上的贴画。半数以上受到误导的儿童将暗示信息和他们对体检的记忆整合在了一起，他们"记得"是助手给他们注射的。他们还添加了许多不曾发生的细节，比如有的孩子回忆，助手还检查了他们的耳朵和鼻子。与之相反，那些未受误导性暗示的儿童则极少有这种无中生有的回忆。

同样地，其他的研究也发现，儿童在没有受到误导和暗示时，能够准确回忆日常的生活事件。认知心理学家罗宾·费伍氏（Rubin Fivush）及其同事发现，3岁幼儿能够相当准确地回忆特定的经历，比如和家人去看马戏表演或者一次坐飞机的旅行。即使是在一年之后问起这些事情，他们的回忆仍然相当准确。费伍氏指出，学前儿童有自己的回忆，并非复述母亲告诉他们的版本。[51]

令人担忧的是塞西等人的实验观察到的另一现象：即使是有经验的成年人，也无法分辨孩子是否在虚构记忆。在上述关于山姆·斯通和捕鼠夹的研究中，儿童回忆的过程被录像，放给专家看。专家们无法分辨哪些回忆是虚构的，哪些是对真实经历的准确叙述。如何分辨真实的和虚假的回忆？研究儿童记忆的专家、治疗师和执法人员都被这个问题难住了，尽管他们对于什么样的儿童能够准确回忆有一定的把握。这说明我们在询问学前儿童时必须格外小心，以免在无意之中，将仅仅是我们怀疑的事情植入他们的记忆。布鲁克和塞西的研究清楚地表明，凯利·迈克尔斯一案中，法庭的举措相当地不谨慎。

对幼年儿童的研究，同样支持我之前所强调的源记忆遗忘、记忆扭曲与大脑额叶功能之间的联系。研究很有说服力地表明，学前儿童难以保留源记忆，是造成记忆扭曲的重要因素。而有趣的是，根据人类大脑的发展规律，学前儿童的额叶还没有得到较好的发育，远远没有达到成熟的水平；大脑额叶要充分发挥作用，得等到青春期。行为层面的研究观察也发现，学前儿童在认知测试方面的表现与成年人在大脑额叶受伤后十分类似。我和哈佛大学的两位同事，发展心理学家杰罗姆·卡根（Jerome Kagan）和米歇尔·莱齐曼在仔细回顾这方面的研究后发现，可以将学前儿童的虚假回忆部分归因于他们不够成熟的额叶。[52] 尽管全然接受这个因果联系未免过于简单，但这确实有助于我们理解，为什么在上述的研究中，有些儿童会坚称山姆·斯通弄脏了玩具熊，或被莫须有的捕鼠夹夹到。

来自学前儿童与额叶受伤的虚构回忆，相当令人震惊地表明，人们在对回忆确信不疑时，回忆本身也可能是无中生有的。不过，这种虚构性的回忆并不专属于学前儿童和额叶受伤的病人，在一些貌似绝无可能的情境下，它们也可能发生。

一位副治安官的回忆

1993 年春天，《纽约客》（*New Yorker*）杂志刊载了一桩稀奇的案件，激起从未思考过人类记忆机制的人们的好奇心。文章以醒目的标题《回忆撒旦》（"Remembering Satan"）吸引读者的眼球，其内容主要讲述保罗·英格拉姆的故事。保罗·英格拉姆时年 43 岁，是华盛顿州一个县城的副治安官，他 18 岁和 22 岁的女儿控告他曾在她们年幼时实施性虐待。[53] 最初，英格拉姆并不记得自己曾对她们有过任何的虐待，因此拒绝接受她们的控告。但由于两位女儿的回忆如此令人信服，当局直接将他逮捕。尽管如此，英格拉姆仍坚称不记得任何虐待行为，但逮捕他的法警（他的同事）却肯定地对他说，只要他供认，就一定能够记起那些事情。英格拉姆是原教旨主义的五旬节教会的教徒，他的牧师也鼓励他回忆起自己做过的事情。在几个小时的询问和祷告之后，他承认被起诉的内容属实，他之前可能压抑了那些记忆，并表示他同意在认罪书上签字。

在审问过程中，法官的提问逐步扩大范围，他们野心勃勃地想要证明自己的直觉，即英格拉姆是和几个朋友在某种撒旦狂热仪式中性侵犯女儿的。英格拉姆在向牧师忏悔后，又恢复了法官所询问的记忆。他循着法官的暗示，想象出了犯罪同谋和罪行，他认为自己的回忆受到了牧师的保证和鼓励。牧师说，上帝只会允许真实的记忆进入他的心灵。两个女儿在得知英格拉姆将性虐待与撒旦仪式联系起来后，她们也开始恢复对那些惨不忍睹的狂热活动的记忆。很快，英格拉姆就承认所有这些仪式行为，包括献祭动物和谋杀。

英格拉姆的记忆不仅让自己锒铛入狱，也把他回忆出来的两个同谋送进了监狱，尽管这两个人坚决否认所有的指控。没有任何外部的证据可以证明英格拉姆的女儿曾受到性侵犯，也不存在谋杀和尸体的物证。两个女儿之间时常冲突的证言，让案情更加扑朔迷离。英格拉姆在狱中候审时，接受了一位社会心理学家理查德·奥夫西（Richard Ofshe）的访问。奥夫西要他回忆自己虐待子女的另一件事。这与英格拉姆接受审问的情境十分相似，除了这件事情是杜撰的且他的儿女坚决否认之外。英格拉姆对奥夫西的回应与之前如出一辙：他先是记不起这件事，但通过对这件事的想象并就此向牧师祈祷后，他"回忆"出自己实施并目睹了这一可怕事件。

这个矛盾的发现并不能证明英格拉姆的其他"记忆"也不准确，我们也无法确切地证实奥夫西问的那件事情根本没有发生。[54]但如果我们假设这件事的确未曾发生过，那么这个结果表明英格拉姆容易产生虚假的记忆，因此牧师帮助他想起的那些事情，真实性同样存疑。最后，由于证据不足，法庭终止了对英格拉姆和两个朋友狂热仪式罪行的追究。

尽管英格拉姆曾质疑自己的回忆，但他仍然相信自己虐待过女儿，并请求法庭给予他应得的惩罚。然而，在经过更长时间回顾整个过程之后，英格拉姆认为这些回忆都是虚假的，而自己是无辜的。最后，他驳回法庭定罪的努力失败，被判处20年有期徒刑。在入狱的6年时间里，他两次上诉但均被驳回。随着《纽约客》文章的发表，以及一本关于英格拉姆案件的图书出版，公众对他的同情日渐强烈。然而直到我写作本书时，英格拉姆仍被关在监狱。

保罗·英格拉姆一案之所以轰动一时，是因为他的回忆有大量明显的扭曲：怎么会有人错误地记得自己犯下谋杀的罪行？当然，保罗·英格拉姆和两个女儿之间究竟发生过什么，我们也不得而知。但考虑到提取记忆的环境对回忆的影响、想象在回忆中的作用、反复回忆产生的确信感、源记忆的特性，等等，英格拉姆一案的诸多细节便可以得到解释。英格拉姆回忆所有罪行的环境有几个关键的特征：比如审判员具有暗示性的提问，以及肯定地告诉他，只要他愿意供认罪行就能够回忆出来；他们让他想象并猜测所要回忆的情形；牧师也向他保证，上帝只会允许真实的记忆进入心灵。这些因素相互强化，极大地解放和激发了英格拉姆的想象，他想象出各种所谓"记忆原始材料"的生动的视觉意象，并引发一种真实的回忆的感觉，这进一步促使英格拉姆在法律和道德的层面确信，那些意识中的意象是对罪行的记忆。对这些心理意象的反复询问和回忆，也进一步促使英格拉姆相信它们真实发生过。

而英格拉姆对源记忆方面的疑问，在审判员强调他只要认罪就能回忆，以及牧师保证上帝只允许真实的回忆进入他的心灵的双重保证下，被"化解"掉了，他因此没有考虑一个本该认真考虑的重要问题：他意识中出现的那些景象，究竟是真实发生过，还是属于过去和现在的各种想象和幻想呢？由于无须核实这些在主观上似乎确信不疑的心理意象，他便像脱缰野马一般地，想象出了各种可怕行径、罄竹难书的罪恶仪式，以及魔鬼般的人性等复杂的记忆，这正中审判员和牧师的下怀，满足了他们对于英格拉姆邪恶行为的最黑暗的猜想,而这些人在无意之中助长了英格拉姆的想象。

保罗·英格拉姆和凯利·迈克尔斯的悲剧表明,记忆既是强大的,也是脆弱的。比如记忆提取环境对构建主观回忆的影响、事后的经历对回忆的影响和改变、源记忆易于消退的性质……这些特征虽然暴露了记忆的脆弱性,但并不会让记忆由此逊色。

我们对于何时何地发生了什么的回忆,虽然看似轻而易举,背后却依赖不同过程之间的微妙的相互作用,而这些过程是我们难以觉察和控制的。可以说,记忆的脆弱性部分地来源于此。不过我在本章的开头强调过,我们应该切记,尽管记忆的错漏和扭曲往往令人震惊,但这种现象却不是我们日常记忆的常态。在绝大多数情况下,我们能够可靠地利用记忆提取大量日常经历。我在前面提到的一些神经系统和作用过程,是我们回顾生命历程的发生背景。接下来,为充分理解记忆脆弱性的神经机制,让我们一起探索遗忘综合征病人奇异而迷惑的世界。

Searching for Memory

第 5 章

消失的踪迹

遗忘症与大脑

　　大脑受伤所引发的遗忘症，在许多方面为人们提供了理解记忆的入口。不仅如此，遗忘症本身也是人类生活中一个颇为有趣的话题。记得我第一次接诊弗雷德里克（Frederick），一位50来岁的颇具魅力的男患者时，我看不到任何异常迹象。他是在多伦多大学记忆障碍研究中心找到我的。为了评估、探究和攻克由脑损伤和脑疾病引发的记忆问题，我和同事们在1981年建立了这个中心。

　　不久之后，我们发现弗雷德里克的确在记忆方面有非常严重的问题。在我们给他看一些单词或图片之后，他几乎无法回忆任何内容；我问他是怎么来到测试中心的，他无法做出任何回应；我问他昨天都做了些什么，他眼睛空洞地看着我，一言不发。目睹了他这些记忆困难之后，我觉得他停掉工作，和妻子过着安静的生活，这个状态并不出乎意料。弗雷德里克的医生相信他已处于阿尔茨海默病的早期。这种疾病非常严重，失忆是初期迹象，最后会逐步发展为认知功能的全面退化。

　　在20世纪80年代早期，当时我开始认同这样一个想法：记忆不是一个单一的事物。后来的实验研究表明,长时记忆有三个不同的记忆系统:情景记忆,我们所能回忆的所有具体的、特定的经历;语义记忆,我们关于世界的一般认知,包括各种概念及其关联的巨大网络;程序记忆,包含我们所掌握的各种技能和做事的行为习惯。

我和弗雷德里克相处一段时间后发现,他能够帮助我研究这些记忆系统的日常体现。高尔夫球是我们最喜欢聊的话题之一。弗雷德里克非常喜欢打高尔夫球,是有着 30 年球龄的老球迷。他现在仍然经常玩球,但是无法回忆具体的玩球经历。我也一直以来都爱好高尔夫球运动,因此很期待和弗雷德里克交流我们的共同爱好。

我很好奇,一个记忆有障碍的人玩起高尔夫来会是什么样子?弗雷德里克要打高尔夫球,就必须依赖情景记忆系统:他必须记住自己把球击到了哪里、球在入洞之前被击了几次等。类似地,如果没有语义记忆,那么高尔夫球领域的行话如标准杆(Par)、小鸟球(Birdie)、球楔(Wedge)等,包括整个运动的规则和策略,对他来说就没有任何意义;而如果没有程序记忆,他就不能发挥之前掌握的各种运动技能,比如击球、推杆等。我意识到,和弗雷德里克打几次高尔夫球,相当于做一个环境实验,我可以从中得到很多关于失忆的启发和发现。

我和弗雷德里克打了两场球,其中一场是在他所熟悉的球场打的,另一场是在一个新球场。[1]弗雷德里克的球艺从来不算高超,但也总能稳定发挥不错的水平,这两场球也不例外。据我的观察所及,我认为他对于高尔夫球的程序记忆,也就是之前掌握的高尔夫球运动技能,得到了完好的留存。我随身携带了一个录音机,录下了弗雷德里克说到的高尔夫球运动的专业术语,想知道他对这些术语的使用是否得当,结果表明他在这方面完全没有问题,说明他的语义记忆似乎也相当完好。比如,他很好地记得高尔夫球的运球规则,知道球离洞远的一方先击球,而且他总能选择合适的球杆。至少从表面上看,弗雷德里克对高尔夫球运动的语义知识的掌握不逊于其他经验丰富的球手。

但是有一次，弗雷德里克的球落在了我的球和球洞之间，他按常规用一个硬币标记了球的位置，却在我推杆后走开了。他忘记自己做了标记还没有推杆。为了更加系统地了解弗雷德里克的情景记忆，我做了一个简单的改动：对于一半的球洞，由我先击球他再击球，因此他总能在击球之后立马去找球的位置；但对于另一半球洞，则总是他先于我，这样一来，在击球和找球之间就有一个间隔。在第一种情况下，他几乎总能找到球，但在第二种存在延迟的情况下，他总也找不到球。换句话说，只要能利用短时记忆或工作记忆，他基本可以记住球的位置。但只要时间间隔足够长，或是受到我击球的干扰，都足以破坏他对球的工作记忆，而他的长时情景记忆又无法起到正常的作用。在我们从一个球洞走向下一个时，为了再次了解他的情景记忆，我会问他刚才那个球洞的击球情况，结果他几乎每次都无法回想起来击球的情况。

我们在弗雷德里克来过很多次的球场打球，打到第十个洞时，发生了一件令人震惊的事。为了打那一个洞，他需要在开球时将球打过一条小溪，但他不确定自己能不能打得过，担心球落到水里。但那一杆他发挥得非常好，可以说是整场中他挥得最好的一杆，球越过了小溪，并顺利地落在第二杆直线就可以打进草地的一个位置。他为此非常激动开心，立马开始设想接下来到底是用 7 号铁杆还是 8 号铁杆打球会更保险。他第二杆的近击球能否将球打出沙坑呢？很显然，他对于这次开球的经历有着深入的精细编码。

接着轮到我开球（很乐意告诉大家，我也把球打过了小溪）。当我离开开球的地方，径直往下走时，我回头看了一眼弗雷德里克，我看到了意想不到的一幕：弗雷德里克又在那儿开球，准备重开一次。我问他为什么还在那里开球，他有些不解地说，他也想进第十个洞，所以也准备开个球。他完全不记得自己在几分钟之前已经开过球，也不记得自己把球打到了小溪对岸。

每打完一轮球，我们都会去俱乐部喝点儿东西，而我会问他是否记得关于刚才这一轮球的任何事情。在无法回忆整个一轮中的任何一次击球或其他片段之后，他会讲一些空洞的"大"话，反复说"我有几杆球打得真臭""今天真是没法好好推球"。当我和他回顾一些内容时，不管我说什么，他的反应无外乎困惑的表情和疑问："我真的这么做了吗？""事情真的是这样？"

当我开车去他家里接他打第二场球时，大约是在一周之后，他却警告我说，他的球打得不怎么样，他好几个月没去高尔夫球场打球了，而且因为这是第一次跟我打球，所以可能会有点儿紧张。我不忍心告诉他事实。

记忆机器如何制造遗忘症

弗雷德里克的记忆损伤尽管严重，却是各种记忆障碍中被神经心理学家研究得最为充分的，是由大脑受伤引发的典型记忆障碍，也被称为遗忘综合征。遗忘综合征的现代研究始于两位学者对一位年轻病人的开创性发现，他们是神经外科医生威廉·比彻·斯科维尔（William Beecher Scoville）和神经心理学家布伦达·米尔纳（Brenda Milner），而这位年轻的病人则以其真名的首字母 HM，在心理学和神经科学界广为人知。虽然有所争议，但他也许是神经科学的研究历史上最重要的一位病人。[2] 究竟是什么让 HM 如此特别？

1953 年，为了缓解严重的癫痫发作，斯科维尔给 27 岁的 HM 做了一次神经外科手术，切除了他大脑内侧颞叶的一系列结构，包括大部分的海马、杏仁核及内侧颞叶皮质的一些区域（见图 5-1）。最后癫痫得到了缓解，HM 的身体状况总体得到改善。HM 在术前通过韦氏成人智力量表测得他的智商为 101，与人均智商 100 相差无几；手术两年后，他再次测试的智商为 112。这时，HM 在各个方面的表现与手术前没有差别，但让人感到难过的是，他再也无法记住手术之后发生的事情了。

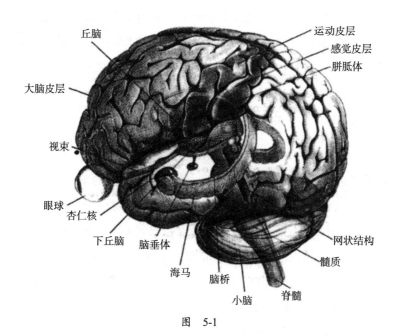

图 5-1

在这幅图中，我们可以"透过"大脑皮层看到大脑内部的一些结构。海马是边缘系统的结构之一，丘脑属于间脑的一部分，两者都在外显记忆中起重要作用。杏仁核也属于边缘系统结构之一，它在情绪记忆中起着关键作用（见第 7 章）。小脑是后脑的组成部分，它显著地参与程序性记忆（见第 6 章）。

图片来源：F. E. Bloom and A. Lazerson, *Brain, Mind, and Behavior*, 2d ed. (New York: W. H. Freeman Co., 1988).

没过多久，HM 的遗忘症开始明显地表现出来。他再也不认识以前经常给他做检查的医护人员了；连上一顿饭是什么时候吃过的，他也经常忘记。他在韦氏记忆量表测试中的表现也非常糟糕。神经心理学家一般认为，如果一个人在韦氏记忆量表上的得分（MQ）比在智商量表上的得分（IQ）少 15 分以上，则这个人患有遗忘症，而 HM 的情况是少了 47 分。[3]

切除内侧颞叶破坏了 HM 回想自身经历的能力，但丝毫没有损害他的智力水平。不得不说，这种障碍的高度选择性，正是理解 HM 这类遗忘症病人的关键。这类病人的一般智力、知觉能力、语言理解能力、创造力以及各种知识技能等往往不会受到任何损伤。同样，他们的短时记忆或工作记忆也并未受到破坏：如果在看过数字串之后立即回忆，这些病人和正常人的表现一样好。然而，如果在这些病人感知到信息之后，留出一定的时间间隔，再让他们回忆刚才获得的信息，他们有意识回想当下经验的能力遭到了严重的破坏。

HM 让我们第一次意识到，内侧颞叶结构在记忆中起着十分关键的作用。他除了患有严重的顺行性遗忘症（对手术后发生的事情没有记忆）之外，也患有一定的逆行性遗忘症，即失去了对术前若干年内发生的事件的记忆。比如，HM 忘记了他最爱的一位叔叔已经在 3 年前去世。随后的研究发现，HM 的逆行性遗忘症远不止于丧失术前 3 年的记忆。在 20 世纪 80 年代接受测试时，他对手术前 10 年内发生的任何特定的事情都没有记忆，而对 16 岁以前的许多事件记忆犹新。记忆随时间变化的这种情况，支持了我们在第 3 章所讨论的巩固假说。该假说认为，内侧颞叶对于记忆的关键作用集中体现在信息被编码之后的一段时间。由于 HM 回忆童年经历毫无困难，我们可以因此假定，关于这些经历的记忆印迹，已经被内侧颞叶以外的、储存长时记忆的广泛的皮质网络所巩固，他与此相关的回忆也就不再依赖于完好的内侧颞叶。

在斯科维尔和米尔纳发表了对于 HM 的前沿发现之后，这一研究被广泛地引用，以支持近期经验的记忆依赖于海马这一观点。海马是形似海生动物海马的一小块脑结构，是内侧颞叶系统的关键组成部分。在 20 世纪 70 年代，研究大鼠和灵长类记忆的学者已经发现，切除海马会引发对近期经验的严重失忆，海马受到损伤的这些动物尤其记不住空间布局。[4] 这些观察发现似乎吻合 HM 的情况，但由于 HM 被切除的脑组织不仅包括海马，还有内侧颞叶的其他部分，因而我们无法确定是不是仅由海马的损伤导致了严重的遗忘。

1986 年，斯图尔特·佐拉-摩根（Stuart Zola-Morgan）、拉里·斯奎尔和大卫·阿马罗（David Amaral）描述了另一个案例，RB，他大脑受伤的部位仅限于海马。RB 在 52 岁时做了一次冠状动脉的外科手术，术后一根动脉血管破裂，引起大脑的暂时性缺血。这种情况在医学上被称为局部缺血，通常由心脏停搏引起大脑暂时性地供氧不足，这是造成遗忘综合征的一种常见情况。海马中有一个特殊的结构叫 CA1，它对局部缺血尤其敏感。

1983 年当 RB 去世时，佐拉-摩根和同事仔细解剖和检查了他的大脑。结果发现，只有海马的 CA1 区域受到损伤，内侧颞叶的其他部分以及在此之外的脑区均完好无损。不过，RB 的遗忘症状没有 HM 严重，也几乎没有任何逆行性遗忘症。后来又有两例遗忘症病人的案例被公布，他们受到严重损伤的部位也只局限在海马，而且他们的记忆障碍也基本类似于 RB，除了有更多的逆行性遗忘症状。[5] 这些观察结果表明，虽然海马受到的损伤可以直接导致临床上显著的记忆丧失，但像 HM 和弗雷德里克那样严重的遗忘症，除了海马受伤之外，内侧颞叶的其他部位可能也受到了损伤。

这一观点在单纯疱疹脑炎所导致的遗忘症中可以得到验证。这是一种极其罕见而严重的神经疾病，单纯疱疹病毒是一种有害的病毒，在西方社会，它是导致脑炎的主要原因，感染此病毒所引起的症状包括高烧、呕吐和剧烈的头疼。脑炎感染若得不到及时的医治，便可能引起严重的大脑损伤。其中，内侧颞叶系统的各个部位尤其对单纯疱疹易感，这可能是因为颞叶与这种病毒进入大脑的区域十分邻近，也可能是因为这种病毒与颞叶的某些神经化学、神经免疫学特性具有特殊的亲和性。[6] 不幸的是，病人的脑部如果感染了这种病毒，就可能会像 HM 和弗雷德里克那样，全面丧失对于近期经验的记忆。一个在研究文献中被称作 SS 的遗忘症病人，自己原是治疗脑炎的放射科医生。失忆之后，他的智商仍然保持在 136，但他记忆生活事件的时长不能超过几分钟。与之类似，另一位被深入研究的病人鲍斯维尔（Boswell），虽然其一般的认知能力保持完好，但他对近期经验似乎没有任何记忆。[7]

我最近得知了一个特别感人的病例，病人是一位因脑炎而失忆的年轻英国画家，名叫大卫·简（David Jane）。大卫时年30来岁，作为一名受人敬重的艺术家，他曾在伦敦的小型画廊举办个展，展品多是自然风景和古印度寺庙。1989年，大卫和家人决定去巴西度过圣诞假期。直到平安夜，一切都十分顺利。他回忆道："就快午夜了，我们打开香槟，我在心里默念，'感谢上帝，80年代终于就要过去了'，接着我就开始头痛，痛得越来越厉害。"[8] 头痛很快变得无法承受，大卫昏死过去，直到飞回伦敦他才完全恢复意识。他从伦敦一家医院醒过来之后，几乎完全不记得自己的过去；不仅如此，他对眼下刚发生过的事情也没有任何记忆；他不能说话，也听不懂别人的话，文字成了毫无意义的字符串。

大卫感染了一种单纯疱疹病毒，虽然大脑右半球没有受到影响，但他左脑的颞叶皮质以及颞叶皮质与其他皮质的连接却遭到极大的损伤。他使用、理解语言的能力和他的语义记忆因而完全消失。早在100多年前，神经学家和神经心理学家就已经意识到，言语和处理文字信息的能力主要依赖于大脑左半球，而非言语的、空间理解的能力则主要依赖于大脑右半球。与此类似，记忆功能也表现出大脑两侧的分化。大脑左半球海马和内侧颞叶结构受损的病人，往往难以回忆言语相关的内容，对视觉图像和空间位置的记忆却不受影响；而大脑右半球的海马和内侧颞叶结构受损的病人，症状与此相反。[9] 对于双侧大脑结构受损的病人，如HM、SS、鲍斯维尔和RB等人而言，言语和非言语的记忆力都非常薄弱。

但是，大卫·简的右脑并未受到任何损伤，在他恢复意识的最初几天里，虽然意识还不够明朗，他就试图拿起画笔作画，结果发现自己真的能画。出院回家后，他非常艰难地重新学习读书、说话和写字，但画起画来却还是相对轻松。不过,他绘画的主题却变了。他不再描绘自然风景和庙宇,而是无法克制地要去描绘自己大脑高分辨率的核磁共振扫描图。他清晰地、不带任何感情色彩地画下了大脑的患处,这个彻底改变他心理世界的患处。他画了一系列核磁共振扫描图,以极高的分辨率展现他左侧颞叶被单纯疱疹病毒损伤的部位。但这些图画绝不仅仅是复制原来的核磁共振图,画家对它们进行了独特的、具有个人诠释意义的创造。这些作品表达了一种可怕的感受,表明心灵和记忆是如何精妙地,甚至是可怕地依赖大脑的完整性。这种感受在作品《重申Ⅱ》(*Reaffirmation Ⅱ*)中尤为明显(见图 5-2)。

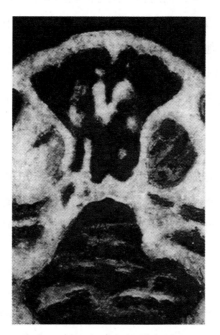

图 5-2　大卫·简(David Jane),《重申Ⅱ》(*Reaffirmation Ⅱ*),1992。40×26"。油画。图片由画家本人提供。

在这幅画中,我们可以看到大卫所画的通过核磁共振扫描成像得到的一张大脑冠状切面示意图。看冠状切面图时,我们需要设想自己是从前往后看大脑的,而冠状切面对应的是从前到后方向某一位置大脑从上到下的整个横切面。在标准的扫描像中,图像的左侧对应于大脑右侧,而图像的右侧对应于大脑左侧。这幅画采用了与之类似的视角:画中右侧中部那一小片黑色圆圈的位置正是导致大卫失忆的受伤部位（在核磁共振扫描成像中，受伤的部位用黑色的区块显示出来）；画中部大面积的黑色区域是脑室，在核磁共振扫描成像中也显示为黑色。在这幅作品中，大脑看上去像一个布满了预示着不祥的空隙与裂痕，到处潜伏着危险的地方。当我们在看这幅画时，也许能够体会到病人由于脑炎患上遗忘症后，所处的那个幽暗、陌生的世界。

1994年上半年，在大卫失忆约4年之后，我和他聊过一次天。他虽然说话仍然有些吃力，但继续画画的决心却异常坚定。大卫在1993年举办了一次画展，作品受到了热评。[10] 他半开玩笑地说，受伤的大脑左半球似乎解放了他的大脑右半球，他的创作比之前更加大胆奔放了。当然，他对自己的记忆问题也有着清醒的认识，读写都很困难。大卫的记忆损伤比遗忘综合征更为广泛，他丧失了大部分的语义记忆。然而，在脑炎病人的病例中，大卫并不算特别。一旦这种病毒在颞叶皮质全面扩散，尤其是损毁了颞叶前部的皮质时，感染者就会丧失对常见事物、地点和语言的总体知识。[11]

猴子与记忆

一般而言，遗忘症病人大脑受伤的部位很少像RB那样，严格地局限在记忆研究专家感兴趣的部位。但是科学家可以通过动物研究，进行精确的实验控制。他们可以破坏动物的特定脑结构，从而研究特定的执行记忆功能的大脑系统。

1978年，美国国家精神卫生研究院（National Institute of Mental Health）的神经科学家莫蒂默·米什金（Mortimer Mishkin）在猴子身上创造了人类遗忘症的对应状态，为大脑与记忆方面的研究做出了重要的贡献。米什金采用了一项简单的实验任务，他向猴子呈现一只小玩具数秒钟，过一会儿之后，再给猴子同时呈现这个玩具和另一个新的玩具。只要猴子在这两个玩具中选择新玩具，就会获得食物的奖励，强化它的选择。猴子最终学会了选择新玩具可以获得奖赏的规则，并通过选择新玩具而表现出对两个玩具的辨认能力。在此之后，米什金给猴子做外科手术，或切除海马，或切除邻近海马的杏仁核。结果发现，这两种切除手术都不会损伤猴子对新旧两个物体的辨认能力。但是海马和杏仁核被同时切除的猴子，则会表现出严重的记忆障碍：两个结构均被切除的猴子，虽然能够学会规则、清楚地感知物体，却和 HM 一样健忘。[12]

米什金发表了这项具有开创性的研究结果之后，人们做了大量损伤猴脑局部的记忆研究。现在，我们已明确地发现，单纯的杏仁核损伤并不会影响辨认物体的记忆（但在第 7 章的讨论表明，杏仁核对情绪记忆有重要作用）。然而，单纯的海马损伤会不会影响辨认记忆，这个问题一直被争执不休。大多数心理学家和神经生物学家认为，不管是猴子、人类或其他动物，海马都是储存近期外显记忆的一个，甚至可能是唯一的关键脑区。20 世纪 70 年代早期，研究记忆的细胞生物学机制的神经科学家发现，电刺激海马会引起神经突触（不同海马神经元之间的交接端口）活动水平的持续增强。这种持久的刺激效应被称为长时程增强效应（long-term potentiation, LTP）。这一效应表明，海马内部的突触活动性可以被经验调节——这可以说是大脑记忆系统的一个必然属性。虽然也有研究发现，大脑的其他部位也存在 LTP 效应，但由于 LTP 首先是在海马中发现的，因此许多神经科学家将大部分甚至全部的注意力集中于探究海马这一结构对记忆的作用。[13]

虽然大家一致认同海马在外显记忆中的作用，但也有人认为，海马并没有参与回忆和辨认的所有过程。约翰·奥基夫（John O'Keefe）和林·纳德尔（Lynn Nadel）指出，海马的作用只在于建立对应于现实环境的心理地图，因此只有当人或动物必须记住物体或物体的空间位置时，它才不可或缺。近期以实验猴为对象的研究表明，在无须特别回忆空间位置的情况下，损伤海马只会轻微地影响辨认，其影响与猴子在被长时间延误后辨认物体时所表现的正确率下降类似。[14]

有个地方似乎不太对劲：如果只切除杏仁核不会影响记忆，而只损毁海马也仅轻微地损伤记忆，那为什么两个结构被一起损毁之后，却会出现严重的遗忘症？当外科手术技术得到进一步完善，研究者能够更精确地进行结构定位时，米什金的研究小组和佐拉-摩根、斯奎尔领导的小组发现，是由于损毁了内侧颞叶的一组皮质结构，才导致了严重的辨认障碍。这一组结构正是与海马和杏仁核相连的部位，是二者信息输入的主要来源。[15] 米什金的早期研究发现，同时损毁海马和杏仁核会导致遗忘症，其实是在手术过程中无意损伤了与海马和杏仁核毗邻的皮质区域的结果。这些新的研究发现与对人类遗忘症的观察非常一致：在严重遗忘症病人 HM 的病例中，与海马和杏仁核相邻的部分内侧颞叶皮质，也在手术中被切除了；而 RB 的这些皮质区域并未遭到破坏，他的遗忘症也比较轻微。

科萨科夫综合征

对遗忘症病人和灵长类实验猴的研究共同有力地证明，内侧颞叶系统的损伤会引起遗忘症。然而大脑和遗忘症之间的关系远不止于此，有些遗忘症所对应的大脑损伤，发生在内侧颞叶系统以外的结构。比如，科萨科夫综合征病人一般在患病之前有很长的酗酒历史，他们表现出严重的近期记忆丧失，这可能由酗酒引起的维生素 B1 不足导致。虽然酒精中毒本就可以导致轻度的记忆问题，但多数的酗酒者并不会患上科萨科夫综合征或者其他的遗忘症。[16]

科萨科夫综合征在初次发病时往往伴有一个短暂的阶段，病人突然变得晕头转向、意识混乱。处于这一急性发作状态的病人，行为可能剧烈变化，一秒钟一个样子。比如，一位在 1959 年被采访的科萨科夫综合征病人，准确地说出了自己出生的年份，还能算出自己的年龄是 60 岁。但不过一分钟时间，他就改口说自己生于 1928 年，还是个壮年小伙子。另一个病人一开始知道他已经住院两周，但几分钟后却开始胡言乱语，说自己上周和医生一起去了教堂、吃了午餐。还有一个病人，当心理学家问起她手上戴的婚戒时，她否认自己结婚了，但随后又"回想"起了三个并不存在的丈夫。第二天，她谈论的一切又都与现实中的丈夫有关。[17]

这种混乱的状态持续几天或几周之后，病人开始出现慢性的记忆问题。除了失忆之外，多数科萨科夫综合征病人还有认知和动机障碍——他们往往缺乏认知兴趣，看上去没什么情感体验。心理学家霍华德·加德纳（Howard Gardner）曾提到他在20世纪70年代初与一位典型的科萨科夫综合征病人的对话，其中明显地体现了这些特征，这位病人名叫奥唐奈（Mr. O'Donnell）。一次，加德纳在波士顿退伍军人康复医院的草坪上碰到奥唐奈先生时，他正在翻阅一本杂志，杂志的封面是一个爆炸性政治新闻的标题：水门事件。加德纳问他这本杂志写了什么，奥唐奈回答说："全是些政治，我不怎么看这些。"加德纳特地问起水门事件，奥唐奈说："噢，我不太关心这个。我最近很忙，没怎么跟进这个事。"加德纳接着问："但你肯定听说过水门事件对吧？"奥唐奈答道："嗯，这么说我肯定是听过，但我对那种事没一点想法。"病人究竟能不能说出一些与水门事件相关的事情呢？"噢，他们抓到了一些密探，差不多这类事吧，对我来说都一样。"[18]

尽管科萨科夫综合征病人的内在总体来说是一片空白，但和其他类型的遗忘症病人一样，他们的智商一般在正常水平，并高出记忆测验分数20～40分。换句话说，动机和认知障碍并不足以完全解释他们的记忆丧失。

遗忘症与间脑

对科萨科夫综合征病人的大脑解剖研究发现，在一组皮质下结构中存在着广泛的损伤，那就是间脑。间脑主要由丘脑（丘脑是一个重要的信息中转站，几乎所有感觉信息都经过丘脑到达皮质）和乳头体（一个紧贴丘脑下方的神经核团，见图5-1）组成。大家也许还记得，患者GR的丘脑受损，他先是失去了一生的记忆，其后又恢复了它们；而另一位丘脑受伤的患者 PS，一直生活在第二次世界大战的幻觉之中，觉得自己马上要上船参军了。科萨科夫综合征病人的丘脑和乳头体均有某种异常。研究者对某些科萨科夫综合征病人的大脑进行了研究，他们或是通过核磁共振成像技术给病人的受伤组织成像，或者对已经去世的病人做神经病理性解剖检查。这些研究发现，科萨科夫综合征病人的海马和内侧颞叶系统的其他部位也存在异常。[19]

因此，遗忘综合征既可以由内侧颞叶系统损伤导致，也可以由间脑损伤导致。这两个区域通过由海马分化出来的一个特殊结构密切相连，那就是穹窿（fornix）。穹窿是海马主要的信息输出通道。内侧颞叶与间脑的紧密联系意味着存在一个在外显记忆中起重要作用的神经网络。在这个网络中，无论是内侧颞叶还是间脑受到损伤，都会造成记忆问题。[20]

最新的猴脑损毁研究证明了内嗅皮质（entorhinal cortex）及其相邻皮质在记忆活动中的重要性，与上述的观点相当一致。在记忆活动中，大脑的不同皮层中枢处理同一经验不同方面的信息，如组成日常事件的听觉、视觉、味觉信息等。然后，这些被加工过的信息在内嗅皮质及其相邻皮质区中汇总，并由此传向海马、杏仁核以及两者在间脑中的输出部位。我们对日常生活事件的记忆印迹，正是由这些输入信息相互联结而形成的。因此，内嗅皮质的损伤必然对记忆产生严重的后果。由于内嗅皮质损伤，没有信息输入，由内侧颞叶和间脑所组成的神经网络将丧失原有的功能。

这些想法让我有机会理解，弗雷德里克在和我打那两场高尔夫球时所表现出的记忆障碍。我们知道他正处于阿尔茨海默病早期，严重的记忆问题正是这种疾病常见的早期症状。在某些病例中，在病程进入全面恶化的阶段，带来认知活动的全面退化之前，遗忘是这种病症唯一可观察的症状。如今，我们已通过大量研究观察发现，阿尔茨海默病的两个主要症状，最初集中表现为内侧颞叶皮质和海马区域的病变。[21] 弗雷德里克虽然能够感知到打球过程中的各种事情,但这些感知却无法变为记忆,感知信息进入海马和间脑系统的通路已经被积累的神经元碎片损坏。

对人类遗忘症和痴呆的研究以及对猴子记忆障碍的研究共同说明,颞叶-间脑区域的神经系统所执行的功能,是形成新记忆的必要条件。正是由于这个系统的功能,我们才能记住日常经历的各个部分,我们的所见、所闻、所思、所感等组合在一起,形成这些经验的综合记录。因此,颞叶-间脑系统对情景记忆至关重要,对于形成新的语义记忆,它也起着一定的作用。遗忘症病人一般难以掌握新的事实和词汇,如果经过很多次的重复,他们也许能获得新的语义记忆。除了无法回忆细节丰富的情节和事例,他们也很少会像我们多数人那样,经常体验到对近期经验的基本的熟悉感。例如在实验中,如果我们要求参与者回答,他们究竟是真的"记得"某一事件的特殊细节,还是仅仅"知道"这一事件发生过。遗忘症病人"记得"和"知道"的事情都远远少于健康的参与者。[22] 然而,内侧颞叶系统的损伤并不对应所有形式的记忆损伤。即使是遗忘症或者痴呆病人,他们也可能无意识地受到当下事件的影响,也有可能习得新的技能,这些记忆便是所谓的无意识记忆(内隐记忆)。这种记忆以某些独立的信息片段为基础,而不是像有意识记忆那样,以多种形式的记忆印迹为基础。我们对日常生活经验的记忆,必然与信息流正常地进入和输出内侧颞叶-间脑网络的神经元集群与突触相并行。

当往事不再:逆行性遗忘症与记忆的结构

我们已经了解到,大脑损伤局限于内侧颞叶时,病人会患上逆行性遗忘症,遗忘的情况符合里博定律:病人能够回忆很久以前发生的各种经历,但怎么也想不起来大脑受伤前的近期记忆。但如果大脑受伤的部位不限于内侧颞叶，还包括那些储存记忆印迹、与提取记忆密切相关的其他皮质时，逆行性遗忘症就会表现得更加广泛，甚至有可能使病人完全忘记自己的一切。这种逆行性遗忘症表明，在通常情况下，我们对自我经历的完整意识和对于世界的知识，内部包含着极高的复杂性。我们记得一场婚礼与知道一块肥皂放在什么位置，依赖的是不同的神经网络结构；辨认一艘潜水艇与认出一只蜘蛛所需要的知识，也依赖于不同的神经机制。我们所拥有的每一类知识，都依赖于大脑内部特定的结构和过程以特定的方式完整地运作。

这些认识部分是吉恩带给我的。吉恩的遗忘症源自1981年的一场摩托车事故，他大脑受伤的部位包括大面积的额叶和颞叶，其中还包括左半球的海马。[23] 事故发生那年，吉恩30岁。后来，他和弗雷德里克一样，除了能记住少量独立的新内容，基本不能回忆日常的生活经历。除了顺行性遗忘症，吉恩还有相当严重的逆行性遗忘症。但和那些符合里博定律的病人不同，吉恩不记得人生中任何时刻发生的任何事情。

所有请吉恩回忆任何个人经历的努力都是徒劳的。每当你向这个沉静、绅士而又温和的年轻人问一个问题，他总是绞尽脑汁地准备好好回答你。但是不论你向他提示多少线索，他都无法回忆出任何一件具体的事来。哪怕我们描述一些他曾经历过的、包含众多痛苦的悲剧性事件的细节，比如他弟弟溺水而亡，一列装满化学毒品的火车在他家附近脱轨，导致24万人于一周内撤离，等等，他都没有办法回忆出任何相关的情景和片段。虽然他在受伤前是一个热衷于骑摩托的车手，和车友玩过无数次的越野比赛，但现在他一次比赛也想不起来。过去，他经常和朋友去酒吧聚会，现在他对此也没有任何记忆。他一脸困惑地看着我，好像知道自己本应该回答我所提出的问题。吉恩理解，在一般情况下，大家都能回忆过去的具体经历。当他安静地坐在一旁，努力想要回想出某段记忆时，往往以一阵神经质的狂笑结束——他对自己竟然无法回忆出任何事情感到荒诞。狂笑之后，他的脸上露出一种不抱任何希望的表情，他终于放弃，承认自己无法回忆出任何东西。而且，他在实验中试图回忆又想不出任何内容，最后放弃这件事本身，几分钟后也从他情景记忆的黑洞中逃逸。

如果一个人失去了关于全部往事的记忆，从心理上的意义而言，他的人生将变得空洞贫瘠，犹如地理意义上的西伯利亚大荒原。吉恩的心灵和人生都变得没什么故事，他没什么朋友，和父母生活在一起，每天重复着日常。在过去被完全摧毁之后，他也不再思考未来。他从不会做计划，也不会期待任何事情的发生。如果你告诉他不久后可以随某人周游世界，他会像忘记其他所有事情一样，立马抛诸脑后。

吉恩对自己的过去还是有所知的。他知道曾经就读过的学校，知道自己在受伤前在一家工厂打过 3 年工，知道自己有两辆摩托和一辆汽车，知道他家有一座避暑的小别墅，也知道中学毕业相册上每个同学的名字。吉恩也仍然保持了大量在车祸前学到的一般性的语义知识，他能够准确而详细地描述更换汽车轮胎的每一个步骤，虽然他完全无法回忆自己换轮胎的经历。他能叫出许多以前一起工作的同事的名字，也认识以前工作的工厂中设备的照片和图纸，更令人印象深刻的是，吉恩居然能轻而易举地回忆他在工作中学到的各种专业术语，比如键槽柄、螺旋芯轴、钨铬钴合金，等等。

另一点也很有意思，吉恩保留了关于自己的生活史知识，与我们每个人关于自身的整体知识类似。比如，我知道我父亲曾在一艘意大利战舰上服役，也知道许多母亲老家邻居的情况，因为父母经常和我说起这些人和事，但是我没有相应的情景记忆。我能通过别人的讲述获得各种事实和知识的信息，却不能凭空演绎出这些故事的细节，这一部分的情景记忆装在当事者的脑子里。吉恩的大脑受伤之后，他个人的生活史记忆恰好成了这种情况，他知道自己过去的一些情况，却无法回忆任何相关的、具体的情节。

有意思的是，当我们问吉恩，他目前的性格特点是怎样的、这些特点与他脑受伤有什么关系时，他能够利用这种语义记忆回答我们。他的朋友和家人都发现，那次车祸让他的性格发生了巨大的变化：他现在不像以前那么活跃、那么愿意交朋友了。为了了解吉恩对自己人格的这些变化是否自知，恩德尔·图尔文让吉恩和他母亲分别描述他过去和现在的性格是怎样的。结果发现，两人对吉恩性格的描述，不论是过去还是现在，主要的特点非常一致。这说明吉恩尽管在回忆自己过去发生的特定经历方面无能为力，但他还是能够得知自己性格的变化。这可能是因为他仍然能够通过不断反复的经历，逐步积累一定的语义知识，从而获得这一认知。[24]

虽然在遗忘症病人中，像吉恩这样完全丧失情景记忆的情况非常少见，但他并不是个例。我们知道，脑炎患者鲍斯维尔也不能回忆出任何特定的具体情节，感染了单纯疱疹脑炎病毒的放射科医生 SS，也不能回忆出生活中任何特定时刻的特定经历。SS 和吉恩一样，在被问到过去的事时，他并非毫无反应，而是能够说起童年以及其他一些时候的种种事件。不过他回忆的内容仅限于那些经常听到的、总体性的事物。如果我们让 SS 就他讲到的某一事件，进一步详细描述一番，或者是告诉我们某一事件具体发生的背景，他就会变得非常不知所措。但尽管如此，SS 也还保持着患病前获得的大量专业知识，对于词汇量和一般性的知识也保持着相当高的水平。尽管比同龄的正常人要差，但他居然还能够回忆和辨认出曾经认识的某些名人。[25]

吉恩和 SS 的案例表明，这种类型的记忆障碍，一方面情景记忆会完全丧失，而另一方面语义记忆会得到部分的保留。心理学家在传统上将语义记忆定义为我们关于世界的基本知识，是各种一般性的概念以及概念与概念之间联系的网络，由词的意义、范畴、事实和命题等构成。然而通过我们在前面观察到的逆行性遗忘症，可以发现语义记忆也是我们个人生活史中一般性知识的基础。哪怕是对于吉恩而言，他也能够回忆自己车祸前的整体特征，提供一些关于自我的真实信息。因为没有情景记忆，吉恩对过去的全部所知，很可能全都包含在语义记忆之中。也就是说，吉恩拥有过去，但无法像我们一样，通过回忆确切地感到这份过去属于自己。

我们可以联系前面几章中提到的有关个人生活史的阶段划分、一般事件和特定事件的区别，来理解目前所探讨的记忆障碍。在回忆有关生活阶段的总体情况方面，吉恩和SS没有太大障碍。他们也都能回忆出一定的一般性生活经历，但对特定的细节却没有任何印象。吉恩和SS完全丧失了情景记忆，同时在一定程度上也丧失了语义记忆，由他们对生活阶段总体状况和一般事件的回忆可以猜测，对于个人生活阶段以及一般事件的总体记忆，可能是语义记忆的一部分，而对特定经历的知识则构成了情景记忆的一部分，保存着所有我们记住的经历的细节。[26]

神经心理学家也报告过另外一群患者的案例，他们的病情正好与吉恩和SS的情况相反：他们能够回忆特定的生活经历的细节，却在很大程度上失去了关于世界和个人生活的一般性知识。例如，意大利的神经科学家艾尼奥·德伦齐（Ennio De Renzi）报告了这样一例脑炎案例，患者大脑损毁的区域主要局限于颞叶皮质的前部，这正是支持语义记忆的重要区域。这位脑炎患者不仅无法理解常见的字词，而且几乎完全忘记了她先前熟知的历史事件和人物，连关于生命和非生命物质一般特点的知识也全部丧失了。她无法说出一只老鼠的毛色，也不知道在一般情况下应该把肥皂放在哪里。她的语义记忆被严重地破坏，而语义记忆正是我们理解世界的基础。而在被问到她的婚礼和蜜月、她父亲生病去世等其他具体的事情时，她却能轻而易举地回忆起来，而且回忆得相当准确。[27]

在一些患有一种叫"语义性痴呆"（semantic dementia）的老年人中，我们也可以观察到与上述案例类似的失忆现象。这些病人难以命名常见的事物、词汇贫乏、对单个词语的理解力很差。随着患病时间的延长，他们关于词语、物体和事实的语义知识会逐渐解体。尽管他们仍然具有关于一般范畴的知识，能够分辨生物和非生物，但对各种事物属性的知识却丧失殆尽。比如有这样一位病人，他在看到一幅鹿的图片时会说："这是一只产奶的动物，和羊一样。"另一个病人在看到小提琴的图片时会说："这是一种乐器吗？我猜它是金属做的。"这两位病人都能够记得早餐吃了什么，最近一次是在哪里度假的——他们的情景记忆保持完好。这类病人的语义障碍与某些阿尔茨海默病的症状相似。不同的是，阿尔茨海默病病人在语义记忆受损的同时，伴有严重的情景记忆障碍。研究语义性痴呆病人具有重要的理论价值，因为这些病人的情况表明，语义记忆在遭受严重破坏的同时，情景记忆却能够保持完好。[28]

语义记忆有时会以各种奇特的形式解体，这为我们理解关于世界的一般性知识究竟如何被大脑表征提供了重要的线索。在某些尤其吸引人注意的案例中，病人丧失的只是某一特定类型的知识。例如在1984年，两位英国的神经心理学家伊丽莎白·沃林顿（Elizabeth Warrington）和泰姆·莎利斯（Time Shallice）报告了4例脑炎病人，他们很难辨认各种自然生物，却能轻易辨认出大部分的人造物体。其中一个病人是一位48岁的海军军官，我们在研究文献中简称为SBY。SBY将一辆独轮手推车称为"人拿来运货的一种东西"，又将毛巾称为"人用来擦汗的东西"，而潜水艇被他称为"可以在海下航行的船"。但是，他会把黄蜂说成"会飞的鸟"，把藏红花说成"垃圾玩意儿"，把一只蜘蛛说成"一个四处寻找的人，为某个国家或民族工作"。最近又有另一些案例的报道，案例的症状恰好与此相反：他们难以认出非生命物体，辨认自然生物却没什么问题。科学家甚至能为这类病人总结，哪些种类的知识已被破坏，而哪些种类的知识仍然完好保存。在神经学家安东尼奥·达马西奥介绍的病例中，有一位病人能认出工具却认不出衣服，而另有一位病人能认出多种人造物体，却单单在识别乐器上有问题。[29]

这些罕见的功能障碍说明了什么？说明神经组织是严格按照范畴组织语义知识的吗？可能不是。达马西奥等人指出，我们所看到的类型识别障碍，其实与我们使用何种信息辨认物体有关。一般而言，我们根据视觉形象的特征分辨动物和植物，而分辨不同的工具则以我们如何使用这些工具为基础。因此，凡是那些在需要借助外部特征辨认物体方面表现出困难的病人，同样也会在辨认自然生物方面感到吃力；而在需要思考其使用功能辨认物体方面感到困难的病人，也会在辨认工具之类的人造物体方面力不从心。

美国国家精神卫生研究院的科学家亚力克斯·马丁（Alex Martin）和同事最近完成了一项脑成像研究，为我们理解上述的奇特障碍带来了一些启发。健康的实验参与者在辨认动物或工具时，如果我们分别查看他们的大脑活动扫描图，会发现颞叶下回皮质的活动水平有所提升，而这个区域通常参与认知和识别复杂的物体。不同点在于，当参与者辨认工具时，他们大脑左半球的前运动皮质区（left premotor cortex）的活动水平也会提高。当我们仅仅是想象伸手去抓握物体时，左侧前运动皮质区域就会变得非常活跃；辨认工具的行为还会引起左半球某一特殊皮质区（颞叶中回，middle temporal gyrus）活动水平的提高，这一区域在我们表达与运动相关的词语（比如"书写"一词）的过程中起作用。这一研究的结果说明，有关工具的知识与表征运动和动作的脑区密切相关，这些运动或动作正是我们在使用工具时所执行的。那些说不出人造物名称的病人往往是大脑的这些区域受到了损伤，而那些说不出自然生物体名称的病人，则往往是脑内识别复杂视觉特征的区域受损。在某些脑损伤病人中，之所以会产生类别特异性识别障碍，是因为关于不同物体的不同特征的知识，是由大脑的不同网络系统负责的。[30]

在我们的大脑正常运转时，它通过支持情景记忆和语义记忆，支持我们辨认世界上的物体，通过在时间中畅游，创造我们的生活故事。而当它由于损伤不再正常运转时，我们也得以一窥记忆结构的基石是怎样的。正是基于这些记忆结构，我们得以回顾过去的生活，并赋予当下生活以独特的意义。

体验遗忘：对丧失记忆的意识与无知

我们都有过这样的体验：忘记自己刚刚做了什么。比如在开车长途旅行的过程中，我们往往因为沉溺于反省之中，而对沿途的风景没有任何记忆。这种类型的"遗忘症"之所以会发生，是因为集中注意力是我们形成有意识记忆的必要条件。因此，当这种注意的心理资源主要运用于内在的思维和情感时，我们就无法留意外部世界，从而形成相应的记忆。我们当然可以将这种记忆的丧失归因为"心不在于此"，但如果我们总是这样，生活会是怎样一番景象呢？

弗雷德里克在和我玩高尔夫球时，时常忘记刚刚击过的那次球，而当我提醒他已经击过球时，他往往感到惊讶和困惑。他知道自己有记忆方面的障碍，却不知道障碍严重到怎样的程度。但即使我提醒他，告诉他这个情况，他很快又忘了，又会再开心地击一次球——当然，这也是他记忆受损之深的一种体现。

我们观察到，遗忘症病人身上似乎有一种富有诗意的正义在起作用：记忆障碍可能在慈悲地保护他们，使之忘记自己严重失忆，以避免意识到这一灾难所带来的巨大痛苦。1889 年，谢尔盖·科萨科夫发现，病人很少意识到或是关注自己的记忆障碍。这一观察被随后的大量研究科萨科夫综合征的结果所证实。比如，在霍华德·加德纳与奥唐奈交流时，提供奥唐奈若干个单词让他记住，奥唐奈需要在几分钟后回忆这些单词。结果奥唐奈一个词也想不起来，可他推断说："我觉得我刚才可能没太注意那些单词。"虽然加德纳又和他重做了一遍实验,结果还是这样,奥唐奈还是会解释说:"我的心思有时候在别的地方,我觉得,我的记忆力还是挺好的。"[31]

科萨科夫综合征病人往往会过高估计自己在记忆测验中的表现。和奥唐奈先生一样,他们相信自己的记忆没什么问题,自己能和别人记住同样多的东西。如果我们单是告诉病人,说他们有某种记忆障碍,这对他们不会有什么作用。[32] 在脑损伤引发的遗忘症中,病人往往无法或者只能部分地意识到自己的记忆问题,由于前交通动脉血管瘤破裂(burst aneurysms in the anterior communicating artery)而引发的记忆障碍情况也与之类似。前交通动脉为基底前脑(basal forebrain)供血,基底前脑是大脑的皮质下结构,它向内侧颞叶提供一种对于记忆极端重要的化学信使物质,乙酰胆碱(acetylcholine)。这个动脉同时也向前额叶底部一个叫眶额皮质的区域提供血液。前交通动脉血管瘤破裂的病人,很难回忆近期经历的事情,但与其他遗忘症病人不同的是,他们对这些事情的熟悉的感觉似乎未被破坏:当他们在实验中看到一些信息,并在看完后需要一一判断是否熟悉这些信息时,他们往往能表现出正常的对近期信息的辨认能力。和额叶损伤的病人类似,他们难以利用有效的提取策略回忆事物,也经常虚构各种稀奇古怪的记忆,还意识不到自己虚构出来的内容并非现实。[33]

有一位名叫埃里克的男性,在前交通动脉血管瘤破裂之后,患上了遗忘症。埃里克极度渴望回到建筑师的岗位,坚称自己的记忆和从前没什么区别。不管是什么事,只要是被他忘记了,他就会说那件事无关紧要,忘掉了也没什么严重的问题,他不可能因此放弃工作。但事实上,埃里克基本失去了对近期经历的有意识的记忆。对于自己记忆日常生活经历的能力,比如和一个朋友打电话等,我和同事曾让他预判他究竟是能记住几分钟,还是能记上好几个星期。他判断自己的记忆能持续几周。然而当我们让他的妻子评估他的记忆力时,她说不管是什么事,不出几分钟,就会被他忘得一干二净。根据我们对他的观察和检测结果，他妻子对他的判断完全准确，而他自己的评估则不幸地与现实相差很远。[34]

当然，并非所有的遗忘症病人都对自己的记忆障碍如此不自知。实际上，有些病人对自己的记忆问题有着十分清醒的认识。有一位因脑炎患上遗忘症的病人说："我的身体没有任何问题，但在心理层面，我几乎无法记住任何事情。"另一位因间脑受伤而具有广泛的言语记忆障碍的病人这样描述他的问题："在我需要回忆某件事时，我不知道自己能不能做到。"HM也在一定程度上知道自己失忆的状况，说他总觉得自己像是反复从长梦中醒来。在菲利普·希尔兹（Philip Hilts）最近发表的对HM的传记性报告中，他和HM之间有这样一次对话，HM在对话中承认，自己一直担心因为遗忘症的问题当众出丑。HM曾这样描述自己的状况："失去了记忆，但还没有丧失现实。"[35]

那些已经患遗忘症很长时间的病人，如果被反复提醒自己的记忆有问题，最后也会逐渐正视这一事实。但是，有一种短期的突发性遗忘综合征，也叫短暂性全面性遗忘症（transient global amnesia），突发这种病症的病人也能意识到自己的记忆问题。这种症状一般只持续几个小时，发病的对象往往是原本健康的成年人，这很可能是由海马和周围内侧颞叶皮质的暂时性血栓造成的。这类病人的症状主要体现在难以记住正在发生的事情，同时还会出现一定的逆行性遗忘，遗忘的时间跨度从几年至几十年不等。[36]

为什么有的遗忘症病人能够清醒地意识到自己的记忆缺陷，而有的人却对此毫无觉察呢？难道那些自知记忆有问题的人比那些不自知的人"更记得自己善忘"？这似乎不太可能，因为即使是严重遗忘的病人，也能在某些时候意识到自己的问题。也许，解开这一谜题的关键在额叶的广泛皮质中。一般而言，那些无法意识到自己问题的遗忘症病人，其大脑的额叶存在某些病变或者损伤，而有自知之明的病人，其额叶没有这类问题。[37]

我们此前已经指出，如果大脑的损伤仅仅局限于额叶，一般不会出现全面的遗忘症状，而会出现源记忆丧失、误认、虚构记忆这类问题。额叶受伤的病人之所以会有这些障碍，是因为这类损伤破坏了额叶皮质在记忆方面的主要功能：运用策略提取记忆和监控回忆过程。由此看来，很可能是因为额叶受损使相应的提取和监控功能遭到破坏，从而屏蔽了病人对记忆障碍的自知。我们来想一想，遗忘症病人是如何觉察到自己的记忆有问题的。假设有一个病人，想要回忆自己早餐吃了什么，结果却想不起来，他没有在厨房嚼玉米片、坐在餐厅吃火腿蛋松饼或任何别的记忆。这时，他如果能够意识到，一个记忆正常的人要想起一件这样的事应当没有什么困难，他便会发现是自己的记忆出了问题。

额叶的受损能以各种不同的方式干扰对回忆过程的监控和评估。就上述的例子来说，一个倾向于虚构记忆的病人在回忆早餐吃了什么时，可能会制造错误的记忆。哪怕他实际是在厨房吃的玉米片，也可以虚构性地回忆出自己是在一家高档的餐厅吃火腿蛋松饼，这样他自然不会意识到自己的记忆有问题。临床观察和实验研究的结果都表明，倾向于进行记忆虚构的病人，一般都察觉不到自己的记忆障碍。[38] 当然，这种联系并非绝对，也有一些人尽管没有虚构记忆的倾向，也还是对记忆的问题没有自知之明。对于这类病人而言，他们的额叶损伤破坏的是一种心理整合的能力，即对自己记忆缺陷的觉察和认识到正常人没有这种缺陷的能力。

除了额叶，大脑其他一些结构受到损伤的病人，也会拒绝承认显而易见的障碍，比如一种大腿和手臂偏瘫的症状。一个早已有之的现象是，因大脑右半球顶叶（parietal cortex）中风导致左侧肢体瘫痪的病人，会认为他左侧的肢体仍然正常。心理学家 V.S. 拉马钱德兰（V.S. Ramachandran）曾研究过一例右半球顶叶中风的老妇人的记忆缺陷障碍，结果相当耐人寻味。病人 BM 的左臂已瘫痪，可她自己却没有意识到。对于无法运动的左臂，她说是因为太累了，或只是因为她不想把左臂抬起来。拉马钱德兰对她做了一个罕见的实验：用冰水冲洗她的左耳。由于某些我们尚且未知的原因，冰水刺激耳朵后，一些病人会暂时性地意识到肢体的瘫痪。（这可能是因为冰水的刺激以某种方式激活了受伤的右半球脑区；因为大脑右半球与左侧身体的联系比与右侧身体的联系要强，因此刺激右耳一般不会有这种效果。）在实验刚刚完成后，BM承认自己的左臂是瘫痪的状态，甚至还准确地描述它已经瘫痪好几天了。实验结束30分钟时，她依然能意识到左臂的瘫痪。然而8小时过后，冰水的刺激效应完全消失之后，BM转而坚信自己的左臂是可以动的。当拉马钱德兰的同事问她，两个医生在早上对她做了什么时，BM还记得用冰水冲洗耳朵这回事；一开始，她不记得医生在问她手臂的情况时她说了什么，但过了一会儿她就肯定地说："当时我说，我的手臂没什么问题。"

拉马钱德兰认为，BM可能是选择性地压抑与她当前信念有冲突的部分记忆，"既要否认当前的瘫痪状态，同时承认8个小时前洞察到的身体状况，又想维持一个整体一致的自我，这对BM来说太过困难。"在一些遗忘症的案例中，可能也存在着类似的选择性遗忘，帮助病人屏蔽对自身缺陷的觉知。[39]

尽管BM和其他类似病人的情况表明，对自身障碍的无知在某种程度上是一种慈悲，但另一方面，这种无知也会妨碍他们改善生活质量。那些愿意承认自己记忆有问题的病人，可以通过特殊的方式布置自己的生活环境，减轻记忆的压力，或是利用记录本等记忆线索，尽可能达到一定的日常生活自理水平。但是那些否认记忆障碍的病人，对自己能做什么往往抱有不现实的预期，从而很难在干预和训练中受益。[40]

然而在一种情况下，病人的不自知是一件真正的幸事，那便是阿尔茨海默病发展到情景记忆和语义记忆完全瓦解，从而彻底摧毁了病人理解世界的能力。在患病早期，多数阿尔茨海默病病人对自己的记忆问题有着清醒的认识，也有一部分人会否认或者在意识上最小化症状。对那些有着清醒认识的病人而言，对于遗忘的自觉与遗忘本身一样令他们心碎。黛安娜·弗里尔·麦戈文（Diana Friel McGowin）是佛罗里达州的一位法务秘书，也是3个孩子的母亲，她在45岁的年纪，就极不寻常地不幸被诊断患有阿尔茨海默病。她对自己意识到记忆出了严重问题做了令人心痛的记录。黛安娜是一位聪明精干的女性，她的智商曾高达137。她记述了想不起自己住在哪里的强烈恐惧：她有一次无法找到回家的路，便告诉一个巡警说她在一个公园的入口处迷路了，"当我发现自己怎么也想不起家旁边那条街的名字时，我感到一阵刺骨的战栗，我满脸都是泪水"。当巡警问她住在哪个城区时，"我遍寻记忆，可它们却一片空白，一阵恐慌彻底地淹没了我"。[4]

对病人的家人来说，目睹病人看着自己日渐丧失记忆的痛苦也是折磨。"阿尔茨海默病是最残酷的疾病，"作家格兰·柯林斯（Glenn Collins）在回忆他父亲与日渐严重的无情的痴呆抗争时这样写道："这种病的残忍之处在于对遗忘的觉知，这令人沮丧、令人困惑、令人羞耻的遗忘。"[42]

随着认知功能在一段时期内退化，多数阿尔茨海默病病人越来越意识不到自己记忆障碍的严重程度，甚至意识不到障碍的存在。近期的研究结果表明，阿尔茨海默病病人的这种意识水平的降低往往伴随着虚构记忆的增加以及额叶功能的衰退。不过，额叶功能的衰退可能并非对记忆缺陷没有自知力的必要条件，因为有些病人虽然在探测额叶损伤的行为测验中表现良好，却基本上意识不到自己的记忆障碍。[43]

为了纪念父亲与阿尔茨海默病的斗争，画家艾伦·斯托贝尔－佩卡姆（Ellen Stoepel-Peckham）制作了一幅动人的拼贴画——《阿尔茨海默病的自我》（*Alzheimer's I*）（见图5-3），画中表现了记忆、智力和意识的退化和瓦解。

画家向我们传达了这样一种意识，遗忘症和痴呆在夺走记忆的同时，也夺走了这个人。我们对现在的理解和对未来的设想，依赖于我们和过去的沟通。当我们无法通过记忆在时间中畅游时，我们也在很大程度上脱离了我们是谁、要向何处去的锚点。然而即使在最严重的遗忘症中，过去对于当下的影响也不可磨灭。即使有意识的记忆遭到破坏，过去的经历仍能以某种意识之外的微妙方式影响当下。接下来，让我们深入无意识记忆（内隐记忆）的隐秘世界，对这些影响的作用方式一探究竟。

图 5-3　艾伦·斯托贝尔－佩卡姆，《阿尔茨海默病的自我》，1983。21×16"。拼贴画，混合材料。图片由画家本人提供。

在斯托贝尔－佩卡姆致敬父亲的作品中，包含她从报纸上剪裁下来的关于阿尔茨海默病病人的报道；但就像这种遗忘症捣毁心智那样，这些内容很快变成了错乱的文字信息。那些无法辨认的人影的碎片象征着记忆的消逝，碎裂的镜子深刻地刻画了自我意识的最终离场。雪地上曾由某人踩下的脚印，提醒我们曾有一个完整的个体寓居在阿尔茨海默病病人被毁掉的那个世界。一张被覆盖的、父亲健康时的照片，展示了此人在未患病时的样子。

Searching for Memory

第6章

内隐记忆的隐秘世界

波士顿12月的下午,天通常很快就黑了。对于多数人而言,这是新英格兰冬天尤其令人沮丧的一点,但我却不大介意。因为每当夜幕降临时,我都会站在哈佛大学校园北角的办公室窗前,尽情欣赏落日的余晖。在冬日的黄昏,整个波士顿在夕阳的映衬下,是一幅令人沉醉的风景画。1993年12月,就在这样一个冬日的黄昏,我正准备去窗前好好休息一番,一个电话打断了我的美梦。

来电话的人自称罗万·威尔逊(Rowan Wilson),是纽约享誉全球的律师事务所Cravath,Swaine & Moore公司的法律代理。他的公司正在为计算机行业巨头IBM打一场官司,在这个官司中,记忆方面的问题似乎与案件密切相关。我表示愿意了解案件的详情,以考虑是否向他们提供咨询。

威尔逊提出的第一个问题正好符合我的兴趣。他想知道,一个人在意识不到自己在回忆的同时,又从过去经验中提取到某些信息,这是否可能?10多年以来,我大部分的科研工作正是针对这个问题而展开的。我和同事们开展了大量的实验研究，正是为了探索所谓的内隐记忆。内隐记忆是一种无意识的记忆，是指人们在受到过去经验影响的同时，完全意识不到自己在回忆。我在电话中回答威尔逊：一个人完全有可能在利用过去经验时，没有回忆的意识体验。不过，一个法律代理怎么会对这种问题感兴趣呢？

威尔逊有非常充分的感兴趣的理由：记忆是否会在无意识的情况下流露，在一定程度上决定了他所代理的案件如何发展。威尔逊的案件涉及知识产权方面的争论：一位员工在工作期间所提出的点子或知识，其产权究竟应该归谁所有？是创造这一观念或知识的员工，还是雇用他的公司？对于威尔逊的案件而言，这在很大程度上取决于彼得·博尼哈德（Peter Bonyhard）脑子里那些专业知识的状态。自1984年起，博尼哈德就是IBM一场新技术革命中的核心人物，这场技术革新的主要任务是从计算机光盘中读取信息。博尼哈德促成了在计算机工业中被称为MR头（磁阻磁头）的研发。磁阻磁头是一种薄似纸片的微小装置，基于一种磁学原理解读储存在光盘中的信息，计算机制造商通过这种磁头，可以在光盘中存放比以往技术多得多的信息。磁阻磁头的研制具有极为重要的技术和经济意义，博尼哈德也是IBM公司十分难得的人才。但他的成就也被很多人觊觎。1991年，博尼哈德离开了IBM公司，转而加入了IBM的竞争对手，即专门生产光盘驱动器的希捷（Seagate）公司。

IBM公司反对博尼哈德在希捷公司研制磁阻磁头，毕竟博尼哈德在IBM公司工作时，曾接触了大量有关磁头生产制造及其功能的保密信息，也曾许诺决不泄密。IBM公司认为，博尼哈德在深度参与希捷公司磁阻磁头自主研制的情况下，哪怕他尽最大努力去守诺，要做到完全保守IBM的商业机密，几乎是不可能的。因此，罗万·威尔逊这个案件的关键所在，以及他咨询我的原因在于，他怀疑博尼哈德在新的工作中，可能会无意间泄露IBM公司的商业机密。

虽然我并没有在这起官司中发表自己的看法，IBM 与希捷公司也达成一项协议——不让博尼哈德直接参与希捷公司磁头的研制工作，但这件事情却提醒我们去关注和理解记忆脆弱性质的一个核心问题：人会在多大程度上依赖于过去的经验，同时又意识不到自己在对经验进行回想呢？如何证明这种内隐记忆的存在？它们如何影响我们日常的所想所为？内隐记忆的存在，又向我们呈现了记忆在心灵和大脑层面的何种特点？

最近的 15 年以来，心理学和神经科学在解答这些问题方面获得了很大的进展。可以说，内隐记忆的研究彻底变革了我们对过去经验如何影响当下的认知，也让我们对于记忆有了新的认识。[1]不论是对于我个人还是整个研究领域，走向内隐记忆研究的契机，都可以追溯到 20 多年前在牛津发生的一些事情。

为何遗忘症病人能够学习

1978 年新年伊始，我生平第一次踏上英国的土地，来到牛津大学学习。一到牛津，我立即被神学院那些迷人的塔楼和精巧的塔顶所吸引，还有那棕色砖墙泛着金光的波德林图书馆，那些通往百年老店和酒吧的窄小石径。我作为多伦多大学的研究生，有幸来到牛津大学学习，是因为我的导师恩德尔·图尔文荣获牛津大学一年的访问学者资格，而我也可以在这一年的大部分时间里，跟随导师在此做研究。

我的导师安排我每周与劳伦斯·威斯克兰茨（Lawrence Weiskrantz）教授讨论，威斯克兰茨教授是研究知觉和记忆脑神经机制的世界级专家。当时，威斯克兰茨和他的同事，伦敦大学神经心理学家伊丽莎白·沃林顿发表了好几篇研究论文，讨论一些令研究者困惑不已的遗忘症案例。在这些研究中，遗忘症病人和健康的实验参与者学习常用词汇的单词表，包含如桌子（table）、花园（garden）一类的词。学习结束几分钟后，实验者将单词表中的部分单词与一些新的单词混合，让大家一一辨认。遗忘症病人很难想起来哪些单词是学过的而哪些不是，这一结果并不出人意料，符合之前已有的研究结论：遗忘症病人很难分辨学习内容的新旧。有意思的是，沃林顿和威斯克兰茨还对他们做了另一种测验：提示一个单词的前三个字母，比如提供 tab____、gar____ 等，让实验参与者填补剩余的字母，组成一个有意义的单词。与直接辨认单词的效果相比，这种方式能让遗忘症病人更多地写出学习过的单词。更让人惊讶的是，在一些实验中，遗忘症病人所写的、属于学习内容的单词，与健康的实验参与者一样多。[2] 如何解释这种神奇的现象呢？

沃林顿和威斯克兰茨认为，提示三个字母对遗忘症病人之所以特别有用，是因为在这种情况下，他们不会受到自动涌现的无关记忆的干扰，从而可以更好地回忆答案。但是遗忘症病人的另一个表现也值得注意：在三个字母提示的基础上回想有意义的字母组合时，他们似乎并不会意识到自己在回忆单词表的内容，他们的表现就好像是在玩猜字游戏。因此，他们在测验结果中所表现的对所学内容的记忆，并不是"回忆"所得。

此外，威斯克兰茨在另一种脑损伤病人的身上，观察到一种更为奇特的现象。他研究了一个因枕叶（对应后脑勺处的大脑皮层，在对外部世界的视知觉信息加工中起重要作用）受伤、丧失大面积可视的空间的病例。当他在与病人枕叶受伤部位对应的视觉区域点亮一束光时，病人表示自己什么也没看见，但如果要求他"猜测"光的位置，他能很准确地"猜"出来！病人似乎拥有某种无意识的知觉能力，威斯克兰茨称这种神奇的视知觉为盲视（blindsight）。在他看来，盲视的情形很可能与遗忘症病人"没有回忆"的那类记忆有某种联系。[3]

这些研究的观察和发现让我很振奋，它们与布伦达·米尔纳及其同事在20世纪60年代的开创性研究非常契合。那些研究表明，遗忘症的重症病人HM仍然能够学会新的运动技能。在他们的实验中，HM练习跟踪目标的运动轨迹，结果发现他的反应越来越准确，和健康的参与者的学习效果没什么两样，然而 HM 却根本不记得自己曾学习过这个操作。[4]

当这个惊人的发现最初被公之于众时，记忆领域的研究者并没有多大的兴趣。大家普遍认可的解释是，HM 之所以能够学会新的运动技能，是因为运动技能的学习是一种特殊的记忆，这种记忆不依赖于 HM 被切除掉的海马和内侧颞叶等结构。许多记忆研究者都认同，运动技能的学习与其他类型的学习和记忆是不同的，因而没有进一步对此探索。然而，沃林顿和威斯克兰茨对于遗忘症病人的研究，结合上述视觉研究中发现的盲视现象，表明了 HM 能够学习运动技能的情况可能不是孤立的，而是具有更为广泛的理论意义。在我看来，这些反直觉的发现指向一个由无意识知觉与记忆所构成的隐秘世界的存在，这个世界通常隔绝于意识世界，不为我们所知。

对于这个隐秘的世界，哲学家、临床医生和精神病学家早已发表过一些观点。如大家所熟知的，弗洛伊德和其后的精神分析学家一直在对无意识心灵进行理论建构，认为那是一个储存着被压抑的愿望、幻想和恐惧的心灵所在。然而就我所知，遗忘症病人意识不到的记忆和盲视情况下的视知觉，与被压抑的冲动和愿望没有什么关系。弗洛伊德理论中的无意识究竟是什么，在科学领域至今仍未取得任何实质性的进展。早在弗洛伊德之前，英国外科医生罗伯特·唐（Robert Dunn）就在 1845 年报告了一位妇女的病例，她在一次溺水事件中险些丧生之后，几乎回忆不出任何事情（可能由大脑缺氧所致）。唐颇为困惑地写道，她不记得自己曾经制作过衣服，但竟然能成为一个手艺娴熟的裁缝！ 1911 年，伟大的法国哲学家亨利·柏格森（Henri Bergson）区分了回忆如何以有意识以及无意识的方式影响行为习惯。柏格森有力地表达了这个观点：过去的经验以两种非常不同的状态存在，一种是可意识的状态，一种是无意识的状态。一想到要用科学方法来研究柏格森、弗洛伊德等人进行理论建构或临床观察的对象，我的心情很是激动。[5]

回到多伦多之后，我目睹了其他研究者描述过的遗忘症病人那种奇特的无意识记忆。1980年夏天，临床心理学家保罗·王博士（Dr. Paul Wang）请我检查他的一个病人，该病人在一次事故中大脑严重受伤，我称其为米奇。米奇对近期发生的事情没有任何记忆。我和他隔着测验用的桌子相对而坐，并告诉他我将要和他分享一些有趣的事情。我随手翻了一下世界纪录的百科词条，找到一些随机的条目，比如"世界上最早的一次棒球赛是在哪里举办的"（答案是霍博肯（Hoboken））、"握手次数最多的世界纪录保持者是谁"（答案是西奥多·罗斯福），等等。如果米奇不知道这些问题的正确答案，我就会告诉他——他基本回答不了任何问题。他觉得这些知识很有趣，因此很乐意和我做这种问答游戏。在我离开测验房间20分钟回来后，米奇说他对刚才所做的测验只有模糊的记忆，对我在测验中所提的问题更是一个也想不起来。可是，当我问他世界上第一次棒球赛是在哪里举办的，他很肯定地告诉我是在霍博肯；当我问他全世界握手次数最多的人是谁时，他也觉得是西奥多·罗斯福。他总说搞不清自己怎么会知道这些知识，只是觉得那些答案感觉上"像是那么回事"，有些时候他也会说，是从姐姐那里听来的。[6]

我与米奇的这段经历非常明确地证实了我与威斯克兰茨教授曾经讨论过的，也是我阅读期刊过程中看到的一个观点：遗忘症病人确实会受到近期经验的影响，只是这种影响是无意识的，不是通过自觉的回忆。与此同时，我和图尔文教授继续仔细思考沃林顿和威斯克兰茨的实验结果：为什么在提示字母的情况下，遗忘症病人回忆单词的表现那么好呢？如果这些线索启动了病人仍然保持的某种无意识记忆，我们能够在正常个体的身上发现与此类似的过程吗？

我们专门设计了一项实验来探究这些问题，实验的原理非常简单：如果字母是一种启动病人无意识记忆的线索，我们应该能在记忆正常的参与者身上激活这种记忆。实验的思路是向正常的参与者提供所学内容的若干字母，然后要他们补全字母组成有意义的单词。威斯克兰茨已经发现，遗忘症病人会把这个任务当作猜字游戏。在我们看来，如果能在健康的成年人身上制造这样一种效应，让他将这项记忆测验当成一种猜字游戏，那么他们完成实验所依赖的应该正是沃林顿和威斯克兰茨在病人身上观察到的那类记忆。

1980 年夏天，我们实施了实验计划。为了切实感受我们的实验程序，请大家仔细阅读以下单词（大概花 5 秒的时间）：assassin（杀手）、octopus（章鱼）、avocado（鳄梨）、mystery（神秘）、sheriff（警长）、climate（气候）。接着请假设你现在已外出处理事务一个小时，然后回到实验室接受两项测试。首先，我向你呈现一系列单词，请你回答自己是否在一小时前看过的单词表中见过它们：twilight（黄昏）、assassin（杀手）、dinosaur（恐龙）、mystery（神秘）。当然，这个测验对你而言不会有任何困难。然后，我给你呈现一些部分字母缺失的单词，请你尽可能将字母补充完整：ch----nk，o-t--us，-og-y---，-l-m-te。你可能很难补充其中两个单词（chipmunk 和 bogeyman），但另外两个单词的填充内容可能会自动蹦到你脑子里来。之所以容易回答，当然是因为你在一小时之前见过它们：octopus 和 climate。这种记忆被称为"启动"（priming），学习过的单词能够启动你完整填充它们的能力。

我们对学习和测验的时间间隔做了控制：学习单词表一小时或一星期之后进行测验。在第二种时间间隔下，参与者有意识回忆单词的准确性远不如前者。但是，对于补全字母缺失测验中的单词，这两种情况的启动效应没什么区别。这一结论的理论含义很有意思：引起单词填补测验中的启动效应的，是在测验前看到这一单词所引起的某种并非自觉记忆的因素。同样有趣的是，对补全字母的测验而言，即使参与者认为自己不曾学习过某个单词，启动效应仍然存在。实际上，对于某个学过的单词，不管实验参与者是记得还是不记得自己学过，其启动效应的强度没有什么区别。这些研究结果顺其自然地将我们推向一个有力的结论：启动效应不依赖于有意识的回忆。[7]

这些发现对我们构成了雪崩式的冲击。我们也相信，沃林顿和威斯克兰茨在补全字母实验中所发现的那种奇特记忆，我们能够对之施加影响。这一"另类"的记忆形态，似乎也盘桓于一般成年人的心灵之中，我们可以通过填充单词的实验捕捉其踪迹。可想而知，我们所体验到的兴奋，有点儿像天文学家发现一颗存疑的新星或一团星云的心情：一个包含全新的可能性的世界突然在眼前展开，等待我们的探索。

与此同时，我也开始留意到启动效应在日常生活中的体现，比如在所谓的无意剽窃（unintentional plagiarism）中就有这种效应的影响。这几十年来最有名的无意剽窃，当属披头士乐队前歌手乔治·哈里森（George Harrison）在 20 世纪 70 年代唱响一时的歌曲《我亲爱的上帝》（*My Sweet Lord*）。可惜，哈里森这首歌的旋律几乎是 The Chiffons 乐队 1962 年创作的经典歌曲《他可真好》（*He' So Fine*）的翻版。哈里森受到起诉，他在法庭上承认自己在创作《我亲爱的上帝》前听过《他可真好》这首歌，但否认自己有过抄袭旋律的意图。鉴于两首歌曲的旋律相似程度高到绝非偶然的巧合，法庭判定哈里森的创作确实构成了侵权。法庭认为，哈里森可能是抄袭了一首在他的潜意识记忆层面的旋律。[8]

大家在自己的生活中，可能也经历过这种启动效应的例子。比如你向同事或者朋友提到一个点子，他却根本不屑一顾，甚至不以为然。可是几个星期甚至几个月之后，他却很兴奋地向你描述这个想法，好像这是他原创出来的。你如果告诉他（你的声音可能暴露了些许愤怒），这个点子是你想出来的，早就和他提到过，他要么会断然否认，要么会突然想起那回事来，很没面子地和你道歉。弗洛伊德的一个小故事很好地说明了这种情况。

弗洛伊德一直与一位柏林的内科医生威廉·弗利斯（Wilhelm Fliess）保持着热烈甚至过于强烈的友谊，他经常把自己最新的想法和发现写信告诉弗利斯，并近乎病态地依赖于弗利斯对他的支持。有一次，他写信告诉弗利斯说他有一个重大发现：每个人都在本质上具有双性特质。弗洛伊德满心期待弗利斯对这个想法感到惊奇，可是弗利斯的回信却说，自己早在两年前就产生了同样的想法，弗洛伊德当时却很不认同。后来，弗洛伊德逐渐想起了这回事，不由得感叹："以这种方式丢掉了对一个观点的原创性，真是令人心疼啊。"通过这类观察的启发，心理学家最近在实验研究中证实了无意剽窃现象的存在，并将之与启动效应直接联系了起来。[9]

启动效应现象的研究在20世纪80年代急剧增多，各种激动人心的研究文献得到发表。这些研究结果显示，启动效应在一系列实验测试中都有所体现。在这些测验中，实验参与者需要辨认快速掠过的单词或物体图片，或是猜测某些问题的答案，而不需要有意地识记单词表或者物品图片列表。在这类研究中，比如拉里·雅各比和马克·达拉斯（Mark Dallas）发现，不论参与者对实验材料进行深度编码（比如对某一单词进行联想或者思考它的含义）还是浅层编码（比如观察某一单词的字母组合），启动效应的强度没什么差别。这个发现很是惊人，因为深度编码造成的有意识记忆远强于浅层编码。不过，启动效应也很容易被消除。如果参与者一开始是听到一个单词的录音而未见其视觉形式，那么在随后的视觉测验中就不会出现启动效应。由此可见，启动效应的产生与感知的形式密切相关。[10]

如果将这些研究发现与填补单词的实验结果放在一起考察，我们会发现，启动效应这种新颖神秘的现象遵循着不同于研究者一直以来探索的那类记忆的规律。越来越清晰的结论是，启动效应部分地取决于实验参与者在实验过程中接受的指导语。比如，如果我们要求遗忘症病人根据一个单词的部分字母或其他线索，回忆出之前所学的相关单词，他们的表现会非常差劲。根据同样的线索，如果让他们猜想或者说出脑子里想到的第一个单词，他们正确"回忆"出之前所学单词的概率和健康人一样高。类似地，对于健康的实验参与者而言，编码时加工学习材料的深度会影响他们随后的回忆正确率；但如果指导语不是让他们刻意地回想，而是让他们说出脑子里想到的第一个符合条件的单词时，编码时加工程度的深浅并不会影响他们的表现。[11]

未解之谜在科学家的眼中总是充满魅力，启动效应究竟是怎么回事，也成了许多科学家试图解答的谜题。我和图尔文也提出了一种观点：由于启动效应不需要有意识的回忆，我们认为这种形式的记忆不依赖于情景记忆系统。如我在前文中所描述的，情景记忆支持我们记住和回忆日常经验：回忆去年感恩节晚餐的点点滴滴、记住一场高尔夫球赛中上一次击球的位置，或是认出"章鱼"（octopus）这个单词是刚刚学习过的。遗忘症病人在几乎丧失情景记忆的情况下，仍保有正常的启动效应，我们因而可以认定，支持启动效应的系统必然位于情景记忆系统以外。那么它究竟身处何处？

语义记忆因而值得关注。作为构成我们对于世界一般知识的概念、概念之间的联系以及事实的复杂网络，语义记忆可能蕴藏着启动效应的来源。遗忘症病人米奇虽然知道世界上第一次棒球比赛在哪里举行，却不记得他得知这一信息的具体情境，因而可以说，他对这一事实的知识属于语义记忆。类似地，在上述的引发启动效应的实验中，看到"章鱼"一词可能会激活语义记忆系统，关于"章鱼"的语义表征随之活跃。或许，尽管遗忘症病人在情景记忆方面的缺陷，妨碍他们有意识地回想出自己见过这个单词，但得益于语义记忆系统的激活，"章鱼"一词很容易被病人的意识捕捉。这个观点虽然有一定的解释力，但我们也能看到它的问题：如果启动效应依赖于语义记忆系统，为何在学习阶段对单词进行深层的语义加工没有比进行浅层的、非语义的加工有更明显的启动效应呢？为何启动效应会取决于参与者在学习阶段看到测验单词的视觉信息？启动效应的时效相当长,而我们在日常生活中会不断接收大量词汇信息,难不成我们语义记忆的所有通道一直处于启动状态?在回答这些问题之前,我们可以假设,启动效应所依赖的是"另一种人们尚未了解的记忆系统"。[12]

我们由此假设了一种新的记忆系统的存在,虽然我们对它的性质一无所知。心灵中包含着多种记忆系统,这样的观点已有一段历史了。1911年,当柏格森将有意识回想与习惯性反应区分开来时,其实就包含了这种设想。此外,一些哲学家也做过类似的区分。早在19世纪初,一位不太著名的法国哲学家梅因·德比兰(Maine de Biran)就提出:记忆可以划分为观念、情感和习惯三个不同的系统。然而在很长一段时间内,实验心理学家很难舍弃"记忆是统一而自主的系统"这样的观点,除非有事实促使人们不得不考虑多元记忆系统的存在,否则这种符合科学简洁之美的观点很难松动。在20世纪六七十年代,针对短时记忆(如今被称为工作记忆)和长时记忆是否依赖不同的记忆系统这个问题,实验心理学家开展了一场持久而激烈的争论。从我在前文列举的一些证据来看,这两种记忆确实依赖于不同的系统,但并非所有人都对此感到信服。1972年,图尔文区分了情景记忆和语义记忆,但有些心理学家反对这种将长时记忆区分为两个系统的做法。现在,我们进一步提出长时记忆的第三个系统——启动效应系统,这对一部分人而言更是难以接受。在他们看来,启动效应发生于单一而整体的记忆系统之中,这个系统可以通过不同的方式加以探索。借助于增添新记忆系统的方式来解释记忆现象,不仅多余,还可能是完全错误的。[13]

热烈的争论围绕这些问题展开,而新的发现又进一步火上浇油。新的研究证据表明,遗忘症病人可以学会新的知觉技能,却不记得自己学会这些技能的经历,比如学习的地点和时间,等等。尼尔·科恩(Neal Cohen)和拉里·斯奎尔曾经在同一时间对遗忘症病人和正常的实验参与者进行测试。在这项实验中,他们需要对着镜子,阅读常用单词的镜像。一开始,大家都会表现出阅读困难,但随着练习会读得越来越快。遗忘症病人的进步程度与正常人一样,但他们无法有意识地忆起自己读过哪些单词。[14] 研究者因此认为,学习这种技能依赖于一种在病人身上得以保留的程序性(procedural)记忆系统,这个系统会选择性地编码和"学习"如何做事:比如骑自行车、在键盘上打字、完成拼图游戏,以及阅读单词的镜像等。如此看来,我们不禁会问,程序性记忆系统是否与启动效应相关呢?除了情景记忆、语义记忆以及我和图尔文相信存在的那种记忆系统外,是否还存在第四种记忆系统——程序性记忆?

到 20 世纪 80 年代中期,有关多元记忆系统的争论日益白热化,我们很难在有关启动效应和技能学习的讨论中,不把自己的观点归结到某一方。为了方便研究者探讨启动效应、无意识的学习等这些令人兴奋的新现象,同时又不必卷入记忆是否存在多元系统的争论之中,在该研究领域提出新的理论术语十分必要。1984 年,当我和同事彼得·格拉夫(Peter Graf)总结关于启动效应的研究成果时,我决定直面这个问题。因为我们已经意识到,需要新的术语来让我们以及其他研究者交流在这一领域的观察发现。

我们在考虑了一些可能的方案之后,最终决定用"内隐记忆"和"外显记忆",这一对照能很好地抓住我们试图传达的两种记忆的本质区别。[15] 遗忘症病人表现出启动效应或是某种学习技能时,他们对近期经验的某些方面形成了内隐记忆,尽管他们无法有意识地回想这些经验。当一位大学生看到 o-t--us,正确地写出了 octopus 一词,却又说自己完全不记得曾在单词表上看到过 octopus 一词时,这表明他受到了某一经验的隐秘的影响,对此他没有任何意识。

很快我开始意识到,内隐记忆在日常生活中所起的作用,可能比我们任何人想象的都要大得多。比如,社会心理学家曾尝试理解人们为何会偏爱某些特定的事物,他们的研究发现,即使是对物体短暂的一瞥,即使那一瞥短到不可能看清楚物体是什么,相比那些没有被短暂一瞥的对象,都会让实验参与者对它们有所偏爱。但与此同时，他们对这些见过的物体没有任何记忆，并不觉得自己见过它们。这些发现让人联想到阈下知觉的现象，20世纪50年代的一场传闻中的广告阴谋很好地体现了这个现象：广告商让可口可乐（Coca-Cola）和爆米花（popcorn）等品牌或商品的名字在电影屏幕一闪而过，时间短到没有人可以看清这些内容。我们可以设想，这会引起观众对这些产品的消费热潮。尽管以上现象最终被证实是一场传播骗局，但我们有时没有来由地想喝可乐、吃爆米花的行为，可能体现了内隐记忆的影响。[16]

20世纪80年代中期，大量得到严格控制的实验研究表明，实验参与者的偏好和情感，能够被他们没有任何印象的遭遇和经历塑造。例如，实验参与者快速地浏览一些否定某人的词汇，即使他浏览这些词汇的方式让他无法有意识地加工这些内容，结果是他仍会产生对某人的敌对情绪。这种敌对的情绪必然源于对这些负面词汇的某种记忆，但在参与者的意识之中，却完全没有对于这些信息的印象。类似地，对遗忘症病人的研究也表明，他们具有对情绪体验的内隐记忆，但无法对此做出有意识的回想。比如，我在上一章中介绍的脑炎患者鲍斯维尔，他参加了一项实验。实验中，一位研究者被认为是个"好人"，因为他乐意对鲍斯维尔做某项治疗，另一位研究者则被认为是"坏人"，因为他拒绝给鲍斯维尔做治疗，第三位研究者则保持中立。实验过后，鲍斯维尔对这三个人都没有任何外显记忆，也没有任何熟悉的感觉。但当我们将这三个人的照片分别与几个未在实验中出现的陌生人的照片配对呈现，让鲍斯维尔在每一对照片中选出他更喜欢的人时，被他选得最多的是那个"好人"，而被选次数最少的则是那个"坏人"。[17]

那些因外科手术而被全身麻醉的病人的记忆，也是非常有趣的例子。我们一般认为，被全身麻醉的病人没有意识，不管你对他们说什么做什么，他们都不会有所知觉或注意。然而在20世纪60年代的一项实验中，外科医生在手术中制造了发生手术事故的假象，并说了些事故的严重性以及病人可能永远得不到恢复之类的话。那些经历了"事故"的病人在手术后被问及此事时，往往表现得非常不安。这意味着躺在手术台上处于麻醉状态时，他们对手术过程中发生的事件形成了某种内隐记忆。[18]

更有意义是，随后的研究发现，如果病人在麻醉状态下听到的是他们很快就会康复，他们会比没有受到这种暗示的病人更快地康复出院。但是，没有人对手术过程中受到的暗示有任何外显的记忆。后来，我和同事在病人处于手术麻醉期间，给他们念一个单词表，并在他们术后康复期间进行测验，我们发现病人会对这些单词表现出启动效应。而且毫无悬念地，他们对这些单词没有任何的外显记忆。[19]

内隐记忆可能也与我此前考察的某些记忆障碍有关。当我们忘记一段记忆的来源，比如谁说了什么话、某段经历究竟真的发生过还是仅仅是想象，我们可能会形成一个不准确的记忆源，因而做出错误的回忆。通过名称就可以看出，内隐记忆不包含关于记忆之源的信息。因此可能在内隐记忆的影响下，我们会编造看似合理实则错误的源信息，用以解释脑子里突然蹦出来的一个念头或是无来由地涌现的某种情绪。[20]

例如，内隐记忆可能在"似曾相识"（déjà vu）这种感觉中起着重要的作用。很多人都偶尔有过这样一种感觉，即面对一个显然全新的经历，会觉得自己好像曾经经历过。在19世纪末，这种尚未得到解释的熟悉感，被称为似曾相识错觉（déjà vu），并成为心理学家和精神病学家热烈争论的一个话题。一种理论认为，似曾相识错觉反映了某个经验片段的影响，这一经验虽然被当前的情境所激活，却不能通过外显记忆而被有意识地回想。比如你在和一位同事谈论工作的时候，突然觉得以前曾和某人谈过这一话题，但又想不起来那次谈话的情境，那么很可能是因为谈话中的一句话或一个想法，激活了此前对某次谈话内容的内隐记忆。在此种情境之中，你会有一种想了解这种奇怪的感觉来自哪里的需要。[21]

内隐记忆的研究也为我们理解记忆的另一个重要方面提供了全新的视角,那就是婴儿和儿童如何通过经验学习。发展心理学家已经发现,处于前言语期的孩子,甚至是新生婴儿,也具有出人意料的学习能力。我们在一项实验中发现,刚出生 3 天的婴儿在听到自己母亲的声音时,相比听到一个陌生人的声音,会更快地吮吸乳头。他们的吮吸偏好表明,哪怕刚出生 3 天,婴儿已经在记忆中保存了有关母亲声音的某些信息。在另一项研究中,孕妇在产前 6 周的时间内,大声地阅读苏斯博士的一个寓言故事。等孩子出生后,通过乳头的吮吸证明,相比那些未曾听到过的声音,他们更喜欢听母亲的朗读。这说明婴儿在出生前已经对母亲的阅读进行了某种编码和记忆,从而影响他们出生后对乳头的吮吸反应。[22]

这些发现是否表明,婴儿对在子宫中所经历的事情有外显记忆呢?可能不是。内侧颞叶受伤的病人以及被全身麻醉的病人能够受到外显记忆无法编码的经验的影响。新生婴儿所具有的很多记忆特征也与之类似。

但另有一些研究表明,婴儿能够保持对特定情节特定细节的记忆。例如,卡洛琳·罗维–柯利尔(Carolyn Rovee-Collier)及其同事发现,2～5 个月龄的婴儿都能学会移动彩色玩具车。他们用细绳将玩具车绑在婴儿的腿上,当婴儿踢腿时,玩具车就会跑动起来,并回放出音乐声,这使婴儿感到高兴。若在实验一两天之后再将他们带回实验室,那么即使是月龄 2 个月的婴儿,也会自发地把腿踢个不停。这意味着他们在记忆中保留了一些与玩具车有关的信息。月龄 3 个月的婴儿能保持这种踢腿反应一个星期,而 6 个月大的婴儿甚至能保持到两个星期之后。

罗维–柯利尔也证实,当婴儿在第二天被带回实验室时,如果给他们的玩具车在外形上与他们在实验中学会移动的玩具车不一样,他们的踢腿反应就没那么多。更有趣的是,如果第一次实验中的玩具车的衬布图案是方形的,第二天被换成圆形,6 个月大的婴儿"只会呆望着"这个玩具车,只有在衬布上的图案仍是方形时,他们才会明显地踢起腿来。[23]

这些研究发现表明，婴儿能够将许多事物的细节以及事物外周的环境信息保持在记忆之中。在罗维－柯利尔的研究中，婴儿被带回实验室并自发地踢腿时，他们能否"回想"起来自己曾在这里见过这些玩具车？还是说，他们的踢腿表现只是某种形式的内隐记忆，比如程序性的反应或运动技能的反应？婴儿当然无法直接告诉我们他们的记忆是怎样的。但关于婴儿记忆的一些例子却表明，他们的记忆主要是内隐的而非外显的。在一项研究中，研究者对 5 个月大的婴儿进行条件反射训练，训练他们在听到提示喂奶的声音时转过头来。即使他们已经很饱而不再需要吃奶时，只要听到这种声音，他们仍然会把头转过来。如果这些婴儿真的记得，声音的出现意味着喝奶，为什么他们在已被喂得很饱、不可能再喝奶的情况下，听到声音还是会转过头来呢？[24]

10 多年前，我和莫里斯·莫斯科维奇在一篇联合发表的论文中指出，支持内隐记忆的神经结构的出现早于外显记忆的脑结构。同时，我们也已经发现，从大脑发育进程来看，在记忆的精细编码、策略性的记忆提取和源记忆之中起重要作用的额叶，确实成熟得较晚。但最近对于满月幼猴的研究表明，破坏内侧颞叶包括海马在内的结构会摧毁记忆功能。[25] 如果同样的规律适用于人类婴儿，我们可以推测，即使是记忆的某些早期表现，也需要依赖于包括海马等结构的内侧颞叶，而这些大脑结构对于保持成年人的外显记忆具有非常重要的作用。因此，我们在罗维－柯利尔实验研究中看到的那种婴儿的记忆，可能也反映了某种外显记忆的初始形式。

不过，要等到婴儿接近 1 岁，起码有八九个月时，外显记忆才有明显的表现。到这个时候，他们开始能够找到被藏起来的玩具，哪怕玩具藏起来之后必须等待小段时间（几秒钟）才开始寻找，他们也能够找到。更令人激动的是心理学家安德鲁·迈尔佐夫（Andrew Meltzoff）的研究：他发现，9 个月大的婴儿能够回忆出一周前的特定动作。比如，婴儿看到实验者在实验中用前额撞击一只塑料箱的顶部，即使过了一个星期，当这些婴儿再一次看到塑料箱时，他们也会重复用额头撞击箱子的动作；而那些在实验中看到了塑料箱却没有看到撞击动作的婴儿，在一个星期后即使看到塑料箱，也不会有这种反应。虽然我们不能就此肯定，婴儿真的记得实验者用头撞击塑料箱的这一幕，但他们显然能够对这一情景有所回忆。其他采用类似模仿动作的实验表明，13个月大的婴儿能够表现出对一周之前发生的特定情节的记忆，这种记忆甚至可以保持8周之久。比如，看到一位实验者用几根柱子拼出一个钟形之后，如果将柱子给幼儿，幼儿也能拼出同样的形状，而成年的遗忘症病人在这种情况下往往拼不出来，这说明婴幼儿的这类记忆不仅仅是启动效应或者程序性记忆，更反映了他们外显记忆和辨认能力随年龄稳定增长的开端。渐渐地，婴儿能够发展出语言，并学会用语言的描述赋予经验以结构。与此相反，越来越多的研究结果证实，启动效应及其相关的各种内隐记忆在婴幼儿的成长过程中变化不大。比如，3岁儿童所表现的启动效应与5岁儿童不相上下，虽然后者比前者拥有更多的外显记忆。类似地，虽然6年级的学生比1年级的学生能回忆出更多单词表上学过的单词，但他们对单词的启动效应却几乎完全一致。[26]

除了在记忆发展过程中体现的某些性质之外，内隐记忆也为我们理解各种遗忘症病人神经缺陷的性质提供了重要线索。一些研究者发现，面孔失认症（脸盲）病人虽然不能有意识地辨认出熟人的面孔（参见第3章），但仍然拥有对这些面孔的内隐知识。例如，丹尼尔·川奈尔和安东尼奥·达马西奥在实验中向病人分别呈现熟悉和陌生的面孔照片，并记录他们的皮肤电反应；结果发现，尽管他们不能认出照片上的任何熟人，但在看到熟人的照片时，他们的皮肤电反应远高于看到陌生人照片的反应。此后的启动效应研究也发现，面孔失认症病人虽然无法有意识地回想和辨认面孔，但他们仍然具备这些面孔的内隐知识。[27]

在这些有趣的研究发现四处涌现之时，我开始意识到内隐记忆研究对日常生活的另一个重大意义。在与遗忘症病人长期接触的过程中，我逐渐深切地体会到失忆给他们的日常生活所带来的巨大冲击。大多数遗忘症病人既不能完成工作，也不能承担哪怕最基本的一些责任，他们在日常生活中的存在虚空而黯然。然而，内隐记忆的研究却不容置疑地表明，病人还保存有某些特定的学习能力。那么，这些能力能否用来改善他们的生存状态呢？我们能否想出一些办法，帮助他们开发自己未曾意识到的那些记忆功能呢？

让启动效应发挥作用：芭芭拉的故事

1980年，在芭芭拉进入26岁的时候，她的生活可以说非常完满平顺：婚姻幸福、在一家大企业工作，可就在此时，意外的祸患从天而降，她突然患上了严重的脑炎。从这种危险的疾病中缓过来之后，她仿佛成了原来那个芭芭拉的影子而非本人。她忘记了自己绝大部分的经历，也忘记了各种事实、概念和常识，而且再也不能对当下发生的事情形成可靠的记忆。

和英国画家大卫·简（参见第5章）一样，芭芭拉也能重新掌握许多被这种破坏性病毒夺走的知识和技能，比如她渐渐学会了读书和写字。但疾病也给她留下了很多后遗症，最明显的就是遗忘综合征，她因此无法胜任原来的工作。幸运的是，芭芭拉所在的公司对雇员有相当到位的支持，他们想办法为芭芭拉安排了一个她能够胜任的、简单的收银工作。

6年过去后，一个出乎芭芭拉意料的消息传来：她所从事的收银工作将完全被机器取代。这对芭芭拉而言无疑是当头一棒，在她患上脑炎之后，她和丈夫好不容易才将生活维持在一种相对稳定的状态。公司也很清楚芭芭拉的状况，也希望尽量不让她失业。由于芭芭拉在那几年一直是我们的研究对象，公司便来征求我们的意见，看是否有可能为芭芭拉再安排一份工作。公司提出的问题是，芭芭拉能否学习新东西，我们能否教会她一项新的工作技能？

对于芭芭拉的潜能，我们有理由保持乐观。虽然她的外显记忆很差，但我们看到她的启动效应完全正常。更重要的是，我们已经知道芭芭拉能够掌握大量新知识。在此前的三年，我和同事伊丽莎白·格利斯基（Elizabeth Glisky）就开始研究遗忘症病人能否获得对日常生活有所帮助的新知识和新技能。以往在恢复遗忘症病人记忆力方面所做的努力普遍没有太多进展，无法帮助病人修复已损伤的外显记忆能力。[28] 我和格利斯基相信，必须采用完全不同的策略。

基本的设想是这样的：如果我们能够充分发掘遗忘症病人完好的内隐记忆能力，就能让他们重新获得日常生活所需的特定知识和技能。我们从沃林顿和威斯克兰茨的早期研究中获得了这个灵感：给遗忘症病人提供字母线索之后，他们能对已学过的单词表现出正常的启动效应。以此发现为基础，我们发明了一种训练程序——"提示消失法"。举例而言，为了教会遗忘症病人一些与计算机操作有关的基本术语，我们就在计算机终端上显示出一个定义，如"计算机程序中的重复部分"。如果他无法正确回答，我们会逐个地向他呈现字母线索，直到他做出正确回答——"环路"（loop）。计算机会自动记录病人需要多少个字母的线索才能正确回答。随后，我们会再次呈现这个定义，但字母的提示会比原来减少一个。最后，字母提示的数量会逐渐减少，直到病人能在没有字母提示的情况下正确回答。

我们初步的研究结果令人振奋：相比单纯地重复定义，提示消失法能够帮助病人更快掌握计算机术语的定义。[29] 芭芭拉是这个训练中成绩出色的学生之一，她更快地学会这些术语，并且保持得很好。令人惊讶的是，当我们大约在一年之后对这些病人进行跟踪测试时，虽然他们对那场训练已经没有任何记忆，但他们基本没有遗忘在训练中学会的术语！[30]

因此当芭芭拉的公司前来咨询时，我们已经知道她能在实验条件下学会复杂的新技能，也相信只要任务设计合理，她同样能在工作环境中掌握类似的复杂技能。我们了解了公司的情况，找到了一项芭芭拉很可能胜任的工作：将公司的账单记录录入计算机文库。胜任这项工作需要芭芭拉掌握大量的新信息，比如账单记录上的多种编码和符号，以及将它们输入计算机的复杂规则等。我们相信她能掌握这些信息。我们在实验室模拟了这项任务，并通过提示消失法训练她。公司同意，如果芭芭拉通过了在实验室的训练，她就可以接任公司的这份工作。

刚开始训练时，我们有点儿担心期望过高了。因为每一个工作的环节，芭芭拉都需要许多字母的提示，而且在开始时，她的学习进度非常慢，难以适应工作的要求。这份工作的熟练操作人员必须达到每 15 秒钟输入 1 条记录的速度，而芭芭拉却需要将近 1 小时！不过，每一次训练之后，她的速度都有所提升，所需的字母提示也有所减少。到最后，她能在没有字母提示的情况下录入数据，而且录入每条记录的操作速度还不到 15 秒钟。接下来，现实问题来了，她能在实际工作中执行这项任务吗？——我们的训练挺成功，她出色地通过了公司的考核。不过，训练任务到此并未结束。

掌握这一项任务只能保证芭芭拉一周工作几个小时。她若想得到全职的工作，就必须学会将多种不同的账单录入计算机数据库，如入库清单、订货清单等。将其中的每一种清单录入计算机数据库本身都是非常复杂的，而芭芭拉若想胜任全日制工作，她就必须学会将所有这些清单信息录入计算机数据库的技能。这样算下来，她必须掌握的规则、编码及符号多达 250 种。就我们所知，到当时为止，还没有人做过这么大量的训练。但运用上述的提示消失法，我们在芭芭拉的训练上获得了成功。在接受了 6 个月的训练之后，芭芭拉在实际工作中能丝毫不差地完成所有任务，并获得了这份全职工作。[31]

在整个的学习和训练过程中，芭芭拉的外显记忆没有任何好转，她依旧难以回忆各种日常生活的经历。但通过发掘她完好的启动效应和技能学习能力，我们的训练彻底改变了她的生活。不止于此，我们的训练计划对其他遗忘症病人具有同样重要的作用。既然芭芭拉能够学会这样相对复杂的工作技能，我们有什么理由不相信其他病人呢？接下来的研究确实表明，由于大脑损伤遭受记忆损伤的病人也能学会芭芭拉的工作。一些研究者对我们的提示消失法做了改进，并在训练病人学习日常生活的知识技能方面取得了新的进展。[32]

值得注意的是，像芭芭拉这样的病人，他们主要依赖内隐记忆才学会这些复杂的任务。这种学习是有代价的。在我们的训练当中，病人习得知识的方式非常死板。如果我们稍微改变病人学会的计算机指令用词，他们就很难再做出正确的回答。例如，在计算机术语的训练中，在病人看到"计算机程序中的重复部分"这个定义能够正确地回答出"环路"后，如果我们将定义的表达方式变为："如果你希望一个程序重复运转，你会将它放入一个……中？"病人便很难知道应该回答"环路"。这种表达方式的改变对于没有记忆障碍的人不会有什么影响。[33]

遗忘症病人对定义的学习和反应，是以定义和目标词语之间的相对原始的联系为基础的。他们的学习所基于的，是对定义中每一个单词的视觉印象，而不是对这个句子真正含义的深入理解。遗忘症病人的学习的基础是启动效应，其根源更多地在于知觉而非理解。我由此开始好奇，这种启动效应对知觉的依赖性，是否为我和图尔文在研究内隐记忆时猜想的记忆系统提供了某些线索。

心中的意象

谢里尔·沃里克（Cheryl Warrick）是一位抽象派画家，她经常被心中自发形成的、转瞬即逝的意象（各种形状和物体）所吸引。圆形、球形、椭圆形和其他基础的形状是构成她优美而神秘的作品的基本素材。沃里克将画布当成记忆本身，在上面一层一层地抹上颜料，以视觉的方式表达着我们日常经验的层层累积。然后，就像我们在尝试理解自己时，逐层追溯回忆往日的经历一般，她又逐层将这些颜料刮掉，呈现她作品当中被覆盖的"过去"。"我的作品只对我自己才具有独特的意义，"沃里克这样认为，"但它们描绘的是人类共通的经验，是我们在理解自我时穿越的情绪空间。只有理解过去，才能读懂现在。"[34]

1991年，谢里尔发现有一些新的意象反复侵入她的意识：如节状的、小拳头般的结构与管状物相连。这些奇怪的形状到底是什么？它们与构成她绘画作品的基本元素圆形、椭圆形如此不同。它们为什么反复侵入她的意识？有一天，当谢里尔和她刚出生的孩子玩耍时，留意到了眼前的一个突出形状，一只拨浪鼓。几个月以来，她的生活充满了各种拨浪鼓的声音。在她没有意识到的情况下，她挥之不去的意象其实是在"回忆"这些拨浪鼓。她的作品《看得见的过去》（*Visible Past*）（见图6-1）描绘了突起的形状，这些形状乍一看异常陌生、冥冥中又有种熟悉感。作品的命名反映了谢里尔通过绘画，将独特的"记忆"显形并诉诸人们共有的视觉的过程。[35]

一位评论家这样评价谢里尔·沃里克的作品："与记忆和梦类似，画中的意象模糊而没有逻辑，却富有强烈的情绪穿透力。"[36]这种"模糊而没有逻辑"的特质，起码有一部分源于沃里克描绘的对象，它们并非关于人物和地点的外显回忆，而是对各种形状和形式的内隐记忆，这些构成经验的知觉性片段脱离可识别的特定背景或情节，在意识中呈现。

在从20世纪80年代后期，我开始花大量时间思考人们对于各种形状和物体的知觉记忆。我们对遗忘症病人的研究工作表明，启动效应与知觉密切相关。其他的研究也表明，在单词补全的测验中，如果实验参与者在学习阶段看到了特定单词的形状,相比他在学习阶段听到这个单词的声音,接下来会有更强的启动效应。其实一些研究表明,单词在学习阶段和测验阶段以相同形式出现比以不同形式出现,会产生更好的启动效应。[37] 这就暗示我们,启动效应很可能与负责知觉分析的大脑系统密切相关。

图 6-1　谢里尔·沃里克,《看得见的过去》,1991。12×10"。材质:丙烯,油画布。波士顿 NAGA 美术馆(Gallery NAGA)藏。

与自己襁褓之中的女儿玩耍之后,一只拨浪鼓不停地敲打着沃里克的心,但是画家没有意识到自己在回想过去。

与此同时,我也留意到几年前发布的一些有趣病例与我的猜想相关。不少神经心理学家曾报道这样的病例,脑损伤病人能够正常而大声地读出常见的单词,却完全不知道这些单词的含义。比如,有一位我们根据其姓名首字母称之为 WLP 的病人,她甚至能读出一些拼写不规则的单词,如 blood(血)、cough(咳嗽)等,但她根本不知道这些词是什么意思。要想正确地发出这些单词的音,我们必须提取单词的视觉记忆,这种视觉记忆引导我们找到正确的发音（对于拼写规则的单词而言，只需将各部分的读音表达出来即可）。WLP 能够读出像 blood 这样的词，说明她能够提取出这一单词词形的视觉记忆，以及词形与发音之间的联系。但她不知道单词的意义，这说明她无法提取相应的语义记忆。WLP 及其他类似病人的情况提示我们，单词的视觉信息与语义或概念信息的记忆是彼此分离的。[38]

在我尝试破解这些病例对于启动效应的意义时，一些运用 PET 大脑扫描成像技术的新型研究发现：我们在对常见单词分别进行视觉分析和语义分析时，不同的大脑区域活跃起来。单单看着某个熟悉的单词会激活枕叶的特定区域，而枕叶是进行视觉分析的关键脑区。思考某一单词的意义则会激活颞叶和额叶的某些区域。[39] 如果我们将病人 WLP 的情况与这些 PET 扫描结果放在一起来看可以发现，大脑的特定区域负责保存特定单词的视觉信息，这个特定的区域会不会负责我和图尔文猜想存在的那个记忆系统呢？

由于实验已证实，看见特定单词会提高该单词的视觉启动效应，因此我有理由相信，启动效应理论上依赖于以知觉为基础的记忆系统。这一观点与沃林顿和威斯克兰茨的研究成果也完全吻合。他们的研究表明，启动效应在遗忘症病人身上完好无损。大多数遗忘症病人的海马和间脑受到损伤，这些区域对外显记忆是必不可少的，但他们在枕叶通常完好无损，而枕叶所做的工作包括对单词进行视觉编码。如果枕叶的这些区域在启动效应中起着重要作用，那么遗忘症病人完好的启动效应就很好解释。此外，这一观点也有助于我们理解，为何像芭芭拉这样的病人只能通过那么僵化的方式（主要依赖启动效应）获得新识。如果我们改变提问的表达方式，她的表现会变得很差，这可能正是因为她高度依赖于以知觉为基础的记忆系统。她可能是通过将计算机操作的规则当作一连串的视觉形式加以学习的。

到目前为止，这些证据似乎都能很好地相互印证。只不过，我所谈论的关于启动效应和知觉的每一个论点，都以语义材料，即常见的单词为研究基础。如果说启动效应与知觉密切相关，那么对于各种非言语形式的图形材料而言，情况应当类似。谢里尔·沃里克的脑中不断浮现拨浪鼓的形状，可能就是受到启动效应的影响。但我们必须构想如何在实验中研究这一过程。研究已证实，若实验参与者在测验前看到过常见物体如椅子、房屋等的图片，那么在之后的测验阶段，在参与者观看并辨认一些碎片化的物体图片时，启动效应就会发生。[40] 然而，由于常见物体一般具有名称，我们需要确定那些不能用言语标记和编码的特异形状，是否也可以引发启动效应。我和林恩·库珀（Lynn Cooper）一起开展了系列实验。林恩·库珀是一位心理学家，他在物体知觉的研究领域做出了非常前沿的贡献。我们发现了一种探索和阐明新异视觉图像内隐记忆的方法。

我们采用类似于图 6-2 中的各种新异物体，其中的一些物体是"可能存在的"，我们可以用木头或黏土把它们制作出来，但另一些物体，则如埃舍尔（M. C. Escher）的绘画那样，是三维空间中不可能存在的结构。实验中，我们将每一物体在计算机屏幕上快速闪现，并要求大学生参与者判断这是可能存在还是不可能存在的物体。结果发现，对于可能存在的物体，实验参与者在数分钟以前对该物体的观看可以引发启动效应，而出乎我们意料的是，不可能存在的物体图形不会引起启动效应。我们在遗忘症病人身上也发现了类似的结果。由于遗忘症病人不可能有意识地记得自己看过的物体，我们因此相信，对于可能存在的物体的启动效应反映的正是内隐记忆。[41]

这些研究结果使我们非常兴奋，这表明即使对于没有语言编码的新异形状，启动效应同样可以发生。但为什么不可能存在的物体无法引发启动效应呢？我们猜测这是由于大脑无法形成不可能物体的一个统一的心理表象。因此我们理论上可以说，启动效应的产生依赖于储存关于物体的整体结构、以知觉为基础的记忆系统。该记忆系统之所以无法储存一个不可能存在的物体的整体结构，正是因为这种物体根本就没有一个连贯的整体结构可以储存。[42]

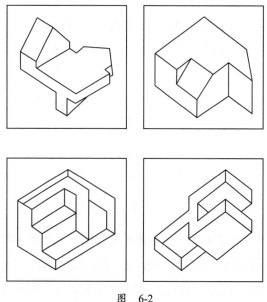

图　6-2

作者和库珀在研究对于新异物品的内隐记忆和外显记忆时所使用的一些图片样例。上面一排的图形是三维空间中可能真实存在的物体，而下面一排的图形无法在三维空间中真实存在。进一步的解释请见正文。

我们对于物体启动效应的研究与单词词形的启动效应研究结果完全吻合。这两条研究路线都证明，知觉系统在启动效应中起着关键的作用。至此，对于我和图尔文多年来一直探索并猜想的那个记忆系统，我具备了一个对其进行阐述的坚实基础。在若干文章中，其中包括一篇我与图尔文合著的文章，我将这一记忆系统称为知觉表征系统（perceptual representation system，PRS）。PRS帮助我们辨认日常生活中的各种常见物体，辨认纸张上的印刷文字。PRS专门分析文字和物体的形状结构，但对文字的意义或物体的用途一无所知。丰富的语义联想和概念由语义记忆系统加以处理，它与PRS密切协作。[43]

在正常情况下，这两个系统相互配合、密切协作，我们看到一个熟悉的单词，立即会意识到它的意义，看到一个常见的物体，也自然会想到如何使用它。但在某些脑损伤病例中，语义记忆系统遭受严重破坏，而 PRS 功能则完好无损，这时，能够读出单词却不解其意的病人 WLP 为我们提供了一个极好的例证。另有一些病人能够辨认各种日常生活中的物体，却怎么也想不起它们的名称和用途，说不出它们一般被放在什么地方。比如有个病人 JB，当医生给他看一只叉子时他说是牙刷，给他看一颗樱桃时他说是苹果，给他看一只购物袋时他说是一把雨伞。他通过视觉信息提取概念和联想的能力被严重破坏，不过仍然能够轻松区分真实存在的日常物体和不可能存在的无意义图片。[44]

启动效应依赖于 PRS，如果我的这个观点没错，那么像 WLP 及 JB 这样的病人应该能够表现出完好无损的启动效应。在 20 世纪 90 年代初期，我得以检验这一观点。我遇到了病人 JP，他的问题在于难以理解说出的话语。他能够听清一连串的词语甚至能够准确复述，但却无法理解这些词语的意义。所以我们很难同他交谈，尤其是电话交流。当时我正在进行一系列有关听觉启动效应的研究，并发现对于大学生实验参与者来说，在实验前数分钟听到一个单词能够帮助他接下来从充满噪声的录音中听出这个词来（在这种听觉实验中，如果实验参与者在测验前是看到而不是听到单词，这种效应不会发生）。和前文描述的视觉启动效应一样，不论是深层编码还是浅层编码，听觉启动效应的程度完全相同；尽管在听觉的外显记忆中，深层编码的效果会优于浅层编码。遗忘症病人具备这种听觉启动效应，虽然他们对听过的词语几乎没有任何外显记忆。由于听觉启动效应和视觉启动非常相似，这些研究结果引导我们做出如下假设：所说词语的启动效应依赖于一个听觉的 PRS，它是我们在前面理论阐释的视觉 PRS 的姊妹结构。如果确实如此，那么 JP 尽管不理解听到的词语，但仍能表现出正常的听觉启动效应来。我们的研究正好证明了这一点。[45]

PET扫描成像是检验上述关于启动效应和PRS关系的观点的另一种方法。有关词形启动效应的PET研究得到了支持上述观点的证据：视觉启动效应与枕叶的血流量的变化有关。我和同事的研究也发现，海马在产生启动效应的过程中并未激活，而是在实验参与者有意识地回忆近期所学单词时变得活跃起来。与这些发现相一致，有关枕叶损伤病人的研究证实，正如我们所设想的那样，由于枕叶所支持的视觉启动效应被破坏，病人对刚刚见过的词语的启动效应亦遭到破坏。[46]

PET研究也帮助我们解释有关可能和不可能物体间差异的生理基础。我们发现，当实验参与者在对可能物体做判断时，颞叶与枕叶接合处的两个相邻的广泛区域（颞叶下回和梭状回）非常活跃，而当实验参与者在对不可能物体做判断时，这两个区域没有活跃。我和库珀已在理论上假定，对可能物体的启动效应依赖于颞叶下回。我们的假定主要基于以猴子为对象的研究结果。这些研究结果表明，猴子位于颞叶下回的神经元选择性地对物体的整体形状起反应，而对其大小或某个局部没有反应。其他研究结果显示，梭状回主要参与面孔的知觉和辨认，而通常情况下面孔都被看成是一个统一的整体。新近的PET研究为我们提供了可靠的证据，表明这两个区域特别地参与对物体整体形状的编码，这暗示着它们在启动效应中的重要作用。海马在启动效应中并不活跃，而在参与者有意识回忆见过的物体时活跃起来。[47]

由于这些研究的结果与PRS理论相当切合，我由此对芭芭拉通过提示消失法学习计算机规则和拨浪鼓反复侵入谢里尔意识的状况做如下大胆的猜想：当芭芭拉需要的提示字母越来越少时，她枕叶区域的知觉表征系统同步发生着变化；当拨浪鼓的形状反复呈现在谢里尔的脑海中时，她颞叶下回和梭状回中的知觉表征系统也一定参与了这个过程。而在这两种情况下，海马可能都没有参与，因为芭芭拉和谢里尔都没有有意识地回忆这些信息。

当然，这些猜想无论如何都是极度简化的，任何心理活动都不可能只涉及某一个大脑区域的活动。大脑包含许多区域，这些区域根据其分布和联系构成诸多的神经网络。我们执行任何一项任务都会激活大量的神经网络。在理解这些网络的功能以及不同网络之间的相互作用方面，我们刚刚起步。知觉表征系统 PRS 在我们对词语和物体的辨认当中起重要作用，启动效应则表明，该系统在接收语词和物体信息之后会发生变化。阅读书本上的词语、听到别人的言语声音，或是看到充斥于我们生活其中的世界的各种物体，所有这些信息的输入均会在大脑中引起某种微妙的变化，而这些变化会在日后影响我们对环境做出反应的方式，或让某些观念或意象更易进入我们的心灵。我们往往在很大的程度上，对这些变化的发生没有意识。与内隐记忆的其他形式一样，启动效应也以一种为我们无法知觉的方式在起作用。它是心理生活中沉默的部分，却是记忆力之脆弱的重要起源。

知觉启动效应之外：内隐记忆的其他表现

当我仔细考察关于彼特·博尼哈德磁阻磁头的法律文书时，我意识到自己为这个案件提供的专家证词必然会远远超出关于单词或物体启动效应的实验研究或有关知觉表征系统的理论。他所掌握的磁阻磁头知识过于复杂，远比实验室中研究启动效应的初级知觉材料意义深远。如果内隐记忆完全可以通过知觉形态的启动效应解释，那我们就没办法将内隐记忆作为起诉博尼哈德的理由了。此案的关键在于，博尼哈德所掌握的复杂知识会不会通过某种潜意识的方式发挥作用。事实表明，内隐记忆确实远不止于对单词或物体的知觉启动效应。

我们已经在前文中提到，遗忘症病人能够学会新的知觉和运动技能。纳尔逊·巴特斯（Nelson Butters）及其同事证实，技能学习依赖于不同于支持启动效应的系统——程序性记忆。巴特斯小组研究了阿尔茨海默病病人，这些病人大多在内侧颞叶系统和其他皮质区域受损。他们还比较了阿尔茨海默病病人与亨廷顿舞蹈症病人。亨廷顿舞蹈症是一种具有破坏性的遗传疾病，它会破坏病人大脑的运动系统。在亨廷顿舞蹈症中，病人的大脑损伤主要限于一个叫基底神经节的皮层下结构，该结构对于执行已学会的运动具有关键性作用。巴特斯及其同事发现，亨廷顿舞蹈症的病人在字词补全测验中表现出正常的启动效应，但他们很难学会新的运动技能；而阿尔茨海默病病人与此相反，他们能够正常地学会新的运动技能，但却没有完好的启动效应。这些发现颇有信服力地证明，启动效应和技能学习分别依赖于脑内不同的记忆系统。

近期有关程序性学习的研究表明，除基底神经节外，小脑对运动技能的学习亦至关重要。长期以来，人们已经知道，小脑（见图5-1）是一个与运动密切相关的结构。小脑受伤的人非常难以学会需要掌握事件序列的任务，比如钢琴演奏。这类病人也难以计划出解决问题所需的动作步骤。巴特斯及其共同作者大卫·萨蒙（David Salmon）得出结论：小脑在正确地执行某一运动所包含的各动作顺序方面起着重要的作用，而基底神经节则负责对这些动作系列进行调整，并将之作为一个有组织的运动程序加以保存。由于遗忘症病人的基底神经节和小脑一般都未受损伤，所以我们自然可以发现，病人在大脑受伤前学会的钢琴曲目，现在依然可以弹奏，他们甚至还可以学会新的曲目。与此类似，玛丽·乔·尼森（Mary Jo Nissen）及其同事发现，遗忘症病人可以内隐地学会新的活动执行序列。他们的实验是将某一任务所包含的活动指令显示在计算机屏幕上，病人需要对出现在不同位置的星号尽可能快地做出反应。若星号以固定的序列相继呈现，病人的操作反应会大大快于当星号以随机的方式呈现。然而，他们对星号出现的先后顺序却没有任何外显的知识。近期的PET研究直接地表明，在这种程序性记忆中，基底神经节和运动皮层的某一部位起着重要作用。在一项得出惊人发现的研究中，实验参与者首先在核磁共振仪外练习某种手动的序列，接着以间隔一周的时长进行大脑的扫描。在练习初期，运动皮层中一些散落的区块得到激活（见图2-4）；慢慢地，在运动逐渐熟练之后，激活的区域逐渐扩展。学习一项新的运动序列，比如演奏钢琴曲目，会引发大量运动皮层神经元的参与。[48]

我们在日常生活中熟练执行、通常没有意识的习惯，其形成也有程序性记忆的作用。莫蒂默·米希金（Mortimer Mishkin）及其同事的开拓性研究表明，内侧颞叶被损毁的猴子虽然对近期事件很难形成记忆，却能以正常的速度形成新的习惯。在经历数百次的训练后，这些失忆的猴子虽然对训练本身没有任何记忆，却能够逐渐学会应该如何进行操作反应以获得食物奖励。人类的遗忘症病人形成习惯的过程也呈现了与此相似的模式。只要经过大量的训练，遗忘症病人能够逐渐学会对视觉模型进行分类，其学习速度与外显记忆正常的人相当。他们甚至能够以正常的速度学会实验中人为设置的语法规则。然而和米希金实验中的猴子一样，他们对训练过程也没有任何记忆。与之相反，基底神经节受损会破坏习惯的形成，正如它破坏学习运动技能的能力一样。[49]

不过，博尼哈德的问题还不在于技能和习惯的学习，问题的核心是他所拥有的语义知识有可能会无意识地对他的工作表现产生某种影响。我们在这里又看到了内隐记忆产生作用的另一种方式。大家可以看看下面这个句子："因为布被划破了，所以草堆很重要。"这句话在你看来有什么意义？很可能没有。但是，我可以加上一个单词，让这个句子具有意义：降落伞。由此，你便可以想象这样一个情景：有一个倒霉鬼在空降的过程中，降落伞被划破了，但他掉在一堆厚厚的草垛上，因此幸免于难。当我和同事将诸如此类的句子给遗忘症病人看时，他们和大家一样一头雾水，直到给出关键的线索词。有趣的是，当我们在几分钟、几小时或好几天之后，再将这些句子给他们看时，他们能够想起相应的线索词。这显然是因为他们上一次看到了这个句子及其线索词。但是，他们总表示自己从未见过这些句子和线索词语，而是表示这些句子很容易让人联想到相应的词语。这种情形绝不是依赖于 PRS 的知觉启动效应，因为病人必须理解线索词与整个句子含义之间的关系，才能表现出上述的记忆效果。它很可能是依赖于语义记忆系统的某种变化而产生的概念启动效应。其他一些以遗忘症病人和大学生为实验参与者的研究也证实，概念启动效应的确存在，并且这种效应依赖于语义记忆而非 PRS。[50]

这些研究表明，内隐记忆既发生在知觉领域，也发生在概念领域，并因而让我们有机会近距离理解，内隐记忆在涉及知识概念的真实场景中如何起作用。我在上文引证的博尼哈德无意识剽窃现象，可能就说明了这种概念启动效应。在这种效应下，与我们的活动背景毫无关联的各种观念会突然呈现在脑海之中，虽然这些观念是从特定经验中获得的，但我们却会相信这是我们自己的独创。这正是可能会在博尼哈德一案中起作用的那种效应。

概念启动效应和内隐记忆其他语义形式的存在对日常生活的许多方面都具有深远的意义。例如近年来，社会心理学的研究发现，内隐记忆在性别和种族偏见中发挥作用，抱有这些偏见的人们往往意识不到自己观点的偏颇。人们对包括妇女和少数民族在内的各类人群可能会持有某些刻板印象，而这些印象在人们与他们发生互动或需要做出反应时，会自发地活跃起来。尽管人们没有意识到自己有这些印象，但一旦它们活跃起来，就会强烈地影响到人们的判断。例如，社会心理学家帕特里夏·迪瓦恩（Patricia Devine）在实验中向美国白人大学生呈现一组单词，这些单词大多隐含着对美国黑人的刻板印象，如 welfare（福利）、basketball（篮球）、ghetto（贫民区）、jazz（爵士乐）、slavery（奴隶制）、Harlem（哈莱姆区），等等。呈现这些单词的时间非常短，实验参与者无法看清它们，也无法形成清晰的记忆。然而，当这些大学生随后阅读一篇关于一位虚拟男性人物（其种族身份未做交代）的行为表现的文章时，相比看到中性词汇的大学生，他们对这个人物的评价更具敌意。不管是那些在问卷中未表现出种族偏见的白人大学生还是那些在问卷中表现出强烈种族偏见的大学生而言，这一效应同样明显。在这个实验中，接触某些具有种族含义的单词可能自动激活了某些大学生未曾意识到的，然而确是他们所持有的、对黑人的刻板印象。[51]

由于内隐记忆对判断和行为的影响往往使人意识不到，因此会更具危险性。商业广告就是一个很好的例子。我们可能会觉得由于很少留意电视和报纸上的各类广告，我们对各种产品的判断也就没有受到广告的影响。然而，和此前介绍的在电影屏幕上闪现可口可乐和爆米花名字的传闻类似，近期一项研究证实，人们一般偏好在广告中短暂出现过的商品，虽然他们意识中并不记得自己曾看过这些广告。这种内隐效应使我们容易受到社会心理学家们所说的"心理污染"：我们的思想和判断会受到各种有害的却不为意识所知的偏见影响。我们当然不想相信，自己的购物决策受到很少注意的广告影响、社会判断受到种族刻板印象的挑拨、自认为原创的观点是无意间从别人那里剽窃过来的。然而正是因为不在意这些影响，才使自己易于受到心理污染。研究表明，如果一个人意识到了偏见的作用，他可以一定程度上缓和这种心理污染。但由于人们很少会想到内隐记忆的存在，要想意识到它的影响显然是难上加难的。[52]

认知神经科学所揭露的这一未曾被人们意识化的存在与弗洛伊德所说的潜意识非常不同。在弗洛伊德的观点中，潜意识记忆是一种动力性的实体，它们不断与压抑的力量抗争；它们源于与人深层冲突和愿望相关的各种特殊经历。相比之下，我在此探究的内隐记忆是一个平常得多的概念，它们是知觉、理解、行动等日常活动自然而然的结果。执行这些功能的系统也许每次只发生极轻微的变化，我们的大脑在适应外在世界时，不断地进行这种自我调整。当这些变化发生时，它们会以种种令人惊讶的方式影响我们的思考、判断和行动，而科学家对这些影响的理解才刚刚起步。然而，启动效应往往对应于知觉表征系统或语义记忆系统的细微变化，而技能的学习和习惯的形成需要缓慢的程序性学习，我们需要其他的记忆机制帮助我们快速建立联想，快速回忆构成特定情景的视觉、声音、地点和想法。正如我在前文强调的，内侧颞叶的记忆系统正是这样一个角色。[53]

理解内隐记忆对我们的思维、感受和行为影响之深远，有助于我们从本质上洞察到人类记忆力之脆弱。如果我们甚至没意识到自己的行为受到某种影响，那么我们会很难理解影响的来源以及抵御的方式。内隐记忆微妙甚至是无可觉察的特性，正是它会对我们的心理生活产生有力影响的原因之一。不过，我们也需要警惕那种将任何古怪念头、不寻常的体会或者奇特的行为一律归结为被遗忘经验的内隐记忆影响的倾向。将某种感受或行为理解为对于某一被遗忘经历的内隐记忆，这种做法有潜在的危险，因为我们的感受和思考是由很多因素共同决定的。

尽管存在这些缺陷，内隐记忆所具有的隐形的影响力，依然是构成记忆之脆弱力量的一部分。只不过，过去的经验并非总是通过这种微妙和间接的方式塑造我们。接下来我所要介绍的正是记忆强有力的表达，记忆的这种力量甚至足以撼动我们人生的根基。

Searching for Memory

第 7 章

情绪记忆
当往事挥之不去

在1987年的时候，梅琳达·斯蒂克尼－吉布森（Melinda Stickney-Gibson）已是一位很有前途的年轻艺术家，她的色彩丰富的抽象画引起了芝加哥（她工作和生活的城市）内外的关注。在一个炎热的6月夜晚，熟睡的梅琳达被烟味呛醒。她住在芝加哥市工业区一座改造过的阁楼里，临近市中心，经常发生火灾。她先从卧室的窗口看到外面有烟，卧室里也有烟进来——她看到一股股黑烟从地板的缝隙和前门的折页冒进来。她想打电话给消防部门，但电话线已经烧坏了。浓烟迅速在卧室蔓延，每过几秒钟浓度似乎就会增加一倍，房间整个被烟雾裹住。过了一会儿，梅琳达感到几乎无法呼吸。

她的全部家当和宠物犬都还在公寓里，但她已经没时间顾上它们了。她住在三楼，由于没有防火安全通道，她本想走楼梯逃出去。但整个楼梯都被烧得滚烫，她不得不退回来。剩下的唯一选择就是跳窗户，从三楼跳到下面的水泥地上。爬到窗外的金属架上后，为了缩短自己和地面之间的距离，梅琳达先用双手抓住金属架，垂下自己的身体，最后松手跳向水泥地。不久之后，整个大楼烧成熊熊火球。几分钟前她还安详地熟睡其中的房间，瞬间变成了烧焦的木炭和废墟。她的爱犬死在里面，一辈子积攒的家当化为灰烬，家传的宝物和相册等也化为乌有。

梅琳达的生活和艺术因为这场火灾发生剧变。虽然从三楼跳下来只伤了几处筋骨，但她再也无法逃脱关于火灾的记忆。她离开了芝加哥，搬到加利福尼亚的沙漠里住。她作品中大胆而富有表达力的画面不见了，原先那些美丽的蓝色和紫色，现在被铅、铁和水泥等暗黑的内在意象所取代。她现在只用火的颜色：橘红、黑、黄，作品成了她周而复始地探索创伤记忆的工具。这种对创伤记忆的探索甚至不是她自愿的，每当梅琳达准备画画时，这些记忆会自动地侵入她的视野：

> 有时我坐在那里沉思。我只是坐在那里，处在某种思考之中，各种画面就自行出现，我根本没有主动回想它们。不是说我想要画这样的画，也不是我需要抓住这种感受或者这个画面，而是我只要想着画画这件事，这些画面、相关的记忆就会自动浮现……当我画完一幅画之后，画中意象和事件便会连接，我便将这幅画看作那段记忆的一部分。以画上这团黑烟为例，当时灯仍然开着，也没有断电，所以画完成的时候，你会看到灯在那里亮着，而那儿有一团浓黑的烟。[1]

这些回忆在作品《故事Ⅱ》(*Story Ⅱ*)（见图 7-1）中得到表达。在这幅画中，梅琳达将自己睡在床上的一张照片放在一边，表示她在被大火惊醒前那几分钟的状态。照片周围那可怕的黑色斑点和乳白色、乳黄色的一团，则是她对房间里被灯光穿透的黑烟的记忆。

梅琳达对那天晚上所见所感的记忆是惊人的。即使时隔 6 年，当我在 1993 年和她谈起那场火灾时，她仍然觉得自己对那几分钟的所有记忆与火灾当天或其后几天一样强烈真实。庆幸的是，这些记忆不像原来那样挥之不去了。梅琳达说，她直到最近才挣脱那段记忆的控制，再次恢复自己的完整。令人欣慰的是，这场火灾引发的美学探索和具有强烈感染力的表达，使她的艺术成就获得了很多认可。

图7-1　梅琳达·斯蒂克尼－吉布森，《故事Ⅱ》，1993。$11^3/_4 \times 12^3/_4"$。材质：油画，蜡，金箔，纸面拼贴。纽约小约翰－斯忒诺美术馆（Littlejohn-Sternau Gallery）藏。

这幅画描绘了艺术家对于那晚惊醒时看到的火灾的记忆，这一记忆在很多年里都挥之不去。

梅琳达·斯蒂克尼－吉布森对黑烟及其在灯光下的记忆，很好地说明了情绪性创伤事件如何生动地、侵入性地、反复地回到意识。她的体验正是过去在当下表达的一种形式。我将在下面探索一种生动的回忆，它能够帮助我们理解记忆的力量从何而来。在此之后，我将讨论一种非常强烈的体验，情绪创伤带来的那种强烈的、几乎难以抹除的痕迹；它们与大火、烟尘本身不相上下的巨大冲击力，彻底改变了梅琳达·斯蒂克尼－吉布森的生命。

闪光灯记忆：你当时在哪里

我读小学六年级的时候，有一天我和往常一样，坐在教室的后排。我当时不算认真，宁愿计算我最喜欢的棒球运动员的击球率，也不愿听课。但我记得非常清楚的是，校长出乎意料地进了我们教室，让老师站在一边。他带来了一个可怕的消息：肯尼迪总统被暗杀了。

我早已不记得听到这个消息之前和之后发生的事情。但尽管30年过去了，当时听到这个消息的情景在心中清晰如昨。对我们大部分人而言，1963年11月那个下午的记忆，就像是一张被固定下来的照片，当其他的记忆被时间之河无情冲刷而褪去时，它依然定在那里。

1977年，哈佛大学两位心理学家罗杰·布朗（Roger Brown）和詹姆斯·库利克（James Kulick）留意到了人们记住肯尼迪暗杀事件的这一特征，并称之为闪光灯记忆（flashbulb memories）。他们认为，新奇而令人震惊的事件会激活大脑特殊的记忆机制，这一机制可以形象地被称为"现场快摄"（Now Print）：和照相机的闪光灯一样，现场快摄机制将震慑人心的情景永久地"固定"下来。

1976年，布朗和库利克访谈了80位成年人，白人和黑人各40名，询问他们对肯尼迪总统暗杀事件以及其他令人震惊的公众事件的记忆，其中也包括马丁·路德·金（Martin Luther King）、罗伯特·肯尼迪（Robert F. Kennedy）遇刺等事件。在访谈中，对于"你是否还记得你第一次听说……时的情景"这一问题，如果访谈对象的回答是肯定的，他们还记得当时在哪、谁告诉他们这个消息，以及他们在听到消息时的感受，我们就认为这是一个闪光灯记忆。这80个人当中，除了1个人之外，其余79人都对肯尼迪遇刺事件拥有闪光灯记忆。布朗和库利克认为，这说明肯尼迪暗杀事件对全体美国民众都异常重要。与此相反的是，只有一半的白人和黑人对罗伯特·肯尼迪遇刺有闪光灯记忆，这一事件的灾难性远不及罗伯特哥哥被杀。而对于马丁·路德·金的暗杀，其中30位黑人和13位白人具有闪光灯记忆。布朗和库利克因此认为，事件后果的严重程度决定现场快摄机制是否被激活、记忆的闪光灯是否启动。[2]

用现场快摄机制解释闪光灯记忆符合人的经验和直觉，它与人们对闪光灯记忆的主观体验十分吻合，比如肯尼迪遇刺的消息是他们生命中最鲜活的记忆之一。这个假说激发了摄影师安妮·图琳（Anne Turyn）的创作灵感，她的一系列摄影作品，以这种视觉形式表现了人们对20世纪一系列重大事件，如兴登堡（Hindenburg）倒台、第二次世界大战结束、人类登月等的闪光灯记忆意象。在每一幅作品中，图琳都在照片上配一条相关事件的报刊新闻标题，而照片所呈现的则是一个人获知这一事件的可能的场景。如图7-2《1926年10月5日（闪光灯记忆）》(*5/10/1926*（*Flashbulb Memeries*））所示，这些摄影作品的基本特征非常清晰，保留了光线、阴影、物体排列组合等精确细节，正是现场快摄机制可能保存的那种细节。[3]

图7-2　安妮·图琳，《1926年10月5日（闪光灯记忆）》，1986。11×14"。Ektacolor相纸。版权归安妮·图琳所有。

这幅照片的上方是一个新闻头条标题：阿德米拉·比尔德（Admiral Byrd）驾驶飞机飞到了北极并返航。与之相配的背景是一间光线昏暗的书房。我们可以想象一个人坐在书桌前，读到这则新闻，或有人走进书房告知这一事件。内在的闪光灯咔嚓一下，当时的情景永久保存了下来——但是真的能够得到永久的保存吗？对于更近现代的事件，图琳经常用收音机和电视机来表现被固定下来的记忆。

图琳以现场快摄为基础，所表现的画面确实抓住了闪光灯记忆的关键特征。但现场快摄的记忆理论是否具有充足的科学实证？闪光灯记忆是否可视为不同于一般记忆的新类型？闪光灯记忆真的能够印刻原始事件，甚至永不磨灭吗？

布朗和库利克没有在他们的研究中怀疑访谈对象回忆数年前肯尼迪遇刺事件的准确性。为了评估闪光灯记忆的准确性，我们必须通过某种方式来检验回忆的真实性。在布朗和库利克之后，研究者对具有闪光灯性质的记忆进行了核实，他们在如 1981 年谋杀里根总统的预谋、1986 年挑战者号航天飞机爆炸、1991 年海湾战争等类似事件发生几天或几周之后，询问人们对此的记忆。如果人们对这些近期重大事件的记忆是准确的，可以在此基础上比较他们在数月或数年之后的记忆是否发生变化。

在某些情况下，闪光灯记忆确实既准确又持久。英国心理学家马丁·康威和同事在最近一次的跨文化研究中，考察了一件他们认为英国人具有而美国人不具有的闪光灯记忆——1990 年玛格丽特·撒切尔（Margret Thatcher）出乎意料地辞去英国首相一职。撒切尔辞职后的两个星期内，他们收集了 300 名英国和美国大学生对此事的记忆，又在一年之后再次收集这些大学生的记忆。结果英国学生能够准确回忆他们获知这一消息的情景，而美国学生则对此多有遗忘。与康威的发现一致的是，乌尔里克·奈塞尔和同事在近期公布的一项研究中发现，在 1989 年洛马·普里埃塔（Loma Prieta）地区（旧金山附近）的大地震之后，深受地震影响的加利福尼亚人即使在若干年之后，仍能在记忆测验中准确回忆当时的情景，准确程度远高于仅从新闻报道中得知地震的亚特兰大人。这些研究结果为布朗和库利克的设想提供了有力支持，特定闪光灯经验对个体而言的重要性对相应事件的记忆持久性有着关键的作用。

但是，并非所有异常重要的闪光灯记忆都不会随时光消退。瑞典研究者斯文–亚克·克里斯蒂安逊（Sven-Ake Christianson）研究了瑞典人对一起类似于肯尼迪总统遇刺案的事件（1986年瑞典首相奥洛夫·帕尔梅（Olof Palme）在从剧院回家途中被暗杀）的记忆。克里斯蒂安逊分别在事发六周和一年之后，收集了年轻人对此事的记忆，结果发现他们的记忆准确性在一年之后大打折扣。[4]

即使是闪光灯记忆也会随时间流逝而衰退，但它仍比一般的日常记忆更为持久。例如，对于1963年11月，我只记得肯尼迪总统遇刺这一件事情了；即使对此的闪光灯记忆随时间流失掉了某些信息，但也比同期存储的其他记忆更加可靠丰富。（克里斯蒂安逊也发现，人们对帕尔梅首相遇刺的记忆比其他不那么引人注意的事件准确得多。）

丹麦心理学家斯蒂恩·拉森（Steen Larsen）在听到帕尔梅被暗杀的消息时，他正在研究自己的记忆，并立即将自己获知这一消息的记忆详细地保存在计算机上。几个月之后，作为他着手研究的一个部分，他又回忆了一遍帕尔梅遇刺事件。他发现自己能准确地回忆起自己是在吃早饭时，从收音机上听到这个消息的；他对此事的回忆远比其他新闻事件来得生动，那些普通的新闻事件一般会在一个月左右淡忘。不过拉森的这一闪光灯记忆并非完全准确，他认为自己清晰地记得，当时是和妻子一起从收音机中听到这个消息的，但对照之前储存在计算机中的记录来看，妻子当时并没有和他在一起。同样令他感到吃惊的是，他对听到这一消息后做了些什么的回忆也是不准确的。然而拉森这些错误的闪光灯记忆却非常强大，他说自己在回忆时可以清楚地"看到"妻子和他一起听到这个消息的情境。[5]

也有证据表明，某些闪光灯记忆远不像照片那样，能够确保原初情境的真实性。在乌尔里克·奈塞尔和尼克尔·哈施（Nicole Harsch）的一项研究中，他们在挑战者号航天飞机失事后的24小时内，调查了一群大学生对此的记忆，并在两年半之后再次核查。结果发现，在经过这么长时间之后，这些大学生遗忘了很多有关当时情境的内容，甚至和两年半之前的细节有所出入。尽管一些回忆是错误的，多数人却坚信自己的回忆没有问题。

奈塞尔和哈什确实发现，闪光灯记忆的准确性与人们对其准确性的主观判断之间，几乎没有什么必然的关系。[6]

有人曾指出，主观上对记忆的确信感是闪光灯记忆的关键指标。心理学家查尔斯·威弗尔（Charles Weaver）想知道普通的经历能否形成闪光灯记忆。他在给本科生上第一堂记忆实验课时，给他们布置了一项任务，要他们尽可能详细地记录课后碰到自己的室友（如果一个人住就去找自己的好友）时发生的事情。他给学生发了一张询问记忆各个方面的问卷调查表，要求他们在所要记忆的事情发生后立即填写。

威弗尔给学生布置作业的时间很巧，因为这堂实验课是在1991年1月16日，正好是布什总统下令轰炸伊拉克的日子。威弗尔又立即召集所有学生，发放另一份问卷，调查他们对这一具有闪光灯意义的事件的记忆，并于两天后的第二堂实验课上回收两份问卷。他在此之后3个月和1年时，分别检查了学生对上述两件事的记忆情况。结果学生对轰炸伊拉克这个新闻的记忆并不比对他们个人经历的记忆更加准确，这两个记忆都随着时间的流逝而有所遗忘。但总体而言，这些学生对轰炸伊拉克一事的记忆更加确信，确信的程度远高于对个人经历的记忆。正如奈塞尔和哈施对挑战者号空难事件的研究所发现的那样，一个人对闪光灯记忆的主观确信感与记忆的客观准确性之间并不存在对应关系。[7]

为何人们对闪光灯事件的记忆即使是错误的，主观上仍然感到确信呢？部分原因在于，事件发生之后，随着时间的流逝，人们倾向于遗忘或混淆记忆的来源。奈塞尔和哈施的一项研究说明了这个问题。在挑战者号空难事件第二天，一位参与研究的大学生回忆自己是在宗教课上听到几个朋友的讨论而获悉此事的；下课回到宿舍后，她又从电视上看到相关的详细报道。3年后，当他们再听这位大学生回忆此事时，她坚信自己最先从电视上获知这一消息："我最初是在大学一年级的宿舍听说挑战者号爆炸的，当时我正在和室友看电视。"她的记忆非常清晰，"电视新闻报道这件事的时候，我们都惊呆了。"[8] 这位大学生之所以如此确信自己的记忆，很可能是因为她回忆的事情的确发生了，只是她混淆了两个获知信息的记忆来源。奈塞尔和哈施认为，这种他们所谓的"时间段偏差"现象，在人们回忆若干年前发生的事情时常有发生。心理学家威廉·布鲁尔（William Brewer）认为这种偏差是源记忆遗忘症的重要表现之一，我认同这种说法。[9]

类似地，拉森认为自己和妻子一起从收音机中收听到帕尔梅被杀，他对此感到十分确信，这可能是因为他有过对类似情景的真实记忆，从而倾向于将妻子"放置"在他听说帕尔梅被杀这一记忆的背景当中。我们已经在前文中看到，一般性的知识和期待能够潜入特定记忆之中，这一过程既可以单独地也可以同时地作用于记忆的编码和提取，最后导致严重的记忆扭曲。当我们回忆某个久远的情节时，各种错误的记忆建构都有可能产生，即使是闪光灯记忆也不能幸免。

我们之所以如此确信闪光灯记忆，也可能是因为我们相信这种记忆能够永久地铭刻在大脑之中，抵御所有外界的销蚀。但证据表明事实并非如此，一些闪光灯记忆会随时间而衰退变形。这种记忆是否以布朗和库利克所说的现场快摄的方式保存，我们目前仍然没有结论。可以肯定的是，闪光灯记忆确实比大多数日常记忆更加持久和准确。闪光灯记忆之所以能够持久，原因之一是人们更有可能在事发之后的数天、数月甚至数年的时间内反复回想和讨论它们，记忆因而得到了反复的"重演"，对肯尼迪遇刺案的记忆显然就是这样一个例子。

也有证据表明，记忆的复述和重演不足以解释具有闪光灯意义的经历会得到记忆的长久青睐。闪光灯事件所具有的情绪意义，也是人们牢牢记住它们的重要原因。例如，在康威关于撒切尔辞职的记忆研究中，除了人们反复提起这件事之外，人们在听到消息时的情绪反应，也是这些英国学生即使在一年之后对此事仍历历在目的决定性因素之一。[10] 因此，记忆的重复和所记忆事件引发的情绪反应，都是我们理解为何有些记忆会相伴终生的重要入口。我之所以记得 1963 年 11 月 22 日发生的事，而不是 21 日或 23 日发生的事，正是因为在听说肯尼迪遇刺时，我体验到了强烈的情绪波动，也因为我曾多次提及这件事从而强化了相应的记忆。

个人的创伤：挥之不去的记忆

闪光灯记忆的确是一种很有趣的现象，不过在 1984 年的一项研究中，当人们需要回想三件印象最深刻、最生动的记忆时，大家回忆的内容几乎不包含任何国家级新闻；相反，他们回忆的都是些非常私人的、带有浓重情绪的事情。[11] 我想，也许那些能唤起人的创伤情绪的记忆与日常的记忆具有本质上的区别。像这种异常准确的记忆，会不会与某些特殊的大脑运作机制有关，现场快摄机制或许是其中一种？

哈佛大学心理学家和哲学家威廉·詹姆斯（William James）曾在 1890 年指出："经验可以如此强烈，以至于在大脑的皮层上留下它的划痕。"近期，儿童心理学家莉诺·泰尔（Lenore Terr）也说，儿童在经历创伤性事件之后，记忆中会烙下终其一生"不可磨灭的画面"。[12] 我可以很快地想到我自己的这类体验，它们确实像被永远地烙在了我的脑子里。比如，母亲打电话告诉我父亲意外身亡时的场景仍然历历在目。当然，积极的例子也是有的，我的两个女儿汉娜和埃米莉降生的时刻，也是我永生难忘的记忆。

要理解富有情绪色彩的记忆，一种办法就是研究那些经历过极度不平常的创伤事件的人的记忆。在这些人身上（如梅琳达·斯蒂克尼－吉布森），最常见的症状就是创伤事件的片段反复地、侵入性地重现，使人无法摆脱。比如 1981 年 7 月 17 日，堪萨斯城凯悦酒店（Hyatt Regency Hotel）的两座空中走廊轰然崩塌。当时，酒店大厅和走廊上有大约 2000 人，他们在酒店的大厅里吃饭、跳舞或观看表演。突然，连接建筑 2 层和 4 层的走廊崩塌，发出雷鸣般的巨响，65 吨重的钢筋水泥砸向大厅和里面不知所措的人。在这场事故中，140 人死亡、200 多人受伤。

事故发生之后的几周内，精神病学家查尔斯·威尔金森（Charles Wilkinson）研究了 102 位受害者、围观者和抢救人员的状态和反应。将近 90% 的人说他们会反复地想起这次事故。在目睹这场灾难发生的人中，有 20% 的人因为记忆的入侵如此强烈，他们的日常生活都难以为继；将近一半的亲历者说他们尽量避免引发这段回忆的场景，但没什么用，那个灾难性的崩塌瞬间的记忆总是挥之不去，引发他们的心痛、焦虑、压抑甚至情感冷漠；1/3 的人说他们在此之后记性变得很差，有"记忆困难"症，这可能是因为事故对他们的打击太大，他们太过沮丧，从而无法编码和记忆当下继续发生的事情。[13]

这次灾难性事故引发的强烈反应和回忆并不是个例，其他关于现实生活中创伤经历的研究也得到了类似的结果，如洛马·普里埃塔大地震、1976 年的乔奇拉（Chowchilla）校车绑架案、1984 年的北卡罗来纳州的龙卷风灾难，以及越南战争等。最常见的创伤后症状是对创伤事件不由自主的回忆，往往伴随着情绪问题和记忆障碍。当创伤事件过去数月或数年之后，情况会怎样？就已有的一些研究来看，创伤性回忆入侵的频率会有所下降，但不会消失。[14]

关于创伤性情绪记忆的持久性，最深刻的描述来自大屠杀事件幸存者的回忆。劳伦斯·兰格（Lawrence Langer）在他打动人心的作品《大屠杀的见证：记忆的废墟》（*Holocaust Testimonies: The Ruins of Memory*）一书中，有很多的描述和分析。比如一位幸存者说："我如今虽然有了孩子，有了家庭……但是，我无法从孩子们的成就中获得多少慰藉。因为我的记忆始终占据生活的一部分，对那时候发生的那些事件的记忆，总给我的生活投下阴影。"而另一位幸存者说："你在这个世界上再也不会有片刻的安心了，你只能选择与这些经历共存，像在慢性疼痛中活下去那样——你永远忘不掉、摆脱不掉，只得学会与它共存。"[15]

　　杰德佳·斯特里柯斯卡（Jadzia Strykowska）的经历也体现了类似的主题。杰德佳是一位波兰女性，也是纳粹贝尔根－贝尔森（Bergen-Belsen）集中营的幸存者，后来定居于芝加哥。杰德佳曾将她对集中营的回忆讲述给杰弗里·沃林（Jeffrey Wolin）听。杰弗里是一位著名的摄影师，他创作了一系列作品来表现大屠杀幸存者的回忆。在作品《杰德佳·斯特里柯斯卡，1924年生于波兰托莫索－马兹，1993—1994》（见图7-3）中，他将自己手写的对杰德佳回忆的记录，与杰德佳手持家人合照的肖像并置在一起。而正是杰德佳手里那张珍贵的家人合照，支撑她熬过了惨无人道的贝尔根－贝尔森集中营里的日子。

图7-3　杰弗里·沃林，《杰德佳·斯特里柯斯卡，1924年生于波兰托莫索－马兹，1993—1994》。16×20"。镀银印刷。由芝加哥凯瑟琳·艾德尔曼美术馆（Catherine Edelman Gallery）提供。

　　杰德佳·斯特里柯斯卡是一位贝尔根－贝尔森集中营的幸存者。她讲述了自己如何将家人的照片塞进一根赛璐珞管再塞进直肠带入集中营的。但杰德佳冒这个险是值得的，"这些照片是我仅有的慰藉，"她回忆道，"我常常把卷曲的照片展开，看着它们，想着'老天啊，我不是从石头里冒出来的，我是来自人间的，我是有一个家的啊'。"

当杰德佳回顾自己晚年在美国的生活时,她意识到,听从身边人叫她放下过去、开始新生活的建议是那么困难:"我们从不谈论在贝尔根－贝尔森发生的事情,出于几个原因。人们不会听我们说这些事。他们总说要忘掉过去重新生活,要活在当下而非过去。但这根本就不是忘掉的事——我们根本、根本就没法忘记。"20世纪70年代,当一些纳粹分子试图在伊利诺伊州的斯科基(Skokie)一带游行时,"这惊醒了我们,我们决定不让这样的事情发生……这件事结束之后,我们开始谈论、开始讲述我们的故事。"

我们也可以从亲历过战争的士兵的回忆中,读出创伤性记忆对人的强烈影响。帕特·巴克(Pat Barker)在小说《重生》(*Regeneration*)中,描写了英国军人如何与第一次世界大战带来的种种创伤记忆做斗争,非常打动人心。小说以虚构的方式,列举了一位现实世界的精神科医生威廉·里弗斯(William Rivers)帮助军人摆脱"恶魔"所做的种种努力:

> 一般来说,来克雷格罗喀德(Craiglockhart)医院看病的病人,一直将很多精力放在忘记创伤经历上面,并由此引发了神经症。尽管病人意识到自己的努力是徒劳的,但他的亲戚、朋友、医生都会鼓励他继续保持。他所经历过的恐怖,虽然在白天被压抑,但在夜间却以加倍的力量反击和侵扰他,从而导致战争神经症中最典型的症状——关于战争的噩梦。[16]

里弗斯鼓励病人每天花一部分时间,专门回忆他们所经历过的事情。和从其他恐怖经验中脱险的幸存者一样,在里弗斯的照料下,这些军人逐渐学会了与他们噩梦般的记忆共存,通过讲述,通过将这畸变的经历纳入余生,通过时间给他们带来解脱。

创伤记忆的准确性

一些研究者认可这样一种观点:人们对创伤事件或其他充满情绪体验

的记忆,可以准确地甚至持续终生地保留下来,并保存着各种细节;那些没有情绪色彩的记忆则不然,它们总是随着时间的流逝而消退、变形。[17]这种观点有一定的道理,因为通常而言,我们对情绪创伤性事件的记忆比大多数的日常记忆更为准确。但即便是创伤记忆,有时也难免遭遇变形的命运。比如,我们可以看看莉诺·泰尔对加利福尼亚州乔奇拉校车绑架案的事后调查研究:这些学生在枪口的威胁下,被歹徒囚禁在地下室长约16个小时之后,才得以逃生;这些学生当时具有典型的创伤记忆的特征,对被绑架过程有非常鲜明、详尽的回忆;但时隔四五年之后,当泰尔对被绑架的26名学生中的23人做回访调查时发现,其中大约一半的学生的记忆出现了惊人的错误和变形。泰尔就此提出了一个非常本质的问题:"有人也许会疑惑,那么具体入微、面面俱到的记忆,怎么可能同时是假的?"[18]她相信,创伤记忆之所以会变形,主要是因为事件突发时的心理压力所带来的知觉偏差。但与此同时,泰尔也观察到,曾在事故之后立即准确报告自己经历的8个学生中,有7个在四五年后的这次测试中歪曲了他们的记忆。这说明他们对事件的初始知觉是足够的,记忆是在其后发生了变化。比如一个学生错误地回想出,有一个男人把枕头塞到他裤子里;另一个学生回忆有两个女绑匪也在场,和那个男绑匪是一伙的。泰尔的这些观察表明,即使是那些"留下烙印"的创伤记忆,也抵挡不住时间的冲刷。

另一起事件发生在1984年,一个狙击手袭击了一所小学并射杀了一个孩子和一个路人,学生对此事的记忆也提供了有关创伤记忆会随时间形变的证据。研究者通过对比事发后6周与事发后16周时对该校学生的访谈发现,事发当天原本在学校的学生在事发16周后回忆时,倾向于认为自己当时所处的情境比实际情况更安全;而当天没来上学的学生倾向于回忆说他们当时在学校。其中有一个男孩,在事发当天随父母外出度假去了,结果他却回忆说,他当时"正走在去学校的路上,然后看到有一具尸体躺在地上,还听到了枪声,就赶紧跑回家了"。[19]

在这种情况下，当然有很多因素在同时起作用。有些学生把自己当时所处的危险情境回忆得比实际情况更安全，这可能反映了回忆受到某种情绪驱动的影响：为了缓解这些经历带来的焦虑，孩子可能会重构他们的记忆，更多地满足当下的情绪需求，而不是基于事实。类似地，那些当时不在场的学生，可能会希望自己在场，他们也可能经常和朋友讨论这件事；同时，因为事情一旦过去一段时间之后，孩子很容易混淆线索和信息的来源，所以他们有可能会错误地把从同学那里听说的相关的回忆片段整合到自己的记忆之中。我敢肯定，如果那个事发当天出去度假的学生在度假回家后的第二天回答那些记忆问题，他绝对不会回忆出自己当时是在场的。

强烈然而失真的创伤记忆并不仅仅存在于儿童身上，也存在于成年人身上。例如在1988年，一个妇女闯进芝加哥郊区的一所学校，恐怖统治长达一天，杀死了1名学生，伤害了另外5名学生。时隔5个月和18个月后，心理学家访谈了该校教职员工，询问他们事发当时在哪里以及感受如何。结果发现，在第一次访谈中说自己当时人在学校的3个职工中，有两个人在第二次访谈时坚称自己当时在校外附近；在第一次访谈中说自己当时在离学校40公里之外各个地方的6个职工中，有两个人在第二次认为自己当时离学校不超过1.5公里。在第二次访谈中，凡自第一次访谈以来创伤后应激症状恶化的人，都倾向于夸大自己当时面对的个人危险；与此相反，自第一次访谈以来创伤后应激症状有所好转的人，会倾向于把当时的危险回忆得不那么可怕。由此看来，人们事发之后的情绪状态像一张滤网，影响着他们对于事件的回忆。

另一种情绪的滤网与战后退役老兵的战争"闪回现象"（flashback）有关。这种闪回现象中的记忆通常如此强烈真实，让老兵们觉得自己又重新回到了真正的战场。闪回现象通常同时包含着真实经历的画面和畏惧或想象出来的画面。约翰·麦科迪（John MacCurdy）在他对创伤和第一次世界大战退役军人的开拓性研究中发现，这些强烈的"重回"（reliving）战场的主观体验，其内容往往更多地指向他们内心最深的恐惧，而非真实的战场经历。他将这种情况称为视幻（visions），以反映它通常既包含现实又包含幻觉的混合性质。这一描述较少带有"闪回"一词所包含的、回忆基于历史真实性的假设的意味，或许更为恰当。[20]

精神病学家弗雷德·弗兰克尔（Fred Frankel）指出，闪回现象一词出现于20世纪60年代后期，本用于表示LSD致幻剂（学名为麦角酸二乙酰胺）使用者所报告的种种体验。对使用LSD的人而言，LSD的药效高峰过去后不久，他们就会产生闪回现象，那些致幻剂引起的幻觉和意象可能回闪。最可能产生闪回现象的人往往也对催眠易感，他们很容易产生以幻觉为基础的想象活动。弗兰克尔认为，这些人的闪回现象与梦更近，而离真实的记忆比较远。后来，闪回现象一词被用于描述从越南战场回来的退役军人的那些不由自主、反复地、侵入性地进入意识的种种回忆。和麦科迪的想法一致，弗兰克尔也认为，除非有坚实的证据，否则我们应对闪回现象的真实性持怀疑态度。他还讲了一个困在自己闪回现象里的退役军人的故事：在他的闪回现象中，他杀死了一个总是起夜的农民。但这是他深层恐惧带来的视幻，而不是事实的回放。[21]

类似地，精神分析家迈克尔·古德（Michael Good）也曾报告过由深层恐惧引发的幻象的临床案例。[22]

即使是持续时间很长的创伤体验，对它的记忆也会在一定程度上发生形变。心理学家威勒姆·瓦格纳尔（Willem Wagenaar）和乔普·格罗恩威格（Jop Groeneweg）分析了埃里卡集中营内受害者的大量回忆。埃里卡原是荷兰的一个监狱，在德国人侵期间的1942～1943年改建为集中营。[23]虐待、实施酷刑甚至杀害囚徒，这些惨无人道之举大多由马蒂鲁斯·德·雷杰克（Martinus De Rijke）执行。雷杰克原本也是一个囚徒，后被德国人提升为牢狱头目，负责恐吓和胁迫其他被关押者。集中营被解散之后，荷兰警察访问了幸存者并做了记录。时隔多年之后，当德·雷杰克一案重新开庭审理时（他于 1987 年被判处死刑），又有 15 位幸存者分别于 1984 年和 1988 年两次被法庭传讯做口供记录。由此，瓦格纳尔和格罗恩威格可以对比这些幸存者在后两次访问中所报告的回忆与最开始的访谈记录的内容，并评估他们的回忆能在多大程度上互不矛盾。

即使已经时隔 40 多年，埃里卡集中营的幸存者仍对当时的情境保有相当准确的回忆，比如关于当时酷刑种类、针对犹太人的虐待以及德·雷杰克是牢狱头目这一事实等，他们的回忆基本一致。每个人都能回忆出集中营的大体特征以及在集中营内大体发生的事情。可一旦问及特定的事件或细节时，他们要么忘记了，要么记忆的样貌发生了大变化。比如，在 1943 年至 1948 年期间访问时，他们能回忆起进入集中营的日期，误差在一个月内；但 40 年之后，只有不到一半的人能达到这个精度。有些人甚至记错了入营的季节。在这 40 年时间中，许多人忘记了他们遭受虐待或目睹其他人遭受虐待的细节。在 1984 年至 1988 年间，警方曾将德·雷杰克的照片给这些幸存者看，这张照片也曾在全国电视上公布过。在那些未曾在电视上看到过德·雷杰克照片的人当中，只有 58% 的人能认出他；而那些曾在电视上看到过这张照片的幸存者中，有 80% 的人能认出他。这说明有些人之所以能认出这个刽子手，不是基于他们对自己亲身遭遇的记忆，而可能源于他们在电视上看到过这张照片。

基于现实生活的创伤事件的研究表明，人们对具有情绪创伤事件的记忆往往是持久且相当准确的，但有时也会随时间流逝而衰退变形。一个人如果确实经历过某一创伤，那么他基本上会记住这一创伤的核心经历；如果这种记忆发生形变的话，那么形变的部分多属于细节。如果有人坚信自己曾经历过某一创伤而实际上并未经历，那很可能是因为他或她曾经害怕、想象或听说过这样的创伤。总体而言，我在前几章中提到的一般原则同样适用于情绪创伤记忆：记忆并不是简单地对应于大脑中一幅图像被激活，而是一个由多种因素建构起来的复杂构造。

情绪实验：我们从情绪体验中记住了什么

回忆现实生活中的创伤事件是理解记忆和情绪的重要线索。但为了更充分地理解这些饱含情绪的丰富体验的基底，我们需要控制更为严格的对照实验。尽管实验研究也有它的局限，比如我们很难在实验室里引发深切的情绪体验，但实验对于情境的严格控制和精确性对于记忆和情绪的研究而言是可取的。

饱含情绪的经历为何让人难以忘怀？近年的实验研究开始分析和梳理导致这一现象的可能因素。比如在一项研究中，研究员让实验参与者观看幻灯片，其中一些幻灯片的内容令人极为愉悦，比如充满魅力的男性和女性照片；一些幻灯片的内容令人感到强烈不适，比如被肢解的尸体；除了这些能够引发强烈情绪的内容之外，参与者还观看了一些平淡无奇的内容，比如普通的家庭用品。他们发现，参与者对能够引发强烈情绪的内容比其他内容有更好的记忆，而人们对于令人愉悦与引发不适的内容的记忆不相上下。这个研究以及其他类似的研究表明，人们准确记住一段经历的程度，与该经历引发的情绪强度直接相关，而引发的情绪是积极的还是消极的无关紧要。[24]

这种情绪唤起也会影响注意力关注的内容，继而影响我们会记住某一情绪性体验的哪些内容。比如，观看创伤性事件（如一次血淋淋的交通事故）幻灯片的参与者，比那些观看非创伤性事件的参与者更好地记住了事件的中心主题，但对事件中特定的细节的回忆不如后者。这一结果意味着，人在创伤性事件中的注意力主要集中于那些情绪强度高的方面，而留心其他细节的注意力则所剩无几。[25]

实验室的这一发现让我联想到现实生活当中的武器聚焦现象（weapon focusing）。何谓武器聚焦现象？举个例子，如果罪犯在犯罪过程中使用了某种可见的武器，比如持枪抢劫银行，那么见证这一罪行的证人往往能够清晰地回忆出罪犯使用的武器；但他们往往对罪行的其他方面，比如罪犯的长相等，缺乏足够的记忆。能够引发强烈情绪的信息（如枪支）好像攫取了证人的注意力，使得情景当中的其他信息无法进入证人的记忆编码当中。武器聚焦现象在那些面对武器时十分惊慌的证人身上最为明显。这一现象与其他研究中发现的、高强度的焦虑会缩窄注意范围的现象相呼应。[26]

从越战退役的一些老兵患有创伤后应激障碍，他们所表现出来的种种症状，也反映了情绪性创伤当中的注意驱动效应（attention-driving effects）。经历过战争创伤的军人往往会长时间地处于高度警觉和过度敏感的状态，倾向于把环境中的无害信息解读为重大威胁。他们的注意力常常被那些使他们联想起创伤事件的刺激所吸引，而这又会引发强烈的焦虑和惊恐。心理学家理查德·麦克纳里（Richard McNally）向我讲述的一位越战老兵的经历充分地表明了他们的糟糕体验：

> 那时候他已经退役回来很多年了。在一个 7 月 4 日的假期里，他开着吉普车，有几个孩子将点燃的爆竹扔到他的车轮底下。这突然的爆炸声引发了可怕的闪回记忆，他感觉自己又遭到了袭击——他快速跳下车，匍匐着爬到车子底下，发狂似的敲打着油箱，想要逃走，最后终于崩溃了。尽管他有一层意识知道自己是在科罗拉多而非越南，但爆竹声所引起的情绪和行为反应与他当年在越战中遭到袭击时的反应完全相同。[27]

一些越战老兵几乎完全陷入对战时经历的回忆，以至于无法回忆战争以外的任何生活经历。麦克纳里和同事在他们的研究报告中指出，一些受过创伤的军人彻底被战场中的经历控制，尽管战争已经过去二三十年了，他们仍然数十年如一日地一身戎装，穿着迷彩服，戴着战斗奖章、战俘纽扣；甚至还有一个退役军人在来实验室做测试时，随身带着上了膛的冲锋枪；当研究者请他们随意地回想过往经历时，与那些适应良好的退役军人相比，这些一身戎装的军人的回忆主要集中在他们在越战时期的经历上，他们还很难回忆起生活中任何愉快的经历。这些人的情绪如此密切地纠缠于越战的经历,以至于他们难以留意和关注生活的任何其他方面。[28]

除了创伤后应激障碍,情绪也可以通过类似的方式影响其他精神障碍病人的注意和记忆。来自威尔士的研究者马克·威廉姆斯(Mark Williams)及其同事最早报告了极度抑郁、有自杀倾向的病人的"过度泛化"的个人记忆。[29] 这些病人记得他们过去经历的大致情绪基调,但不像没有抑郁症的人群那样能够回忆出经历的细节。这类过度泛化的记忆可能源于病人偏执的记忆编码。抑郁的情绪将注意力引向日常生活中的消极方面,这样才符合他们先前积累的消极体验。他们倾向于通过这层消极情绪的滤网编码和提取日常生活经历,最后他们的全部生活经验都渗透着灰暗的抑郁和无味。与此同时,他们似乎没有太多动力深入地体会和编码生活当中的诸多细节。与之一致的是对抑郁症病人的大脑观察,PET 大脑扫描的结果显示,抑郁症病人左侧额叶的活动水平普遍偏低。我们已在前文中指明,左侧额叶对于深入和精细的记忆编码非常重要。

即便是没有身患抑郁症的人,你也能体会这种抑郁情绪的自发的膨胀:当你悲伤的时候,你很容易产生各种消极的想法、回想各种痛苦的经历。心理学家将这一普遍的现象取名为情绪一致性提取(mood-congruent retrieval)。研究表明,悲伤使人易于回想消极的体验,比如失败和遭拒;而愉悦使人易于想起欢快的经历,比如成功和被接纳。[30] 这意味着当我们难过并易于回忆难过的往事时,我们在不知不觉中强化了自己的悲伤。这种消极的循环对抑郁症病人非常有害。与一般人相比,抑郁症病人更倾向于回忆消极的而非积极的经历,这反过来会加重其抑郁的情绪。与此同时,抑郁症病人更善于加工消极的信息而非积极的信息。在实验当中,当我们要求参与者学习一系列表示愉悦(如微笑)和表示悲伤(如失望)的单词时,抑郁症病人对那些表示悲伤的单词有异常准确的记忆,尤其当他们将这些单词与自己的处境相关联时。[31]

情绪一致性提取还具有其他一些重要的临床启示。比如在心理治疗的情景中，情绪一致性提取可能让抑郁症病人歪曲重要的童年早期记忆。一项研究为我们提供了一些相关证据。在这项研究中，研究者分析了患有抑郁症和不患抑郁症的成年女性根据童年回忆对父母养育品质的评价。参与者需要填写问卷，回答问卷中涉及童年记忆的问题。研究的结果表明，当时患有抑郁症的参与者倾向于认为记忆中的父母不够爱她们、不够接纳她们。这些抑郁的女性对父母的回忆是否准确呢？当然有可能是准确的。但对比这些正在抑郁和那些曾经抑郁但已康复的女性会发现，正在经历抑郁的女性更倾向于认为父母不接纳她们。由此可见，在回答问卷当下的抑郁情绪是导致对父母负面评价的重要因素之一。慢性疼痛的病人身上也有与之类似的现象：他们对过去某一时刻体验到的疼痛程度的回忆，与目前承受的疼痛程度相关。[32]

这些发现与我们在前文所提出的回忆偏差相互呼应，但我们必须谨记的是，人往往能够准确地描述过往经历的大体轮廓。事实上，当我们在实验中要求参与者回忆其童年经历的总体特征时，这种情绪一致性提取的偏差并不明显；只有当他们回忆特定的经历或情节时，这种偏差才会不出意料地表现出来。由此可知，情绪对于记忆的影响往往体现在具体而特定的细节上，而不是更为宏观的个人自传体记忆。[33]

杏仁核、情绪和记忆

1937年，《美国生理学杂志》（American Journal of Physiology）刊登了一篇论文，概述大脑双侧颞叶被切除的猴子的行为研究成果。论文作者指出，这种猴子患有某种"精神性视盲症"（psychic blindness），它们不能辨认很多健康猴子很容易就能辨认的熟悉物体。更令人惊讶的是它们在情绪反应上的异常表现：这些没有颞叶的猴子失去了它们原先拥有的、所有正常猴子对恐怖事物的恐惧；它们会试吃各种异常的东西，比如石头和粪便；它们还会试着去与其他物种交配，这在正常的猴群当中非常罕见。后来，人们以此论文作者的名字命名这一系列异常表现：克吕弗－布西综合征（Kluver-Bucy syndrome）。大约20年之后，一位年轻的神经心理学家劳伦斯·威斯克兰茨提出了令人信服的证据，表明颞叶切除后的情绪异常是由隐藏在颞叶内侧深处的单个微小结构引起的，那就是杏仁核。[34]

杏仁核是一个紧挨着海马、外形酷似杏仁的结构（见图5-1）。我们已经了解海马对于记忆当下日常生活事件的重要性，海马的损伤会让人难以记住近期发生的经历。杏仁核是神经系统中调节情绪的关键结构，其中包括对记忆的情绪调节。我们日益清晰地意识到，杏仁核在饱含情绪的记忆中所扮演的至关重要的角色，而这些记忆又在个人生活中发挥着至关重要的作用。

我们已在第5章中指出，仅被切除了杏仁核的猴子（或大鼠）并不会出现全面的遗忘症。比如，当我们在实验室实施一些简单的测验，要求它们找到放置食物的地点或数秒钟前看到过的玩具时，杏仁核被切除的动物能很好地完成任务。[35] 但这些动物却表现出克吕弗和布西观察到的那些异常的情绪反应，以及与情绪相关的记忆障碍。恐惧习得是一个很好的例子。对危险情境的恐惧反应具有生命攸关的重要性，一般而言，动物都能快速习得这种反应。例如，在实验条件下，如果我们在电击大鼠的同时播放一种声音，那么尽管声音是无害的，但大鼠很快就会习得对这种声音的恐惧反应——它们会在听到声音的时候僵住（freeze），心跳也会加速。而一旦我们切除大鼠的杏仁核，它就很难习得对这种声音的恐惧，哪怕我们反复用电击和声音刺激它。如前所述，这种杏仁核被切除的动物并不表现出广泛的遗忘症，而只在恐惧反应的学习和记忆方面有障碍。约瑟夫·勒杜（Joseph LeDoux）及其同事所做的一系列重要研究表明，这种障碍可由杏仁核内部的某一特定结构的损毁导致，那就是外侧核。[36]

最近，安东尼奥·达马西奥及其同事的一项研究探究了人类的情绪反应习得与杏仁核之间的关系。他们研究了几种病人：第一种病人由罕见的遗传病导致仅限于杏仁核的损伤，这种遗传疾病被称为类脂蛋白沉积症或乌－维氏病（Urbach-Wiethe disease）；第二种病人由于心脏休克引发的暂时性缺氧导致海马损伤；第三种病人由于脑炎，海马和杏仁核同时受损。达马西奥的研究团队让这些病人观看红、绿、蓝和黄四种颜色的幻灯片。在播放蓝色幻灯片的过程中，偶尔会出现吓人的号角声。这种声音在参与者身上引起了易于检测的皮肤电生理反应，这种反应说明有情绪唤起。在听到这种号角声时，三种类型的病人都有强烈的皮肤电反应。对于大脑未受损伤的健康参与者而言，在蓝色幻灯片与这种声音配对出现若干次后，他们会对蓝色幻灯片起皮肤电反应，表明他们习得了这种情绪条件作用。对海马单独受损的病人而言，他们能够对蓝色幻灯片有正常的情绪条件反应，却不记得这个作用过程中发生了些什么；与此形成鲜明对比的是，杏仁核受伤的病人能够清楚地记得这个作用过程中发生的事情，但他们对蓝色幻灯片没有任何反应；第三种病人即海马和杏仁核都损伤的病人，他们既不能对这个作用过程中发生的事情有任何记忆，也不能对蓝色幻灯片形成任何条件反应。这些结果清晰地展示了杏仁核对于形成情绪条件性反应的关键作用。这种情绪反应的形成独立于对作用过程所有事件的外显记忆，这种外显记忆依赖的是海马。[37]

如达马西奥和勒杜所言，杏仁核所处的关键位置决定了它在情绪记忆中的关键作用，因为它接收来自许多脑区传入的信息。杏仁核接收原始感觉信息中转站的输入，利用这些初步的信息迅速判定情境的危险性，帮助做出"逃跑还是战斗"的反应。它也接收来自知觉后期加工阶段的更为精细和确切的输入，从而根据先前的经验评估当前的情境，指导适当的行为反应。总体而言，杏仁核所处的位置能够完美地匹配评估输入信息的意义这一功能，而这正是情绪最基本的功能。具有重要意义的事件需要得到立即关注和迅速反应，而意义不大的情况则可被安全地忽略。只要杏仁核正常发挥作用，它就能够帮助大鼠或人类评估事件的意义，做出相宜的行为反应，保留情绪性记忆。虽然正如勒杜和达马西奥的研究所揭示的那样，某些类型的情绪条件作用的习得独立于对该作用过程的外显记忆，但杏仁核一旦被激活，它也能够驱动相关的神经系统注意具有情绪意义的事件，对此进行深入精细的编码，从而促进对这一事件的准确记忆。因此，杏仁核能够影响和调节具有情绪意义的事件的外显记忆。

杏仁核的这种调节作用与它通过不同种类的激素影响记忆的过程密切相关。针对大鼠和其他动物的研究表明，在动物学会某一实验任务之后立即注射某种与应激相关的激素，如肾上腺素（诱发高水平的警觉和唤起），会提高它们对这一任务的记忆能力。这强烈地暗示了情绪促进记忆的关键可能在于，情绪体验过程中释放的与应激有关的激素。在这一过程中，杏仁核起着重要的作用。一旦杏仁核遭到损毁，注射与应激有关的激素不再能够提高记忆水平。因此，杏仁核参与调节与应激相关的激素，而这些激素是情绪强化记忆的基础。[38]

这些发现是否意味着创伤受害者那种不由自主的入侵性回忆与应激相关的激素有关？梅琳达·斯蒂克尼-吉布森挥之不去的对于火的记忆，可否归因于她跳楼时杏仁核发出的某种信号而引发的大脑化学物质的变化？近期有关脑损伤病人和创伤经历者的研究提供了一个肯定的回答。一位病人的杏仁核因乌-维氏病而受损，她对没有情绪意义的一般图片有正常的记忆，但相比杏仁核未受损伤的人，她对具有情绪意义的图片的记忆并不会因为情绪唤起而增强。达马西奥研究团队描述了另一位乌-维氏病病人，她虽然能够辨认熟悉的面孔，却难以辨认或回忆表达恐惧的各种表情。电刺激颞叶癫痫病人的杏仁核通常引发强烈的恐惧和一种"回忆"的一般感觉，尽管没有任何具体的回忆内容。精神病学家斯科特·劳赫（Scott Rauch）、罗杰·皮特曼（Roger Pitman）及其同事在近期的一项PET扫描研究中，请越战老兵和其他患有创伤后应激障碍的病人在PET扫描大脑的过程中回忆自己的创伤。研究者发现，与未经历创伤的人相比，这些参与者在回忆创伤的过程中，有几个脑区的活动性增强，其中包括右侧的杏仁核。一个有趣的发现是，在他们的回忆过程中，视皮层的活动水平增强，而布洛卡区的活动水平减弱。布洛卡区是生成言语的大脑中枢。这些发现与其他PET扫描研究一致地表明，回忆创伤的基本特征之一是强烈而贯注的视觉意象。[39]

不少越战老兵具有侵入性的回忆和其他创伤后应激障碍的症状，而他们体内的一种化学递质儿茶酚胺的水平往往异常。应激情境诱发应激性激素，而应激性激素促进儿茶酚胺的释放。一项以遭受战争创伤之苦的越战老兵为研究对象的研究表明，入侵性回忆症状如闪回等与他们尿样中检出的两种儿茶酚胺（去甲肾上腺素和多巴胺）的含量相关。另有研究发现，一种被称为育亨宾碱（yohimbine）的药物可以作用于应激相关激素的受体细胞，诱发越战老兵的闪回记忆和惊恐反应。这些诱发的记忆往往具有强烈的如同"此时此地"的生动体验。有一个老兵将实验室一个水槽的阴影当成坦克炮塔的阴影，他不仅仅是回忆过去有关坦克的一个经历，而是在当下再次经受了这一创伤。[40]

即使对于未曾受过创伤的人，与应激有关的激素也会影响他们的情绪性记忆。拉里·卡希尔（Larry Cahill）和同事在詹姆斯·麦高夫（James McGaugh）的实验室（麦高夫的大鼠实验首次确证并厘清了激素对于记忆的作用）做了这么一个实验：参与实验的大学生观看一系列讲述故事的幻灯片，部分参与者听到的故事是平淡无奇的，另一部分参与者听到的故事开头结尾都是平淡的，但中间部分会唤起情绪，包含一场严重车祸的受害者。在看幻灯片之前，一半的参与者服用了一种干扰应激性激素合成的药物心得安（propranolol），而另一半参与者服用的是没有实际效果的安慰剂药片。看完幻灯片之后，所有参与者需要尽可能地回忆幻灯片的内容和故事的情节。服用心得安与安慰剂的参与者对平淡无奇的幻灯片有类似的记忆，但服用安慰剂的参与者对唤起情绪的故事有更好的记忆，而服用心得安的参与者对不包含情绪色彩的与激发情绪反应的幻灯片的记忆没有差别——他们没有显著的应激促进记忆的反应。这个结果表明干扰应激相关激素合成的药物抵消了情绪唤起对记忆的促进作用。卡希尔和麦高夫在研究一个杏仁核受损的病人时也发现了类似的现象：他对一则故事中不含情绪色彩的方面有类似正常人的记忆，不同之处在于，包含情绪色彩的部分并不能增强他的记忆。[41]

杏仁核这一大脑情绪管控中心对应激相关激素的调节作用，或许部分阐明了高度情绪化以及创伤性的记忆中，那些异常强烈且持久的体验的产生原因。与一般的记忆类似，回忆情绪创伤事件同样是一个构建的过程，而不是录像的重播。杏仁核和许多大脑结构密切配合，共同构建这类情绪性记忆。与一般的日常记忆不同的是，梅琳达对那场可怕火灾的记忆、幸存者对堪萨斯天桥崩塌那挥之不去的噩梦、战争遗留给退伍军人的闪回记忆，甚至包括我对1963年11月22日的记忆，所有这些都或多或少地反映了大脑杏仁核参与记忆的作用。在下一章，我将进入心因性遗忘症这片幽微不明的领域，探究创伤和记忆更为阴暗的一面。

Searching for Memory

第 8 章

雾中迷岛

心因性遗忘症

不论是对于梅琳达·斯蒂克尼-吉布森、杰德佳·斯特里柯斯卡,还是其他曾经受过严重创伤的人,那些不请自来、反复侵扰他们的记忆,都向我们呈现了这样一个现实:那些情绪上让人难以承受的经历,往往会形成最深刻的记忆——我在上一章中介绍的那些研究正在逐步向我们揭示为什么会这样。但是在一些特殊的情况下,创伤却会导致严重的遗忘症。乍看之下,这二者似乎很矛盾——究竟是怎么回事?近年来,这个问题引发了非常广泛的关注。尤其是关于成年之后恢复的、幼年遭受性虐待的记忆的问题,引起了很大的争议(我将在下一章中讨论这个问题)。

人究竟会不会短暂地遗忘自己遭遇的可怕创伤?这个问题一直引发热议。100多年来,研究记忆的学者(多为临床治疗师)报告了一些创伤导致遗忘的案例。和我在前面的章节中所介绍的那些研究发现不同,这些创伤性失忆案例并没有促使任何解释记忆机制的新理论出现。当我们进入创伤与遗忘症相关关联的领域时,会遇到各种怪异的案例,比如漫游症、多重人格等,它们的存在似乎宣告了记忆研究无法触及的边界,因为我们对这些现象确实缺乏了解。但我此前设想到的很多观点和技术，似乎已经在尝试理解这种脆弱的记忆力的形式。目前，社会迫切需要对于创伤和遗忘症相关问题的解释，我们因而必须仔细而深入地探究一些奇特的案例。为什么在这些案例中，一个人的记忆会消失得无影无踪？

我初次接触这类案例是在 1980 年 9 月。当时，我还是多伦多大学的研究生，临床心理学家王保罗博士安排我给一个脑部受伤的病人做测试，我首次得以一窥内隐记忆的真容。之后，他给我打来一个电话，说他那里又来了一个很有意思的新病人。这病人是一位青年男子，他不知道自己的名字，也不知道自己家住何方……除了记得自己有个叫"伐木工"（Lumberjack）的外号之外，他对自己一无所知。[1] 王博士告诉我，这位"伐木工"两天前在多伦多市区向警察求助，说自己的后背痛得不得了。当他被送到当地一家医院后，人们却发现这个年轻人不知道自己是谁，也没有携带任何表明身份的物件。第二天，一家当地的报纸把他的照片刊登了出来，想找到他的家人。王博士问我是否有兴趣测试他的记忆。

作为一个研究生，我当时对记忆的正常与异常形态都非常感兴趣，所以当然不会拒绝王博士的邀请。伐木工似乎得了一种心因性的（psychogenic）或功能性的遗忘症，一种由心理创伤引起的暂时性的失忆。在精神病学的研究文献中，这种连自己是谁都不记得的心因性遗忘症起码存在了一个多世纪，影视作品也常拿这种病做文章。但实际上这种病例非常罕见。精神病学家估计，在精神病患者中，丧失个人绝大部分记忆的严重功能性遗忘症病人不到 1%。在战争年代，这种疾病的患病率可能会稍微高一些，因为与战争有关的刺激可能引起有过创伤经历的士兵暂时地失忆。例如，在一项针对第二次世界大战期间住院士兵的研究报告显示，罹患各种心因性遗忘症的病人占全体住院病人的 14%；而深入前线作战的士兵比没有上战场的士兵更可能患上遗忘症。[2]

纯粹出于对这类疾病的好奇，我长时间泡在图书馆里，在落满灰尘的书架上找来19世纪和20世纪之交的那些过时的期刊。在这些期刊当中，皮埃尔·让内（Pierre Janet）、莫顿·普林斯（Morton Prince）和其他精神病学家描述了他们对这类病人的印象：他们通过清空自己生平的记忆来对抗让人无法承受的压力或绝望。一些病人出现了精神病学家所说的漫游状态，在完全意识不到自己是谁的状态下，满心想着某个特定的目标，比如到达某一个地方。在一个发生在战争期间的漫游病例中，一位澳大利亚的士兵在第二次世界大战的非洲战场上遭遇重创。一架德国战机直接朝他俯冲过来，他记得自己正准备射击这架俯冲的轰炸机，然后就"昏过去了"。32天后，他"走到"几百公里之外的一家叙利亚医院。轰炸发生之后，他心里想的唯一一件事，就是赶紧躲到他听说过的营地附近的叙利亚避难所去。他在漫游状态下走了一个多月，在这个状态中，他不知道自己是谁，也不知道自己在躲避什么，直到在医院，他才突然意识到自己失忆了。[3]

处于漫游状态的病人一般都意识不到自己处于一种"与记忆失联"的状态，直到遭遇某种情境，需要提供身份或经验背景信息时，他们才发现自己一无所知。当伐木工被送到医院时，正是处于这样一种状态。在此之前，他已经在多伦多市区街道上转了一两天。直到在医院有医护人员问及他的身份，他才惊讶地发现自己无法说出自己是谁。

在1980年那个时候，还没有严格控制条件的实验研究先例来测试像伐木工这类病人的记忆提取水平。所以，伐木工的案例给了我们一个很好的机会，采用科学的研究程序去了解他的记忆，甚至可以借此开发一个新的研究领域。心因性遗忘症往往在几天之内就会恢复，我必须尽快行动。王博士打电话给我的时候，伐木工已经在医院待了两天。

第二天，我就来到伐木工的病房，见到了这位有一头茂密金发的安静的年轻人。他看上去好像有些局促和尴尬——毕竟连自己是谁都没法想起来。他的智商属正常水平。他即时回忆学过的图片或故事内容的能力比较差，但他对于正在发生的事件的记忆并非受到严重损伤；他认识名人的面孔，也能像一般人那样运用语言，这说明他的语义记忆依然完好。

我决定采用在前文中给大家介绍过的克罗威茨方法，来进一步了解伐木工情景记忆的能力。我向他朗读一些常见的单词，比如桌子（table）、伤害（hurt）、跑（run）等，请他根据这些提示词，联想过去某一特定时刻发生的相关故事。正常的年轻人在这种测验中，会回忆出随机分布在从测试前不久到童年早期等时间范围内的各种经历，但伐木工 90% 以上的回忆都与这两天住进医院之后发生的事情有关，以前的事情他基本什么也想不起来。

我发现有一点非常有意思，那就是伐木工能想起来的、少得可怜的那点儿关于住院前的记忆有个关键的特征：它们基本都发生在大约一年前，发生在他做邮递员的那段时间。于是我进一步询问他关于那段时期的记忆，结果他回忆出不少具体的细节，其中还包括许多同事的行事特点。终于，我在他那片失忆的汪洋大海中，偶然发现了一座被保留下来的记忆孤岛。

这座记忆孤岛对于伐木工的遗忘症具有核心意义。为了印证伐木工的回忆，我联系了他所说的那家邮递服务机构，并发现他的同事很快想起了他，并用"伐木工"这个绰号称呼他，而且他一生只有在这个机构工作时才被人这么称呼。

为什么伐木工记得生活中的这一段，而把其他的都忘记了呢？如他所言，在邮递服务机构工作的那段时间是他艰难生活中最为快乐的阶段。我们慢慢得知，伐木工还是个孩子的时候，就被他的父母抛弃，他几乎是由祖父一手养大的；他的人生充满了各种失望、拒绝和失败；但在邮局工作时，他受大家喜爱、接纳，工作也很顺利。不知为何，这一段美好的时光似乎具有某种免疫力，在遗忘症淹没了其他所有记忆印迹时，它像一座孤岛一样被保存下来。

伐木工在做完测试的当晚恢复了记忆。当他在看一部由小说《幕府将军》（*Shōgun*）改编的电视剧时，电视剧正好播到一段葬礼和火化仪式的情节,他由此联想到自己最近也刚刚参加过一场葬礼——他的祖父在一星期前去世。接着,他记起了自己的名字,在之后的几个小时,他也逐渐想起了关于自己的其他经历。

很显然,他祖父(他生命中唯一的至亲)的去世,引发了他的遗忘症。伐木工回忆起在失忆前的最后一刻,自己如何在巨大的悲痛和震惊之中,参加祖父的葬礼,然后离开葬礼。他对从这以后一直到向警察求助期间发生的所有事情一无所知。即使在遗忘症消失之后,他对自己在多伦多市区漫游期间所遭遇的事情也没有一丝一毫的记忆。当然,他也不太可能再记起来。在绝大多数心因性遗忘病例中,病人往往能恢复所有原来的记忆,但对漫游期间的记忆却无能为力。

几个星期之后,我再次见到伐木工。他告诉我当他连自己是谁都想不起来的时候,心里忍不住嫌弃自己怎么那么"蠢"。这时,我终于可以对比伐木工在正常情况下和失忆状态下的记忆水平了。结果很清晰:他的智商和辨识名人面貌的能力与之前相比没什么变化,但他回忆个人经历的能力却大大加强了。当他再次和大家一样,可以在时光中穿梭旅行,讲述一大把人生故事时,我感觉到了他难以自抑的欣喜。

当心灵忘记自我:不同于伐木工的例子

当时,由于对心因性遗忘状态下的记忆情况缺乏控制得当的实验研究,我们很难确定伐木工失忆的特点(忘记自己是谁以及自己过去的经历、记得特定生活阶段的个人自传体记忆、保有良好的语义记忆)是否为其他心因性遗忘病人所共有。前不久,神经病学家马克·克里切夫斯基(Marc Kritchevsky)和同事在一篇研究报告中指出,他们研究的 10 位心因性遗忘症病人也忘记了自己的身份,在克罗威茨测试中的表现也与伐木工很像,并且也是忘了遗忘症出现之前的事而能记住遗忘症之后发生的事;但只有一半的病人能够辨认名人的面孔，另外一半病人与伐木工相反，他们在这种语义记忆的测试中表现很差；所有病人都难以回忆过去发生的那些广为人知的新闻事件（比如是谁杀害了约翰·列侬），这种任务可能同时依赖情景记忆和语义记忆；另外，与伐木工不同，有些病人的失忆持续了好几周，甚至好几个月。这个研究表明，也许并不存在一个特定的特征，足以勾画所有心因性遗忘症病人以及忘记自我身份的人。不过这一结论也并不意外，因为遗忘症病人作为一个个独立的个体，其个人的心理历史与当下的心理冲突都有其独特之处 [4]（见图 8-1）。

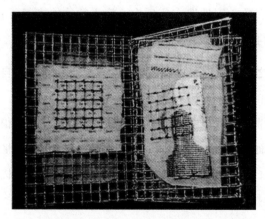

图 8-1　玛莎·麦克劳夫（Martha McCollough），《遗忘症》（*Amnesia*），1992。9×26×6"。材料混装。马萨诸塞州林肯市克拉克美术馆（Clark Gallery）藏。

正如这幅引人遐思的金属网雕塑作品所喻示的那样，心因性遗忘症能让人暂时逃离难以面对的情境。在这个作品中，我们可以看到 7 个相互交叠的金属"页面"，围绕着印制其上的一句话："当遗忘症病人能够重新回想过去时，他会背井离乡，改换姓名，开始新的生活。"这是一种奇特的阐释：毕竟，在漫游症和功能性遗忘症中，情况通常是病人在开始失忆的时候离家出走，变换身份。而这句话所暗示的正好相反，人们先是无法承受生活，然后才有了失忆的毛病。这句话下方是一个模糊的人影，可能象征着自我身份的灭亡。最外层的金属网覆盖在重复出现"日"（days）字样的纸片上，意味着逝去的日子。另外的金属网空格子覆盖在重复出现"年"（years）和"岁"（ages）字样的纸片上；梯子不知从何出发，又去向哪里；还有一艘正在沉没的船。麦克劳夫的这个作品传达了心因性遗忘症病人惶惑的内心世界。

这些特点在一个十分离奇的病例上得到了一些说明。1986年4月，治疗病人K.的一位精神科医生来信向我说明他的情况。K.是一位53岁的已婚男士。有一天，家里人发现他坐在地板上，非常安静但十分恍惚，手里拿着一个220伏电烤箱的损坏的电子元件，身上没有任何烧伤或其他的受伤痕迹。在去医院的救护车上，K.才开始说话，他依然有些恍惚，说自己的头很痛，被一个棒球杆砸到了。后来我们发现K.的头部确实曾被棒球杆击打过，但那是在他14岁参加少年棒球联赛时发生的。现在，K.坚信自己才14岁，他对自己14岁之后的经历没有任何记忆。他不认识自己的妻儿，以为自己仍然生活在少年时的小镇，当他得知父亲已经去世时感到异常震惊和悲恸，照片上母亲衰老的面容也让他十分惊讶；当他从镜子里看到自己的模样时也吓了一跳；而每天都必须刮胡子的事实也让他感到惊奇。医生在信中对我说："这就好像瑞普·凡·温克尔（Rip Van Winkle）醒来后一样。"[5]

这个离奇的遗忘症与我之前听说过的任何病症都不太一样。约翰斯·霍普金斯大学（Johns Hopkins University）的一个研究团队发现，K.失忆的内容不仅限于自传体记忆。[6]他能够轻松地回忆1945年之前发生的事，但对1945年之后出现的名人和公共事件没有任何记忆；他对电视机、影碟机（VCD）之类的电器感到惊奇；特别让人难以相信的是，他连1945年之后习得的、像开车和剃胡须这样的基本技能都忘记了；但对于日常生活中正在发生的经历，他又能毫不费力地记住它们。全面的神经生物学检查并没有发现任何可观测的大脑损伤，但K.在失忆之前一直处于工作带来的严重的应激压力之下，他一直觉得呼吸困难、胸口疼痛；在失忆前不久，他因为这些身心疾病向公司请了病假。

为何K.的遗忘症刚好使他丧失了1945年之后的记忆呢？在那一年之后不久，K.经历了一系列重大的生活变故，包括搬家、转学、一位他亲近的祖辈离世，以及一场大火毁掉了他家没有投保的房子。不仅如此，第二次世界大战也在 1945 年 8 月结束，标志着一个旧时代的终结和新的生活时代的到来。K. 的遗忘症也为我之前讲过的观点提供了更进一步的证据，表明生活阶段确实是组织记忆的结构之一，能够将各种属于不同集合的经验区分开来。虽然 K. 的情况与伐木工的例子有很多不同，但他们都有某些特定生活时期的记忆抵御了遗忘症的侵蚀。

此外，在一些案例中，我们也不能忽略伪装心因性遗忘的可能；因为确实存在一些让人警惕的迹象，表明某些人的遗忘症是装出来的。如果患上遗忘症的人涉嫌犯罪、逃避经济或法律上的困境和义务，而病症可以带来某些现实层面的利益，那么我们有理由怀疑其失忆症的真伪。[7]

在真实的心因性遗忘案例中，遗忘症往往源于脑部损伤和情绪创伤二者叠加的效应。有相当一部分遗忘症病人在得病前，大脑曾受过伤或出现过一些异常情况。比如，伐木工就曾在 4 岁时因为车祸而让大脑右侧的颞叶受伤。在他后来因为失忆被送到医院并接受脑组织扫描时，颞叶所受的损伤依然清晰可见，说明他当时伤得不轻。而 K. 的脑部也在 14 岁时受到过棒球杆的击打。在 20 世纪 80 年代所报告的其他几例功能性遗忘症中，病人也都有脑部受伤的历史。[8] 实际上，20 世纪 30 年代至 50 年代发表的几乎所有心因性遗忘症和漫游症的早期精神病学研究都表明，许多病人有脑部创伤或者疾病的经历。[9]

不过，知道这些并不能帮助我们理解为什么心因性遗忘会是这个样子。这种疾病并不多见，而且我们几乎可以肯定地说，大部分脑部受过伤的人也并不会像伐木工或 K. 那样患上遗忘症。而且我们已经看到，不同部位的脑部损伤会以不同的方式影响记忆。所以"脑部受损"这个概念实在过于粗糙，并不能帮助我们更好地理解心因性遗忘症。不过，在本章接下来的内容中，我会给大家介绍，某些特定部位的脑部损伤如何影响一个人此后应对心理创伤的方式，甚至促发极其罕见的广泛性遗忘症。

往事的坑洞：局部遗忘症

在很多情况下，心因性遗忘症病人的失忆范围并不像伐木工和 K. 那么广泛。有时，压力和创伤也会导致对单个事件或少量经验的遗忘，我将这种情况称为局部遗忘症（limited amnesia）。在战争期间，士兵暂时性遗忘的往往是特定的创伤体验；我们也时常听到遭受强暴和其他暴力伤害的受害者局部性遗忘的报道：他们有时候想不起来自己遭受的暴行和导致暴行的事件。[10]

在北美和欧洲社会，暴力犯罪的案犯也经常声称对自己所犯的罪行没有记忆。一项研究结果显示，在那些被判谋杀或杀人的案犯中，26%的人表示自己根本不记得犯过被判定的罪行。在其他研究中，总体有25%～65%的案犯声称自己有某些程度的遗忘症。声明对罪行的失忆可能会降低定刑，所以在这种案件中罪犯假装失忆的可能性很大。多数专家一致认为，暴力犯罪案中的遗忘症大部分是假的；但对于如何区分真实和伪装的局部遗忘症，目前还没有得到广泛认可的鉴别方法。[11] 上述研究也发现，那些说不记得自己犯过事的罪犯，在犯罪时其血液中的酒精估测含量远高于认罪的罪犯。而已有大量研究证实，过量饮酒会妨碍外显记忆的形成，有时还会导致所谓的"断片"（black out），即醉酒时人根本不记得醉酒期间发生过的任何事情。[12] 在被法庭判定为真的犯罪失忆中，引发局部性失忆的可能不是情绪创伤，而是酒精。

这些问题在瑟汉·瑟汉（Sirhan Sirhan）暗杀罗伯特·肯尼迪，这一被公众遗忘、臭名昭著的暴力案件中也有所体现。尽管瑟汉宣称，自己对暗杀一事没有任何记忆，辩护方的精神病学家伯纳德·戴蒙德（Bernard Diamond）还是通过催眠，复现了他在事发时的狂热情绪，瑟汉在这种情绪状态下承认了自己的罪行。通过之前的章节，我们已经了解到，不能将催眠当作一种恢复准确记忆的可靠方式。但有时候，处于催眠状态下的人确实能回忆出在其他情况下根本无法触及的真实记忆。在催眠状态下，当瑟汉的情绪接近案发时的激动状态时，他明显回忆起了整个暗杀经过，还复现了其中的一部分情节。然而在催眠过后，当他的情绪恢复平静了之后，他又声称自己什么也不记得。在记者丹·莫尔迪亚（Dan Moldea）近期重新梳理这一谋杀案的作品中，我们可以看到瑟汉的辩护律师格兰特·库珀（Grant Cooper）在 1972 年的一项声明："自始至终，瑟汉都坚称怎么也想不起自己开枪射杀过对方。"在瑟汉被判了死刑之后，莫尔迪亚表明，"瑟汉对他深爱的母亲玛丽·瑟汉所说的唯一一句话就是'妈妈，很抱歉，我什么也不记得'。"[13]

瑟汉的这种记忆"回来"又"溜走"的情况，类似于我在第 2 章中介绍的依赖于提取状态的回忆效应。人如果在吸食成瘾药物或饮酒状态下对一个新信息进行记忆编码，那么处于与当时类似的状态会比处于清醒状态更有利于准确回忆出被编码的信息。我们发现，情绪状态也有这个效应。如果实验参与者在心情低落时学习了某些新的信息，那么他在回忆这些信息时，处于类似的低落心情会比轻松愉快的心情往往能让他回忆得更准确。我们能用这种状态性依赖的提取效应来理解瑟汉的失忆和其他情况下对创伤体验的遗忘吗？有这个可能性，但我仍保持怀疑。[14]

更重要的是，瑟汉的失忆可能无法归结为创伤诱发的遗忘。莫尔迪亚也考虑了瑟汉在暗杀当晚喝醉酒的可能性，但后来否定了这一想法。他通过一些证据表明：自开枪射击之后，瑟汉在大部分时间甚至一直以来，都在假装失忆。在 1993 年 9 月，莫尔迪亚去监狱探访瑟汉时，他还是这么说："我不记得自己去过厨房的储藏室，也不记得自己见过罗伯特·肯尼迪，当然也不记得朝他开过枪。我记得的是被人掐住脖子，还被打得半死。"但莫尔迪亚在书的结尾处提供了一个非常戏剧性的情节，迈克尔·麦科恩（Michael McCown）作为瑟汉的辩护成员之一，在一次探监过程中尝试重构犯罪过程：

就在他们的谈话过程中，瑟汉突然开始描述在开枪射杀肯尼迪前、两人的目光碰到一起的那个时刻。

麦科恩对此大吃一惊，接着问他："那你为什么没有射击他的眉心呢？"

瑟汉毫不迟疑也没有任何悔意地说："那个狗杂种在我开枪的时候转了头。"

瑟汉是在吹嘘逞能吗？还是说他其实一直记得自己的所作所为？我们无从得知，但莫尔迪亚坚信，瑟汉的失忆不过是为了逃脱法律责任。这与他在催眠状态下涌现的回忆相互印证。瑟汉当时可能觉得，催眠绝对不会暴露他关于罪行的有意识的记忆。莫尔迪亚认为，"也许这么多年下来，瑟汉已经通过某种方式使自己相信，他对那个恐怖的夜晚真的没有任何记忆——但我觉得不是这样，我相信他每天都在脑子里重演那天晚上发生的事情。"[15]

在另一起案件中，罪犯的记忆也是这样"去了又来，来了又去"，不过我们却很难用假装、醉酒或状态性依赖的提取效应来解释。案件的当事人马尔文·贝恩斯（Marvin Bains）是一个机械师，时年50岁的他怀疑妻子出轨，为此十分心烦意乱。有一天，他被发现躺倒在邻居门前的石阶上，右半边下巴被炸没了。警察赶到现场后，发现他的妻子在自家厨房被枪杀。之后，贝恩斯被指控为枪杀案的犯罪嫌疑人，但他坚称根本不记得是自己开枪杀了妻子：他想不起任何关于他下巴怎么受伤以及妻子被杀的记忆。贝恩斯的辩护成员中，有一位精神病学家，他通过催眠引导贝恩斯回忆并描述了当时的情形。据贝恩斯在催眠状态下回忆，他原本打算自杀，却在尝试自杀的过程中意外杀死了妻子。催眠过后，贝恩斯又坚持自己对此没有记忆，他根本没有谋杀妻子。但贝恩斯在催眠状态下的描述却让本案的一个疑点得到了可能的解释：他猎枪中少掉的一发子弹到底去了哪里。辩护律师和控方专家回到案发现场，根据他在催眠状态下回忆的情形——子弹从厨房顶上射了出去,他们检查了厨房的天花板。他们在厨房顶部的一根屈曲梁上,发现了很明显是由子弹穿射造成的痕迹,弹痕所在的位置也非常符合贝恩斯的回忆以及案发现场的基本情况。基于这项证据,法庭将针对贝恩斯的谋杀指控改为过失杀人指控,最后判处他三年有期徒刑。贝恩斯出狱不久后就开枪自杀了。[16]

像马尔文·贝恩斯这样,由于强烈的情绪冲击而彻底忘掉整个经历的情况,其实在临床上非常罕见。在大多数情况下,创伤事件的失忆是因为醉酒、脑部损伤或在创伤过程中丧失意识。即使在贝恩斯的案例中,我们也应该注意,他的下巴在开枪时严重受伤,这剧烈的冲击可能同时导致短暂的意识丧失或脑震荡,并进一步导致他的失忆。尽管我们目前已经积累了一些证据,说明强烈的情绪创伤引起对创伤经历局部失忆的现象确实存在——这些证据主要来自经历战争的退伍军人和包含许多复杂因素的犯罪案件,以及很多可以追溯到20世纪以来关于心理创伤疾患的零散资料,但这些证据远不足以让我们达成坚实的结论,确认剧烈的情绪创伤与酒精中毒、大脑损伤和丧失意识一样,在导致对特定事件的遗忘(在正常情况下,类似事件一般会留下记忆)中起关键作用。关于这一点,我会在下一章讨论性虐待遗忘时再展开。[17]

不过,这种谨慎的态度主要针对遗忘新近创伤的现象。对于很久之前发生的创伤事件,我们有时候确实会表现出某种形式的局部失忆:一直处于休眠状态、与创伤密切相关的恐惧和压力有时会在我们面临一个新的创伤性压力时被突然激活。我们可以一种情况为例来了解这个现象:人在童年早期体验的恐惧,在成年后看似已经消失了,但在激发压力的情境下,它们却会再次强烈地迸发出来,让人难以抵御。我们往往不记得当时发生了什么、自己为何会体验到那种恐惧,这也反映了大部分人遗忘生命头几年经历这一正常现象。研究表明,如果通过实验设置使得幼年大鼠对特定声音信号产生恐惧,在几周之后,大鼠似乎"遗忘"了这种令它们感到恐惧的经验，在听到这种声音时并不会表现出恐惧时的应激反应，但一旦研究人员又将它们置于高应激环境下，比如注射与压力应激有关的激素或给予电击等，它们会再次对那种声音感到恐惧，身体因这种恐惧而麻痹。[18]

尽管正常的婴幼儿期记忆遗忘可能是这类局部失忆现象的基本形态，但成年后所体验到的恐惧也有类似的特点。它们看似已随时间消逝，实则会在特定的应激状态下即刻得到激活。我们可以在战争背景下的失忆案例中发现这类现象的详细记载。例如，在1973年的赎罪日战争（Yom Kippur war）中，一名以色列军人在战斗过程中经受了严重的创伤。一颗手榴弹投进了他所在的装甲车，手榴弹爆炸。其他人全部被炸死，只有他活了下来。在接受治疗之后，他逐渐从创伤后应激障碍（post-traumatic stress disorder）中恢复过来，并在战后继续投身于军事方面的活动。1982年，以色列与黎巴嫩宣战，这位军人再次被遣往前线，活跃地参与战事。一开始，他在所有方面都表现正常；直到有一天，他再次碰到与此前创伤类似的情境：他驾驶的装甲车被敌人的火力袭击。这使他完全丧失了作战力，并再一次遭受创伤后应激障碍的折磨。[19]

这位军人可能一直都记得自己在第一次参战中经历的创伤，只不过随着时间的推移，他在情绪上不再受到困扰。而在另一个与之相关的案例中，对于从第二次世界大战战场上退役的军人A先生，创伤的战斗记忆在他体内休眠了长达30多年之后，却又再次搅动起来。第二次世界大战期间，A作为美方的炮手，多次投入德国战场的战斗，并在近距离的搏斗中杀敌无数。在坦克大决战（Battle of the Bulge）中，在大炮炸死了他的副手和一位技术军士后，他变得迷失错乱、茫然无着。而随后又发生了一件更可怕的事：A和一位战友误杀了几个德国青少年，这些青少年只是穿着军服玩装扮游戏，而A误将他们当成德国兵给击毙了。

战争结束后，A状态调整得不错，并没有受到创伤后应激障碍的困扰。但到了 20 世纪 70 年代，他的身体开始出现各种问题，并且不断恶化。A 原本一直是异常独立的硬汉，所以当 1976 年由于身体问题不得不退休、寻求医护帮助的时候，他体验到了相当大的痛苦和失落。在应对这突如其来的新压力的同时，他开始（生平有史以来）反复做与战争有关的噩梦。这些噩梦最终使他的内心完全卷进了 30 年前的德国战场，他的脑子里充斥着各种对于当时经历的回忆。记录他这个案例的精神病学家认为，"30 多年来，这些可怕的经历绝大部分被放逐在他的意识之外，现在却重新被回忆了起来，而且细节是那么鲜明，引发的情绪反应也远比当年他在战场上允许自己体验到的强烈许多"。[20]

我们无法确认，A 在退休后对于战争的回忆在多大程度上是准确的；也无法断定在做噩梦之前，A 是否确实无法回忆那些充满创伤的沙场经历。比如，治疗他的精神科医生提到，他的副手和军士在坦克大决战牺牲之后，A 曾打算给他们的家人写信，这说明起码他当时并没有完全遗忘这段经历；此外，他也的确在 1964 年重返两人战死的战场凭吊。不过，A 还是不同于其他经历过类似创伤的人，因为毕竟 30 多年来，他一直不曾经受创伤性记忆的反复入侵和突袭。对这种经验的遗忘还不同于对短短几小时或几天内发生的暴力犯罪事件或其他短时创伤的遗忘，但它向我们表明了这样一个事实：强大的记忆之力，也可能隐而不发地潜伏在无意识中那么多年。

往事的泄露：对创伤的内隐记忆

心因性遗忘症病人在意识层面丧失了部分或所有的记忆之后，可否以内隐的形式保留着它们，存有这些人生故事中看似遗失的篇目？陌生意象闯入脑海、没有来由地厌恶某种食物、不合情理地心生恐惧甚至恐怖感……诸如此类的经历，是否对应着人们无法有意识回想，却又坚实存在着并不断寻求表达的内隐记忆？想象一下，幽灵般的创伤记忆潜伏在周围，创伤的承受者本人对此无知无觉，但他的情绪和行为却受到这股隐形力量的牵引……这样的情景确实可以发挥出很多充满戏剧元素的表达。在电影《艳贼》（Marnie）、《爱德华大夫》（Spellbound）中，阿尔弗雷德·希区柯克（Alfred Hitchcock）便充分吸纳了这个很有意思的主题。这很可能源自弗洛伊德、让内以及19世纪与20世纪之交其他精神病学家的影响。这些专家的临床案例表明，人在成年之后即使不会意识到童年时期的一些创伤经历，这些经历还是会持续地影响当下的行为和体验。

1907年，波士顿精神病学家伊萨道尔·柯里亚特（Isador Coriat）报告了一个经典的病例：一个女人在乡野间游荡，她完全忘记了自己的过去。家里的亲戚认出她来后，柯里亚特带她回了一次她儿时生活过的老房子。她觉得那房子"很陌生、没见过"，但让她感到奇怪的是，她前几天做梦正好梦见了这座房子——这可能意味着内隐记忆的存在。此外，柯里亚特的报告中还列举了这样的事例：他让这位病人放松下来，说出脑子里想到的任何内容；病人也会时不时地说出一些过往经历的画面和一闪而过的片段。但这些断裂的、碎片化的内容听上去感觉不太像一般的个人回忆。病人自己也不知道这些东西是从哪里冒出来的，她觉得它们很"神奇"（wonderments）。[21]

在更近期的报告中，偶尔也会出现类似的心因性遗忘案例，尽管证据大多停留在逸闻层面。其中有一个很引人注意的案例，案例中的男性病人遭到同性的暴力性侵，在荒野中被人发现。他对自己被强暴这件事没有任何记忆，也忘掉了自己一生的绝大部分经历。但看过一幅表意模糊但人们通常会看出暴力袭击的画作之后，他变得痛苦不堪，还尝试自杀——但即便这样，他也没有回想起来自己的遭遇。在另一个广泛性遗忘症病人的案例中，病人无法回忆哪怕一丁点儿自己过去的事情，这让研究者们无法识别她的身份。实在没办法可想了，他们气恼之余给了她一部电话，叫她拨打脑子里第一时间想到的号码。这下可好，她打通了她母亲的电话，大家也立即知道了她到底是谁！[22]

在一些遗忘特定经历的局部遗忘症案例中，人们也观察到了类似的现象。这里又不得不提19世纪和20世纪之交该领域的先驱者、当时最有名的法国精神病学家皮埃尔·让内。他为我们提供了最令人叹服的例证。让内的学术成就在这样一个被弗洛伊德心理学和精神病学著作席卷的世纪里当然显得无人问津，但近年来，他研究遗忘症、创伤和记忆的著作又逐渐回到大家的视野并得到认可。[23]例如，在1904年发表的个案报告中，让内讲述了D夫人的故事，D夫人的创伤缘起于母亲的去世。在母亲患病期间，D夫人一直侍候在旁，可她对母亲过世一事以及其母亲过世时周围的情况和处境却没有任何记忆。在失忆期间（她的遗忘症后来治愈了），她一直被各种关于疾病的碎片化意象纠缠，她认为这是一些幻觉体验（hallucination）。在体验这些强烈的心理意象时，母亲的样子时常清晰而细致地浮现，但她却感觉非常陌生。让内还描述了另外一些病例，在那些病例中，病人被困在强烈的情绪当中，这些情绪似乎源自某些病人无法有意识回忆起来的创伤经历。基于这些观察，让内的结论是，在功能性遗忘症中，"病人一方面无法有意识地、自主地回忆某些经历，但在另一方面，这些经历又会不可抗拒地、自动地、不合时宜地（亦是隐秘地）再现"。约瑟夫·布洛伊尔（Joseph Breuer）和西格蒙德·弗洛伊德也报告过类似的案例观察，这让他们最后一致达成了一个著名的论断："癔症（hysterics）主要是记忆带来的痛苦"。如果用当代的说法来理解，可以说布洛伊尔和弗洛伊德认为，心因性遗忘症病人的痛苦源自他们无法有意识回想起来的内隐记忆。[24]

现代的研究者也报告了类似的个案研究，研究表明尽管病人无法有意识地回想某些事情，但仍然保留着对它们的内隐记忆。例如，一份来自瑞典的个案报告的大概情况如下：一位女性完全忘记了自己在一条砖砌的小道（a brick path）上被非常残暴地强奸，但她说砖石（brick）和小道（path）

这两个词反复出现在她的脑海中,她不知道这是为什么;当被带到被强奸的地方时,她非常难受,但还是不能回想起自己的遭遇。[25]

这些创伤带来的内隐记忆的效应,有的可能与脑中杏仁核所起的作用有关。我们已经在第 6 和第 7 章中了解到杏仁核在恐惧性条件反应中起着特别的作用,也了解到对于海马受损的病人,他们可能无法有意识地回想一些经历,却会受到这些经历的隐秘作用,被激起强烈的情绪反应。[26] 在对一些心因性遗忘症病人的观察和记录中,我们能否找到一些线索,用以区分海马和杏仁核在特定类型的情绪性内隐记忆中发挥的不同作用?目前我们还没能找到。但在前面的章节中,我们讨论了勒杜、达马西奥等人的研究。这些研究已经开始探索和展示一种内在的生物学机制,可以帮助我们理解为何人们在无法有意识地回想一些经验的同时,情绪情感上却会受到这些经验的影响。尽管我在前文列举的临床观察在很大程度上带有奇闻逸事的味道,但这些故事也着实提示我们,过去的经验能够内隐地塑造我们的情绪反应、偏好和脾性,而这些都是我们所讲的性格的核心要素。当弗洛伊德假定潜意识动力的存在并强调早期经验的重要性时,他脑子里也一定出现过与之类似的洞见。现在,通过认知神经科学领域的先进技术,我们能够探索记忆的过程和系统,看看它们到底如何决定我们的喜恶和对于外界的惯性反应。虽然我们的自我认同感主要取决于对过往经历的有意识的个人记忆,但我们的性格可能与内隐记忆过程更为密切相关。从那些心因性或器质性遗忘症病人的经历中泄露出来的内隐记忆,可以很好地成为我们探索性格与记忆二者关系的线索。

记忆为何迷失:解离、压抑与抑制

功能性遗忘症通常又被称为解离障碍。根据一些心理学家和精神病学家的观点,解离(dissociation)会使心灵分裂成支流,原本作为整体的思想、情感、记忆分裂为彼此隔绝的多个内心世界、各自独立运行:正常情况下密切配合、密集传输往来信息的记忆系统及其子系统,现在彼此之间失去联系各行其是。解离并不抹除个人的记忆,而是由于压力或创伤切断了记忆系统内部的联系,使得大段的过去或当下涌入的经验被分离出去,无法进入意识。因而,功能性遗忘症病人对于"意识层面被遗忘掉的经验"的内隐记忆提示我们,尽管解离会形成强大的禁锢,使人的有意识回想难以触及被解离的记忆,但还是有那么一部分内容能从中泄露出来。

记忆解离的这种观念最早可以追溯至皮埃尔·让内,他相信有些人由于遗传的原因,天生难以承受极度的创伤性情绪,他们会自发地、同时也是病态地,将记忆和情感分离到一个与有意识心灵平行流动的潜意识中去,以这种方式应对巨大的情绪压力。让内认为,创伤能够瓦解掉我们的心理黏合剂。在正常状态下,这种心理黏合作用将人的思想、情绪和记忆等支流粘连起来。[27]

解离说的现代支持者包括心理学家欧内斯特·希尔加德(Ernest Hilgard)和约翰·基尔斯托姆(John Kihlstrom),他们认为解离是正常认知功能的基本构造下的一个自然产物。在他们和其他支持解离说的学者们看来,记忆由平行运作且相互作用的一些系统构成,而基于这一观点,解离过程的存在也就相当合理了。如果大脑确实同步运行多个程序,那么就会存在一些可能性(其中包括创伤性应激)能够破坏这些并行程序之间正常的联系和沟通。[28]

这样看来,解离相当于造成了心理世界中的"横向"(horizontal)断裂。而另一个理解功能性遗忘症的视角关注弗洛伊德的压抑(repression)理论。压抑往往意味着一种"纵向"(vertical)的按压,把激发了情感反应但让人感到排斥的心理内容给压抑下去。压抑是一种防御过程,通过压抑保护个体远离威胁自我的内容。与解离类似的是,压抑也不会抹除记忆,而是使得某个经验难以进入意识罢了。一些学者认为，这些与创伤有关的被压抑的记忆在潜意识中淤积，最后会通过一些奇特的意象或者令人费解的行为表达出来，宣示它们的存在，如今我们认为这是一种内隐记忆。布洛伊尔和弗洛伊德认为心因性遗忘症是压抑作用的产物——强烈的、甚至极端的压抑。这个观点在精神分析和精神病学的其他领域内被普遍接受。但当代的一些精神病学家认为，压抑只对特定的经验材料起作用，但并不作用于人的整体经验。比如，精神病学家大卫·施皮格尔（David Spiegel）认为，压抑这种作用机制并不足以强大到用于解释各种漫游症和功能性遗忘症，我们应该借助解离过程来理解这些失忆现象。[29]

压抑和解离的概念在临床心理学和精神病学的许多领域盛行，但它们很难得到检验，对心因性遗忘症的解释也并未达到完全令人信服的程度。但必然存在这样的内部机制，阻止或抑制记忆提取的发生；必然有某种东西，阻止了在正常情况下让一个人清楚自己是谁、自己做过什么的回忆过程。总体而言，除了一些对压抑感兴趣的记忆研究者，其他研究者很少关注抑制过程。但越来越多的证据表明，抑制机制（inhibitory mechanism）在记忆过程中起重要作用。抑制是神经系统的基本过程之一。神经元通过发送兴奋性信号相互沟通并提高彼此的活动水平；它们也能发送抑制性信号，从而减弱或"关闭"其他细胞的活动。如果没有这种抑制过程，我们的内心会陷入一片混乱，会被持续输入的大量外部信息和内部的思想、感觉和情感所淹没。我们的大脑通过持续地抑制大量神经活动，从而实现高效率的运行。近期的一些实验证明，在我们选择性地注意某个对象而忽视掉另一个对象时，会有相应的抑制大脑注意被忽视对象的神经活动。[30]

记忆活动的运作同样包含抑制过程。最近一项 PET 大脑扫描实验显示，人们在有意识地提取情景记忆的过程中，一些脑区变得活跃，而另一些脑结构和神经网络却减弱了活动水平，这说明抑制过程在回忆活动中确实起作用。一些认知领域的研究发现，如果我们主动回想某段记忆，那么这段记忆在之后会变得更鲜明和易得；但同样有趣的一点是，其他一些研究发现，回忆某个特定的记忆会让其他记忆的提取变得更加困难。比如，我请你识记下面的这个单词表，表上的单词都在"水果"（fruit）这一类别标签之下：苹果（apple）、梨（pear）、葡萄（grape）、桃（peach）、草莓（strawberry）、橘子（orange）、葡萄柚（grapefruit）、李子（plum）。看完单词表之后，我会让你做回想单词的练习，比如给你"以字母'or'开头的水果"(Fruit-Or____)这类线索，你需要回想出哪个学过的单词符合这一特征，并将"or"之后空缺的部分补充完整。练习期间对"orange"这个单词的回忆会让你在随后的记忆测验中更容易想起 orange 这个单词，但让大家感到意外的是，在记忆测验中回忆其他未在练习中回想过的单词的难度增加了，即回忆一些单词会抑制另一些单词的提取活动。[31]

类似地，如果我请你尽可能忘掉新近编码的一些内容，那么你之后在想要回忆它们时，回忆的难度也会增大。假设在你看完上面的单词表之后，我告诉你没必要记住那些单词，甚至是你最好把它们统统忘掉；然后过段时间，我再请你尽可能地回想表上的单词，那么你回忆的难度和错误率会高于那些不曾努力忘记这张单词表的人。你回忆单词的能力受到要求你忘记它们这一指令的抑制。我们或多或少都体验过那种话到嘴边却想不起来到底要说什么的时刻，抑制在这种体验中也起作用。研究话到嘴边又想不起来的这类现象的结果表明，想不起来的这个内容，往往受到了在此之前提取其他相关内容的回忆过程的抑制。[32]

这种抑制过程在心因性遗忘症病人的各种失忆症状中到底起着怎样的作用，目前无人能对此给出确切的答案。在解释伐木工的遗忘症时，我和合作的研究者一致认为，要回忆出生活中特定的经历，我们首先需要具备更为宏观和更具概括性的自传体记忆，像我们的名字、大体的人生阶段等。这些记忆像"访问代码"（access code）一样，引领我们回忆特定的情景和经历。我们因而猜测,某种抑制过程"关掉"了伐木工的这种自传体记忆(比如他的真名)。这个"访问代码"受到抑制之后,他的意识便无法进入这个接口下面的各种经验,而"伐木工"这个代码没被抑制,因此他能回忆出与之相关的那些经历。[33] 这些想法当然很有启发,但无法解答这样一个问题:为何心理上的创伤会造成如此强烈的对回忆的抑制?在后文阐述大脑与功能性遗忘症的关系时,我们再回过头来探讨这个谜题。接下来,让我们先进入关于心因性遗忘症的更神秘的领域。近年来,这个领域真可谓是血雨腥风,关于记忆、心灵和心理学实践的各种观点在此争鸣,试图寻得合理性。

多重人格:解离还是虚构

20世纪80年代中期,我的合作伙伴、认知心理学家玛丽·乔·尼森遇到了一位奇特的病人:一个明显具有多重人格(multiple personalities)的中年妇女。尼森博士说,这位病人实际上拥有22种人格,从5岁的小女孩,到一个45岁的糙汉。其中,39岁的子人格艾丽斯正在为成为一名法律顾问而努力学习,她花大量时间阅读《圣经》,喜欢画宗教题材的画;36岁的子人格鲍妮最喜欢做的事是去看戏剧演出;45岁的子人格查尔斯酗酒,喜欢在电视上看摔跤比赛,平时画野生动物;32岁的格洛莉娅是几个左利手子人格中的一个,她也画画,但画风更抽象。格洛莉娅用了一个不同于其他子人格的姓氏,从而拥有"自己"独特的社会保障账户。在病人的生活中,各个子人格会分别出场,应对不同时刻不同情境下的外部状况。有些子人格互知彼此的存在,但大部分子人格对其他子人格的经验没有任何记忆,也意识不到他们的存在。尼森博士问我是否有兴趣和她一起研究这位病人的记忆。

我深知遗忘症的表现形式可能会非同寻常,也了解研究者普遍认为遗忘症是多重人格障碍的核心问题。在多重人格的现象中，尽管至少会有一个子人格记得其他子人格经历的一些事情，但大多数子人格都只记得自己在舞台中心时发生的事情，对这些事情的记忆又进一步引导着他们在舞台中心的行为反应。一项针对 100 位多重人格病人的系列研究的结果表明，98 位病人的子人格之间，存在记忆互不相通的问题。这类病人经常抱怨自己在"浪费时间"，因为他们经常会突然意识到自己身在一个陌生的环境或意想不到的场合，却又完全想不起来这到底是怎么回事。[34] 尼森向我介绍的这位病人看上去也符合这种情况。

然而，我当时刚刚完成一系列探讨虚假遗忘症的文章，在尼森向我发出合作研究的邀请时，我立即很严肃地想到，一个人竟然会有 22 种人格，这样的多重人格障碍很有可能是装出来的吧。我也意识到，多重人格障碍诊断在当时变得越来越普遍。一些批评者认为，所谓的多重人格障碍其实就是易受暗示的病人、关于症状的误传以及包括像催眠这样的暗示性技术在内的劣质治疗手法等因素共同作用的结果。最早在 20 世纪 50 年代后期，随着《三面夏娃》(*The Three Faces of Eve*) 这本通俗小说的发行和改编电影上映，人们对于多重人格的猎奇就已经开始了；1973 年，畅销书《西碧尔》(*Sybil*) 受到热捧，人们对多重人格的好奇也随之极速攀升。《西碧尔》讲述了一个小孩的故事，这个小孩受到施虐型母亲的虐待，最后出现了 16 个不同的子人格或"替代性自我"(alter)。[35] 其中包括一些小孩子，也有两个成年男人。在这本书及其改编的电视连续剧流行之前，多重人格病人一般只表现出两到三个年龄和性别均与本人类似的子人格；但在《西碧尔》之后，被诊断为多重人格障碍病例的子人格好像比原来多了许多，其中还会出现儿童的和异性的"替代性自我"。出于这些考虑，我担心尼森博士的这位病人，该不会是碰上了一位特别想要这种奇特病例诊断的医生吧。

不过尼森却觉得这位病人没有任何动机非要装出这么一种病来，也从未发现任何伪装的痕迹。而且这位女病人的智商相对较低,看上去也不太可能具备打理 22 种不同人格所需要的那种精巧心智。尼森相信这位病人的临床诊断基于细致谨慎的观察:催眠术在诊断中并未被派上用场,因此不可能是催眠诱导了多重人格;病人的记忆存在很多断裂,她经常想不起来她去过哪里、做过什么;而且她从童年开始就表现出身份混乱的迹象和症状。在她五六岁时,她开始出人意料地动不动就大发脾气,表现出各种攻击性。她的家人也注意到,她这样发作的时候,会用不同的名字来称呼自己。她去学校极不规律,在学校的行为表现也显得古怪。这些问题与患有解离障碍的儿童的典型表现很相似。家人、老师甚至其他人往往能意识到这些儿童存在各种严重的行为问题;他们可能会从医生那里得到各种精神病性的诊断;他们常被看成病态的骗子或老做白日梦的痴人。真正患有解离障碍的人总会表现出一系列严重的病理迹象,而这些迹象在尼森这位病人的身上都可以得到清晰的回溯。[36]

尽管在心理学和精神病学领域,多重人格的现象早在 19 世纪随着第一例个案的公开而为学者所知[37],但不论当时还是现在,这种一个人的体内居然住着不同人格的观点,还是让人难以接受。可如果换个角度设想,这种看似奇特的障碍,其实也是可以得到更好的理解的。我们每个人在日常生活中都会体验不同的心境、扮演多种不同的角色。正如我在前文的研究中提到的,当我们处在与过去某个时刻类似的情绪状态时,会倾向于回忆当时的经历;倘若处于很不一样的心境,则会难以回忆当时的情境。也许在多重人格障碍中,这些不同的心境和角色被不同的名字分别标记了。但这些经验的集合为何无法构成一个整体,反而彼此割裂分离,我们目前还没有确切的理解。当一种子人格以及与之黏附在一起的经验集合被激活的时候,所有或部分的其他子人格及其记忆系统便被"关闭"。把解离用于描述一些多重人格病人的表现可能过于病理化,但"多重人格障碍"(multiple personality disorder)这个术语也并非完全贴切。在精神病学和临床心理学领域内被普遍认同的心理疾病分类标准（《精神障碍诊断与统计手册》第四版（DSM-IV）中，多重人格障碍已被更名为"解离性身份障碍"（dissociative identity disorder）。[38]

在相信了尼森的判断，相信她这位病人的多重人格既不是装出来的，也不是误诊的结果之后，我同意与她合作开展这项记忆研究。我们想知道，在多重人格的情况下，一个子人格对另一个子人格的经历即使没有有意识的记忆（外显记忆），会不会也表现出一些相关的无意识记忆（内隐记忆）？已有一些证据表明，存在跨越不同子人格的内隐记忆。例如，在 20 世纪早期发表的一份经典个案报告中，莫顿·普林斯（Morton Prince）描述了一位叫博尚小姐（Miss Beauchamp）的病人，她拥有 4 个子人格，有的人格对其他人格的经历没有任何记忆。她被称为 B IV 的子人格对 B I 人格所经历的任何事件无知无觉，但偶尔会体验到一些"画面"（vision），这些画面表现的是 B I 人格的经验片段。普林斯在报告中指出，"她在脑海中看到这种画面时，尽管那是她 B I 人格的部分，但她对此毫无觉察，也从不把它们当成自己的经验。这些画面出现的时候，她没有一种回忆的感觉，即与自己的过去联结在一起的感觉。"[39]

如果普林斯观察到的特征在解离性身份障碍病人身上有典型的体现，那么现代的研究手段应当能够捕捉到病人内隐记忆的确凿痕迹。我们因而决定对病人那些意识层面上互不知晓彼此经历的子人格进行测试。首先，治疗她的精神病学家引出她的子人格艾丽斯；艾丽斯现身之后，我们让她看一组我在早期启动效应实验中用的单词表：章鱼（octopus）、杀手（assassin），等等（参见第 6 章）；然后，精神病学家再诱导她的子人格鲍妮出现，这个人格对艾丽斯见过上述单词没有意识层面的外显记忆。可当我们请鲍妮自由地将字母残缺的单词补充完整时，鲍妮填充艾丽斯见过的单词时，表现远远好于填充艾丽斯没见过的单词。在其他涉及知觉表征系统的测验中，我们也发现跨越子人格的知觉启动效应存在，这一效应我在前面的章节中提到过。

另一点发现也很有意思：当我们用语义更为丰富的材料（比如句子和故事等）来测验这位病人时，却没有发现跨越子人格的内隐记忆的证据。比如我们先给艾丽斯看这样的句子："干草垛很重要，因为布划破的时候用得上它"，并给句子加上线索提示词，比如"降落伞"。但这样并不会让鲍妮在看到这个句子之后，能更好地回忆出与之相应的提示词。而正如我们在前文中看到的，哪怕是非常严重的遗忘症病人，也会在这类任务中表现出启动效应。为什么这类效应就不能跨越艾丽斯和鲍妮的子人格界限而存在呢？可能对于同一个句子，艾丽斯用了一种思维方式对语义进行了编码，而鲍妮却用了另一种方式来理解这个信息。当一段记忆包含着大量为某个人格所特有的思想和联想时，哪怕是内隐记忆测验也不能打破人格之间记忆相互隔绝的边界。

我们当然不可能将从这一个案例研究中得到的结论推广到其他病人。[40] 所以在1987年，当我有机会研究另一位解离性身份障碍患者时，我非常兴奋。患者IC的个人记忆中有很多断裂不全之处，她有时会来到一座陌生的城市，却对自己为何身在此处困惑不已。1987年年初，她因为横向闯入一条交通拥挤的高速公路，企图伤害自己，被当地警方送进了医院的急救中心。大家后来才知道，她的丈夫在上个月曾好几次给警察局打电话，也是试图阻止她伤害自己的行为。丈夫说她的行为变得越来越古怪：经常有规律地表现得完全是另一个人的样子，说话的声音和脾气秉性会在刹那之间完成戏剧性的转变，之后她自己却又记不得有过这些变化，还否认曾发生过这样的事。而就在住院的短短几周内，就有几个完全不同的子人格出现了。IC的所有子人格都多多少少地能意识到其他子人格的存在，只有IC本人对所有这些子人格一无所知，并强烈否认自己有解离性身份障碍问题。

与研究尼森的病人不同，我们无法在测验阶段诱导IC的子人格。我们最好避免她解离到其他子人格的情况，因为当她们出现时，她的心理状态往往相当糟糕。这意味着我们无法通过她来研究跨越子人格的内隐记忆。但 IC 知道自己有记忆方面的问题，她对自己缺失的个人经历也非常好奇。我们同样好奇，因为解离性身份障碍病人的自传体记忆向来缺乏翔实的记载材料。因此，我们运用评估自传体记忆的各种手段和范式，仔细考察了 IC 对于过往生活事件的回忆情况。一个结果引起了大家特别的关注：IC 对于 10 岁以前的生活没有任何记忆；对 10 岁至 12 岁之间的经历，她也只能想起孤零零的几件事情来。

所有人都会丧失一段时期的童年记忆：我们通常无法回忆起两三岁以前发生的事情，五六岁以前的经历能记住的往往也不多。但 IC 是我们研究过的所有个案中，唯一一个记不住 10 岁前发生过什么的人。我们虽然并不能确切地判定这种失忆的原因，但证据确实指向一种可能性：IC 在青春期曾遭到她父亲的性侵。[41]

1987 年年末至 1988 年年初，在我们研究 IC 的那个时期，很多探究和治疗多重人格障碍的医生和研究者都相信，儿童期性虐待与解离性身份障碍的形成有着密切的关联。当时已有好几篇发表的文章，将解离性身份障碍与病人讲述的儿时遭遇性侵的经历联系在一起。我们也没有理由去质疑这种联系。但在那以后的几年里，对于这个主题的争议越来越多。到 20 世纪 90 年代初期，随着被遗忘的童年性侵记忆得到恢复的问题引发争议，质疑童年期性侵遭遇与解离障碍两者关联的人们也开始指出，解离性身份障碍病人受到性侵的记忆也很可能是由那些不当治疗方式诱导出来的，和当初这些治疗推动多重人格这项诊断没什么两样。批评者指出，确认多重人格与童年期性虐待相关的那些早期论文，依据的主要是病人本人对受虐待经历的回忆，无从证实；如果这些经历是病人在含有暗示性技术的治疗过程中回忆出来的，那它们确实很可能是虚幻的错觉。

符合质疑的事例接踵而至。社会心理学家理查德·奥夫西和作家伊森·沃特斯（Ethan Watters）写了《制造怪物》（*Making Monsters*）这本书，书中讲述了一位被称为安妮·思彤（Anne Stone）的女人的惨痛经历，强烈地抨击了那些热衷于挖掘性侵史的治疗师。安妮因为新生幼子后在情绪上感到不适而寻求治疗帮助。在某天早上她谈及丈夫，说他的性格就像个小孩之后，治疗师便判定她患有多重人格障碍，并开始在她身上寻找其他人格。安妮之后又被一位专门研究解离性身份障碍的治疗师接手，这位治疗师坚信多重人格与性虐待的必然联系。最开始，安妮一口否定了自己曾被性侵过；但随着治疗的推进，她开始大量地回忆出自己在某几年内在一个信仰撒旦的狂热宗教团体中被性侵的怪异经历。她坚信自己是这个宗教团体中的高级女祭司，犯下了极为不堪的一些罪行。最后，她的回忆居然离谱到说整个宗教团体参与密谋一个与美国电话电报公司、贺曼贺卡公司、中央情报局和FTD花店有关的地下活动。[42] 连美国联邦调查局也派人过来查探究竟。当然不出意料，联邦调查局没有找到切实依据证实所谓的阴谋。最后，安妮终于否认了这些记忆，也否认了多重人格障碍这个诊断，并起诉了治疗她的那个治疗师。[43]

1995年10月，《前线》栏目报道了两例与安妮·思彤极为类似的女性的经历。她们都被诊断为患有多重人格障碍，并在治疗过程中想起了被撒旦宗教团体性侵的经历；而在治疗结束之后，这些诊断和回忆又被她们统统否定掉。我怀疑这样的例子可能不在少数。因而当批评者提出，暗示性疗法会促成多重人格诊断和性侵的错觉性回忆的观点时，我们应当视之为一种值得注意的提醒。如果这种关于"遍地都是多重人格障碍"的奇谈怪论着实冲昏了一些治疗师的头脑，导致他们极不明智地诱导出各种解离性人格，那这不论对于来访者还是治疗师本人，都是彻头彻尾的悲剧。

作为一个记忆研究者，如果我研究的病人最开始经由治疗师治疗，特别是那种使用暗示疗法的催眠治疗等，那么自然，我会对这个研究有很多顾虑。但要说所有解离性身份障碍都是通过这种方式形成的也不太可能。

在我研究的那两个病例中，病人的解离障碍很明显都是在任何治疗之前就存在的，也没有任何催眠疗法诱导她们的其他人格。不仅如此，近期的一些研究确实也向我们提供了外部证据，表明某些多重人格障碍的病人确实遭到过性侵。[44]

当然，即使解离性身份障碍不直接源于不当诊断和治疗，病人生活其中的社会文化氛围也会对其人格特性产生影响。对于像《西碧尔》这样深入人心的小说，潜在的多重人格障碍病人也很可能看过，因而对这种障碍应有的行为表现有了预先的概念。精神病学家哈罗德·麦斯基（Harold Merskey）在这一点上的想法甚至更极端，他认为任何一例多重人格的诊断，都不可能在"没有受到任何外部因素，如医生或媒体的塑造和影响"的情况下完成。[45] 的确，即使在明显具有暗示效果的治疗手法出现以前，社会文化因素就在解离性身份障碍（以及漫游症、心因性遗忘症）的各种遗忘症状中起一定作用。对于一些痛苦的人而言，他们的心灵是如此深远地为文化环境所塑造又与之贴合，因而这样的障碍早就被他们当作习以为常的存在。但除非有人执意认为所有这些遗忘症都是故意伪装的（连麦斯基和其他批评者都不这么看），否则我们还是应该承认，这种病例中的一部分仍有可能为我们理解记忆力的脆弱性质提供重要线索。[46]

压力体验与大脑：理解心因性遗忘症的线索

对于这一章中探讨过的各种记忆异常现象，目前我们还无法通过科学得到令人信服的解答。但起码我们已经能够感受到，不论是漫游症、心因性遗忘症，还是解离性身份障碍，在所有这些症状中，病人的记忆过程必然发生了某种严重的差错。要更好地理解这些记忆障碍，我们就必须想清楚一个问题：为何会有人通过"遗失某段时光"、忘掉某些人生历程的方式，去应对压力和创伤？他们究竟是怎么做到这一点的？

这是探讨创伤和记忆间关系的核心问题，但时至今日我们还无法对此给出确切的回答。不过，近年在神经科学领域的新发现确实极大地启发了我们，提示了一些有趣的线索。其中最有研究前景的一条线索是由肾上腺所分泌的类固醇激素，我们可能听说过它令人生畏的别名：糖皮质激素（glucocorticoid）。

不论是碰上如大脑受伤之类的生理应激，还是如情绪创伤之类的心理应激，我们的大脑都会启动一连串的瀑布式的反应，并以促进糖皮质激素的释放作为高潮动作。这些糖皮质激素是影响身体做出应激反应的核心要素：它们能调集能量给需要的身体部位，提高心血管系统的活动性，在肉身不保的危险状况下抑制那些妨碍逃命的生理程序。但这只是一方面，而在另一方面，我们在面临危险时需要糖皮质激素的程度，不亚于糖皮质激素在一般情况下将我们置于危险情境的程度。神经科学家罗伯特·萨泼尔斯基（Robert Sapolsky）和他的研究团队对此给出了很好的例证：糖皮质激素分泌过量会严重损伤神经细胞。大脑中有一个区域对糖皮质激素的这种破坏作用最为敏感，那就是所有研究记忆的科学家都非常熟悉的脑区——海马。内分泌学家和研究压力与应激的学者都很熟悉海马，因为海马含有密度非常之高的糖皮质激素受体。[47]

萨泼尔斯基和同事们发现，如果连续几个月给大鼠注射糖皮质激素，不仅大鼠的海马会永久地丧失糖皮质激素受体，而且海马神经元本身也会受到严重的损伤；其实，连续注射几个星期之后，海马退化的迹象就已相当明显。其他的实验研究也发现，持续将大鼠暴露在应激环境下（比如电击它们的脚趾以引发恐惧），也会刺激大脑释放糖皮质激素，最后对海马产生类似的破坏效应。

这些研究者还发现，给妊娠的母猴注射糖皮质激素会使其分娩的幼猴缺失大量的海马神经元。萨泼尔斯基曾在非洲野生环境下研究当地的灵长类动物。他发现在灵长类群体中，处于弱势地位的个体终其一生都要面临各种不同形式的应激,比如被骚扰、被袭击、难以躲避捕食者,等等;而处于支配地位的猴子则很少碰到这些情况。与之相应地,这些"压力爆表"(stressed out)的弱势猴子的糖皮质激素水平异常之高。萨波尔斯基解剖研究了几只因长期社会压力致死的弱势猴子,发现它们的海马发生了严重的退化。(而对于不受这种社会压力影响的支配型猴子,研究者没有发现它们的海马有所退化。)另一项实验研究更发现,这种社会性压力一旦起作用,短短几周的时间就可以损伤猴子的海马。[48]

应激压力、糖皮质激素和海马损伤之间的这些联系,是否同样适用于人类呢？在上一章中,我已提到过一些证据,表明一些越战退役老兵长期处于应激状态,这导致他们的糖皮质激素水平上升。另有研究显示,正常的实验参与者服用暂时提高糖皮质激素的药物之后,他们的外显记忆能力会受损。糖皮质激素损害外显记忆的长期效应也已经得到了研究观察和证实。例如,使用糖皮质激素类药物治疗一年或以上的病人在看过一段文字之后,更难回忆相应的内容,而他们在内隐记忆测验(如补充单词的缺失字母)中有类似正常人的启动效应。这说明糖皮质激素破坏的是支持外显记忆的脑区,其中也许就包括海马。近期,两项运用核磁共振扫描成像技术的研究对越战退伍老兵大脑的发现尤其值得关注。这些研究发现,经历过创伤的士兵的海马比那些未经历创伤的士兵要小。对此的可能解释是,那些经受了战争最可怕一面的士兵会分泌更多的糖皮质激素,海马因此遭到破坏。当然,另一种可能的解释是,出于种种原因,那些原本海马就更小的士兵在置身沙场的时候,对创伤和应激体验比其他士兵更敏感。[49]

尽管并非所有的越战退伍老兵都有遗忘症,但他们整体而言更倾向于出现各种记忆异常的状况,而这一点可能反映了他们海马功能的某些变异。我们已在前文探讨过"记忆的闪回"(flashback memory),那种战争经历强迫性地、不可控地入侵,受过创伤的退伍老兵因此痛苦不堪;这些人通常也无法回忆一些特定的经历；在实验环境下，他们也难以像普通人那样回忆看过的单词表。针对第二次世界大战的集中营幸存者和战俘的研究也发现，他们有意识地回想近期经验的能力同样受到了损伤。[50]

这一系列的研究发现向我们展示了一种可能性，即长时间处于应激状态会导致糖皮质激素分泌水平的提高，进而伤及海马，并进而诱发各种记忆方面的异常表现。这一推论同样适用于人在童年时期受到性侵的情况。弗兰克·普特南（Frank Putnam）和同事们发表的研究表明，受过性虐待的女孩和青少年难以调节他们的糖皮质激素水平。近期一项研究利用核磁共振扫描成像技术，查看了一群在年轻时遭受过性侵犯或其他身体虐待的女性的大脑。结果发现，她们的左脑的海马体积明显小于年轻时未遭受过此类虐待的女性。在受过虐待的女性中，海马萎缩越严重的个体，精神性方面的问题就越严重。不过，标准的外显记忆能力测试表明，这群女性并没有这方面的记忆问题，而且她们也都记得自己受过的虐待。但对另一组自称受过虐待的女性的研究表明，尽管她们有相对正常的外显记忆能力，但在面对线索提示词、需要回想与线索相关的童年和青春期个人经历时，她们比未受过此类虐待的正常实验对象更难于回忆（这与我们的病人IC非常类似）。另一项研究的发现也与这个结果一致：自称童年时经受过性虐待的女性抑郁症病人，不论是面对积极的还是消极的线索提示词（如"成功""遗憾""难过"），她们都比一般的女抑郁症病人要更难回忆出特定的个人记忆。[51]

这种可能由过量的糖皮质激素分泌造成的海马萎缩，是否在有过性虐待史的解离性身份障碍病人的病症中起作用呢？有这个可能，只是我们目前还没有发现海马萎缩与病人多个子人格间记忆隔绝相关的直接证据。我们需要从解离性身份障碍病人那里发现证据，可以直接表明记忆障碍、海马体萎缩、身体或性虐待，以及糖皮质激素水平变化之间特殊关系的证据，才能更好地下结论。

那像伐木工和 K. 那样的漫游症和心因性遗忘症，我们又该如何解释呢？他们的遗忘症由特定的创伤或者特定时期的压力诱发，总体上并没有经历足够引发过量糖皮质分泌和海马损伤的长时间的虐待或/和心理应激。但我们需要注意的是，有不少功能性遗忘症病人在失忆之前，头部或脑组织受过损伤，而这些损伤可能会直接损害支持外显记忆的大脑结构，包括海马。神经心理学家也向我们展示了一个有趣的发现，即越来越多的脑损伤病人表现出与心因性遗忘症病人类似的症状，难以长远地回溯自己的个人经历，回忆近期记忆的能力也轻微受损。这类病人的右脑颞叶皮层（也是伐木工幼时大脑受伤的脑区）往往受到了损伤。安东尼奥·达马西奥曾提到一种假说，认为颞叶皮层的不同部位包含着更高层级的记忆，这种记忆是一种"关联代码"（binding code），将储存在不同脑区的各种情景记忆的片段联合为一个整体（参见第 2、3 章）。这种"关联代码"可能就是我和同事们在伐木工案例中猜想的、受到抑制的"访问代码"的对应神经组织。如果事实果真如此，我们就能够看到，早年的脑损伤如何与近期的压力体验相互作用，最终导致严重的广泛性遗忘症状。[52]

此外，即使头部创伤没有直接破坏海马或其他相关组织，大脑的损伤同样会诱发身体分泌糖皮质激素。萨泼尔斯基指出，大脑对脑组织损伤的保护性反应也会损伤海马，因为海马对脑内糖皮质激素的波动极为易感。[53]

这样看来，各种通过漫游症和心因性遗忘症爆发出来的创伤应激反应，是否也部分地体现了受过旧伤的海马，在面对剧烈的新近压力时的混乱反应？新涌入的创伤体验会引起糖皮质激素的过量分泌，进而抑制海马；这种抑制效应在海马受过旧伤的人身上会加剧。但是单纯的海马受损并不会让一个人忘掉自己是谁和所有童年记忆，反而是让人无法记住新近发生的事情。这和我们在伐木工等病人身上观察到的情况很不一样。[54] 因此，我们也许不能将广泛的心因性遗忘症归为海马的功能失常。当然，心因性遗忘症的特性是由社会、情感等各方面因素塑造的，这些因素在器质性遗忘症中往往不起什么作用；这也是为什么两类遗忘症在诸多方面的明显差异不会让我们感到惊讶。尽管如此，由于功能性遗忘症病人在患病前受过脑损伤的现象很普遍，加之糖皮质激素与海马损伤方面的研究，在设想心因性遗忘症成因时加入这些因素也是相当自然的考虑。

类似的思考也可以帮助我们理解另一深受记忆困扰的群体：长期蛰伏在他们体内的童年恐惧，往往在新的应激压力下浮出水面。在一篇引发争议的论文中，神经科学家 W.J. 雅各布（W.J.Jacobs）和林·纳德尔指出，人的许多恐惧记忆在童年非常早期的阶段就形成了，但海马却要在此之后一段时间才能充分成熟。因此，童年恐惧可能以内隐记忆的形式在海马之外的神经环路中存储。随着海马的成熟，这些恐惧记忆可能隐退在潜意识背景之中。但在应激源诱发大量糖皮质激素释放、暂时性地抑制海马活动时，海马以外的神经系统就变得活跃起来，也许像早期童年记忆那样原本潜藏的内隐记忆，就会伺机突然复现。[55]

尽管这些以大脑研究为基础的设想很有进一步探索的前景，但目前心因性遗忘症对于科学家而言，整体仍是一个谜。接下来大家将看到，我们目前所掌握的关于情绪性创伤失忆的科学知识，能够为理解当下最严重、引发最多争议的心理健康危机带来多么重要的启发。

Searching for Memory

第 9 章

记忆之争
在火线上寻求真相

某个周日的深夜,我在电脑上浏览电子邮件时(由于我注册加入了一个关于记忆和心理治疗的网上讨论团体,邮箱中积压了大量有待查阅的信息),细看了一位我不认识、署名黛安娜·霍尔布鲁克斯(Diana Halbrooks)的网友发表的几个帖子。帖子的大致内容是:10年前她开始接受心理治疗,在治疗过程中,她逐渐相信母亲曾试图杀死她;之后,她又想起自己还是个孩子时,她的父亲曾性侵她;随着逐渐潜入自己过去的世界,像她的治疗师所建议的那样倾听内心深处那个"小女孩"的声音,黛安娜开始相信,自己曾生活在一个信奉撒旦的狂热宗教团体中,被这个团体的成员虐待,其中就有她的家人。

这类故事我早就听说过也读到过,黛安娜的讲述之所以引起我特别的兴趣,是因为她不再相信这些回忆是真实的。她倾心地讲述了自己如何与家人重归于好,并彻底转变了原来的生活。我的好奇在于,究竟是什么让她放下了这么鲜活又奇特的记忆呢?我在网上给黛安娜留言之后,她告诉我她尽力尝试过所有办法,但最后也没有找到任何证据,证明她的家人曾参加过任何这类邪教活动。她反而找到了一份死亡证明，有内科医生在上面签字，证明她的妹妹确实死于一种呼吸道疾病。但她的心理治疗师却说，这只能说明那个内科医生也是邪教团体成员。[1] 有一天，黛安娜去治疗时比预定的时间晚到15分钟，她的治疗师并没有在诊室等她，也不愿意接听她反复尝试拨通的电话，这让她突然不再信任6年来的心理治疗。出于这种不信任，她决定回心转意维护自己的家里人，并再也没有去找过那个治疗师。

黛安娜·霍尔布鲁克斯受到父母性侵和仪式性虐待的记忆是一种错觉性回忆，但有些人突然想起久远之前所受的虐待，却被证实真的发生过。罗斯·凯特（Ross Cheit）是一位公共政策领域的大学教授，他寻求心理治疗的帮助是因为对生活感到一种说不上来的不自在。"我感觉自己漂泊无依，好像生命的锚点被扯掉了一样，"他这样反观自己，"我怀疑我的婚姻、我的工作。我对什么都感到怀疑。"[2] 几个月后，他某天从睡梦中醒来，突然强烈地在意识之中感觉到一个夏令营老师——比尔·法默（Bill Farmer），20世纪60年代他还是个青少年时认识的这么一个人。接下来没过几个小时，这种感觉就转变成了一段记忆：他想起法默在夏令营期间性骚扰了他。大概过了一年之后，在私人侦探的帮助下，凯特终于在俄勒冈州的一个小镇找到了这个人。在打过去32次电话都被挂掉之后，凯特最终在第33次打通了法默的电话，并对他们的通话做了录音。法默在电话中承认自己曾经性骚扰过很多男孩子，也多次因为这个问题丢掉工作。他还记得凯特，但一开始没想起来自己性侵过他。在最初经历这一切时，凯特可能并没有体验到可怕的创伤，"我当时并不害怕这个，"他说，"没觉得说：'天哪，他又要过来了。'"而且在那之后，他再也没有想起这个经历，直到过了几十年才突然想起来。

黛安娜·霍尔布鲁克斯和罗斯·凯特两人的故事，体现的只是20世纪90年代那场影响了成千上万家庭的"社会流行病"的一个局部。一个典型的场景是这样的：一个成年人——通常是一位年轻女性，在接受心理治疗的过程中，回忆起多年来一直被忘却的，受到父母或其他亲人、某个权威人物如老师或牧师等人性侵的经历。当她根据回忆的情形与当事人对质时，被指控的一方往往矢口否认。这样的记忆会在家庭当中引发轩然大波，家人分裂成彼此对立的两方，濒临关系破裂的边缘。在很多情况下，问题在私底下并不能得到解决，大家只好选择对簿公堂。被卷入其中的个体往往要承受不可避免的巨痛。[3]

第一例被广泛报道的创伤记忆得到恢复的案例，与一起发生在加利福尼亚州北部的杀人案有关。1990 年，乔治·富兰克林（George Franklin）被指控在 1969 年杀害了 9 岁的小女孩苏珊·内森（Susan Nason）。富兰克林的法庭定罪（后又被上诉推翻）完全基于他女儿艾琳（Eileen）对那起杀人事件的记忆。她正是在想起了这个案件之后亲自举报了富兰克林。根据艾琳的证言，她 8 岁时目睹了父亲强奸并杀死她的好朋友苏珊。她说她一直压抑着这个可怕的记忆，直到 1989 年的某天，她瞧见自己女儿某个姿势的样子时，立刻想起了苏珊的死。在此之后，不少名人也恢复了原本遗忘的性侵记忆，其中包括前美国小姐和喜剧演员罗丝安妮（Roseanne）。到 1992 年，这种由于记忆得到恢复而被回想起来的受虐经历在美国的普通家庭当中如此常见，以至于一群被指控的父母与探讨这一主题的专业人士共同成立了"虚假记忆综合征基金会"（False Memory Syndrome Foundation，FMS 基金会）。这个基金会还专门设立了一个专家咨询委员会，成员包括不少在学界受到高度尊重的心理学家和精神病学家。迄今为止，该基金会的成员和通讯订阅者总计 4000 多人，有大约 17 000 人由于记忆压抑的问题联系过该机构。[4]

媒体的高度曝光强化了这样一种大众认知，即我们可以用错觉来理解那些得到恢复并被报道出来的受虐记忆。为此，治疗受虐病人的治疗师和临床心理学家愤怒地指责了这种排斥真实受害者的倾向。在他们看来，"虚假记忆"（false memory）这个说法是为了政治上的便利，否认某些群体不愿承认的现实，但根本不能准确概括病人记忆的特点。[5]

随着 FMS 基金会的成立和反击的声音出现，心理健康、医疗及法律领域内的专业人员之间爆发了一场激烈的争论。[6] 在《纽约时报》（*New York Times*）1994 年 5 月 31 日发表了一篇丹尼尔·戈尔曼（Daniel Goleman）写的文章之后，我发现自己也被卷进了这场论战。

这篇题为《错误编码被视为虚假记忆的根源》（*Miscoding is Seen as the Root of False Memories*）的文章，强调了不久前我协助举办的一次关于记忆扭曲现象的科学会议。这个会议引述了我的一些研究，聚焦于讨论源记忆丧失在虚假记忆形成过程中的重要作用。源记忆遗忘是遗忘如何获得某个记忆的现象。戈尔曼围绕这一主题组织了一篇极为精彩的发言。会后，这份发言稿在全球各地的媒体得到刊载。[7]

不久之后，大量的电话和来信涌进来。不少给我打电话或写信的人是被子女指控虐待他们的父母。子女在心理治疗的过程中恢复了受到性虐待的记忆，父母很震惊，因为他们觉得这根本就没有发生过！从他们的电话和来信中，我体会到了那些被卷入这场记忆之争的旋涡中的个体，要经受怎样的情感打击和毁灭。然而，我既不了解这些家庭里真实的发生过的事情究竟是怎样，也不具备临床经验或资质给他们提供专业建议。

虽然这场关于被恢复的记忆的争论相当复杂，关涉乱伦、家庭、社会道德准则甚至宗教信仰等问题，但从根本上讲，这还是一场关于记忆准确性、记忆歪曲现象和记忆的可暗示性问题的争论。这也是为什么我和一些同行科学家会感到有义务尽可能探索与之相关的记忆方面的真相。在这个充斥着强烈情绪的领域探索真相并不容易。1994 年 12 月，在波士顿的一个记忆研讨会上，我对一些乱伦受害者发表了讲话。他们强烈反对伊丽莎白·洛夫特斯入场参加会议，因为洛夫特斯近年来一直强烈抨击那些汲汲于挖掘恢复记忆的治疗师。他们觉得那些质疑恢复记忆的人实际上也是在质疑或至少看轻他们的记忆的可靠性。这些人的痛苦是如此让人感同身受。一周之后，我又在 FMS 基金会在巴尔的摩召开的会议上，给一群因为受到子女指控的父母开讲座，和他们交谈。同时，我也倾听了一些最近否认这种记忆的女性的经历。这些人的痛苦同样是那么沉重，令人感同身受。

一个人如何在遗忘创伤事件、失忆多年之后，又恢复了对它的记忆？我在职业生涯中投入了大量精力研究遗忘症，所以很自然地，对这种可能性的探索深感好奇。我研究过一些创伤性遗忘症的案例，比如伐木工的情况，也知道一些创伤会被暂时遗忘然后又得到恢复；我也相信虐待儿童是一个实在普遍的社会问题。所以我没有理由怀疑那些一直记得自己被虐待的人们的记忆，也没有理由怀疑人们那些原先遗忘现在又自发回想起来的受虐经历记忆。

但另一方面，我对那些被推荐用于病人恢复记忆的暗示性治疗手段也深感担忧。一些人在接受某些心理治疗之后，坚信自己回想起来的情景记忆真实可靠，可也有人甚至回忆出了在宇宙飞船上被外星人绑架和虐待的这类事情。[8] 简而言之，我深知记忆力的脆弱性，因而能够理解在这场记忆之争中，任何趋向极端的观点都很可能是错误的。

认同被恢复记忆的真实性与认为这种记忆是虚妄错觉之间，并不存在非此即彼的结论，类似的设想不仅过于简化，而且造成更多不必要的争执。[9] 我们需要做的，是厘清这些复杂交缠的问题的边界，并对其中的每个部分加以审慎细致的思考。比如，问题之一是，性虐待究竟会不会被遗忘。我认为这是完全可能的。那紧接着我们就需要问，在遗忘的发生过程中是否必然存在某种压抑机制的激活。这个问题在很大程度上取决于我们究竟如何理解压抑（repression）。问题之二是，被遗忘的受虐经历能否得到恢复。

对此我的回答也是肯定的。这又会引起另一个独立的问题：人们有没有可能形成虚假的回忆，他们回忆出来的创伤是否有可能并未发生。我也相信存在这种可能。如果恢复真实发生过的受虐的记忆和对形成莫须有的受虐记忆都有可能，那么最关键的问题就在于，有什么可靠的办法区分此二者。为了探索这个问题，我们必须再次探索内隐记忆的隐秘世界。它在这场伤及许多人的记忆之战中起着十分奇特的作用。

受虐经历的遗忘：发生频率及原因

回顾一下第 7 章提到的梅琳达·斯蒂克尼–吉布森：多年来，她被那场险些夺去她性命的大火的记忆纠缠着。她说她尽量不去回想那件事，但有时她能做到，有时却做不到。再回顾一下杰德佳·斯特里柯斯卡：她在可怕的贝尔根–贝尔森集中营中度过了一段童年岁月；她尽量不去谈及那里的恐怖情形，设想在美国过一种平静的生活，但她从未忘记那些可怕的经历；而在 20 世纪 70 年代新纳粹主义分子在她家附近活跃起来时，她再次站出来重申自己的遭遇。

梅琳达和杰德佳都采用了认知策略。也许每个人都很熟悉，当发生了令人痛苦的事情时，我们也会这样，通过尽量不去想它来淡化苦痛。回忆往往会促进回忆，所以不去回顾过去的痛苦经历（或任何经历）确实是有意义的，它能减少这些经历将来闯入我们意识的可能性。我们其实也在前文中引述过类似的研究结果：当实验参与者被建议忘掉看过的某些信息时，他们回忆这些信息的能力确实会减弱。

因而，人有时会努力回避或抑制痛苦记忆的这种说法应当不会引发争议。大部分人也会认同，性侵的经历往往得不到谈论。因此，受害者基本不具备谈论和回顾创伤的机会，这进一步推动他们忘掉这些经历。这可以很好地解释罗斯·凯特的这类情况。他最初的经历和体验并没有带来极大的创伤，但足以让他感到困扰和迷惑，从而尽量避免想到它。在奥夫拉·拜克尔（Ofra Bikel）制作，于 1995 年 4 月在美国公共广播电台《前线》系列节目播放的、有关被恢复记忆争论的纪录片《记忆分歧》（Divided Memories）中，也有类似的事例。简·桑德斯（Jane Sanders）5 岁时在一个旅馆的房间内被她父亲强奸。她父亲把这件事情告诉了她母亲，而她母亲认为只要不和简谈论这个事情，简早晚会忘掉的——事实也确实如此。简得知这个事情，是在她成为一名年轻女性后，她母亲最终告诉她的时候。这种解释与最近一项调查成年女性被强奸经历的结果相契合：相比于经受其他痛苦经历的女性，受到强奸的女性更少回想或谈及她们的遭遇，她们对这些经历的记忆也远不如前者清晰确切。[10]

我们在美利坚大学前校长理查德·贝伦岑（Richard Berendzen）的悲惨经历中，也发现了有意识压抑的作用。1991 年 4 月，贝伦岑被人发现在他的办公室里给人打淫秽电话，从而得到精神病学家的注意和诊治。在治疗过程中，贝伦岑表露了一些他从未向任何人提起过的事情：在他 8 岁和 11 岁时，他那患有心理疾病的母亲对他有过性侵。在承认自己的不当行为之后，贝伦岑接受了电视台《夜话》（Nightline）栏目的邀请，与泰德·戈培尔（Ted Koppel）讨论了他的记忆。他回忆，多年以来，为了将这些痛苦的遭遇排除在意识世界之外，他做了种种努力，比如："一开始，我就当这件事压根就没发生过，这样骗了自己一两年，后来就不起作用了；然后我决定彻底忘记，但靠这种办法也只挺过去几个月；最后我决定拼命工作，你知道的，有时候只要你玩命去工作，你好像就没有工夫想到它了。"贝伦岑的访谈和他动人至深的回忆表明，其实他从未能彻底忘记这段经历。他也向戈培尔承认，这些压抑的方法最后都失败了。正如他在回忆录中所写的那样，"每当再次感到那种痛苦和困惑时，我就对自己说，'已经过去了，现在是现在'"。在很长一段时间内，他用各种方式压抑这段记忆的细节和与之关联的强烈情绪。但在20世纪80年代晚期，当他因为父亲过世回到老家时，那些记忆的点点滴滴非常鲜明地再次浮现出来。之后不久，他就开始拨打淫秽电话。[11]

理查德·贝伦岑压抑性侵记忆的种种努力部分起效了，但他从未能使自己完全忘掉那件事。他的故事与我们在第8章中提到的退伍老兵A的故事有些类似。A虽然从未忘记自己的战争经历，但当时的创伤却在过了30多年后才使他痛苦不堪。但在一些恢复记忆的案例中，病人在开始心理治疗之前的许多年里，似乎完全遗忘了后来恢复的那段记忆，也从未想到自己曾受过虐待。[12]如果黛安娜·霍尔布鲁克斯对那些邪教的虐待仪式的记忆是真实的，那么她多年来必然极度压抑了这些记忆。在接受心理治疗之前，遭受父母的性虐待或参加邪教团体活动，这样的念头从来没有在她的脑子里冒出来过。一个人真能通过避免谈及和回想，就忘掉这可怕的经历吗？

目前并没有证据表明，实验研究中的有意遗忘真的能让人丢失对特定事件的记忆。[13]类似地，杰德佳也说明，尽管她和其他幸存者从不谈论他们的经历，但这并不意味着他们忘记了。更有可能的情况也许是这样：当人们刻意压制这些痛苦回忆时，这些回忆可能不像原来那么具有杀伤力，不会不受控制地闪现在脑海中给承受创伤的心灵带来那么多的伤痛，同时如前所述，这种压制还可能使一些特定的情节不复被记起。但这种情况与彻底遗忘被暴力虐待的经历的情况相差很远。

大家应该还记得，当人们被要求回顾并评估自己童年的整体质量时，他们的评估通常是相当准确的。[14]如果黛安娜·霍尔布鲁克斯真的在有狂热宗教信仰的环境中长大，却完全忘记了这方面的经历，这只能说明，她对于童年经历的总体记忆存在极大的扭曲。如果她在治疗之后恢复的记忆是真实的，那说明她接受治疗之前对童年的印象是全然虚幻的。由于这种程度的记忆扭曲相当不正常，必然需要比"缺乏对自身经历的回顾"这种简单的理由更有力的机制，才能做到这一点。也就在此处，弗洛伊德精神分析理论大厦的基石——压抑的概念登场了。

压抑机制一直被描绘成大脑的保护装置，帮助我们应对那些太过酷烈、不能为有意识心灵所承载的情绪经验。据某些治疗师所言，压抑具有强大的力量，能够将长达数月甚至数年的性侵犯、强暴、酷刑仪式的可怕经验阻挡在意识之外。一些令人极度恐惧的经历能在刚刚发生之后，就被排除在意识之外。[15] 这与弗洛伊德早期的观点一致，被压抑的记忆并未消失；它们被排挤到潜意识的偏僻角落，引发各种的行为问题和症状表现，直到通过治疗或其他适宜环境得到释放为止。这种大规模的压抑显然比日常生活中使用的回避要有用得多。

有点儿讽刺的是，弗洛伊德一开始提出的压抑概念其实更接近于我们前文所说的、日常惯用的有意识回避，而不是治疗师后来引用时所说的这种大规模压抑机制。在弗洛伊德的早期著作中，压抑特指对痛苦思绪和记忆的有意拒斥，使之达不到意识。但随着时间的推移，这个观点发生着微妙的变化，弗洛伊德逐步在更为宽泛的意义上使用压抑一词，用以表示各种不同的防御机制。这些防御机制在人的意识之外起作用，能够自动地将威胁意识的内容排除在意识之外。因此，弗洛伊德在区分无意识防御（unconscious defenses）和有意识压抑（intentional repression）这一点上制造了一些混乱。[16]

证明压抑机制作用的科学证据完全取决于我们如何界定这个术语本身。如果将压抑狭义地理解为对经验的有意识压制，我们就没有理由怀疑它的存在。但如果我们将压抑理解为某种无意识作用，是一种阻抗创伤性经验的防御机制，情况就会变得有些微妙。

一些人更惯于使用防御性的压抑。在一些研究中，我们能看到这些人嘴上说自己一点儿都不焦虑，但从行为上却防御得很厉害。我们一般称他们为"压抑型个体"（repressor）。生活中，他们即使已经情绪高涨到满脸通红，也会觉得没什么不对劲或者极力拒绝别人的帮助。相比于非压抑型个体，压抑型个体更少记得生活中的负面情绪。脑损伤患者的防御性压抑也得到了一些探讨。心理学家拉马钱德兰对那些肢体瘫痪却又意识不到自己瘫痪的病人做过一些有趣的观察。大家也许还记得病人BM，她记不起来的恰恰是那些与她对上肢瘫痪的错误信念相矛盾的经验。[17]

尽管某些形式的防御压抑的确存在，但这也不能说明，在大脑没有受伤的情况下，是否存在那种能将各种创伤压制在意识之外的压抑形式。毕竟，很多与儿童以及成年人创伤记忆相关的事实证据（如前文提到的乔奇拉绑架事件、狙击手枪杀案、堪萨斯城空中餐厅坍塌等事件）表明，人们记住了这些创伤。尽管这其中也有某些局部的遗忘和记忆歪曲，但实际上没有人完全忘记这些可怕的经历。局部遗忘症病人不能回想起来的往往是特定的某个创伤事件，比如杀人或遭到强奸等，这些遗忘症一般还可以归因于醉酒、脑损伤、意识昏迷甚至假装。显而易见的例外只在少数，比如马尔文·贝恩斯的情况：他确实忘记了自己开枪打死了妻子，而这难以通过上述因素得到解释。

考虑到上述这些和其他一些原因，有些治疗师认定，只有反复发生的创伤导致广泛的压抑。莉诺·泰尔认为，单次的创伤经验（Ⅰ型创伤）一般都能被很好地记住，但反复的创伤经验（Ⅱ型创伤）则会得到压抑。多次遭到虐待的儿童越来越惯于通过压抑来弱化创伤的剧烈体验，将它们推到意识之外。如果虐待来自儿童赖以生存或获取支持的其他人，比如父母，那么这种压抑和遗忘显然有助于他们的生存。

泰尔的观点虽然听上去很有道理，但成百上千的研究结果表明，重复的信息输入会导致记忆增强而非遗忘。因此按照泰尔的思路，压抑机制必须足够有效，才能抵消这种记忆的增强趋势并造成遗忘。在一般情况下，在战争中反复经历创伤的人能够很好地回忆这些可怕的遭遇。尤其随着时间的流逝，单独的创伤或别的经验反而容易被抛在脑后。除了比较罕见的漫游症——持续时间很短，人们通常不会彻底忘记重复经历的创伤。

艾丽卡·马奎亚特（Erika Marquardt）的故事很好地说明了这一点。作为第二次世界大战期间成长于德国的画家，她对那些在童年中反复出现的、当时无法理解的经历有着十分清晰的记忆：

> 我早年的生活是在防空洞、降落的炸弹、废墟和残骸中度过的。持续的政治高压令人窒息，总担心自己被人偷听举报。你觉得自己被按在一个恐怖的世界里，完全为外部力量所支配，绝对不能按自己的意志行事。
>
> 我在一群挣扎着求生的女性和儿童的中间长大。那时候还太小，我无法理解那种求生方式，但总能感觉到自己有多么恐惧。报警随时都会响起，你在用尽生命的力气逃跑。在夜间……空中那些精巧构思的建筑，都成了轰炸的对象，在轰炸声和冲天火光中化为乌有。你所能看到的，只有让人害怕的军人和他们军靴划破夜空的行进声。[18]

马奎亚特的绘画《柏林墙上的微缩景观之三》（*Miniature View from the Berlin Wall #3*）（见图9-1）很好地捕捉到了那种恐怖气息。

艾丽卡·马奎亚特和许多其他长时间生活在恐怖之中的幸存者都能记住这些曾在生命中反复出现的创伤。性侵的情况应该与之类似，如遭到詹姆斯·波特（James Porter）神父性侵的人们所记得的那样。波特是马萨诸塞州的一名牧师，他承认了对一位受害者弗兰克·菲茨帕特里克（Frank Fitzpatrick）的侵害。我们没有理由怀疑其他受害者的指控。大部分受害者都记得自己遭受的伤害；但也有20%的人说，在事情过去之后的几十年里，他们从未回想过这一切，直到媒体对此案的高度曝光。值得注意的是，那些多次受到伤害的人比只受过一次伤害的人更难忘记自己的遭遇。[19] 这个结构正好与泰尔对 II 型创伤的预测相反。

图 9-1　艾丽卡·马奎亚特，《柏林墙上的微缩景观之三》，1991。$11 \times 13^{1}/_{2}"$。材质：油画/混合材料，油画布。图片由画家本人提供。

画面左侧是艺术家对早年创伤的刻画：炸弹、爆炸、强光。画面右侧是骷髅和大脑切面像，可能意味着那些创伤记忆只存在于画家的脑中。一段柏林墙（马奎亚特描绘的是 1989 年柏林墙倒塌）夹在回忆的人和她的记忆之间。

当然，如果我们回过头来，从个人记忆的整体性知识和特定记忆的区别来看，泰尔的观点也有一定的道理。我们都知道，多次重复类似的经验之后，要记住某次特定的经验细节就会变得困难，尽管整个这类经验的特点能得到很好的记忆。例如，我坐过很多次飞机，但要我回忆任何一次飞行的特定细节会很困难。但我当然不会忘记自己坐过飞机这件事，也可以详细说明坐飞机通常是一个怎样的经历。所以，一方面我对坐飞机这一作为个人记忆的整体性知识有很好的记忆，而另一方面我对每次坐飞机的具体细节没有保留太深的印象。

当然，坐飞机绝不是什么创伤性事件。但出于与我无法回忆特定飞行细节类似的原因，一个反复经历类似创伤的人可能难以回忆任何一次受虐过程的特殊细节。这些原本独立的受虐经历在记忆中变得模糊，彼此之间难以相互分离。如果泰尔所说的Ⅱ型创伤指的是这种遗忘，那么它确实完全有可能发生。但这和压抑没什么关系，也不会导致整体的失忆，受害者仍能记住这些经历的特点，只是经历之间的细节会彼此融合、变得模糊。这可以解释为什么一些受害者的记忆看上去支离破碎，像拼凑的一样。[20]

我们也应该意识到，在伐木工和一些心因性遗忘症病人的案例中，创伤往往引发了短暂却严重的遗忘症。这些情况说明极具情绪破坏力的创伤与严重的遗忘确实有关。但这种遗忘不同于黛安娜·霍尔布鲁克斯的遗忘。黛安娜的经历如果是真实发生过的，那么她遗忘的是反复经历过的创伤。而在伐木工这个案例中，引起遗忘症的是一个单一的事件；但这一个事情引起的遗忘症却没有局限在少数几件事，而是囊括了他几乎所有的经历。虽然伐木工的失忆只持续了几天时间，但却在这期间完全扰乱了他的生活。压抑只是用于理解这类遗忘症的几种可能解释中的一种。

总之，要理解大规模压抑如何在性侵创伤中起作用，最好的办法是研究相关受害者的记忆特点。目前有少数这类研究表明，有20%～60%的受害者曾有某一段时间不记得自己所受的伤害。但这些研究有一个通病，那就是它们所采纳的研究对象主要是在治疗过程中恢复了受到伤害的记忆，这些记忆无法得到证实。因此批评者认为，有些人的被害记忆很可能是一种错觉。在更近期的一项研究中，创伤研究者黛安娜·艾略特（Diana Elliott）和约翰·布里尔（John Briere）向随机选取的目标群体发放调查问卷，在收回的505份问卷当中，回答者接受过任何形式的心理治疗的情况只占很小的比例；其中每五个人当中大约有一人回答自己曾受到性虐待，而这其中约有20%的人表明自己曾在某一段时间忘记这段经历。尽管这个调查克服了前述的一些问题，但由于回答者的记忆同样无法得到确证，从而依然难以从中得出关于遗忘与遗忘症的可靠推论。[21]

琳达·梅耶·威廉姆斯（Linda Meyer Williams）的一项研究解决了这

个问题。在 20 世纪 70 年代，她走访了 129 名被医院紧急救助的女性，她们受到了从不当身体接触到性交等程度不等的性侵犯。她们当时的年龄在 10 个月至 12 岁之间。17 年后，其中的 49 人（或 38% 的人）忘记了曾被医院收治这件事。批评者列举了大量理由说明这个数据可能被过高估计了。[22] 但即使如此，这个结果还是相当有力地证实，确实有相当一部分女性会忘记自己的遭遇。但这远不足以说明是压抑在起作用。她们之所以会忘记这件事，完全有可能是因为有意识回避这段经历，或者那次救治只是当时多次受救治经历中的某一次，或者当时年龄太小不足以形成有关记忆。确实存在这些可能性，毕竟这些不记得威廉姆斯探访经历的女性中，有 2/3 的人记得她们遭遇过别的性伤害。

威廉姆斯得到的另一个重要发现是，有 16 位女性（12%）不记得自己曾被性虐待。这个发现看上去倾向于支持大规模压抑说。但威廉姆斯研究的这些女性中，有些人在受到伤害时还是婴幼儿，她们忘记这件事很可能是一种正常的婴幼儿期记忆遗忘现象。威廉姆斯并没有在研究中说明这 16 位女性的年龄分布，但她指出那些经历反复虐待的受害者回忆的内容不少于只受过一次虐待的人。所以，这一发现与泰尔所认为的广泛性压抑只作用于重复性 I 型创伤的观点相对立。

十分肯定的是，威廉姆斯的研究表明受害者确实有可能遗忘经历过一次的创伤，甚至即使伤害反复重演，也还是存在这样的受害者，他们完全忘记了自己的遭遇。心理学家乔纳森·斯库勒（Jonathan Schooler）发表的一个案例与第二种情况相符。案例的主角 JR 是一名 30 岁的男性病人，他也完全忘记了自己在少年时多次遭到牧师性虐待的经历。不过在这个案例中，同样没有证据表明，他在受到伤害时曾广泛地压抑这些记忆。我们知道的只是他后来完全忘掉了这些记忆，在环境中的诱因再次提醒他这段经历之前，他可能从未思考或谈论过它们。[23]

最近，对于与这一主题密切相关、有记录证实具有性创伤的女性，威廉姆斯又有了一些新的观察发现。她向那些记得自己因为性虐待而被送去医院治疗的女性提出这样的问题："是否有那么一段时期，你并不记得自己受到过虐待？"[24] 75名女性中，有16人（21%）对此非常肯定，其中一些人还描述了这个遗忘的情况。在大部分情况下，她们的遗忘发生在伤害过去多年之后。比如，金（Kim）在7岁时受到虐待，她说她在12岁时忘掉了这件事，22岁的时候又想了起来；塔尼娅（Tanya）在8岁时受到虐待，她说在16、17岁时，她不再记得这件事，到24岁才重新回想起来；另有两名女性的情况很不一样，她们在伤害发生之后立即就遗忘了，其中一位是这么描述的："那件事情第一次发生之后，我立马就忘掉了。"[25]

由于在大部分案例中，事情发生一段时间后才出现遗忘，所以这种遗忘很可能是因为拒绝回顾或其他一些更为缓和的遗忘机制。但对于事后立即遗忘的两位女性，可能存在着更有力的压抑过程在其中起作用。不过，当人们在回顾自己当时的情况、说自己马上忘掉了这些经历时，我们无法知道当时的心理过程：她真的在事发后立即不记得任何事情了吗？这里所说的"忘记"究竟是自发的无意识压抑，还是有意识地努力回避？实际上，在威廉姆斯的研究中，一些女性在回忆伤害发生的时间时会有偏差。也许，她们同样难以回忆自己何时以及到底是怎样遗忘的准确细节。正如其中一位叫乔伊斯（Joyce）的女性所说："我不记得自己当时多大了，但最开始的那两年我反复想起这件事，后来我就干脆把它忘了。也许我没有完全忘掉吧，只是不再去想罢了。"[26]

我已经在前文提到过，过度应激引发的激素（糖皮质激素）过量分泌会损伤海马。我也引用了一些证据，表明受过性虐待的女性难以调节与应激相关的激素，并在回忆个人记忆方面有某些缺陷；与没有受过性虐待的女性相比，她们左脑的海马体积甚至要小一些。所有这些方面均与威廉姆斯的研究结果相吻合，两者都提示这类受害者可能难以回忆其受虐经历的某些方面。但正如我在上一章中指出的那样，受害女性的海马体积尽管缩小了，但她们往往记得自己所受的伤害，而且在实验环境下也没有表现出记忆缺陷。不过即使海马的体积缩小与受害女性的某些类别的记忆障碍有关系，这些发现也都不能证实和提示存在某种特殊的压抑机制，将反复的、恐怖的伤害即刻或不久之后就排除在意识之外（也不能解释记忆如何得到恢复）。就像斯库勒发表的案例，这些发现能说明确实有些人会忘记重复体验过的性创伤，但并没有充分的证据指向大规模压抑的存在。

受害者所表现的广泛遗忘症可能不是因为压抑，而是源于解离。解离指的是无法将经验的各个方面有机地整合为一个整体，从而有意识地对此进行回想变得相当困难。我之前已提到的证据表明，包括多重人格障碍病人在内，解离障碍病人会大面积地遗失个人的记忆。威廉姆斯也在她的研究中指出，受到伤害之后立即遗忘的女性可能将那些经验片段解离掉了。因而在我看来，一些受害者在反复的伤害体验中进行解离，甚至想象出其他人格来应付这种虐待，这种设想是合理的。但近期的研究证据却表明，性创伤受害者难以做到的其实是忘掉自己的经历，至少在实验情境下，她们记得因而难以面对与创伤有关的信息。此外，如果受害者惯于通过解离的方式以对创伤经历形成重度失忆，那么，这就意味着在她身上存在着解离障碍——问题就很严重了。如果她们广泛地解离，那么在隔离和压抑长年性侵、遗忘又恢复创伤记忆的过程，应该会留下一个长程解离障碍历史的个人病理记录。[27]

在奥夫拉·拜克尔《记忆分歧》这一纪录片中，有一个案例尤其令人印象深刻。叫安的年轻女孩讲述了她如何在治疗期间恢复了父母给她留下的可怕记忆。她记起自己曾在可怕的邪教仪式中被虐待，最后还发现自己拥有多重人格。从安的家庭影集和录像看来，她在治疗之前是一个活泼的年轻人，还是一位初露头角的歌手。但纪录片也揭示了安的家庭曾有严重的问题：她的母亲承认，在安很小的时候，她曾在与丈夫分居的一段时间里，在情感上疏离安。纪录片的讲述人说："这是一个传统的家庭，每年都会举家欢庆圣诞节，家人的生日都从未被遗忘，生日的时候总能得到一份礼物。但安只记得自己的愤怒和对母亲的渴望。"面对安有关性和仪式性虐待的指控，她的父母感到非常震惊和困惑。当谈及安的这些记忆有多暴虐和荒谬时，她的父亲眼眶湿润了。他说，如果她回忆的那些虐待真的发生了的话，安的医疗记录上怎会没有任何她回忆的那些暴行导致的受伤记录，学校记录的良好出勤率又怎么能够实现。

如果说，安在整个童年期间都用解离的方式来应付噩梦般的仪式性虐待（从而解释了她在治疗前对受虐经历的失忆），那么应该存在种种迹象显示她有解离障碍，比如出勤不好、严重的行为问题，等等。"我不关心这些记忆到底是真的还是假的"，安的心理医生道格拉斯·索因（Douglas Sawin）说，"我关心的是听到孩子认为的真相，患者感到的真相。对我而言，实际上到底发生了什么不太重要。"当问及病人的记忆有没有可能是幻觉时，索因没有回避："我们每个人都生活在幻觉之中，只是程度不同。"可以想象，如果其他心理治疗师也持有这样漠然的想法，那么这些被恢复记忆很少得到外部事实确证的情况，也缺少直接证据证明解离在遗忘和回想受虐记忆中所起作用的情况，确实不应该让人感到惊讶。[28]

在艾琳·富兰克林一案中，检察当局显然不想把解离一词用到艾琳身上，因为这很可能意味着她存在严重的解离障碍，而在法庭上这一疾病很难得到说明。[29] 在我看来，解离可能确实在那些广泛遗忘受虐经历的案例中起作用。但如果是这种情况的话，我们应该能追踪到明显的解离问题和病理表现。

就目前总结的证据来看，对于性创伤的记忆问题，我们可以得出三个结论。第一，我们可以毫无保留地说，受害者可能会忘记单次发生的性虐待经历；而且也有一些证据表明，反复发生的性创伤经历同样有可能被遗忘。这种遗忘很可能是各种因素的共同作用结果。这些因素包括正常的记忆衰退和干扰过程、意识层面的压制和避免回想，可能也有性虐待经历引发的生理变化。第二，目前没有或缺乏值得信任的证据，表明在婴幼儿期和童年早期长期遭到虐待和伤害之后，受害者会彻底忘记这些遭遇。如果真有这种情况得到证实，那么我相信它与解离障碍密切相关。第三，我们仍缺乏科学根据，去验证受害者的遗忘症由某种比有意识压制更强有力的压抑机制造成这样的观点。

得到恢复的记忆的准确性

受虐记忆被遗忘之后，并不一定在几年、几十年之后还会被人记起。生活中有无数的琐碎无味的情节，一旦过去，我们不仅现在回想不起来，或许永远也回想不起来。当碰上某些线索能带我们重新体验在经历时分所感所思时，我们能想起一些事情；但也有些事情，随着时间的流逝和我们在经历过后没有谈论或回想它们，它们的记忆印迹会变得非常微弱，以至任何线索都无法再次激活它们。

近年最广为人知的恢复创伤记忆的例子大概就是艾琳·富兰克林的情况了。艾琳的记忆是如此的生动逼真，足以使陪审团相信她的父亲真的犯了罪行；连莉诺·泰尔这样经验丰富的精神病学家也相信她的记忆是真实的。但艾琳的记忆却没有得到外部独立证据的证实。如哈里·麦克莱恩（Harry McLean）检察官在富兰克林一案的官方解说的开头中所言，对于那件惨案，我们有理由怀疑艾琳·富兰克林回忆的真实性。乔治·富兰克林一案的审判最近得到反转的事实，使我们又得到一次机会，去理解艾琳的记忆在法庭上的可信性。[30]

富兰克林一案之所以在社会上引起轰动，是因为这是有史以来第一次根据被恢复的记忆判定一个人的罪行。但认为被遗忘的创伤记忆能够得到恢复的观点有一段更加悠久的历史。经典弗洛伊德主义学说认为，被压抑的创伤记忆，通常在经过大量精神分析的工作和探索之后，能够被回忆起来。50多年来，有大量关于心因性遗忘症的临床文献表明，失忆期间不能回忆出来的许多事情，在后来得到了恢复。

那些努力挖掘被遗忘性创伤经历的治疗师们相信，准确的记忆恢复不但能够而且的确发生了。我们原本有理由指望，已有研究为我们提供了坚实的证据，表明这些被恢复记忆一般都是准确的。但令人失望的是根本不存在这种证据。这可能是因为，虐待往往是秘密发生的，很难找到目击者和其他确凿无疑的证据；犯事的人即使受到对质，往往也会矢口否认。

得到证实的被恢复记忆案例除了罗斯·凯特、弗兰克·菲茨帕特里克和JR之外，临床心理学家迈克尔·纳什（Michael Nash）也报告了可靠的一例。案例中的来访者是一位40岁的男性，他接受心理治疗，部分是因为难以面对一个反复入侵、挥之不去的画面：他10岁时遭到一群很有侵略性的男孩的围攻。病人怀疑这个画面很可能与一次性侵的遭遇有关，进而恢复了与那些男孩有关的性创伤记忆。他记得当时自己的一位堂（表）兄就在现场，所以向他询问情况。他的堂（表）兄清楚地回忆了那段经历，并且非常不安地承认自己从未忘记，他当时（病人儿时）被强迫卷入那些男孩性活动的情形。[31]

琳达·威廉姆斯在最近研究的那12位女性当中，也发现了确切的证据，表明她们确实曾经遗忘而后恢复性创伤记忆。有趣的是，威廉姆斯研究的这些女性，没有一个是通过心理治疗或其他如催眠一类的特殊技术才恢复她们记忆的。她们大多是碰到了各种线索，然后自发地回想起了与之相关的经历。比如，玛丽是因为看到了一个长得与伤害她的人很像的人之后想起了自己的遭遇，开始做噩梦；金是在被问到是否遭到性虐待时，想起了自己的经历；而塔尼娅是在看一部与儿童性虐待有关的电影时，回想到了自己受到的伤害。[32]

但即使被恢复的记忆确实对应着发生过的真实经历，我们也无法断定其准确性如何。精神病学家巴塞尔·范德考克（Bessel van der Kolk）曾认为，对暂时被遗忘经历的回忆可能是极其准确的；因为那些我们需加以反复思虑和谈论的日常经验会在重述的过程中变形，而被压抑的创伤记忆却以其原初的样子固定下来，不受这些干扰。"因此我们可以看到，创伤记忆不像日常记忆那样以歪曲的形式出现，它们不具有时间性，没有受到其他经验的修饰，以某种心境或情感状态、躯体感觉或视觉意象（如梦魇、闪回等）等形式出现。"范德考克及其同事也的确报告了这样一些病例。这些人在经历了严重的创伤之后，又因为一些片段性的画面和伴随强烈情绪体验的身体感觉重新经历那些创伤。同样是这些人，他们在回忆那些具有个人意义（但不是创伤）的经历时，能够用更贴近叙事的方式进行回忆。[33]

我们已了解到杏仁核和应激的相关激素在情绪记忆中所起的特殊作用，因此创伤记忆与日常记忆可能确实在某些重要方面有所不同。但创伤性回忆和非创伤性回忆之间的这些差别并不意味着或能够证实，受到压抑的创伤记忆在恢复之后会更加准确。认为创伤会以原来经历的情形印刻在记忆之中、不发生任何变化，这样的观点过于危险，它将我们引向另一个不值得信任的想法：记忆（或至少是创伤记忆）就像一盒录像带，保留了对应经历的全部细节。[34]我们知道对于日常经验而言，这种观点完全不适用，会导致误解。而且如我在第7章中指出的，这种设想也完全不适用于一直记得创伤经历的人的记忆情况。因此它也不太可能适用于那些一直被压抑着、多年后被恢复的创伤记忆，否则也太反常、太出人意料了。目前确实没有得到确证的科学依据支持这种观点。

有人引用创伤后应激障碍的退役老兵和其他人的闪回记忆，以证实被恢复创伤记忆的准确性。但我们在第7章中就已看到，闪回记忆通常是记忆和幻想的混合物。事实上，闪回记忆受到预期、信念和恐惧的强烈影响。闪回记忆往往更能说明一个人对于过去的信念与恐惧，而不是真正发生过的事情本身。

由于一些接治创伤案例的心理医生认为,受虐记忆常以闪回片段出现,所以闪回记忆尤其被认为与被恢复的性受虐记忆有关。[35] 但精神病学家约瑟夫·利平斯基(Joseph Lipinski)和哈里森·波普(Harrison Pope)近期发表的一份报告却极大地表明,我们必须谨慎对待这种闪回记忆。他们报告了三位病人,他们都具有极度困扰自己的、生动的闪回画面。比如,一位病人"看到自己是个小孩,父亲正在拿刀扎向她,然后她看到自己坐在血泊之中。"[36] 在这三个病例中,病人的心理意象都被解释为被压抑童年期创伤的闪回记忆,病人因此进入相应的心理治疗。但这三位病人在行为上都有一些毛病,她们遏制不住自己的冲动,非要完成各种怪异的仪式行为,比如反复不断地洗澡或洗手。这些行为都是一种叫强迫症的精神疾病的典型表现。而病人在服用缓解强迫症状的药物之后,那些反复闪回入侵的意象也就消失了。这说明那些心理意象并不是真实经历的记忆闪回,而是强迫症的症状表现。这反过来也说明,对这三位病人所做的存在被压抑童年创伤的诊断是错误的。如果不是药物产生了这么明显的效果,说不定这些病人还会继续徒劳地探索自己被压抑的童年创伤。而这样的后果可能会很严重。

关于被恢复的童年期性创伤记忆的准确性,目前的科学证据可以简要概述如下:确有少量得到证实的恢复记忆的个案,但还没有具有科学可信度的信息供我们探索。法庭在近年来已经认识到了这一点。1995 年 5 月,新罕布什尔州所公布的一项裁决就是良好的开端。在两起依据被恢复记忆而起诉的性犯罪案件中,正反两方面的专家都参与了论辩。最后,大法官威廉·格罗夫(William J. Groff)在针对这两起案件的意见书中,开篇就写道,"法庭认为,受害者依据遭到强奸的记忆所做的证言,无法在审判过程中被接受。因为,记忆压抑现象以及恢复记忆的心理治疗过程,目前在心理学领域内还没有受到认可,也不具备科学可靠性。"[37]

性受虐幻觉记忆：存在的证据

我们已经看到有些被恢复的记忆是准确的，但还有一个独立且关键的问题亟待回答：有没有证据表明，没有遭受过性虐待的人，会因为幻觉记忆而坚信他们受到过虐待？1987年夏天，当黛安娜·霍尔布鲁克斯的心理医生建议结束治疗时，她回忆自己"感到慌恐，因为我非常焦虑，而且越来越抑郁。我觉得我慌恐是因为想到再也不能经常看到他了，但他却告诉我不是这么回事，这与我父亲带给我的抛弃感有关。"她变得越来越抑郁，但不管她怎么努力，"都回想不出父亲在任何事情上面对她造成过这么大的痛苦。"在最后一次尝试理解她父亲到底对她做过什么时，她的心理医生建议她，可以写下在催眠的恍惚状态下进入脑子的任何事情，指导她这样暗示自己："每当我在恍惚中闭上眼睛，无意识就能够自由地诉说。"黛安娜能在治疗中熟练地进入催眠的恍惚状态。这一次，当她从催眠中回过神来，睁开眼睛后非常震惊地看到，"我写下的是，我父亲性骚扰过我。"

黛安娜的无意识之门似乎就此打开了，她继续着这样的自由书写，同期还参加了由她治疗师组织的每周一次的支持性团体治疗。团体中的其他女性也在试图恢复自己的创伤记忆。在团体治疗过程中，这些女性产生了很多恐怖的记忆和噩梦。她们谈论这些记忆和梦，甚至用行为将它们表现出来，因而团体的情绪气氛越来越紧张。黛安娜回忆："大家在团体中回忆出来的东西越来越古怪，有邪教的仪式性虐待，还有恐怖的酷刑。"不久之后，这类可怕的内容在黛安娜进入催眠恍惚状态时开始出现。"1988年11月，我又在这种恍惚状态下写了起来，第一次'回忆'出了邪教仪式性虐待，在这之后，那些古怪的内容就自然而然地浮现了出来。"到1989年，黛安娜回忆出自己曾杀了一个婴儿。

在被恢复的记忆中，各种邪教仪式性虐待的内容多到令人吃惊。一项由美国心理学会（American Psychological Association）成员发起的调查显示，12%的治疗师曾接待过有仪式性受虐记忆的来访者。这些记忆几乎总是在治疗过程中出现。治疗这类病人的治疗师指出，几乎没有病人在治疗前就有仪式性受虐记忆。尽管存在着成千上万的有仪式性受虐的"记忆"的病人，尽管政府和联邦执法部门曾在全国范围内做过大量调查，但目前没有任何一例这类记忆得到证实。例如，联邦调查局的调查员肯·兰宁（Ken Lanning）曾调查过300例有关邪教虐待案件，但其中没有一例得到证据证实。最近，美国受虐儿童保护中心（National Center for Child Abuse）访问了几千名专业工作者，结果同样没有足够肯定的证据，表明这类记忆指向的虐待现象存在，也没有发现跨越代际的有组织的秘密邪教团体。[38]

当然，没有发现这类邪教组织虐待行为的证据不一定意味着它们不存在，也不意味着仪式性的虐待行为根本不可能发生。例如，1995年俄克拉何马州发生的爆炸案、邪教组织在东京地铁制造的神经毒气案，以及威斯康星州杀人犯杰弗里·达莫（Jeffrey Dahmer）的血腥屠杀案，等等，总是提醒我们这样一个痛苦的事实：人确实能做出各种坏得透顶的事情。[39] 人类的暴虐潜力无可置疑，但要说人有遗忘反复发生的暴虐行径的能力，倒是十分可疑的。除非有令人信服的证据证实这些虐待仪式，否则我相信，哪怕不是全部，起码大部分病人恢复的这类仪式性虐待记忆，都是些幻觉性的回忆。而且由于这类记忆的恢复往往在心理治疗之后发生，所以进一步支持了这样的观点：暴虐创伤的虚假记忆能在心理治疗过程中被创造出来。

那些仪式性受虐记忆如此离谱，黛安娜·霍尔布鲁克斯日渐怀疑它们以及其他恢复的记忆的真实性。但她的怀疑却受到支持性团体成员以及她的心理医生的反对。"我总是不断地质疑这些记忆，对它们提出疑问，"黛安娜说，"但当我向我的治疗师提出疑问时，他却叫我千万不要怀疑'内心的那个小女孩'，说我这是在否认。我不知道应该相信什么，但是我信任他。"渐渐地，这个治疗团体中的大部分成员，包括黛安娜在内，都恢复了各种仪式性受虐的记忆，并且都被诊断为多重人格障碍。

黛安娜最终从这个有害的治疗当中脱险，再次将生活的各个部分重组起来。现在，她再也不相信自己"恢复"的那些记忆有任何的现实依据。在记忆恢复领域，黛安娜这样的人被称为悔忆者（retractor）。悔忆者在绝大部分生活时期内都没有受虐性回忆，然后在某个特定的阶段恢复了这些记忆，最后又断定那些被恢复的记忆不是真的。如今，已有越来越多的人不信任他们所恢复的记忆。但这并不必然意味着他们恢复的记忆都是幻觉性的。可以让一个人放弃某个记忆的因素有很多，比如迫于家庭或朋友的压力，或仅仅因为与这一记忆相关的痛苦实在太过强烈难以让人忍受。但若某人恢复的记忆就像黛安娜的记忆那样基本不具备发生的可能性，那么最合理的解释就是，这个记忆没有现实根据。

黛安娜和其他许多悔忆者在很多方面有相似的特点。最近一项针对20位反悔性虐待记忆的女性的调查表明，她们之间有一些惊人的相似之处。[40] 19位女性是在心理治疗的过程中恢复了她们的记忆；而且她们都表明，治疗师对于记忆的形成有所影响。这20位女性中，只有1位没有进入心理治疗，她是在阅读了《治愈的勇气》（The Courage to Heal）一书后恢复了记忆；这本书可以说是记忆恢复运动的"圣经"，它劝告人们相信，即使完全不记得，你也有可能受到了虐待；这样的指示性观点引来了广泛的批评。几乎所有这些悔忆者（90%）在心理治疗中都接受了进入某种恍惚状态的诱导，以便回想那些被遗忘的经历；其中催眠是最常使用的，有85%的女性都接受了催眠。她们也经常使用恍惚状态下的自由书写、退行和暗示。大多数女性（70%）说，团体治疗也影响到了她们的记忆恢复。其中一位悔忆者回忆："我们那个治疗团体的成员恢复的记忆从饮食障碍、童年期性虐待、乱伦，到邪教的仪式性受虐等，无所不至。我们的团体一共10个人，有8人恢复了这种邪教仪式性受虐的记忆，我们认为没有回想出这类记忆的那两个人是在自我否认。"另一位女性回忆:"即使你没有这种记忆,你会觉得有必要想出一个来,不然其他人都有就你没有怎么行,这说不过去。"[41]

尽管要获得实验证据,表明性创伤的幻觉性记忆是被外界植入的很难,但是,催眠研究者尼古拉斯·斯班诺斯(Nicolas Spanos)却通过一个精巧的实验设计克服了这个挑战。斯班诺斯和同事利用年龄退行催眠的一个变式,进行了一项实验研究。在实验中,他们暗示被试"退行"到"前世"中去,结果有将近一半的实验参与者确实相信他们退行到了某个"前世"。接着,当斯班诺斯暗示其中一些人,说他们在"前世"的童年时代受到了虐待,这些人比没有受到这一暗示的人形成了更多在"前世"发生的受虐"记忆"。[42] 这个实验是被安置在某个"前世"的背景中展开的,所以并没有解答能否在成年人的记忆中植入的性受虐虚假记忆的问题。但上述实验的结果与这种可能性显然是一致的。[43]

催眠在黛安娜的记忆恢复情况中也起到了关键的作用。在心理医生建议她在催眠后的恍惚状态下自由书写之前,她没有任何遭到父亲性虐待的记忆。据我所知,没有任何科学证据证明在催眠后的恍惚状态下自由记录内心想到的东西能够提高回忆被遗忘经历的准确性。早在一个多世纪以前,恍惚状态下的自由书写就流行起来,这在当时主要是一种在降神会中用于沟通心灵的工具。一些事迹表明恍惚状态下的书写偶尔也会将内隐记忆(一些已被本人遗忘的、往往感到陌生的记忆)带入意识。但尽管如此,我们还是无法断定在恍惚的书写状态下进入脑海的东西,到底是对某一经历的真实记忆,还是反映了当下的恐惧和担忧。这和我们无法断定催眠状态下恢复的记忆究竟是真是假类似。就黛安娜的情况而言,她在每周定期参加那个支持性治疗团体,在其中多次听说有关邪恶仪式性虐待的内容,所以当她处于恍惚时,意识中出现那些仪式性虐待也是相当自然的事。[44]

使用催眠是悔忆者群体共有的行为特征，而在支持性治疗团体中分享记忆也被治疗师看作探寻受压抑性虐待记忆的重要方式。[45] 如果创伤是真实的，那么和其他创伤受害者谈论自己的记忆确实能得到安慰；但黛安娜和其他悔忆者的经历却表明，群体在形成并保持莫须有的记忆方面也具有强大的影响力。近几十年来，尽管社会心理学家没有特别地留意此类社会影响对记忆的作用，但他们确实验证和讨论与此类似的各种社会影响。[46]

此外，指导性想象和具象技术也常被各种实践者推荐，用于回想被压抑记忆。当人们寻求某一创伤经历更多的记忆时，指导性想象会使之想象与之相关的情节，并在脑海中创造各种可能的情景和画面。类似地，如果真的发生过性创伤，那么指导性想象也许是一种有效的治疗方法。心理学家艾德纳·弗娃（Edna Foa）和同事的研究表明，在病人运用这种技术、想象自己重新经历了强奸之后，她们的创伤后应激障碍会明显得到缓解。但要是指导性想象鼓励病人回忆出认定其存在的某种受压抑记忆，而对应的经历既可能发生过，也可能根本没有发生过，那么情况就完全不同了。在前文中我已经说过，自由地设想那么一件事情，然后当它真的发生过那样去思考和谈论它，通过这种办法，我们会体验到与回忆真实发生的经历相似的那种主观回忆感。类似地，在多次想象和谈论之后，病人可能再也无法分辨，那个回忆让人"感觉"是真的，到底是因为它真实发生过，还是因为这种反复的谈论和想象。斯蒂芬·科斯林（Stephen Kosslyn）和他的团队在近年来开展的 PET 扫描研究发现，视觉性想象与视知觉所激活的，是枕叶中类似的脑区。这可能也许能够帮助我们理解这样的现象：人们经常想象的事情，会在感觉上越来越像真实发生过一样，是因为同样的神经机制既创造了想象的事件，也传送着我们对客观事件的知觉和体验。[47]

我们还没有发现可靠的证据可以证实，运用像指导性想象和催眠之类的技术，在回忆久远的、被压抑或被遗忘的记忆时，能够促进准确的提取。同样，我们也没有坚实的证据表明，这些技术诱发了治疗过程中生成的虚假记忆。真实的创伤在被遗忘之后，通过这些技术确实有可能帮助一些病人恢复记忆。然而，如果治疗师不能够证明，特定的记忆提取技术能在增强准确回忆的同时不会促进幻觉性回忆，那么继续运用这些未经证实和具有潜在风险的提取技术实在不太合理。但实际情况是，近期一项针对美国145位博士水平的治疗师的调查表明，其中将近1/3的人有时会运用催眠来帮助病人回忆其童年期的性虐待体验，也有类似比例的人表明自己使用想象性技术。[48]

性创伤的虚假记忆是否有可能通过治疗而被植入到病人的记忆之中？对此我可以总结以下三点。第一，严格控制实验条件的研究并没有得到肯定的证据，说明人们可以形成关于性受虐的虚假记忆；而且出于伦理方面的考虑，这种证据或许永远也无法得到。第二，同样也没有确切的证据说明心理治疗本身或特定的暗示性技术作为单一的因素，能够产生虚假记忆。第三，综合考虑多方面证据之后，我们能得出这样一个结论：一些治疗师帮助病人形成了性受虐的幻觉性回忆。这些证据包括：记忆易受暗示影响的实验结果；催眠诱导在主观上感到确信、实则虚假的记忆；调查未能证实邪教仪式性虐待的存在；恢复的记忆是各种基本不可能发生的事（如前世、被外星人绑架）；越来越多接受心理治疗的病人否认他们恢复的记忆；情绪性记忆的构建本质；支持记忆恢复的治疗师所倡导的存在风险的记忆提取技术。但是，我们还缺乏坚实的数据探明治疗诱发虚假记忆的程度。我们不知道性受虐幻觉记忆是否如一些治疗师所说的那样极为罕见，还是如一些质疑记忆恢复的批评者所认为的那样随处可见。但这种情况肯定不是少数几个自以为是的治疗师随便数数就能囊括的。[49]

从更广阔的历史角度来看，其实人在心理治疗过程中回忆出虚假的内容自己却信以为真的事情并不值得那么大惊小怪。哲学家伊恩·哈金（Ian Hacking）指出，早在一个多世纪以前，皮埃尔·让内就经常通过植入一段新记忆取代原来记忆的方式，治疗无法面对可怕创伤、痛苦不堪的病人。

比如，一位病人记得自己曾躺在一个患脓疱病的女孩身旁，女孩长满脓疱和硬皮的那张脸让病人非常难受。让内通过催眠，用一张赏心悦目的脸的形象覆盖了那张令人难受的脸。伊丽莎白·洛夫特斯也在一篇1982年发表的论文中，引用过类似的例子，两位精神病学家通过植入幻觉记忆让病人自我感觉变好。有些讽刺的是，洛夫特斯估计也没有料想到10年之后这场关于记忆恢复问题的争论，以及她在其中的反对立场。那两位精神病学家通过催眠，成功给一直都很肥胖的病人植入了他们小时候曾经很瘦的记忆。在这些治疗师看来，"植入一个与现实经验相关但并没有真正发生过的事情其实相当简单"。他们回忆，"这些编造的记忆和你在想象一段'真实生活'时创造的视知觉类似，它们都能够改变你的生活。这些在治疗当中相当常见。"[50]

区分真实回忆与幻觉回忆：内隐记忆的作用

如果既存在真实的性创伤记忆恢复，又有与之相似的幻觉回忆，那么一个紧随其后的重要问题是，有没有科学的标准能区分二者？很遗憾的是目前还没有。虽然实验研究已为我们提供一些富有启发的线索，说明真实记忆与想象记忆之间的差别；但还没有任何研究结果能使临床学家或科学家十分肯定地判定病人在治疗中所恢复的创伤记忆是否真实。尽管如此，一些治疗师还是提出了一些区分真实的记忆恢复和幻觉性记忆的方法。[51] 其中一个有趣的方法与对已遗忘创伤的内隐记忆有关。

弗洛伊德和布洛伊尔在他们对于癔症的经典研究中描述了这样一群病人：他们不能有意识地忆起童年时代遭遇的性虐待，而是通过令人无能为力的恐惧、抓狂的焦虑、反复入侵的思维、让人心神不宁的意象等内隐记忆的方式体验这些遭遇。但事实上这些病例很难得到验证，因为通常没有独立的外部证据可以核实它们。正如我在第4章中所提到的，弗洛伊德在后来也不像在他早期那样，相信这种创伤体验是真实的经历。他转而认为，这些创伤体验的回忆通常是在幻想基础上形成的虚假记忆。[52]

布洛伊尔和弗洛伊德的早期观点与当下的争论密切相关。因为一些人认为，真实的记忆在得到恢复之前，病人往往会先出现一些症状或行为表现，这些表现都反映了他们对于创伤的无意识或内隐记忆。莉诺·泰尔对经历过创伤的儿童的研究表明，这种内隐记忆的效应的确存在。她研究了 20 个孩子，他们都在 5 岁之前受过各种创伤。这些创伤经历都得到了目击证人、警局档案记录或其他途径的证实。泰尔发现，其中有 19 个孩子（有几个不能用言语记忆和表述自己的创伤）通过他们的游戏、恐惧的事物和非语言行为表现了对于创伤的记忆。另外，她注意到只有一个孩子的行为反应没有体现出创伤对她的影响，而这个孩子的创伤记忆正是所有研究对象中唯一一例属于虚假记忆的情况——这个小女孩是在家里听说，而非实际经历了一次创伤。如果泰尔的观察结果能适用于其他情境，那么内隐记忆是否出现也许能够帮助我们区分真实的性虐待记忆恢复和幻觉记忆。[53]

但是，将这个观点应用到在心理治疗过程中恢复久远记忆的具体个案时，还存在一些问题。个体即使无法有意识地回忆受虐经历，但在一些方面的表现可以体现这一经历对他的影响，而一些治疗师将大量的症状和行为都纳入了这种影响的范畴。在近年出版的各种大众读物里，就充斥着由这类症状组成的耸人听闻的"核查表"，帮助那些可能受到乱伦性创伤的读者核实自己的情况，其中包括这样一些条目：低自尊、性功能障碍、饮食障碍、抑郁、对遗弃的恐惧，等等。

我和一些批评者意见一致，也认为这些症状过于宽泛，它们能适用于很多群体。[54]证明特定内隐记忆存在的关键，是能够将某种行为或症状表现与特定的经验关联起来。我们很难借助这类核查表对于症状的笼统概括，在特定的个案中找到因果联系，虽然不排除存在少数例外。比如，尽管总有人认为暴食症标志着被遗忘的受虐史，但精神病学家哈里森·波普和同事们的研究发现，没有证据表明童年期的性受虐经历是暴食症的风险因素。[55] 我们仍然不清楚，一些特定的行为和症状究竟是不是创伤性受虐残留记忆的无意识体现。

当然，在某些情况下确实中存在着特定的症状。比如，一些病人正是由于对某个场景、气味或物体有难以理解的恐惧或其他反应而寻求心理帮助的。"假如你被特定的某些物体或情境吸引，或是竭力要回避它们，或为此感到很难受，而你的生活经验帮助你理解自己的状况，那么这些反应可能提示你有某些被压抑的记忆。"心理医生雷尼·弗雷德里克森（Renee Frederickson）写道，"在遭到性虐待的过程中，你的意识会集中在周围的事物和环境上。因此，这段经历可能会被你埋藏起来，但对于这些能让你联想到这段经历的事物和环境，你可能保留了对它们的反应。"[56]

这个观点相当合理。我们在第 8 章从心因性遗忘症病人身上观察到了一些对创伤的内隐记忆，我也指出对于这些无法有意识回忆的经验，杏仁核在其引发的持续的情绪效应中起着中介的作用。但是，我们不能据此将各种难以理解的恐惧、吸引或厌恶解释为性受虐经历的内隐记忆。因为即便对于一个非常特定的症状，也有很多种可能的起因。在弗雷德里克森提到的一个记忆压抑的病例中，病人厌恶餐叉，但不知道这种厌恶从何而来，直到后来恢复了一个记忆，她的一个阿姨曾用一只餐叉虐待过她。弗雷德里克森因此认定这个创伤是病人厌恶餐叉的根源。也许病人对餐叉的厌恶根本不是对创伤的内隐记忆呢？当然有可能。假设病人对餐叉的厌恶根本与性受虐经历无关，但病人或治疗师仍有可能认为，这是探索她受虐可能性的因素之一；或假设治疗师认为这种厌恶是受过虐待的表现，因而特别留意它的意义；那么这种厌恶可能会成为一个焦点，从中构建出幻觉记忆。一旦治疗师和病人都倾向于认为症状反映了被遗忘的受虐经历，病人围绕症状生成各种与之相关的心理意象、想法和感受，也就不足为奇了。

我们并不能断定，这类过程在弗雷德里克森的这个病人或其他病例中起作用。但在精神病学家苏珊·麦克埃尔罗伊（Susan McElroy）和保罗·凯克（Paul Keck）发表的一个案例中，这种情况确实存在。B 女士由于抑郁和反复想要伤害她小孩的问题寻求心理治疗。而且 B 告诉治疗师，她小时候脑子里经常突然地出现自己被强奸的画面，想知道现在的这些症状是不是她所遗忘的某些受虐经历导致的。"治疗师回答得非常肯定，说这些症状'清晰'地表明了她在童年时期被性虐待过，并建议她将出现在脑子里的画面画下来。"经过 6 个月的尝试，B 女士回忆出了非常细节的一次性虐待经历，她的姐姐与姐夫都参与其中。但 B 女士的情况并没有好转，她的姐姐愤怒地否认了这种虐待，她自己也无法找到任何证据核实自己的回忆。B 女士最后相信，虐待并没有发生，她换了新的治疗师。最后，B 女士的症状终于得到了解释，原来是强迫症导致了那些反复进入意识的想法和画面。类似于我在前面提到的几个例子，B 在服用了对症药物之后，这些情况就消失了。[57]

我们可以说，在一些记忆恢复情况下表现的不同寻常的恐惧、吸引和其他相关症状，可能确实能够被证实是关于受虐经历的内隐记忆。但在另一些情况下，病人由于受暗示的探索的作用，这类症状可能提供了虚假回忆形成的基础，而不是反映了某种在治疗之前就存在着的创伤经历的内隐影响。

推断内隐记忆是否存在的过程并不简单，它需要谨慎的比较和系统的推理。任何一个行为和症状背后都有多种可能的原因，我们难以确定是不是某一特定的经验造成了特定的行为或症状。在实验环境下，研究者可以控制内隐记忆行程的起源事件。但在治疗条件下，由于病人不能有意识地想起自己受虐的经历，也无法确知这样的经历是否真的存在，所以我们无法进行严格控制的比较研究。倘若一个治疗师毫无约束地将恐惧、吸引和其他症状解读为病人对于虐待的内隐记忆，那么他很可能在引入一场灾难。

超越争论

在我写下这些文字的时候,关于记忆恢复的争论仍在继续。但迄今为止,我们还没有获得好的科学数据,可以回答我在本章讨论的这场争论的关键问题。在心理学或精神病学史上,很少有争论像这场一样,平息争议的数据如此之少。我相信,为了寻求真相,我们需要离开原来非黑即白的两极对话的氛围,转而容纳更多不同的灰色空间。

首先,"虚假记忆"这一概念本身过于粗糙,难以体现记忆与现实之间十分复杂的关系。如果一个病人回忆自己在一个秘密的邪教团体中长大,而这个组织实际上并不存在,那我们会认定他的记忆违背事实。即使这个仪式性受虐记忆可能是其他痛苦经历的隐喻,但相比于大多数的其他记忆,它确实不具备历史真实性。但倘若是一位女性,她曾在情感上受到父母的伤害,或曾接触与性相关的不当言行、被不当爱抚,最后产生了实际没发生过的乱伦记忆,我们又该如何看待这种情况呢?这里的乱伦记忆是一种错觉,也应当被看成错觉,但它体现了过去经历中不可否认的重要事实。我们在充分倾听病人叙事性真相的同时,也应尊重历史事实。我们应该意识到,记忆的存在状态并非非此即彼,要么真实要么虚假,真正重要的是探索记忆如何以及在哪些方面映照现实。[58]

与某些人的说法相反,在关于记忆恢复的争论中,其实是存在一片中间地带的;问题在于如何发现它。我相信,对于这场不断伤及病人、病人家人和专业人员的分歧众多的激烈争论,最有希望的解决办法就是找到这片中间地带。这场争论中,任何趋于两个极端的政治性表态和过度泛化的定论都应该终止。那些有风险的治疗措施应当被放弃。我们必须研发新技术手段,用以区分真实的记忆恢复和暗示导致的幻觉记忆。如果我们能够实现这些目标,那么未被虐待的个体产生这种令人心理崩溃的虚假记忆的情况将会尽可能减到最少(当然,最好是彻底终止这种情况），也会减少那些令人生和家庭破碎的子虚乌有的指控，同时以最大程度提高性虐待受害者记忆陈述的可信度。可悲的是，法庭对于虚假记忆的顾虑可能助长了对真实受虐者真实记忆的怀疑，这一事实应当得到治疗师、研究者和社会的重视。

当黛安娜·霍尔布鲁克斯意识到自己的受虐记忆是一种幻觉，并不断回顾它们时，她反复想到的一点是家庭的重要性。她意识到，自己早期的家庭生活中必然存在某些问题。她生活的家庭并不是第二次世界大战后那代人所向往的，20世纪50年代的田园之家。在充满欢笑的旧照片和家庭录像的表象之下，确实存在着一些真实的问题，而黛安娜需要直面它们（见图9-2）。

图9-2　罗利·诺瓦克（Lorie Novak），《碎片》（*Fragments*），1987。$16\frac{1}{2} \times 22''$。彩色照片。由艺术家本人提供。

诺瓦克关注与家庭生活相关的回忆的性质，他强调童年生活的理想版本与这表面之下涌动着的不安情绪。《碎片》这幅作品中，是一个20世纪50年代典型美国家庭的宝丽来快照，艺术家本人也在其中，当时还是个小女孩。照片创造了一种对于过去美满生活的怀念之情。但照片前面被撕成碎片的图片，向已经长大的诺瓦克所展示的，是这张纯粹的家庭影像背后，更为复杂和痛苦的现实。

黛安娜慢慢相信，她能够做到在接纳痛苦现实的同时，不去诋毁或远离父母。"我们一直在重新构建、试图修补那些过去的时光，"她反思道，"从而使得每一点一滴都具有意义。"然而，并不是所有历经记忆之争的受害者都能重新回归家庭的怀抱。这一现实令人深感悲哀和讽刺。家庭是储存各种社会关系和活动的个人记忆的宝库；我们总是在假期和家庭聚会中，一次次回顾那些最美好的片段、故事，以及最激动人心的时刻。但对于一些病人而言，那些恢复的久远的创伤记忆（不论是真实的回忆还是错觉）隔绝了他们与这一个人历史最丰富的源头的关系。我们人生故事的开篇是在家庭里写就的，当我们在走向人生尽头的岁月中尝试解读这些篇章时，常常需要重新回到家庭。

Searching for Memory

第 10 章

老年人的记忆

在霍华德·欧文（Howard Owen）的小说《小约翰》（*Littlejohn*）中，82 岁的主角小约翰·麦凯恩（Littlejohn McCain）陷入了一场记忆的困境。随着生命一天天走向终点，这位北卡罗来纳州老农民的记忆也一天不如一天：他越来越记不住刚刚发生过的事，生活也因此多了各种麻烦。在多次忘记关电炉之后，他非常惶恐不安地在厨房门上贴着"切记关电炉"的醒目大字。有时候，小约翰会突然不清楚自己在哪里、正在做什么，比如有一次在杂货店，"我刚买了两罐鸡汤味的坎贝尔奶油，就在我找自发粉的时候，脑子里突然一片空白。我不知道自己站在那地方是怎么回事。以前也有过一两次这样的情况，但没这么糟，至少不是在人这么多的公众场所。我四处环顾，最后看到了走道尽头的肉铺，感觉认识那个地方，就朝着那边走了过去。"孙子也取笑他忘事，他激动起来，"你要是活到我这把岁数还能记住自己的名字就该知足了！"[1]

虽然这种记忆的脆弱性给小约翰带来各种麻烦，但记忆的力量也给他带来了力量，甚至使他深深地沉溺其中。在大把的时间里，他翻来覆去地回忆着这一生中重要的经历，即使自己已经这么老了，很多记忆还是像年轻时候那样历历在目。他想起很多家里发生过的事情：他父亲讲过的故事，他母亲给他的建议，他从叔伯舅父、姑母姨母、堂表兄弟姐妹们那里知道的所有事情。而他想得最多的，尤其尝试去理解的，是给他整个人生蒙上阴影的一个家庭悲剧：他在一次打猎中失手杀了他弟弟。年轻时，这件事实在过于痛苦，他根本无法面对。和其他在生活中承受此等苦难的人类似，多年以来，小约翰也极尽一切努力地想要忘掉这段痛苦的记忆：他没日没夜地在农场干活，根本停不下来。"只要我在干活，把水槽清理得干干净净，干净到你可以直接在里面吃饭；使劲除草，把烟草地和玉米地里的杂草清理得干干净净，比任何时候都要好；可能总会有那么一天，大家都会忘掉这件事，忘掉我杀死了自己的亲兄弟，说不定连我自己也会忘记。"[2]

但他从来没能忘记。只是年龄大了，时间的距离赋予他勇气，让他回想当年究竟发生了什么。小说描绘了在这一挥之不去的记忆之下，小约翰的种种挣扎；最后，小说将这一挣扎放置在小约翰所创造的充满尊严的生活视角下，作为结尾。通过回想一件象征美好的事情，小约翰提醒自己，当年的悲剧背后，还有更广阔的生活情境：刚搬进新家时，他妻子种下了一大棵紫薇树；后来，他们家的房子因为一场大火烧没了，在卖掉这块地时，他也坚持留下最大的那棵紫薇树，因为它帮他缓解了记忆的重负："每到夏天，紫薇花就满树开起来。即使是一切都在消亡的时候，它也如期而至。它提醒着我，尽管经受了那一切，我的生活还是有那么多美好。"[3] 我们在这里感受到了记忆的脆弱力量，一种随年龄的增长而凸显出来的脆弱的力量：一方面，小约翰越来越因为记不住事情而陷入困境；另一方面，他也得到了强大的记忆之力的庇护。

来自亚拉巴马州的画家帕特·波特（Pat Potter）曾花大量时间倾听老年人回忆往事，她发现的一些特征，在小约翰的记忆中也是如此鲜明。20

世纪 80 年代中期,在一场在博物馆进行的装置展出中,波特结合绘画、雕塑和文本材料,很有决心地对记忆进行了探索。[4] 作为这个记忆探索项目的一部分,波特采访了许多老年人,询问他们对于早年生活以及人生重要经历的记忆。她试图传达出老年人回忆的那种质感,通过各种艺术转化方式,波特对包含家人、表现这些重要经历的老照片进行艺术处理,最终呈现在《记忆之上的层叠覆盖 II》(*Overlays of Memory II*)(见图 10-1)。

图 10-1 帕特·波特,《记忆之上的层叠覆盖 II》,1985。10×7"。混合材料,摄影变形图像。图片由艺术家本人提供。

作品中是一位八旬老人艾迪·巴特勒(Addie Butler)对弟弟约翰小时候的记忆。约翰的画面是模糊的,像蒙上了一层纱,恰如艾迪对他的回忆那样。然而灯笼裤和衬衫又让人体会到孩童的纯稚,感受到艾迪这份记忆中蕴含的浓浓情意。她充满感触地回忆:"约翰比我小 8 岁,我们总把他打扮得像玩具娃娃那样。"[5] 这幅画象征着艾迪遥远的童年回响在当下的一种状态。艾迪对于约翰的音容笑貌的回忆虽然变得模糊,但它们仍然包含着强烈的情绪感受。

有时候，我们会不无轻视地论断，老年人就是生活在过去，言下之意是在说，老年人当下的生活过于贫瘠，他们除了从那理想化的记忆之中寻求慰藉，也别无他法。成年男男女女经常将他们的忘事归结为记忆的储存库在时时刻刻丧失脑细胞。很多人担心，随着年龄的增长，他们的记忆力将会不可避免地减退，并在他们变老的时候消失。所有这些关于记忆老化的谜题，我将在本章中尝试一一揭示它们的谜底。心理学和神经科学的研究表明，老化不会划出一道记忆功能衰退的泾渭分明的三八线；在我们衰老的过程中，记忆系统并不必然地会丧失大量脑细胞；而且老年人沉湎往事也并不必然意味着这是某种疾病或其他病理表现。记忆确实会随着年龄的增长受到影响，但这种记忆变化的性质，以及发生变化的原因，与我们很多人设想和担忧的很不一样。

老化的记忆：它有多脆弱

人们担心记忆会随着老龄化而衰退，这并非没有道理：几十年来的研究结果几乎确信地表明，人的老化会带来记忆的减损。在研究老年记忆情况的实验中，参与实验的"老年人"通常是70岁左右的健康人，而参与实验的"年轻人"往往是大学生。在检验对近期经验的外显记忆的大量实验中，老年人能够记住的单词、图片或故事都少于年轻人。我们也都清楚阿尔茨海默病（俗称老年性痴呆）的危害。当老年人忘记一个人的名字或是忘记车钥匙放在什么地方，他们很自然地会担心，觉得这是遗忘症和痴呆的早期迹象。要是像弗雷德里克那样，连一分钟之前击过一杆高尔夫球都想不起来，那就太可怕了。

但是许多人没有意识到关于记忆和老化的最重要的事实：老年人的记忆能力在不同情况下的表现很不一样，在有些情况下他们的表现非常正常，而在有些情况下则严重减损。比如，在记忆一个常见单词的词表之后，在没有任何线索或提示的情况下，老年人很难自己回忆出这些单词（free recall，自由回想）。但如果向他们展示单词，问哪些单词在刚才记忆的单词表中出现过（recognition，再认），他们和大学生的记忆表现几乎没什么区别，能够准确地回忆出同样数量的单词。老年人在实验中看完两组句子之后，相比于年轻人，他们更难回忆出某个特定的句子是出现在第一组还是第二组。但如果在记忆阶段将句子分别呈现在屏幕的左侧和右侧，那么他们能和年轻人一样，准确地回忆出某个句子是出现在屏幕的左侧还是右侧。当需要在将来某个特定的时刻完成一些任务，比如归还梳子、安排一次会面，他们比年轻人更容易忘记要做的事。但在执行另外一些任务，比如某个单词出现在电脑屏幕上时按某个特定的键，他们和年轻人一样会记得执行。如果情况可以简单地概括为，老化带来记忆的整体衰退，那我们也就不会看到上面的结果：老年人在一些情况下的记忆表现完全正常，在另一些情况下却表现很差——为什么会这样？[6]

大脑的老化给我们提供了一些重要的线索。总体而言，人在进入六七十岁这个年龄阶段之后，大脑以每 10 年 5% ～ 10% 的速度持续萎缩。充满脑脊液的脑室不断扩大，脑中的血流量和耗氧量显著降低。[7] 一直以来，不少研究者相信，老化过程会导致大脑皮层的神经元广泛减损，而大脑皮层正是我们发挥绝大部分高级认知功能和存储记忆的所在。这一结论主要基于尸体解剖研究的结果。这类解剖的结果表明，老年人大脑皮层的神经元少于年轻人。但这类研究工作大多是在几十年前完成的。当时大家还不太了解阿尔茨海默病，解剖对象可能既包括了健康人的大脑，也包括阿尔茨海默病病人的大脑。一些更新近的研究在排除了阿尔茨海默病和其他与老龄化有关的大脑疾病的病人之后，结果却是另一番景象：皮层神经元的减损要么微不足道，要么比以往研究得到的结果少得多。近期以猴子为实验对象的研究也得到了同样的结论。[8]

一项研究非常有力地证实了这一点：研究者仔细地检验了海马体的几

个子区域（其中包括 CA1 区，我们在前文介绍的遗忘症病人 RB 正是这个区域受损），我们已知这些区域的损伤会导致记忆问题；结果发现，正常的老龄化与这些区域神经元的减少无关；但生前表现出阿尔茨海默病迹象的病人，他们海马神经元的数量大量减少。[9] 这也许可以解释为什么像弗雷德里克那样的阿尔茨海默病病人不能记住哪怕几分钟前做过的事：很多海马神经元已经死亡。尽管一般老年人在没有线索提示的情况下很难回忆起来近期的经历，但在有线索提示时却可以做到，在这种情况下，他们的海马神经元供应仍是足量的。而在一般情况下，与阿尔茨海默病有关的记忆丧失和遗忘症，是由其他类型的大脑病变引起。也就是说，下一次你想不起来车钥匙放在哪里，或是一个朋友的名字到了嘴边却怎么也想不起来时，不必过于忧虑，也无须担心自己正在朝阿尔茨海默病的方向病变。但假设你忘了自己有一辆车，或是连自己的名字都想不起来，那就需要警惕这些情况是否暴露了严重的记忆问题。

如果正常的老化并不会让大脑皮层和海马丧失过多的神经元，情况也不像先前估计的那么严重，为什么老年人还会表现出种种记忆问题呢？随着年龄的增长，海马确实会明显地表现出萎缩的迹象。在实验条件下，海马的严重萎缩和低水平的外显记忆密切相关。与此同时，随着年龄的增长，一些皮层下结构的神经元也会显著减少，其中包括我在前文提到的、与遗忘综合征密切相关的基底前脑。基底前脑的重要性在于，它向海马传递一种被称为乙酰胆碱的化学递质，这种化学递质在记忆中起着极为重要的作用。正如我们已经了解的，记忆的编码通过加强神经细胞之间的联系实现。乙酰胆碱能够促进这种联系的形成。当基底前脑受到直接的损伤时，会引发遗忘症。因此，大量基底前脑神经细胞的减少很可能是导致老年人记忆困难的因素之一。[10]

前额叶的变化也提供了重要的线索，帮助我们理解为什么老年人在一些情况下记忆完好，而在另一些情况下却又严重受损。额叶在人的衰老过程中受到很大的冲击，在所有脑区中，大脑的萎缩在额叶上表现得最为明显，它的血流量和葡萄糖利用率都大为降低。这些变化在行为上也有所体现。对于背侧前额叶受损的病人所不能完成的那些认知测试，老年人在其中的表现通常也不尽如人意。比如，这些病人在处理包含不同颜色、形状等特征的卡片时，不能按照这些特征对卡片分类。老年人也做不到。即使在考虑其他大脑部位功能受损也会引起缺陷的情况下，老年人在各种测试中所表现出来的认知能力不足主要与额叶的问题有关。[11] 由于额叶的某些区域在记忆中起关键作用，我们也许可以借此探索老年人的种种典型的外显记忆问题。许多老年人产生记忆问题可能并不是由于大脑功能的全方位退化，而是由于前额叶受到了特定的损伤。如果是这样的话，这些老年人会在那些需要额叶参与的记忆任务中表现出特定的困难。目前的科学证据支持这一推论。

现在我们再来考虑一下我在上文强调的，老年人完好的和受损的记忆功能。额叶在主动回想中的作用比在再认中更重要，这也许可以解释为什么老年人难以独立回想单词表上出现过哪些单词，而在看着单词表时，他们却能很好地再认那些之前学过的单词。类似的，额叶在时间序列的记忆中起着重要的作用，这也可以解释为什么老年人难以记住两个句子出现的先后顺序。他们能很好地记住一个句子曾出现在屏幕左侧还是右侧，说明此类位置记忆不太依赖于额叶，而主要依赖于额叶之外的其他区域，这些区域的功能不太受人体老化的影响。要老年人记住将来要做什么（比如安排一场聚会）并通过线索提醒自己去落实计划，这也是相当困难的，因为这类认知对额叶的需求非常之高。但在线索已由别人准备好的情况下，他们通过线索就能回想起并落实预定的计划，这说明完成此项操作对额叶的要求可能不太高。[12]

通过运用 PET 大脑扫描技术，我和同事们已经直接定位了可能在老化过程中与记忆问题密切相关的额叶位置。我在前文提到过，有 PET 大脑扫描的研究结果显示,在实验参与者主动回忆近期学过的单词时,额叶某些区域的活跃程度就会上升,说明这些区域可能参与策略性提取或努力回想的认知过程。年轻人在一些线索的提示下努力回忆学过哪些单词时,他们的前额叶非常活跃。但老年人在执行同样的任务时,他们的前额叶,尤其是大脑右侧的前额叶,没有太多活跃的迹象。这样看来,老年人似乎很难启动记忆的提取过程——开启搜寻和匹配情节记忆的心理程序。但不管是老年人还是年轻人,他们的海马在回忆时都很活跃,这可能反映了他们在回想单词时的某些共性。[13]

在另一项 PET 扫描研究中,在辨认出之前见过的面孔时,老年人和年轻人大脑右侧的额叶都表现出活跃状态。要知道,老年人再认比较容易,回忆比较困难。在需要独立回忆的高难度任务下,实验参与者需要主动搜索记忆空间,给出正确答案——老年人右侧前额叶的配置可能力不从心,无法启动此等难度的记忆提取。但在再认任务中,答案已经给出,他们需要做的只是判断:屏幕上的两个面孔,哪一个是见过的。这时候,在前一项任务中力不从心的前额叶就可以参与判断了。另一项有趣的发现是,在初次熟悉面孔的记忆编码阶段,老年人的左侧额叶和其他几个在记忆编码过程中起重要作用的脑区,其活跃程度不高。我们已从前文得知,左侧额叶对于记忆的精细编码很重要。这说明老年人在记忆面孔时,不像年轻人那样,自发地对面孔的特征进行精细的信息加工。[14]

这种由于人的老化而引起的额叶退化如何影响老年人的日常记忆?我们不要忘记,额叶受伤的病人很容易患上源记忆遗忘症,他们尽管能够记住近期获得的新信息,但是很难记住这一信息的来源,比如是谁告诉他们的。这很可能是因为,回忆源记忆信息需要主动提取的认知过程,而这一过程需要额叶的重度参与。在 1980 年的总统竞选中,罗纳德·里根(Ronald Reagan)反复动情地讲述着一个第二次世界大战时期的令人心碎的故事:在轰炸机被敌军严重击毁后,机长命令所有机组成员立即跳伞。但他的年轻机腹炮手伤势严重，无法跳伞。里根在复述机长英勇无比地对炮手说的话时，激动得无法抑制自己眼中的热泪："没关系，我们一起把飞机开下去！"然而很快，媒体发现里根所说的场景几乎是 1944 年《飞行之翼与祈祷者》(*A Wing and a Prayer*) 这部电影中一段情节的翻版。很明显，里根记住了这个情节，却忘了它的来源。[15]

一些来自实验研究的证据表明，这种源记忆遗忘与额叶功能异常有关。比如，我和同事们曾在实验中检测老年人能否记住像"鲍勃的老爸是消防员"这类编造的"事实"。我们告诉一组老年人和一组年轻人一些这类"事实"，有的是由男性告诉他们，有的是由女性。结果发现，尽管老年人能够准确地回忆这些"事实"本身，却不能像年轻人那样较为轻松地回忆出告知者的性别。老年人在回忆这类源记忆信息时表现出的困难，与他们在那些能够灵敏地反映出额叶功能异常的记忆测试中的差劲表现能够相互印证：无法应对这类记忆测试的老年人，通常也有源记忆遗忘的问题。[16]

在日常生活中，当我们得知某些私事或内情并允诺不宣扬出去时，源记忆就变得非常重要。我们可以想一下，怎样才能做到信守承诺呢？首先，你必须在事后记得，这件事是不是一个秘密，你是否答应过别人不会泄露出去；换句话说，你必须准确地记住你所知的消息从何而来。万一你只记住了这个很有料的内容，却忘了自己是怎么得到这个消息的，那你很可能会在无意中把它泄露出去。在一个实验中，我和同事编造了很多有料的八卦给参与实验的老年人和年轻人，嘱咐他们这些事不能说出去，同时也给他们一些大家都可以知道的消息。结果发现，老年人比年轻人更难记住哪些事情是需要保密的。这个结果当然不是说，你再也不能将秘密托付给你的祖母，只是说你应该顾虑到上面所说的情况，从而谨慎一点儿。[17]

由于遗忘源记忆信息为错误回忆打开了方便之门，所以一些特定类型的记忆歪曲特别容易发生在老年人这一群体中。大家可以回想一下我在前文探讨过的虚假名人记忆问题。在实验中参与者会看到一个编造的、不出名的人名，如塞巴斯蒂安·魏斯道夫（Sebastian Weisdorf），如果他们后来忘记了这个名字是在实验室看到过的，那么他们有时会倾向于相信塞巴斯蒂安·魏斯道夫是一位名人的名字。消除这一错误记忆的唯一办法就是确切地回想起来，自己原来是在实验室看到的这个名字。老年人尤其容易出现这种虚假名人记忆。因为他们比年轻人更难回忆出自己是在实验室的一个名单上见过这个名字，却又觉得这个名字非常眼熟，因而更倾向于认定这八成是个名人的名字。类似地，在看完"味道"（taste）、"巧克力"（chocolate）、"糖果"（candy）、"糖"（sugar）以及其他非常容易让人联想到"甜"（sweet）的词组之后，老年人在回忆刚刚见过哪些单词时，他们回忆的单词数量也许会少于年轻人，但他们至少与年轻人会有同等程度的倾向，错误地认为"甜"这个单词也出现过，因为他们尤其容易将在脑子里想到过这个单词和在词表上见过这个单词混淆起来。[18]

　　这些记忆的混淆提醒我们思考一个问题：老年人作为法庭证人，如何判定其证词的有效性？如果问题具有严重的误导性，证人的记忆很容易被带偏，我们应当还记得这一事实。实验参与者在看完一部录像后，再被问及一个录像中并不存在的情节时，他们有时会将这个"错置信息"（misinformation）整合进对录像的记忆之中。之所以会这样，是因为他们忘记了这个信息究竟是来自原录像，还是在回答问题时才被问到。如果说记忆信息源的能力受损会让人难以抵御虚假错乱信息的误导，那么老年人应当尤其容易受到这类"错置信息"的影响，事实也的确如此。这是否意味着我们应该怀疑老年人的证词呢？不尽然。在老年人这一群体中，外显记忆能力在个体层面具有很大的差异性，有不少老年人的记忆力不比年轻人差，甚至比年轻人的还要好。尽管老年人作为一个整体而言，他们的源记忆确实有困难，但这并不意味着某个特定的老年人在做证时，会没有年轻人可信。[19]

回忆源记忆信息是我们回忆往昔时的"回忆感"——这一主观体验的重要组成部分。当回忆到是谁说了什么事、回忆到一件事情的各种细节时，我们就会有充分的"回忆感"。如果只记得独立的某个事实，我们的感受会更倾向于"知道"这个事情是存在的。老年人在被要求回忆近期经验时，他们的回忆往往不像年轻人那样有"历历在目"的体验（visual reexperiencing）。[20]而且与年轻人相比，老年人很少确切地说"记得"自己在几分钟见过某个单词或某个句子，他们更倾向于说自己"就是知道"某个单词或句子出现过。老年人这种缺乏主观回忆感的体验并不意味着他们对自己的记忆没有信心。他们在表明自己"记得"某事和"知道"某事时，对记忆的信心和年轻人没有区别，只是他们不像年轻人那样有更多"回忆感"、有更多"历历在目"的体验。这也许意味着，在日常生活中，老年人虽然确信自己的记忆属实，但他们的记忆是概略的、不够完整的。额叶除了在老化相关的源记忆障碍中起作用之外，在这种老年人的回忆体验中也起着重要作用。有更多"记得"而非"知道"反应的老年人在灵敏探测额叶损伤的测试中，表现要好于那些更少"记得"的老年人。[21]

所有这些证据说明，额叶功能的衰退造成了与老化相关的回忆困难、整合情节记忆各个要素（发生了什么、何时发生的、谁说了什么等）的困难，结果导致老年人对近期经验的回忆远不如年轻人那么生动，还特别容易受各种记忆幻觉的影响。

在老化与额叶功能衰退有关的问题中，老年人的工作记忆也值得注意。我们可以将工作记忆理解为这样一种心理空间，它暂时性地存储各种信息，以帮助我们实现推理、理解等日常认知活动。比如你需要在阅读一个句子的同时，记住这个数字串"5—9—4—2—8—6"。要想同时执行这两项任务，你必须充分调用工作记忆。当老年人以类似的强度调用工作记忆时，他们的表现会远远低于年轻人。

这也许是因为额叶在工作记忆中起着关键作用，它支持我们在较短的时间间隔中，将特定信息活跃地保持在注意之中。若额叶受到外伤或其他形式的直接伤害，病人在需要运用工作记忆时，往往会面临各种困难。在一项由神经心理学家迈克尔·皮特莱兹（Michael Petrides）及其同事展开的 PET 扫描研究中，当实验参与者需要一边在工作记忆中保持先前学过的图片，一边观看新的图片时，相较于不做这类任务时，他们的背外侧前额叶（dorsolateral frontal cortex）的特定区域显著活跃起来。另有一项 PET 扫描研究发现，当健康的实验参与者尝试记住好几个光点在屏幕上的位置，也就是将它们保持在工作记忆中时，在他们大脑右侧额叶的下部，有一特定的区域会变得活跃；而当他们尝试在工作记忆中保持几何形状时，大脑左侧额叶下部的特定区域会活跃起来。[22]

额叶与工作记忆、老化之间的联系进一步得到了神经科学家帕特里夏·戈德曼-拉基奇（Patricia Goldman-Rakic）以猴子为研究对象的实验结果的验证。当屏幕上的视觉图形突然消失，猴子需要将视觉图形中几个点的位置关系在工作记忆中保持几秒钟时，位于背外侧额叶特定位置（主沟，principal sulcus）的神经元会持续地活跃放电。当猴子需要在工作记忆中保持的是图形本身时，在主沟下方特定位置的神经元转而变得活跃。这些神经元似乎正处于"工作"状态，以保证猴子记住位置或图形信息。戈德曼-拉基奇和同事近期的研究表明，参与工作记忆的一些额叶神经元的活动，受到多巴胺这种神经递质的受体的调节。多巴胺是大脑中主要的化学信使之一。戈德曼-拉基奇实验室的其他研究表明，年老猴子的工作记忆缺陷与老化引起的多巴胺受体减损密切相关。

针对老年人的大量研究结果表明，老化确切地导致同一种多巴胺受体大量减少。这可能意味着，老化所引起的工作记忆减退，很可能是由于额叶中这种关键的多巴胺受体含量过低。这一结论也在其他两类疾病中得到印证。在精神分裂症和帕金森病中，病人的工作记忆也不正常，而这两类疾病都与额叶的多巴胺异常有关。虽然精神分裂症的病症状与帕金森病的震颤发作之间有很大差别，二者与正常的老化过程也极为不同，但在这三种情况下，当其他认知活动仍在持续、工作记忆需要保持一些信息时，工作记忆的运转不灵均与额叶的多巴胺异常有关。[23]

与需要积极调用工作记忆的情形相反，当老年人在看过数字串之后，不需要分散精力留心别的事情，只需要立即反复复述这串数字时，他们能记住和年轻人一样多的数字。这可能是因为单纯地保持数字串只依赖于工作记忆系统的一小块区域，也就是我在前文中提到的语音环路，而不十分需要额叶的参与。[24]

至此我们可以看到，老化带来的额叶功能的变化具有深远的影响。不过，老化记忆的也有积极的一面。首先，老年人如果得到引导，能够运用已有的知识经验对新信息进行精细的、独特的编码，并在提取编码信息时得到线索提示，那他们由年龄导致的记忆差距会在很大程度上抹平。随着年龄的增长，不论是在记忆的编码还是提取阶段，我们都需要付出更多努力，才能像年轻时候那样回忆近期经历；只要我们这样努力，就会有更好的记忆。此外，我们仍能从精细编码中获益，因为年龄的增长对语义记忆没有太大影响。整体而言，我们从自己巨大的事实与知识网络中调取信息的能力依然保存完好。我们也能继续很好地运用语义知识进行推理、解决问题。比如，老年棋手能和年轻棋手一样好地搜索知识网络，以选择和评估每一步走法。当然，语义记忆并非完全不受老化过程的影响，比如老年人时常难以想起人或物的名字，但总体而言，相较于情节记忆，它所受的影响要小。[25]

另一积极的发现是，被我们称为启动效应的那类内隐记忆，整体而言不受老化的影响。这与我在上文讨论过的所有内容并不冲突，因为研究者评估启动效应的内隐测试并不要求参与者回忆源记忆信息，也不需要他们进行策略性提取；相反，参与者只需要说出最先出现在脑子里的内容即可。

许多研究者探究了老化对于启动效应的影响，运用的实验方法既包括将残缺的单词补充完整，也包括根据一闪而过的图片做出一些决策。得出的总体结论是，老年人的启动效应与年轻人类似，或可能略逊于后者。[26] 在一项近期的 PET 扫描研究中，我们的研究团队探究了与老年人启动效应相关的脑区。在学习了一系列常见的单词如桌子（table）、花园（garden）等之后，老年人会看到一些单词的前三个字母，如 tab、gar 等，他们需要说出第一个联想到的符合要求的单词。年轻人在这类填词测试中出现启动效应时，与之伴随的是枕叶皮层的血流量降低，我已在前文中将这种现象与知觉表征系统联系起来。知觉表征系统在各种视觉启动效应中起着重要作用。老年人在这类测验中的启动效应类似于年轻人，他们枕叶皮层的血流量也会降低（这可能反映了知觉表征系统在处理过信息之后，再认信息时工作量变小了）。所以看上去，知觉表征系统似乎在老化过程中状态保持得很好。[27]

老年人程序性记忆的情况，也就是我们赖以习得各种动作技能的记忆系统，则复杂得多。与"教不会老狗新把戏"这样的老观念相反，一些研究结果表明，老年人能够通过练习学会新的技能，他们甚至能够获得一些复杂的内隐经验。比如，达林·霍华德（Darlene Howard）和助手让老年人和年轻人执行一项之前（在第 6 章）提到过的任务：他们需要在星号出现在屏幕上的一些位置时，尽可能快地按下反应键。尽管他们并不能意识到这一点，但有时候星号出现的位置其实是以某种模式在循环往复。当这种规律存在时，所有人都会比星号随机在各个位置出现时有更快的按键反应。但老年人在预测星号接下来出现的位置时，表现要比年轻人差，他们对于星号位置顺序的所知是内隐的而非外显的。[28]

但另外一些研究却发现，老年人在掌握运动技能、学会阅读倒转的文字以及形成高效解谜的认知能力方面，远不像年轻人那么灵活。部分原因可能在于，老年人动作更慢，需要更多的时间才能掌握新的技能。另一部分原因或许是因为一些程序性记忆任务非常需要额叶的参与和支持。比如，在类似于汉诺塔（Tower of Hanoi）游戏这类解题任务中，人们需要学习遵循特定的原则，通过最少的步骤，将一个桩子上的三个环挪到另一个桩子上。一些遗忘症病人能够学会简单的任务版本，并且与同龄的健康实验参与者学得一样好；但老年人需要更多次的学习才能像年轻人那样，学会以最少的步骤完成任务，这也许是因为解谜需要一些额叶所支持的策略性的、主动着力的认知过程。正如他们在回忆情节记忆的方方面面时遇到困难那样，他们或许也不善于整合一项认知技能的各个方面。神经心理学家亚瑟·岛村（Arthur Shimamura）认为，这些困难之所以出现，原因在于额叶能够抑制与当前任务无关的念头或联想。我们已通过前文（第8章）了解到，太强的抑制会导致失忆；现在我们又发现，抑制太少也会出问题。在执行一些对认知需求很高的任务，比如习得新技能或回想某段往事的多个方面时，额叶损伤的病人和一些老年人会反复被与之无关的念头侵扰。[29]

对于老年人难以回忆某个经历的全部细节，近期的研究从另一从未引起关注的事实出发，印证了这一点：老化降低了闪回记忆出现的频率。在前文中，我已向大家介绍过马丁·康威与其合作研究者的研究：作为整体研究的一个部分，他们研究了一些英国老年人对于玛格丽特·撒切尔辞职一事的闪回记忆。在得知撒切尔夫人宣布不再继续担任首相时，他们正在做什么？在撒切尔夫人离职几天后的回答中，这些老年人都能回忆出他们当时在哪里，也能给出各种鲜明的细节。但过了一年后，只有42%的老年人的回忆符合闪回记忆的标准，而符合这一标准的年轻人的回忆高达90%。

老年人闪回记忆相对较少的这一事实，很好地印证了其他表明老化与源记忆缺陷有关的证据，因为根据定义，闪回记忆本身就包含源记忆的各种细节。这些结果也提示，随着年龄的增长，我们可能越来越难于形成和保持生动的情绪记忆。尽管在记住一件事情时，老年人和年轻人一样，倾向于记住其中与情绪有关的部分而非缺乏情绪色彩的部分,但这有可能是因为高情绪唤起的内容会促使老年人运用语义知识去整合这些经验,毕竟目前的研究显示,老年人回忆的生动程度并不像年轻人那样,与回忆内容的情绪色彩那么密切相关。[30]

上述所有研究均证实了我在前文做出的这一推断:随着我们进入老年,我们对于上周或上个月发生过什么的记忆,内容会越来越稀薄;我们"记得"的近期细节会越来越少,会越来越借助一种概略的、整体的熟悉感。这也许是老年人喜欢遥想久远往事的原因之一。翠茜·基德尔(Tracy Kidder)在其《老友》(*Old Friends*)一书中,生动地描绘了生活在养老院的老人们的悲凉晚景。其中,她记述了一位90多岁的高龄老人卢(Lou)的日常生活:卢总是不厌其烦地在室友乔(Joe)或任何愿意听他说话的人面前追忆往昔。但他记住当下日常经验的能力却很差,他不记得自己服用的许多药物的名称和用途,他对于自己刚刚回忆过的事情尤其健忘,所以经常反反复复地说起同一件事。也可以说,正因为对于近期经验的记忆是脆弱的,他才会反反复复地叙说同样一些事情,这些反复的叙说为他过去的记忆增添了力量:"如果只听一两遍,你会觉得卢的记忆实在是单调;但如果听上很多遍,你会感觉这些记忆像老友,那么抚慰人心……卢的记忆中包含着如此丰厚的生活,寄身于这样的记忆之中,死亡看起来是那么的遥远。"[31]

回顾一生:增强记忆的力量

罗斯玛丽·皮特曼(Rosemary Pittman)于1916年出生在伊利诺伊州偏远地区的一个村庄。她获得了一个护理学学位之后,继而从事公共健康事业,并获得了较高的职位,同时在西雅图华盛顿大学担任教职。皮特曼长大之后,偶尔会画画,画着玩。1981年退休之后,她强烈地想要唤醒、重新体验和理解自己这一生。皮特曼找到的最有效的办法，是将对她而言最重要的那些记忆画下来：村庄里没有自来水和电的童年生活、只有一间教室的校舍、一生中与家人共度的许多珍贵时光，等等。她很快成为了一位画家，她所画的记忆是一条有效的通道，引领她探索自己的过往经验，理解它们与当下生活之间的关系："虽然我很爱抽象派绘画，但只有在我画的画表达了自己个人的经验和关系时，我才真正地感到心满意足。对我而言，绘画更像是一种心理治疗，一种视觉形式的追忆。"她补充说："当一个人老去时，他更关心自己是谁，而不是自己做了什么。你会试图重新把握那些能帮助你理解你是谁、理解你独特存在的人和事物。"[32] 她在作品《孙辈们#1》(*Grandchildren #1*)（见图10-2）中描绘了这一过程。

图10-2　罗斯玛丽·皮特曼，《孙辈们#1》，1991。12×23 1/2"。丙烯酸颜料画板。西雅图米娅美术馆（MIA Gallery）藏。

在18个方格的每一格中，皮特曼都描绘了一个孙辈在儿时经历的趣事，比如去看圣诞老人、去动物园看动物、坐在手推车上出去玩等。她将生命中这些具有重要意义的时光聚集在一起，并按照空间顺序一一拼贴起来，形成一幅记忆的挂毯。这幅画既表达了她重温过去的需要，也很好地帮助她在以后回顾这些记忆。

有很多像皮特曼这样的老人，他们在晚年开始对绘画感兴趣，并通过这一途径探索和理解记忆。"记忆绘画"（memory painting）是以绘画的形式来表现个人的回忆，这一画派的成员的确主要是老年人。他们通常没有受过正式的绘画训练，但都像皮特曼那样，渴望重新把握自己的过往。90多岁的记忆画家布鲁玛·帕美尔（Bluma Purmell）说："九年前我83岁的时候，我决定要成为一名画家。过去的场景细致入微地自动浮现在我的心灵之中，它们是照进过去的窗户，等着我打开。"[33] 其他老人也通过创作雕像、拼布、篮子等，来理解和表达他们的记忆。

这些艺术探索都反映了这样一种倾向：随着年龄的增长，人们越来越关注自己的过往。进入人生后半程之后，很多人都会比以往更不由自主地、更加频繁和强烈地回顾个人记忆。但在西方社会，大家通常会用"活在过去"这类不屑的说法贬低追忆往事这类行为，怀旧也被认为是一种与老化有关的病理特征。以往，那些照料老人的专业服务人员会得到这样的忠告：别让老人家想过去的事情。"甚至会有人说，回想过去会引发或加重疗养院老年人的抑郁，"20世纪60年代的社会工作者露丝·道布罗夫（Rose Dobrof）回忆，"愿上帝原谅我们——那时候，为了不让老人陷入回忆，我们不得不通过各种游戏、艺术和手工等活动分散他们的注意力。"[34]

尽管关于老年人记忆的这种观念仍然根深蒂固，占据社会主流意识，但近几十年来的研究却表明它是错误的。态度的转向源自20世纪60年代种下的一颗种子：当时的老龄学家们越来越意识到，老年人的回忆有其潜在的价值。研究者不再贬低老年人沉湎往事的倾向，而是视之为回顾人生的一部分：这是一个通过回忆与人生达成和解的过程，它能促进对自我的理解与整合，也许还能帮助我们更好地应对死亡。回顾人生的这些潜在用处得到了一些研究的证实。比如，回顾人生的老年人比不怎么回忆的老年人更少表现出抑郁倾向，有更多心理健康的表现。当然，这个正面结论并非适用于所有情况。一些近期证据表明，回顾人生是否能帮助人们顺利适应老年生活，完全取决于回忆的类型。举例而言，给过去镀上一层金或是深深挂怀那些后悔莫及的事情，并不会帮助大家顺利适应老年；而回顾过去的人生计划和目标、调和过去与现在之间的矛盾，则意味着在以更顺畅的步伐迈入老年。[35]

随着回顾人生的潜在价值越来越被看好，以及将这一行为与老年人心理健康联系在一起的研究得到进展，市面上开始流行所谓的"回忆疗法"（reminiscence therapies），致力促进老年人回忆人生，进而改善他们的心理功能。不过，这种疗法的有效性目前还没有得到严格控制的实验研究的证实，所以我们不能不加批判地接受这类观点，不能一味地相信追忆往昔是宽慰老年人的神药。但就回顾人生作为一种治疗方式得到广泛应用这一点而言，它确实让大家意识到记忆在老年期的力量，同时也证实了这样一个事实：老年人不再被怂恿着回避或忘掉他们的过去。

老年人在回顾人生时，回忆的究竟过去的哪些方面呢？研究者探讨这一问题所采用的方式之一，就是我在前文中介绍过的克罗威茨个人史线索程序。在这一程序中，老年人在看到"旗子""跑"等日常的词语时，需要回忆并讲述人生中任意时刻与这一词语相关的经历。大家也许还记得在第3章中提到的，年轻人在这类研究中的典型表现是，接近当下的回忆很多，而久远的往事则很少得到回忆；距离当下越远，回忆的经历就越少。老年人的整体情况也是如此，但有一个明显的例外：回忆量随时间远离当下而递减的趋势，在青春期晚期和成年早期的阶段出现了可观察的反转。老年人更多地回忆这一时期的经历，回忆的数量远远多于紧随其后的阶段；而由此往前直至童年期，他们的回忆量继续表现为逐渐递减的趋势。

在其他的回忆任务中，老年人的表现也能得出类似的结论。比如，请你尝试回忆人生中三件特别难忘、对自己有重要意义、即使你今天回想起来也会觉得历历在目的事情。它们发生在什么时候？在老年人的回答中，青春期和成年早期阶段的回忆比其他阶段更加生动。

总体而言，越是历时久远的经历，越是难于回忆，青春期晚期和成年早期的经历从回忆中凸显出来是这一规律的一个例外。研究者专门用回忆高峰（reminiscence bump）一词来形容遗忘曲线中对这一特定时期的记忆强化现象。[36] 回忆高峰似乎在老年人当中普遍存在，正如霍华德·欧文在《小约翰》中所描述的那样："好笑的是，当我回过头看时，好像大把大把的时光已经被遗忘掉了，我能记住的只是一直在劳作、吃饭和睡觉；但有些事情却是那么历历在目，感觉我一直正在经历着它们，比如十五六岁时候的记忆就是这样。"[37]

为什么会存在回忆高峰呢？目前并没有普遍认同的单一解释。不过我相信，这一现象的存在和本质，有助于我们理解久远往事在老年人身上体现的力量。回忆高峰能带给我们关于记忆和老化的哪些讯息呢？首先，我们需要更好地了解，老年人记住的究竟是青春期和成年早期的哪些事情。口述史学家艾丽斯·霍夫曼（Alice Hoffman）和她作为实验心理学家的丈夫霍华德·霍夫曼（Howard Hoffman）通过一个非常独特的合作研究，在这个问题上打开了一扇窗户。霍华德生于1925年，18岁时应征入伍，参与了第二次世界大战。第二次世界大战结束后的30年间，艾丽斯每隔几年时间，就对霍华德进行一次采访，让霍华德回忆自己的第二次世界大战经历。他们恢复了记录霍华德第二次世界大战期间大部分亲身经历的工作日志、官方档案和照片，可以借此比照霍华德的记忆。

霍华德的大部分回忆都是准确的、一致的。在不同的情境下被问及同一件事情时，比如哪怕时隔4年之久，霍华德的回忆也始终相当一致。翻阅照片、文档以及和当年的战友叙旧等这些方式，都不能使霍华德回忆出更多的内容。这与通常情况下，提取线索促进外显回忆的观察结果很不一样。可以说，霍华德的一部分最深刻的战时记忆，在形成之初直至此后的数年甚至数十年中，得到了尽可能的重现和精细的建构；而那些他从未谈及的经验，也就慢慢地从记忆的幕布上褪去。[38]

我已在前文提出了这一设想：那些得到深度加工和整合、反复重现的记忆，构成了我们人生故事的核心，帮助我们形成关于自我的叙事、定义以理解自我以及自我在世界之中所处的位置。青春期晚期及成年早期的种种经历，上高中和大学、开始找工作、结婚等，构成了我们在往后的成年生活中继续演绎的人生故事的核心。对于霍华德·霍夫曼和他们那一代人，第二次世界大战无疑在他们之后的成年身份和个人神话中起着核心的作用。

如果我们能够看到老年人在回忆近期经验时的困难，也许会更加理解那些呼之即来的人生故事在他们心理空间中发挥的重要影响力。我曾推测，回忆近期经验的困难，至少一部分可以归因为老年人无法像年轻时那样高效协同地回忆景象、声音、内在意义等情节记忆的各个方面。但久远的个人故事往往被反复述说过，它们能够很好地作为一个叙事整体被老年人回忆出来。回忆一个熟悉的家庭故事大概不需要像额叶与内侧颞叶在生成和调取一段近期记忆那样费劲。

回顾人生所体现的老年人"记忆的脆弱之力"，也有助于我们理解老年人远好于年轻人的一项认知功能：讲故事。也许在你的记忆中，有这么一位最爱的祖辈、叔叔或者阿姨，他们讲的故事是那么具有魔力，你觉得自己坐在那里听上好几个小时也听不够。我始终记得听我的祖父本杰明·弗兰奇格（Benjamin Flanzig）讲故事时那津津有味的样子。他是俄罗斯裔的犹太移民，20 世纪初来到美国纽约。他是一个高大魁梧的男人，最爱的事情莫过于在孙辈面前讲他年轻时的各种旅行和冒险，很有意思地细细描述那些他去过的遥远的地方。我们叫他本爷爷（Grandpa Ben），他讲的有些故事简直让人不敢相信。其中有一个是这样的：他在宾夕法尼亚州的一辆火车上被人架走，被迫在一个露天的营地做苦力，后来找机会才逃了出来。

在另一个故事中，他在怀俄明州的农场里做牛仔。尽管本爷爷讲的有些故事，内容其实也挺平淡无奇，比如在艾奥瓦卖帽子、在辛辛那提看棒球赛，等等，但他的回忆是那么的栩栩如生，有种让人难以抵挡的光环。

我父母在给我讲起他们的故事时，从未像本爷爷那样毫不费力地制造出魔力。

近期的研究也证实了任何人一旦有机会仔细听本爷爷讲的故事，都会感觉到的一点。当老年人和年轻人需要随机摘取一些人生片段，讲述自己的个人经历时，听故事的人会给老年人讲的故事更高的评分，觉得他们讲得更有意思、更有吸引力。在另一项类似的研究中，老年人讲的故事比年轻人讲的有更加复杂的结构。但在复述一个并不熟悉的故事时，他们记住的内容比年轻人更少，复述也更不连贯，还会有更多的错误。所以，老年人在讲述自己熟悉的、反复讲述过的故事时，他们会讲得很好；但在复述不熟悉的故事时，我在前文提到的外显记忆问题会妨碍他们的表现。[39]

讲故事的人在老去：传递代际经验

老年人讲故事的本领中蕴含着重要的社会文化意义。在许多社会里，老年人最重要的社会职能之一，就是将他们的个人经验和社会文化经验传递给下一代——讲述自己的故事，讲述社会的传统、发生过的重大事件。由于这些个人记忆和社会的集体记忆大多历时久远，已经得到深度的整合和结构化，老年人通常能够非常顺畅地提取和讲述它们，将自己讲故事的本领发挥到极限，而不会遇到在回忆近期经验时的那种阻碍。不管是在美国还是在当代的其他西方国家，老年人这种讲故事的天分并没有得到充分的赏识，这些社会对老化普遍持有消极的刻板印象。而许多部落社会有丰富的口述传统，老人的经验和故事象征着智慧，在部落内得到特别的尊重。[40]

北美印第安原住民氏族的历史很好地体现了这两种观点之间的强烈反差。在传统的氏族社会中，老人被视为氏族文化记忆的源泉，这些文化记忆为生活的方方面面提供重要的引导。这些代际记忆通过这些方式传递：氏族老人向后人讲述类似于创世纪的故事，这些故事中有的讲述氏族的起源，有的讲述如何待人处事，有的讲述如何狩猎、觅食，如何与动物相处、对待自然，等等。比如，一位塞内卡（Seneca）老人讲了一个叫"那些得到铭记的"的故事：将训诫真正放在心上的人会过上安乐的好日子；而那些自大到不听训诫的人最后注定会重蹈覆辙。"那些过于自大的人不会感受到祖先的所知体系（Knowing Systems of the Ancestors），'那些得到铭记的'也不会庇护他们。"讲故事的老年人这样说。"那些仍和谐生活在部落里的人，会在那些记忆中加入自己的理解，"斯科特·莫马迪（N. Scott Momaday），一名美洲原住民、世界著名作家，在回忆他与一位讲故事的部落长者的交谈时说，"如此漫长的时间，甚至一个世纪的时间，能被浓缩萃取成这个样子，这多么不可思议啊！一段古老的奇思、言谈和回忆之中的某种快乐，在她完好的独眼中闪着光彩。她将过去娓娓道来，完美地想象着她自身这一漫长而连贯的存在。"[41]

不幸的是，西方文化和宗教的入侵在极大地破坏了原住民生活的同时，也给以部落长者所讲的故事为核心的传统记忆方式（这种方式所起的作用和所受的敬重）带来了致命的毁灭。"随着部落长久以来的宗教价值被替代，"一位有名的土著学者评价，"印第安人失去了原有生活方式的基底，同样严重的是，也失去了他们原本的记忆方式……通过妖魔化部落药师和长者长久以来得到尊敬的智慧，新教和摩门教的教士们仍在费尽心思地驱逐部落宗教。"[42]

加拿大艺术家卡尔·毕姆（Carl Beam）是奥吉布瓦（Ojibwa）部落的成员，他创作的作品充满力量，以此探索记忆的消逝和土著生活中讲故事的老者的消失。毕姆曾为整合自己的两重身份（一方面作为传统土著文化的继承者，另一方面作为现代西方社会的成员）而求索挣扎，他的作品《回忆有时很困难……》(*Remembering is sometimes quite difficult to do...*)（见

图 10-3)和《校园时光》(*School Days*)(见图 10-4)很好地体现了这种挣扎。[43] 毕姆想要提醒人们,不论是原住民还是非原住民,对于每个人而言,为了免除文化的断层和失忆,我们需要在关注当下的视角时融合个人和集体的记忆。讲故事的老者的消失会中断记忆的代际传承,这将给许多人带来灾难性的后果。这些顾虑都凸显了老年人整合过去和现在的重要使命。在社会文化领域,老年人拥有的经验和知识能为后辈人提供指引;就个人的记忆而言,回顾一生也给老年人从当下出发反思过去的机会。

图 10-3　卡尔·毕姆,《回忆有时很困难……》,1992。14×10"。材质:有机玻璃和混合材料。图片由艺术家本人提供。

作品上方褪色的照片展现了一种远古的部落仪式,但现在多数奥吉布瓦(Ojibwa)的年轻人并不了解这种仪式。毕姆在照片下方印制了作品的标题。标题下方印着一片纯朴的鸟羽,提示着部落记忆退出了当下这一代人的生活。

图 10-4　卡尔·毕姆,《校园时光》,1991。60×42"。材质:纸上的混合材料。图片由艺术家本人提供。

作品上有一幅褪色的照片,当地部落的学生在一座类似毕姆小时候就读的学校前合影。照片上有毕姆手写的文字,记述了他在学校的痛苦回忆:老师要求他信仰新的上帝,忘掉由部落长者世代相传下来的那些记忆。老师们鼓励他成为一名爱国者,接纳现代技术和战争,下方的坦克和火车喻示了这一记忆。

这种记忆的整合作用最深刻地体现在那些已经老去的大屠杀幸存者的苦难当中。人生的终点逐渐临近,而许多在大屠杀中存活下来的老人,始终无法将他们对于灾难和创伤的记忆整合到更广阔的人生中去。心理治疗师耶尔·丹聂利(Yael Danieli)认为,是"沉默的阴谋"(conspiracy of silence)让他们难以完成这种创伤与人生其他部分的融合:无法哀悼自己所痛失的一切,无法感受到别人理解他们的体验,大屠杀的记忆与人生其他经验记忆相隔绝。[44]

因此，回顾人生对于这些正在老去的幸存者而言非常重要。在丹聂利看来，以合理的视角看待创伤是非常必要的。只有这样，他们才会发现，在大屠杀中体验的那种无助并不意味着他们仍是无助的人，在大屠杀中目睹的那些邪恶也并不意味着世界是邪恶的。只有将创伤纳入更广阔的人生经验之中，记忆的代际传承才不会断掉。[45]

亲历大屠杀的最后一代见证人正在老去，他们所剩的时日已不多。人们在逐渐意识到这一点之后，普遍试图用回忆录、访谈录像等方式保留他们的记忆。丹聂利强调，这些老人最关心的，是将这些记忆留给后人："对于幸存者而言，'谁爱我？''谁在乎我的生命？'……这类他们最关切的追问，部分地体现在'谁会记住我？''我们和大屠杀的记忆是否会消失？'这些致命的问题上。"[46]

正如在正在老去的大屠杀亲历者身上所突显的那样，人类保存和传承记忆的需要是一种迫切的使命。大家应该还记得普鲁斯特和马格纳尼的故事：他们对于过去的无休无止的追忆，起码部分是出于这样一种渴望，渴望将对于玛德莲点心和庞蒂托的记忆纳入更广阔的人生经验当中，这样他们的记忆就能活到更远的将来。如心理学家默林·唐纳德（Merlin Donald）所言，现代文明演化的重要一步，是社会越来越依赖于"外部符号储存系统"（external symbolic storage）这一趋势，依赖这一系统实现记忆的保存和代际传递。[47]人类依赖外物保存记忆的倾向始于早期书写体系的发明，又随着印刷媒介的传播而加速发展，现代社会主要依赖于印刷和电子媒介保存记忆。我在第二章中所说的记忆系统（如果将社会比作一片织物，它的重要性曾相当于织物的经纬线）随着印刷媒介的流行而大量灭绝，也就不足为奇了。

随着对外部记忆存储设备的依赖不断加深，那些具有重大社会意义的经验和事件的传递越来越不需要借助老年人的个人记忆。这可能是引发所谓"记忆危机"（memory crisis）的原因之一。[48] 记忆危机的核心在于与过去、与传统的记忆形式逐步疏离。这场危机始于 19 世纪，并在近年来由于电子媒介的发展而加剧。现在，最重要的社会记忆都储存在电子媒介的归档里，而非回顾人生和讲故事的个体的脑子里。随着大量的信息均可实现电子编码，并且越来越随手可得，老年人虽然仍有故事可讲、有经验可传授，但他们为社会保存记忆的作用已经大为退化。

但事情不必这样发展。当我们尽可能探寻并用影像记录大屠杀幸存者的口述史时，这些老人的回忆直接与现代的外部记忆储存技术相遇。通过电子记录，这些老人的个人经历（类似于以往通过口头传述的那样）在某种意义上获得了永生。并且，保存成千上万人的回忆有助于抵消个人对于事实的遗忘和歪曲——这是任何个体记忆都避免不了的，因为核心的事实会从众多回忆当中脱颖而出。

老年人密切投入的另一种外部记忆形式是家庭相册。照片对于每个人而言都是回忆个人经历的提示线索——相机和胶卷生产商绝对没有看错这一点，他们所做的确实是一门贩卖记忆的生意。但整体而言，只有老年人视家庭相册为最珍贵的记忆资料，而年轻人则不那么看。老年人通常会说，之所以那么看重这些照片，是因为它们有助于回忆：照片能让他们有一种重新链接过去的感觉，甚至能让他们重新体验一些过去的经历。我和同事在最近的一项实验中发现，看照片能加强老年人的回忆体验。[49] 满载回忆的照片和来自过去的人让老年人更好地进入时间赋予他们的角色——讲故事。

也许可以说，在家庭相册、肖像画以及承载我们记忆的其他传家之物上，正好在某些方面体现了我一直关注的、人类记忆的本质特征——一种脆弱的力量。这些物品的物理痕迹在时间的冲刷下淡化、解体甚至改变，但它们始终散发着强烈的情绪气氛。本·弗里曼（Ben Freeman）在他的绘画中十分有力地体现了这一点。他原本是位抽象派画家，但后来对古玩店和跳蚤市场里淘来的老照片或传家宝之类的东西越来越感兴趣。他着迷于这些被他称为"时间与我们抵御时间的努力（用物品、图像和概念铭记独特的生命时刻和人生故事，以使之不朽）之间的化学物质"。尽管物理的痕迹暗淡了，消退了，他遇到的这些物品还是那么不容置疑地在讲述和缅怀着它们曾参与的、它们主人的生活。在弗里曼看来，这些外化的记忆是"一声朝向未来的呐喊——我们曾经存在过，我们曾经很重要"。在某种意义上，弗里曼看待它们的方式也适于描述记忆存在于我们大脑中的状态。"随着这些物体的铭记蒙上时间之尘，"弗里曼说，"它们失去了原来的清晰、分明和意义，却始终保有着核心的存在，这存在之中包含着它们被创造出来的那一刻的文化与能量。"[50]

我们将抛在身后的生活痕迹留存在我们珍视的物品之上，而弗里曼被这些物理痕迹深深吸引。他放弃了抽象派绘画，转而开始创作将旧照片、传家宝以及泛黄的地图等组合起来的大幅油画。它们的视觉效果惊人，情感上引人共鸣，并且十分贴合我在本书中讨论的多个主题，正如他那幅《承诺》（*Commitment*）那样，给人留下挥之不去的印象（见图 10-5）。

正如我们试图存放过去的物品，记忆的脆弱之力尽管掩藏了很多塑造我们的事物，却也带给我们关于"我是谁""我身处何处"的整体感觉。我们会被并不确切的记忆，或被只是恐惧和想象过的、并不真切的幻觉深深触动；我们的思想和行为有时会内隐地受到自己根本没有任何记忆的经历的影响；我们经历过的许多事情已经彻底从记忆中消失。但总体而言，我们的记忆系统相当完好地保持了我们过往的整体轮廓，也准确地记录着许多过去发生过的事情。否则我们也不会演化为这样一个物种。记忆是我们的大脑理解经验、将它们凝聚成连贯故事的核心努力之一。这些故事是过去留下的唯一馈赠，它们强有力地决定了我们如何看待自己和我们的所作所为。我们的记忆是由各种原料组建而成的：其中既有真实发生过的事物片段，也有对本可能发生的事物的遐想，还有在记忆时引导我们的观念和信念。我们的记忆是我们回顾过去，相信当下，以及憧憬未来的、脆弱而有力的产物。

图 10-5　本·弗里曼，《承诺》，1992。66×72"。混合材料。波士顿芭芭拉·克拉可美术馆（Barbara Krakow Gallery）藏。

这幅画的核心部分是一张以两种形式呈现的 19 世纪的家庭照片：一张是照片原来的样子，另一张被放大、被覆上了一层颜料。各种过去的生活片段围绕在这两张照片的周围：看不出身份的人（或许是亲戚）的小像，一张家庭住宅的照片，一张褪色的地图，上面是他们所住的城市波士顿，一页撕下来的农历，以及一张盖了邮戳贴了邮票的字迹模糊的明信片。这些上了年岁的物品传达了丰盛过往，然而特定的细节又是不可期的。

注　释

引言

[1] 引文来自 Márquez（1970），pp. 50，53。

[2] Bellow（1989），p. 2。

[3] 有关记忆的进化论观点，参见 Donald（1991），Rozin（1976）以及 Sherry & Schacter（1987）。接受进化论的观点并不意味着记忆必然是最优的或完美的。持进化论观点的学者对于相关认知能力的分析（如对视觉（Tooby & Cosmides, 1995）、对语言（Pinker & Bloom, 1992）的分析）也承认了这些功能中缺陷的存在，但同时也强调了它们给人类带来的非凡的观察和交流的本领。

[4] 心理学家杰弗森·辛格尔（Jefferson Singer）和皮特·萨洛维（Peter Salovey）在意识到往事在记忆中体现的强大情绪力量时，为此感到非常吃惊。"为何回忆会具有如此强烈的情绪感染力，甚至让实验参与者哭、笑、颤抖？"他们不禁问道，"我们并不感到理所当然，反而非常地惊讶。"参见 Singer & Salovey（1993）。

[5] Stadler（1990），p. 144。

[6] 对内隐记忆和外显记忆的划分最早是由格拉夫和夏克特（Graf & Schacter,

1985）提出。在研究文献中，另一些研究者也做出过类似的分类，比如陈述性与非陈述性记忆的区分（Squire，1992，1994）、直接记忆测试与间接记忆测试（Richardson-Klavehn & Bjork，1988）。当代对于多元记忆系统的研究取向，大多源于图尔文（Tulving，1972）对于情景记忆和语义记忆的区分，也源自20世纪70年代一些影响深远的划分原则（Hirsh，1974；O'Keefe & Nadel，1978）。有关记忆系统的研究回顾，参见由夏克特和图尔文编辑的一系列文章（Schacter & Tulving，1994）。在我们讨论记忆的各种形式时，我们容易因为不同的研究者使用的不同术语而感到困惑。在本书中，我使用内隐记忆和外显记忆这两个术语以描述过去经验得以提取和表达的方式；相比之下，我用情景记忆、语义记忆、程序记忆、知觉表征系统、工作记忆等术语来表述实现内隐提取和外显提取的大脑机制。

[7] 我和妻子苏珊·麦克林恩共同收藏的与记忆主题相关的艺术作品，构成了1993年10月牛顿艺术中心题为"记忆的脆弱之力：探索记忆"展览的大部分展品。除了马格里特的《被威胁的刺客》（见图2-2），本书中的其他艺术作品均来自我们的收藏。有关这些作品的收集过程，怀特（White，1993）从社会学角度做了探讨。

第1章

[1] 《波士顿环球报》1995年4月30日针对波士顿公园的特别报道，包括了这位记者的专栏文章。

[2] Bellow（1989），p.53。

[3] 引自图尔文（Tulving，1983）。该文对情景记忆的心理学研究做了深入的分析。在一个世纪前，哈佛大学伟大的心理学家和哲学家威廉·詹姆斯（William James，1890）得出过一个类似的结论："记忆绝不只是确认过去某件事情发生的时间，它必须是从与我有关的过去中得到真正的追溯。换句话说，我必须体验到我曾经历过这件事。"詹姆斯认为，个人的回忆中包含着一种"温暖和亲密之感"，让人觉得那是自己的所属之物。

[4] 有关心理学和哲学对记忆的主观体验的观点，有一个有意义的历史讨论，参见Brewer（1996）。

[5] 在 1992 年 8 月 7 日的一次谈话中，沃尔特斯与我谈到了她的看法。此处引用的材料源自一个展览"11 位艺术家和 11 种视角：1992"，展览于马萨诸塞州林肯镇迪克多瓦博物馆举办。

[6] Freud（1899）。

[7] 这一实验在尼格罗与奈塞尔的研究（Nigro & Neisser, 1983）中报告。

[8] 罗宾逊和斯旺森（Robinson & Swanson, 1993）发表了这一实验结果。从"场景回忆"视角切换到"观察者回忆"视角为何会影响主观情绪体验，而在相反的顺序下不会出现这样的结果，这背后的原因并不清晰，但他们在这篇文章中提到了几种可能性。

[9] "记得"和"知道"的区分最初由图尔文（Tulving, 1985）提出。这一区分与曼德勒（Mandler, 1980）、雅可比和达拉斯（Jacoby & Dallas, 1981）以及其他人有关回忆与熟悉感的划分十分类似。布鲁尔（Brewer, 1988）也描述过"传呼机"实验。近期，杜赫斯特与康威（Dewhurst & Conway, 1994）通过一系列密切相关的实验证实了视觉体验在回忆这一主观体验中的重要性。

[10] 有关这一点的详尽记录，参见 Kosslyn（1994）。

[11] 有研究团队（Johnson, Raye, Wang & Taylor, 1979）发现，参与实验的大学生越频繁地想象自己看到过一幅画，他们之后就越有可能回忆并相信自己曾看过这幅画。海门与彭特兰德（Hyman & Pentland, 1996）的研究表明，让人们想象一段童年经历之后，他们有可能对这一想象信以为真，生成与之有关的虚假记忆（见第 4 章）。加里等人（Garry et al., 1996）也发现，让大学生想象一件事，会增加他们认为这一件事发生的可能性。

[12] 这篇文章来自 Block（1995）。

[13] 拉贾拉姆（Rajaram, 1993）描述了有关短暂闪过的词的效应，帕金、加德纳和罗瑟（Parkin, Gardiner & Rosser, 1995）报告了有关面孔的分散注意和记忆的研究。加德纳和同事的研究表明：在实验阶段，如果参与者在学习单词表时分心，他们在后期阶段能"记得"所学单词的可能性会降低，但这不会影响他们对所学单词"知道自己看到过"的熟悉感。加德纳还发现，如果在学习阶段对于所学单词进行深入的分析，可以提高后续测验时"记得"的反应次数，但对于"知道"反应没有影响。加德纳的实验在后续文章（Gardiner

& Java, 1993）中得到汇总。

正如大量研究结果所显示的，不同的实验条件会对"记得"和"知道"体验有不同的作用，加德纳和同事认为，也许这是两种具有本质区别的记忆经验。而唐纳森（Donaldson, 1996）近期的研究却推测，二者之间也许只是量上的差异，"记得"比"知道"有更强的熟悉感罢了。唐纳森给出了一些重要的观点，但这些分析能否很好地解释两者之间被观察到的所有差异，目前尚无定论。

[14] 这一实验由图尔文（Tulving, 1985）发表：相对于给出线索的测验，参与者在没有线索提示的情况下独立地自由回想时，他们会有更多的"记得"体验。这也许是因为，线索引发的往往是对印象不那么深刻的一些片段的熟悉感。

[15] 有关部分回想和"知道"体验的研究，参见 Brown & MacNeil（1966）以及 Schacter & Worling（1985）。

[16] 有关对提示线索的熟悉感会影响"知道"这种体验的证据，我在1981年的博士论文的最后一个实验中就报告过。我发现，在面对相关的提示线索时，即使参与者无法回忆出答案，当他们对线索感到很熟悉时，他们也会强烈地感觉自己知道那个答案。当时我并不觉得自己得到的发现足以发表，但此后来自梅特卡夫等人的研究（Metcalfe, Schwartz, & Joaquim, 1993；Reder & Ritter, 1992；Metcalfe & Shimamura, 1994）清楚地揭示了对线索的熟悉感会带来一种知道答案的体验。在梅特卡夫及同事的研究中，参与者被提供一系列的线索单词，并尝试回忆与之相关的目标单词。在回忆测验开始的几分钟前，参与者会看到一半的线索单词，同时做一些随机的、无关任务。结果发现：当那一半无关任务中使用的线索出现时，参与者更加觉得自己知道对应的记忆内容是什么。但这种对于线索的熟悉并不能帮助他们回忆出更多的目标单词来。

[17] 有关回忆与归因相关的想法，参见 Jacoby, Kelley & Dywan（1989）。相关的想法，参见 Johnson, Hashtroudi & Lindsay（1993）以及 Ross（1989）。

[18] 普鲁斯特的小说集《追忆似水年华》，最常见的英文版书名为 *Remembering of Things Past*。我在书中对该小说的引用基于 D.J. 恩赖特（D.J. Enright）对早期英文版本的修订版，此修订版更名为 *In Search of Lost Time*（Proust, 1992）。

[19] 这段引文和之后的引用来自"在斯万家那边"最新的翻译修订版（Proust, 1992, pp. 60～63）。

[20] 沙特克（Shattuck, 1983）对记忆和时间在普鲁斯特作品中所扮演的角色进行了精湛的分析，并有力地指出了这一点。

[21] 同上，p. 46。

[22] 同上，pp. 46～47。

[23] 马格纳尼的故事由神经学家奥利弗·萨克斯（Sacks, 1995）娓娓道来，他很友好地让我与马格纳尼取得了联系。

[24] Pearce（1988），p. 15。

[25] Sacks（1995），pp. 175～177。

[26] 同上，p. 166。

[27] 1995年8月，苏珊·施瓦岑贝格告诉我，马格纳尼基本上完成了他厨房的装饰工作。

[28] Sacks（1995），p. 186。

[29] 逆行性遗忘和顺行性遗忘这两个术语由法国医生查尔斯·阿扎姆（Charles Azam）在19世纪后期提出，他在一个有名的多重人格案例中描述了失忆现象。有关阿扎姆的一个极有启发性的治疗案例，参见 Hacking（1995）。

[30] GR的病例最初由卢切里等人（Lucchelli, Muggia & Spinnler, 1995）发表。在他们描述的另一案例中，一位男性由于大脑受外伤丧失了大部分记忆，却在一个月后突然恢复。触发记忆恢复的是网球场上的一个失误，这让他想起了许多年前的一次类似失误。卢切里等人也发现，这些记忆恢复的案例与我和我的同事发表的一位因情绪创伤失忆后又恢复记忆的病人情况类似（Schacter et al., 1982）。我会在第8章讲述这个故事。卡珀（Kapur, in press）认为，心理因素对于GR以及其他卢切里等人描述的案例中的遗忘和记忆恢复起着重要的作用。

[31] 辛格尔和萨洛维在他们的专题著作《记忆的自我》（*The Remembered Self*, 1993）中，有力地论证了记忆对于自我身份感的重要性："尽管记忆在无时无刻地记录当下发生的一切，但总有那么一些核心的片段是我们反复回顾的。这些被我们折角标记的内容，尽管也变得模糊，但还是构成了我们人

格最核心的部分……尽管这些记忆也许只是在原本经验的内核之外加上一些外在的修饰、误记和他人引入的描述，尽管发生过的很多事情可能看上去在记忆中交汇成了一件事，它们的本质特性还是具有不可否认的力量，形成了'我是谁'的核心构造。"

[32] 埃斯蒂斯（Estes, 1980）对人类记忆和计算机记忆的异同进行了富有启发性的讨论。

[33] 有关图灵测试的不同观点，参见 Dennett（1991）以及 Penrose（1989）。有关图灵的优秀传记，见 Hodges（1983）。

[34] 有关强人工智能观点的总结，参见 Crevier（1993）和 Penrose（1989）。

[35] Dennett（1991），p. 431。

[36] 对于强人工智能理论，最著名的怀疑可能来自哲学家约翰·瑟尔（John Searle）。他认为，计算机对符号的运算能力可以通过执行某些规则的算法实现，但这并不意味着它们能够理解这些符号，也不意味着它们能意识到这些符号。在对丹尼特（Dennett, 1991）出版的一本书的评论文章中（"The mystery of consciousness: Part II," *The New York Review of Books*, November 16, 1995, pp. 54～61），瑟尔认为丹尼特忽视了人类意识中主观体验的存在。也就是说，丹尼特更多地强调人类意识并不像大家通常以为的那样，而没有同等程度地说明计算机能否获得类似于人类意识的认知体验。在瑟尔看来，丹尼特使用着有关意识的各种词汇用语，但并不承认意识的存在。在对瑟尔评论的回复中（*New York Review*, December 21, 1995, p. 83），丹尼特对瑟尔的几点看法表明了反对意见，但并没有否定瑟尔对于意识的原有看法。在我近期参加的一次学术会议上，丹尼特表明他并不否认时刻流动的意识现象的存在，但他并不认为我们可以找到某个特定的脑区，以对应于意识的生物结构基础，也不相信有一种特定的时刻，可以意味着信息进入了意识（"First person plural: Philosophical problems of consciousness with clinical implications," New Traumatology Conference, Clearwater Beach, Florida, January 1996）。

其他一些哲学家如柯林·麦吉恩（Colin McGinn）等人也认为，很难想象如何以及为何在给一个机器人装上适配的软件后，它就可以具备意识体验。来自牛津大学的数学物理学家罗杰·彭罗斯（Roger Penrose）也认为，计算机智能的标志是按照特定的规则执行算法，这不依赖于任何人类或计算机形式的自我意识。他进一步指出，人类在原有方案不适用的情境下，会调整并形成"新的判断"，"在我看来，这种形成判断的能力是人类意识的核心标志，这是计算机智能无法运算出来的"（Penrose，1989）。也见 McGinn（1990）以及 Searle（1983）。

[37] 有意思的是，一位强人工智能的著名支持者，来自卡内基-梅隆大学的计算机工程师汉斯·莫拉维克（Hans Moravec）认为，非语言性的主观反应对于图灵测试也很重要，这些主观反应可能依赖于类似人脑组织的硬件系统。"在最表层，人类的沟通主要通过语言。在语言交流的表面之下，是包含着神秘的指涉、意象和情绪的感知世界。我们的大脑中有很多这样非语言的运作机制。一个真正有洞察力的图灵测试判断者应该考察这些运作机制，询问'你对此感觉如何''你对这个情况的印象怎样'。在我看来，对于以上机制，没有比人脑内在结构的运作更加简洁的编码方式了。"（Crevier，1993）

[38] Edelman（1992）。在《笛卡尔的错误》一书中，达马西奥（Damasio，1994）更进一步地提出，意识体验与大脑网络结构以及大脑所存在的身体两者皆有联系。

第 2 章

[1] 罗蒂格（Roediger，1980）系统回顾了记忆的空间隐喻，兰多尔（Landauer，1975）描述了"垃圾桶"类比。科里亚特等人（Koriat & Goldsmith, in press）对比了将记忆类比为储存室的观点和另一种观点，后者强调记忆是如何与原来的经验相对应的。

[2] Neisser（1967），p. 285。

[3] 赛西等人（Ceci, DeSimone & Johnson, 1992）描述了巴博的案例，并报告了一系列有关他的记忆能力的实验。米勒（Miller, 1956）描述了"神奇数字"7的重要性。

[4] 工作记忆的开拓性研究是由巴德莱（Baddeley, 1986）及其同事完成的。巴德莱将工作记忆分为若干子系统：一个中央执行系统或称有限工作空间，以

及两个为之服务的次级系统，分别为语音回路和视觉空间板，后者负责暂时性地存储非言语信息。有关语音回路受损病人的案例，参见 Vallar & Shallice（1990）。

[5] "加工深度"一词是"加工水平"的同义词，是通过克雷克和洛克哈特（Craik & Lockhart，1972）的一篇经典论文被引入心理学文献的。

[6] 有关定向任务等特殊技术的讨论，参见 Craik & Tulving（1975）。

[7] 这一发现最早由克雷克和图尔文报告（Craik & Tulving，1975）。其他早期的实验记录了精细编码的重要性，包括斯坦和布兰斯福德（Stein & Bransford，1979）的实验，这些实验揭示了人们在进行精细编码时，即使是细微的差异也会对随后的记忆表现产生重大影响。

[8] 有关精细编码和"记得""知道"体验，参见 Gardiner & Java（1993）。

[9] Nickerson & Adams（1979）。

[10] 西蒙尼德斯的故事是以耶茨的著作（Yates，1966）为基础的，他为记忆术的起源提供了一部权威的历史。

[11] Carruthers（1990）精彩地讲述了记忆术和中世纪的故事。有关视觉形象记忆术和记忆力提高的学术讨论可以参见 Bellezza（1981）和 Bower（1972）。Lorayne 和 Lucas（1974）等人提供了一个有关如何使用记忆术来提高记忆功能的流行方法。Herrmann，Raybeck 和 Gutman（1993）则特别注重提高学生的记忆能力。

[12] 有关反对记忆术的观点，参见 J. Spence（1984）。

[13] 有关想象、思维和大脑的广泛讨论，参见 Kosslyn（1981，1994）。

[14] 卡内基－梅隆大学的另一位大学生长跑运动员 DD 后来也达到并超过了 SF 的记忆水平。DD 以他的有关跑步时间的知识为作为精细编码的策略基础，能够一次性准确回忆出 100 个数字。有关 SF 和 DD 的研究，参见 Chase & Ericsson（1981）。而另一位具有超凡记忆的年轻人 Rajan 和 SF、DD 都不同，他可以一次性记住圆周率的前 31 811 位数字，而且不依赖于任何意识层面的策略（Thompson，Cowan，& Frieman，1993）。但是，他这种超凡的记忆力局限在数字方面。汤普森等人对于其他记忆能力超群的人提供了有益的讨论。

[15] 有关在象棋、桥梁和其他领域的记忆研究，参见 Ericsson & Smith（1991）。

[16] 有关演员的记忆，参见 Noice & Noice（1996）。作为超常记忆领域的专家，安德斯·艾利克森（Ericsson，1992）认为："在某一领域内的专家所表现出的超常记忆，是他们对该领域相关信息进行有意义联想的正常编码的结果。"有关成为专家的自传性研究，参见 Bloom（1985）。

[17] 有关 JD 的详细历史和讨论，参见 Waterhouse（1988）。有关一个与 JD 类似的双胞胎低能天才的富有启发性的案例，参见 Sacks（1985）。

[18] Storr（1992），p. 6。

[19] 更多有关杰里·科克的生活和艺术作品的信息，请参见 Harris（1995），其中包含了一篇我的有关记忆在科克作品中作用的简短文章。

[20] 杰拉德·艾德尔曼（Edelman，1992）对此有过很好的论证，他指出记忆源自对外部事件的不断分类和再分类。

[21] 在 PET 扫描研究中，参与者通过注射或口服的方式摄入某种放射性同位素，之后同位素会被脑部吸收。同位素因不稳定而放射出正电子（从而有所谓正电子发射断层成像的说法），正电子会与电子相碰撞，并释放出与碰撞点具有 180 度夹角的伽马射线。这些射线会被扫描仪中的检测器检测，从而反映出正电子与电子碰撞的位置。在执行一项任务的过程中，活跃的大脑部位比不活跃的大脑部位有更大的血流量，从而有更高的放射性同位素含量，更密集的正电子与电子的碰撞点。PET 扫描仪中的检测器通过记录这些碰撞点的数量，最后可以转换成图像以反映大脑部位的活动水平，从而帮助研究者定位与特定任务密切相关的"热点"部位。

测量区域脑血流只是 PET 扫描的一种方法，另一种方法涉及葡萄糖摄取量的测量。波斯纳和赖克勒（Posner & Raichle，1994）以简明易懂的方式讨论了 PET 技术的性质。正电子发射断层扫描需要人暴露在少量的辐射之下，但其剂量非常小，因此该程序对参与者没有任何风险。

[22] 该研究由卡珀等人（Kapur et al.，1994）描述。每个任务持续约 1 分钟，这是完成一次 PET 扫描所需的时间。对于精细编码任务，志愿者需要在 1 分钟扫描期间判断显示的熟悉词语是指有生命的事物还是无生命的事物。为了进行这项编码任务，志愿者有必要考虑每个词的意义和与其关联的特性。对于

非精细编码的任务，志愿者需要判断在每次 1 分钟扫描中显示的单词是否包含字母。正如预期的那样，后续测试显示，相对于非精细编码任务，通过精细编码人们记住了更多的单词。

[23] 卡珀等人的 PET 研究结果（Kapur et al., 1994）被德姆布等人（Demb et al., 1995）运用功能性核磁共振成像的方法验证，他们发现精细编码过程总是伴随着左侧额下皮质的血流量增加。有关功能性核磁共振成像方法的讨论，参见 Posner & Raichle（1994）。PET 研究也表明，这一脑区的活动和语义加工密切相关（Petersen et al., 1989）。有关编码缺陷和额叶损伤，参见 Schacter（1987b）以及 Stuss, Eskes & Foster（1994）。正如达马西奥（Damasio, 1994）所提醒的那样，额叶包含多个子区域，单纯地表述额叶受损并没有太大的价值。

[24] 有关显著性、精细编码和 ERPs 的研究，参见 Fabiani & Donchin（1995）。

[25] 图尔文等人（Tulving et al., 1994b）通过 PET 研究表明，海马参与对新异图片的编码。有关我们的不可能图形的实验，参见 Schacter, Reiman, et al.（1995）。尽管我在本书以及其他地方经常提到海马的激活，但值得注意的是，由于 PET 扫描图像的精度有限，我们发现的激活脑区往往不仅限于海马，也包括海马周围的一些皮层，比如海马旁回。一些激活位置落在海马当中，另一些落在海马旁回。所以在本文中，我所说的海马区域的激活，通常包括了海马和海马旁回两个结构。

[26] 有关西蒙记忆理论的综述，参见 Schacter, Eich & Tulving（1978）；在科学史和社会科学背景下对于西蒙的生活和思想的深入研究以及更广泛的论述，参见 Schacter（1982）。西蒙有关记忆著作的英译本，参见 Semon（1921, 1923）。

[27] Watt（1905），p. 130。

[28] 有关赫布关于学习的最初表述，参见 Hebb（1949）。当今对于这一问题的探讨和最新证据的综述，参见 McNaughton & Nadel（1989），以及 Merzenich & Sameshima（1993）。

[29] 有关编码特异性原则的经典文献，参见 Tulving & Thompson（1973）以及 Tulving（1983）。

[30] 这里可以引用巴克莱等人（Barclay et al., 1974）研究中的例子来说明：当参与者需要设想这样一个句子，如"那人举起一架钢琴"时，他们很可能会想象出一个人满头大汗地搬动一架沉重的乐器，同时有可能怀疑这东西是否搬得动。但如果参与者设想的句子稍有不同，如"那人给钢琴调音"，在这种情况下，参与者可能会想象有一个人在拨动琴弦或检测琴键，甚至感觉能"听到"一些乐音。以这些句子作为背景，会让参与者以两种不同的方式对"钢琴"这一目标单词进行编码。

一段时间之后，实验者向参与者提供一些简单的短语作为提取线索，要求参与者回忆出目标单词（"钢琴"）。显然，像"某一重物"这样的线索可能会让参与者回想起努力搬动钢琴，但无法使人想到调试琴弦；与此相反，若以"某种能发出优美声音的东西"为线索，参与者会回想起调试琴弦而不是搬动钢琴。这正是巴克莱等人的研究结果。只有在学习"那人举起一架钢琴"这个句子的条件下，以"某一重物"作为线索才能促进更好的回忆水平；相反，只有在学习"那人给钢琴调音"这个句子的条件下，以"某种能发出优美声音的东西"为线索，才能促进更好的回忆水平。

[31] Anderson et al.（1976）。

[32] 有关状态依赖性回忆的研究，艾希（Eich, 1989）为我们提供了一个很好的概述。艾希强调了状态依赖性回忆的一个重要条件：只要向参与者提供外显记忆的提取线索，那么参与者在编码阶段和提取阶段的状态是否一致便无关紧要了。例如，如果参与者在醉酒状态下学习一个词表，包括桃子、苹果、香蕉、老虎、马、猴子等，那么参与者之后依靠自己独立回忆出所有的单词时，就会表现出状态依赖性效应，即在醉酒状态下会比在清醒状态下回忆出更多的目标单词。但是，假如实验者在提取阶段提供某种线索如"水果"和"动物"以帮助参与者回忆，那么参与者就不会表现出状态依赖性效应。因此，在没有其他线索的条件下，重新诱导出先前的状态有助于参与者的回忆，但存在其他线索时，编码阶段的状态便不会对回忆产生影响。

[33] 费舍尔和克雷克（Fisher & Craik, 1977）报告了这一实验；另一个相似的研究，参见 Morris, Branstord & Franks（1977）。

[34] 曼提拉（Mäntylä, 1986）的实验表明，在看过大量单词后，参与者能保持很

好的记忆。谢泼德（Shepard, 1967）和斯坦丁（Standing, 1973）的研究表明，参与者在看完数百张甚至上千张有关实景的图片后，如果立即进行记忆测试，那么他们能够正确地辨认出其中的绝大多数图片。对于这一发现的一种理解是：这些真实的情境，能够引起高度特定的精细编码，这些编码在测验时很容易被再次激活，因为画面本身提供了与编码高度匹配的提取线索。但如果间隔较长的时间再进行测验，人们能辨认的图片或单词数量会少很多。

[35] 对于人和动物被试在被提供线索和提醒的情况下，提取似乎被遗忘的记忆的研究证据，参见 Capaldi & Neath（1995）。

[36] 尼尔案例的详细细节，参见 Vargha-Khadem, Isaacs & Mishkin（1994）。尼尔的肿瘤位于第三脑室附近的松果体区。最后肿瘤虽然被切除了，但 MRI 扫描结果显示，一些对记忆起重要作用的结构受到了破坏，包括左侧海马、部分间脑以及穹窿，即负责海马和间脑之间联系的结构。

[37] Caramazza & Hillis（1991）。

[38] 对于记忆提取的细胞基础的讨论，参见 Johnson（1991）。有关提取的心理学和计算理论，参见 McClelland（1995），Metcalfe（1993）。

[39] 有关这一想法的细节，参见 Damasio（1989），Damasio & Damasio（1994）。

[40] 图尔文（Tulving et al., 1994a）总结了涉及左侧或右侧额叶在记忆提取中的不对称性的证据。

[41] 斯奎尔等人（Squire et al., 1992）的研究发现，在给出单词的头三个字母的条件下，实验参与者在回忆出之前见过的单词时，海马有激活。但从那以后的类似研究中，有些实验发现海马会参与提取过程，有些实验则没有发现。这可能是因为海马的激活依赖于参与者回忆的特定方式以及其他方面的各种因素。相关研究和证据，可参见 Buckner & Tulving（1995）；Buckner et al.（1995）；Grasby et al.（1993）；Schacter, Alpert, et al.（1996）；Ungerleider（1995）。

[42] 为了区别提取努力与回忆的主观体验，我们在实验中调控了信息加工的深度：在参与者学习一个单词表时，他们对其中一些单词进行深度的精细编码，而对另一些单词进行浅层编码。在深度精细编码的情况下，参与者能轻易回忆出大多数目标单词；而在浅层编码的情况下，参与者需努力回想才

能回忆出少数目标单词。在参与者进行提取的过程中，我们扫描了他们的大脑。研究结果发现，当参与者成功回忆出精细编码过的目标单词时，海马高度活跃；而在回忆出进行过浅层编码的目标单词时，最为活跃的脑区则是额叶。有关这一实验，参见 Schacter, Alpert, et al.（1996）以及 Kapur et al.（1995）。目前仍不清楚的是，海马的激活与记忆提取过程中的哪些特性有关，我的研究团队正积极尝试回答这个问题。与我们的结果一致，尼伯格等人（Nyberg, MacIntosh, Houle, et al., 1996）的 PET 研究表明，对于独立的实验参与者而言，海马的活跃水平与成功的记忆提取有较强的正相关。

[43] 有关联想提取和策略提取，参见 Moscovitch（1994）。

[44] 语音语调和面部表情的实验由我实验室的研究生凯文·奥克斯纳（Kevin Ochsner）和布朗大学的心理学家卡里·爱德华兹（Kari Edwards）共同实施。洛夫特斯和帕尔默（Loftus & Palmer, 1974）报告了有关线索对记忆的贡献的数据，我会再第 4 章中进行讨论。

[45] 图尔文（Tulving, 1983）曾提出，回忆是线索与记忆印迹共同的产物。图尔文也将这个想法应用在记忆扭曲中，我认为他的观点富有先见之明："记忆扭曲，即人们回忆出没有发生过的事情，可能是提取信息的建构性角色所引发的。"

[46] McClelland 和 Rumelhart（1986）编辑的有关联结主义和并行分布式处理的经典著作，提供了对于记忆的联结主义取向的极好概述。更多的最新发展和其他观点可以参见 Edelman（1992），Grossberg & Stone（1986），McClelland（1995）。

第 3 章

[1] 此处引文来自大卫·博内蒂（David Bonetti）对于米尔德里德·霍华德展览的评论。我对于霍华德家庭背景的讨论基于与其的私人交流以及两部展览目录：Mildred Howard, *1991 Adaline Kent Award Exhibition*, San Francisco Art Institute；Mildred Howard, *TAP: Investigation of Memory*, Intar Gallery, New York, 1992。

[2] 艾宾浩斯经典专著的英译本，参见 Ebbinghaus（1885/1964）。1985 年，《实验

心理学杂志》(*Journal of Experimental Psychology*)为纪念艾宾浩斯作品出版100周年专门出了一期特刊，刊登了 Slamecka（1985）的长篇回顾和几篇评论。遗忘曲线可以被清晰地表达为幂函数，即遗忘的速度随时间的流逝逐渐下降。Wixted 和 Ebbeson（1991）提供了令人信服的证据，证明遗忘是一种时间的幂函数。

[3] Crovitz & Schiffman（1974）；Rubin（1982）。在克罗维茨和鲁宾的研究中，遗忘曲线的形状都很好地符合了幂函数。克罗维茨重新发现并修改了高尔顿的研究，参见 Galton（1879）。高尔顿也对自己的记忆做过类似的测试，他记录了时间和自己根据提示词回忆相关内容的情况，但与克罗维茨的方法不同，高尔顿没有特别要求自己回忆一段特定的情节。高尔顿的研究在艾宾浩斯的专著出版6年之前得以发表，被公认为第一个探究记忆的实践，但高尔顿没有像艾宾浩斯那样控制研究条件。

[4] 此处引文来自 Cash & Moss（1972），并被洛夫特斯引用（Loftus，1982）。一些遭遇事故的人记不住事故的相关内容，可能是因为他们的大脑受到了损伤。但这并不能很好地解释为何在事故发生9～12个月之后回忆的内容会比3个月内回忆的内容大为减少。

[5] 遗忘的干扰理论在对记忆的实验研究中具有漫长而辉煌的研究历史。参见 Postman & Underwood（1973）。

[6] 伊丽莎白·洛夫特斯和杰弗里·洛夫特斯对于所有的经验都永久地储存在记忆中这一观点做了批判性回顾（Loftus & Loftus，1980）。在第10章，我将介绍一个不符合"距离当下越远，记忆越模糊不清"这一规律的反例，即所谓的回忆高峰。另一种与之不符的情况是，有些内容在得到极好的记忆之后，会进入一种似乎再也不会被遗忘的状态（Bahrick，1979；1984）。

[7] 潘菲尔德的实验报告，参见 Penfield & Perot（1963），这一报告被洛夫特斯夫妇（Loftus & Loftus，1980）以及斯奎尔（Squire，1987）仔细地审读。

[8] Penfield（1969），p. 165。

[9] 相似的批评，参见 Squire（1987）。

[10] Bancaud, Brunet-Bourgin, Chauvel & Halgren（1994），pp. 78～79。

[11] 有关突触连接丧失的神经生物学证据，参见 Bailey & Chen（1989）。

[12]　Linton（1986），p. 63。

[13]　有关富内斯的故事，参见 Borges（1962）。舍雷舍夫斯基的故事来自 Luria（1968）。

[14]　有关遗忘作为一种对环境结构的适应性反应，参见 Anderson & Schooler（1991）。

[15]　Erdelyi（1984，1996）和 Payne（1987）对记忆增强现象进行了出色的评论和讨论。与文字相比，图片似乎更容易发生记忆增强；Payne（1987）考虑了各种可能的解释。有关巩固概念的历史分析，参见 Polster，Nadel & Schacter（1991）以及 Squire（1987）。

[16]　对于脑部创伤后的遗忘症的综述，参见 Levin，Benton & Grossman（1982）；Russell & Nathan（1946）以及 Schacter & Crovitz（1977）。有关"暴击"的研究，参见 Yarnell & Lynch（1973）。

[17]　Abel et al.（1995）。阿贝尔等人对于短期和长期记忆领域使用海兔、小鼠和其他生物体进行的细胞方面的研究做了很好的概述。另见 Kandel，Schwartz & Jessell（1995）以及 Rose（1992）。坎德尔小组的新研究（Bartsch et al.，1995）表明，即使只经过一次刺激，海兔也能巩固长期记忆。当通常抑制长期记忆快速形成的细胞过程被阻止时，就会发生这种情况。

[18]　这一定律的阐述和解释，参见 Ribot（1882）。对于里博的想法的讨论，参见 Roth（1989）；对于他在记忆的科学研究早期发展中的角色，参见 Hacking（1995）。

[19]　有关名人面孔测试的发展，参见 Butters & Albert（1982）；有关电视节目测试，参见 Squire（1987，1992）。

[20]　MacKinnon & Squire（1989）。

[21]　Butters & Cermak（1986）。

[22]　有关逆行性遗忘的动物研究，参见 Zola-Morgan & Squire（1990）；Cho，Beracochea & Jaffard（1993）；Kim & Fanselow（1992）。

[23]　有关患者 EH 和脸部识别问题（"面孔失认症"）的一般讨论，见 Damasio，Tranel & Damasio（1990）。面部和物体识别障碍的研究由 Farah（1990）做了很好的回顾。夏克特和纳德尔（Schacter & Nadel，1991）回顾了顶叶损

伤患者的空间记忆缺陷，莫斯科维奇等人（Moscovitch et al., 1995）介绍了 PET 数据。加德纳（Gardner, 1975）为威尔尼克区失语症患者的案例提供了很好的介绍。有关信息存储在大脑皮层网络中的原理的一般讨论，见 Damasio（1989）和 Mesulam（1990）。

[24] 有关记忆巩固和内侧颞叶的神经生物学观点，参见 Damasio（1989）; Squire, Cohen, & Nadel（1984）; Squire（1987, 1992）以及 Teyler & DiScenna（1986）。

[25] McClelland, McNaughton & O'Reilly（1995）。

[26] 有关视觉再组织，参见 Darien-Smith & Gilbert（1994）。

[27] 有关梦、巩固和海马的观点，见 Winson（1985）以及 Reiser（1990）。Wilson 和 McNaughton（1994）报告了有关大鼠、海马和睡眠的研究。有关一个在 REM 期间巩固视觉技能的实验，见 Karni et al.（1994）。卡尔尼的研究表明，在视觉技能的学习中，早期视觉加工的过程会发生变化，因而海马对记忆巩固的作用还有待进一步证实。为此，卡尔尼目前正在测试，内侧颞叶受损的病人能否正常地习得视觉技能。有关快速眼动睡眠是否有助于记忆的巩固，也有一些研究得到了正向的发现，但这些研究的有效性还存在一些问题（Horne & McGrath, 1984）。

[28] 有关阿连德感人至深的人生故事，参见 Allende（1995）。

[29] 有关各种自传性知识的区别，见 Conway & Rubin（1993）。Linton（1986）和 Neisser（1986）也提出了类似的区分。认知心理学家和神经心理学家对实验室之外的日常记忆的科学关注，很大程度上是由 Neisser（1978）的一篇重要论文所激发的。巴纳吉和克劳德（Banaji & Crowder, 1989）认为，自然主义的研究方式价值有限，因为其研究方法不够严谨。但我个人认为，记忆的科学研究应当囊括实验室研究和对于日常经验的研究。

[30] Allende（1995）, pp. 83～84。

[31] 巴萨卢（Barsalou, 1988）将一般事件作为进入自传体记忆的切入点，这项研究与罗施等人（Rosch et al., 1976）描述的有关进入语义知识（基本层次）的首选切入点的经典工作类似。

[32] 康威和贝克瑞安（Conway & Bekerian, 1987）的研究表明，以生活阶段作为提示线索有助于参与者回忆出特定的经历和情节，还能加速记忆提取的过

程。另见 Reiser，Black，& Abelson（1985）。

[33] 有关 PS 的详细描述，参见 Hodges & McCarthy（1993）。

[34] Allende（1995），p. 8。

[35] McAdams（1993），p. 28。有关人生故事和个人神话的相似想法，参见 Kotre（1995），Kris（1956），Schank（1990）以及 Singer & Salovey（1993）。

[36] Price（1992）。

[37] 有关对童年和家庭生活回忆的研究，参见 Brewin，Andrews & Gotlib（1993）。在 Brewin 等人看来，对于童年经历的整体回忆不够现实的担忧被毫无必要地夸大了。

[38] Barclay（1986），p. 97。

[39] 伊莎贝尔·阿连德的话引自《波士顿环球报》（*Boston Globe*）的一篇采访，"The spirits of Isabel Allende，"May 24，1995，p. 80。葆拉的信引自 Allende（1995），p. 322。

第 4 章

[1] Breznitz（1993），p. 179。

[2] 有关瓦勒斯和德米扬鲁克案件，参见瓦格纳尔的记录（Wagenaar，1988）。《纽约时报》关于德米扬鲁克案件的一篇报道写道："司法部门认为他们的处理方式没有任何不当之处。哪怕德米扬鲁克不是伊万，那么他也是党卫军的成员，在他的移民申请书上撒了谎，以掩盖他是纳粹团伙的事实。因此他必须被逐出美国。"

[3] 厄尔代里（Erdelyi，1985）认为，弗洛伊德改变自己的观点，是他对病人在治疗过程中的回忆以及催眠诱导的回忆批判分析的结果。而梅森（Masson，1984）则认为，弗洛伊德是迫于批评的压力，因无力回击而改变了自己的观点。奥夫西等人（Ofshe & Watters，1994）甚至认为弗洛伊德的方式有胁迫的成分，病人不得不形成一些虚假的记忆。

[4] D. P. Spence（1984）对这些观点提供了很好的分析。有关弗洛伊德讲述记忆屏蔽的翻译版本，参见 Freud（1899）。

[5] 说来奇怪，巴特莱特那些具有开创性的研究，从来没被其他人重复过。参见

Gauld & Stephenson(1967)。

[6] 关于卡蓬案件和三个人的照片,参见 Buckhout(1974),Wagenaar(1988)。瓦格纳尔也指出,在德米扬鲁克案件中也有类似的现象发生。

[7] 研究发现(Schooler & Engstler-Schooler, 1990),对语言标签的编码有损于对面孔和颜色的识别。品尝红酒也会受到类似的影响(Melcher & Schooler, 1996)。有趣的是,专业的品酒师却不会受到这样的干扰,因为他们能很好地将味觉用语言表述出来。但这种效应可能更应被称为"再编码"效应,而不是"编码"效应。因为在研究语言标签干扰作用的实验中,参与者通常会在编码非言语刺激之后一定时间才生成标签。

[8] 有关棒球实验,参见 Arkes & Freedman(1984)。有关类似的诠释,参见 Bransford & Franks(1971)以及 Sulin & Dooling(1974)。

[9] 心理学家一般将这种推理称为以图式为基础的推理。图式是指基于过去经验的一种结构性单元,用于理解和分析当前的情境。这一术语最初由英国心理学家弗雷德里克·巴特莱特(Frederic Bartlett, 1932)提出。关于图式和记忆相关的研究以及理论回顾,参见 Alba & Hasher(1983)。

[10] 最初有关"sweet"(甜味)实验的解释可参见 Deese(1959)。迪斯只探究了回想受到的干扰。更有说服力的新实验参见 Roediger & McDermott(1995),他们的数据包括了回想,是/否再认以及记得/知道的判断。也有其他研究人员报告错认现象,这方面的综述可参见 Schacter(1995a)。

[11] 这一项 PET 研究参见 Schacter et al.(1996)。在后来的一项研究中,我们通过事件相关电位的手段探究了正确和错误识别情况下的脑活动。当同类的词放在同一组让参与者识别时,我们能发现类似于 PET 研究中发现的结果,即正确和错误的识别存在大脑活动的差异。但如果不同类型的词随机地放在一组进行识别,我们检测不到正确和错误识别的大脑活动差异。查尔斯·布雷纳德(Charles Brainerd)和瓦莱里·雷纳(Valerie Reyna)提出"模糊痕迹理论"来解释对于过去经验的错误识别。这一理论认为,准确的回想依赖于对特定情节和内容的重现,而错误识别往往基于概括性表征,而这种表征会产生当下线索与过去经验整体特征之间模糊的相似性(Brainerd, Reyna & Brandse, 1995, p. 360)。可是,对于"甜"这一单词的错误识别却伴随

着生动的回想，而不是模糊的相似感。对此，夏克特等人（Schacter et al., 1996）提出了"模糊痕迹理论"的修正版来解释记忆正常的个体与失忆个体错误识别的现象。

[12] 有关联结主义与记忆扭曲的讨论，参见 McClelland（1995）。

[13] 阿诺德的故事可见 Geary（1994），该研究者提供了丰富的信息，说明在11世纪的欧洲人们是如何理解记忆的本质和功能的。

[14] 洛夫特斯（Loftus & Palmer, 1974）等人最早通过实验探究这个问题，他们希望确认的是：提示线索的表述方式会不会影响参与者的回忆方式和内容。在一个实验中，参与者看完一段有关机动车事故的视频之后，他们需要回忆一些相关信息。当研究者向参与者提的问题是"当那两辆车冲撞到一起时车速大概是多少"时，参与者估计的车速要比问他们"当那两辆汽车碰到一起时车速大概是多少"时快得多。线索本身的性质会塑造或影响回忆的建构，这可以帮助我们理解这些发现的意义。就这个实验而言，参与者对动词"冲撞"的理解影响了他们对速度的记忆建构，其影响程度可能不亚于他们对视频中的相关信息片段的记忆。

[15] 关于刷牙和学习技能的实验，参见 Ross & Conway（1986）。关于政治态度的研究，参见 Marcus（1986），这些研究被道斯（Dawes, 1988；1991）很好地进行了总结。道斯也对另一项有相似结果的研究（Collins et al., 1995）进行了讨论。在一群高中生报告自己使用成瘾物质的情况之后，研究者在一年以及两年半之后回访他们，并询问他们第一次访谈时所说的情况大概是怎样。结果发现，他们对于第一次访谈时情况的评估更多地受到目前使用成瘾物质情况的影响，而非基于当时所述的切实记忆。比如一位高中生在这段时期内的饮酒情况有了较大的变化，则他更可能觉得当时回答的情况与现在的饮酒水平类似。更多关于回忆偏向性的证据，参见 Ross（1989）。

[16] 引自 D. P. Spence（1984），pp. 93～94。

[17] 林和纳什（Lynn & Nash, 1994）认为，通过催眠易感性量表所认定的高度易被催眠者和中度易被催眠者都"特别容易受暗示的影响而歪曲记忆，即使在非催眠的情境下也是如此"。

[18] 斯帕齐亚诺的律师梅洛指出，斯帕齐亚诺不是合唱队的成员，他犯了强奸

罪，尽管一些细节性的反面证据包括催眠暗示在内的信息并没有被陪审团参考。在奇利斯同意死刑缓期执行后的报道表明，法庭将维持原判，州法庭检察方的律师仍认为斯帕齐亚诺有罪。而在接下来的一天，迪利西奥开始怀疑自己在催眠状态下提供的证词是否可靠。而在 6 月 30 号 ABC 电视台采访他时，他彻底否认了自己的证词："到现在，我完全肯定自己并没有和斯帕齐亚诺一起去弃尸的地方。"直到 1995 年的深秋，斯帕齐亚诺的判决仍然悬而未决。有关催眠的讨论和观点，参见 Pettinati（1988）。

[19] 迪万和鲍尔斯（Dywan & Bowers，1983）为我们提供了一个很好的例子，可以表明催眠能使参与者更倾向于将某一心理事件当成"记忆"。实验的参与者先观看了一组日常物品的线条画，然后在测验中回忆了这些图画。测验结束后，其中一半的参与者接受了催眠，另一半参与者没有。在接下来的记忆测验中，经历了催眠的参与者能够回忆出更多在第一次测验中未能回忆出的图片，但他们同时也会更多地将并未呈现的图片错误识别为呈现过的。

[20] Laurence 和 Perry（1983）报告了"夜间噪声"的研究；Lynn & Nash（1994），Brown（1995），Kihlstrom（in press b）总结了有关催眠诱导错误记忆的实验性文献。

[21] 《前线》节目的纪录片于 1995 年 4 月 4 日播放。Baker（1992）对于催眠诱导的关于"前世"和外星人绑架的记忆进行了批评。Spanos et al.（1991）提供了相关的实验证据。Mack（1994）提供了那些相信自己被外星人绑架的人的视角，但这些人的记忆是在催眠的状态下得到的，因此符合前文所述：催眠能够诱发这种夸大、奇特的记忆，而非恢复对真实经历的回忆。

[22] Loftus（1993），p. 532；Loftus & Ketcham（1994）。后续研究（Loftus & Pickrell，1995）发现，大概 25% 的参与者生成了虚假的童年记忆。

[23] 海曼等人（Hyman & Billings，1995）的研究发现，个体生成虚假记忆的倾向与他们在创造性想象量表（Wilson & Barber，1978）上的得分正相关（+0.36），而这个量表反映的是个体想象的生动性和对暗示的反应性。此外，虚假记忆的产生也与解离经验量表（Bernstein & Putman，1986）的得分正相关（+0.48），这个量表反映了个体的注意力、记忆瓦解的倾向性。

[24] 在一项有关确信感与记忆准确性的元分析研究中，斯波尔等人（Sporer et al.，

1995）发现，整体而言，如果囊括所有正确识别嫌疑犯和无法识别嫌疑犯的情况，确信感与记忆准确性之间并不存在显著的相关性。而如果只看那些正确识别嫌疑犯的数据，那么确信感与记忆准确性之间有一定程度的正相关。

[25] 最后一句引言来自 Neisser（1982），p. 159。关于目击者证言可信度和准确性的研究，参见 Wells（1993）。

[26] 有关希尔-托马斯案中与记忆相关的讨论，参见 Pezdek & Prull（1993）。伊丽莎白·洛夫特斯讨论了辛普森案中信心与回忆的问题，见 *Los Angeles Times*（August 25, 1995, p. B9），"The Whole Truth and Nothing but the Truth?"

[27] 里德等人（Read et al., 1990）认为，汤普森一案可能体现了"无意识转换"的效应，受害者混淆了无关的第三者和真正的罪犯；也见 Ross et al.（1994）。汤普森本人（Thompson, 1988）对记忆扭曲也提供了一个有启发性的分析。

[28] 洛夫特斯早期有关证人受暗示的实验，参见 Loftus, Miller, & Burns（1978）；有关更近期的研究，参见 Loftus, Feldman & Dashiell（1995）。

[29] 麦克洛斯基和萨拉戈萨（McCloskey & Zaragoza, 1985）提供了令人信服的证据，表明在洛夫特斯的范式中，参与者原来的记忆并没有被改写。Linsay（1990）实施了告知参与者原始事件后的叙述都是虚构情节的研究。

[30] Jacoby, Kelley, Brown, and Jasechko（1989）。

[31] Johnson and Raye（1981）；Johnson et al.（1988）；Johnson, Hashtroudi, and Lindsay（1993）。

[32] 有关源记忆提取失败的社会性启示的讨论，参见 Johnson（1996）以及 Riccio, Rabinowitz & Axelrod（1994）；有关信息源可信度的社会心理学研究，见 Pratkanis et al.（1988）；有关信任偏见的研究，参见 Gilbert（1991）；有关源记忆提取失败与未被证实的信念之间的关系，见 Begg et al.（1992）。

[33] 有关综述回顾，参见 Friedman（1993）。

[34] 参见 Brown, Rips, & Shevell（1985）。有关时间序列记忆的扭曲，以及对估计犯罪频率和其他社会问题的启示，参见 Loftus, Fienberg, & Tanur（1985）。

[35] 在夏克特等人（Schacter, Harbluk, & McLachlan, 1984）所发表的源记忆遗忘症病例研究中，吉恩是病人之一。源记忆遗忘症这一术语由伊万斯等人（Evans & Thorn, 1966）在催眠研究中提出。

[36] 有关脑损伤仅限于额叶的源记忆遗忘症，参见 Janowsky, Shimamura & Squire（1989）；有关额叶损伤患者在时序记忆方面的损伤，参见 Milner, Corsi, & Leonard（1991）。

[37] Moscovitch（1995），p. 228。正如莫斯科维奇等人强调的那样，并非所有额叶受伤病人都表现出记忆虚构，毕竟额叶包含了众多分区，不同的分区起着不同的作用。只有当损伤涉及腹内侧额叶及其相邻的基底前脑时，病人才表现出大量的记忆虚构。一项与记忆虚构有关的 PET 研究（Silbersweig et al., 1995）发现，当精神分裂症病人出现错觉时，他们的前额叶活动性很低，这可能反映出他们监控心理事件源信息能力的减弱。有趣的是，当出现幻觉时，海马活动极其活跃。从将海马的活动与外显记忆提取联系在一起的 PET 研究的视角来看，海马活动的增加与额叶活动的抑制可能与精神分裂症病人误将过去的经历认为是当下的现实情境有关。

[38] Dalla Barha（1993）。

[39] Talland（1965）。

[40] 这个观点由 Moscovitch（1995）进一步发展。

[41] 完整报告见 Schacter, Curran et al.（1996）。尽管我对弗兰克这个案例的兴趣源自右侧额叶对于外显提取的作用，但是弗兰克大脑受伤的部位其实比相关 PET 研究中发现的与外显提取有关的脑区更靠后。所以，我们无法确切地说，弗兰克的误认行为与 PET 研究中看到的健康参与者右侧额叶的激活必然相关。此外，我们也无法肯定，病理性的误认现象与右侧额叶损伤之间的确切关系。毕竟，也有研究（Parkin et al., in press）发现，左侧额叶受损的病人也会出现误认。有关脑损伤产生的误认的进一步理论分析，参见 Norman & Schacter (in press)。

[42] Phelps & Gazzaniga（1992）；Metcalfe, Funnell, & Gazzaniga（1995）。有关裂脑人的情况，参见 Gazzaniga（1985）。

[43] 有关综述与讨论，参见 Bruck & Ceci（1995）与 Nathan & Snedeker（1995）。

- [44] 1995 年 5 月，州法庭否定了此前对于罗伯特等人的定罪，并为他们重新安排了庭审。但几周之后，北卡罗来纳州的最高法院终止了这一裁决，最高法院维持原有判决，禁止案件的重审。参见 Charlotte Observer，"Court Stops Appeals Ruling in Kelly Case, Prosecutors Get Chance for Review," by Estes Thomson（May 23, 1995, p. C4）。
- [45] Ceci & Bruck（1995），p. 12。有关迈克尔斯一案的细致讨论，也可参见 Bruck & Ceci（1995）。
- [46] 有关儿童证人和证词的全面综述与讨论，参见 Ceci & Bruck（1993, 1995）。
- [47] 有关这些实验的综述回顾，参见 Ceci（1995）。
- [48] 引自 Ceci（1995），p. 103。
- [49] 除了山姆·斯通（Leichtman & Ceci, 1995）的这项研究，研究者还发现，如果预先告诉儿童，斯通是个坏人，那么这些儿童会更倾向于错误地回忆出斯通并未做过的事情。预先得知负面信息和被误导性信息暗示的孩子最有可能生成这些虚假记忆。实际上，有 70% 左右的 3～4 岁的孩子在这两种情况同时存在的条件下，回忆出斯通并未做过的事情。而当研究者质疑他们的回忆，进一步问他们："其实你并没有看到他对那本书 / 那只泰迪熊做过什么对不对？"大部分孩子会收回自己的判断，只有 20% 的孩子会坚持自己原来的记忆。尽管这个研究表明，只有一小部分孩子会被彻底误导，但那么多孩子在研究者的质疑面前收回自己说过的话这一点，也反映了成年人对于孩子的影响力，以及孩子的记忆是如此多变。
- [50] Bruck et al.（1995）。
- [51] 参见 Fivush & Schwarzmueller（1995）。Goodman et al.（1994）以及 Saywitz & Moan-Hardie（1994）也提供了证据，支持年幼儿童对日常经历的准确记忆。有关儿童记忆扭曲的研究综述与讨论，参见 Bruck & Ceci（1995）以及 Ceci（1995）。
- [52] Schacter, Kagan, and Leichtman（1995）。
- [53] 有关英格拉姆的故事，参见 Wright（1993）在《纽约客》上的文章及随后出版的书（Wright, 1994）；也可参见 Ofshe & Watters（1994）。
- [54] 奥力欧等人（Olio & Cornell, 1995）对奥夫西的观察提出了批评意见，他们从另一个角度理解英格拉姆的情况：英格拉姆的情况可能与他复杂且特异的过去和性格有关。他承认自己是一个冷漠甚至有时候会失职的父亲。英格拉姆也很可能是人群中最容易受暗示影响的那一类。

第 5 章

[1] 那两场高尔夫活动最初报告于 Schacter（1983）。

[2] 有关 HM 的传记，参见 Hilts（1995）。

[3] 有关 HM 的早期描述，参见 Scoville & Milner（1957）；Corkin（1984）也提供了有关 HM 的全面介绍。

[4] 参见 Hirsh（1974）以及 O'Keefe & Nadel（1978）。

[5] 有关 RB 的案例，参见 Zola-Morgan, Squire & Amaral（1986）。有关类似 RB 的例子，参见 Zola-Morgan（in press）。

[6] 有关单纯疱疹脑炎的神经生理学机制，参见 Damasio & Van Hoesen（1985）。

[7] SS 的案例在 Cermak & O'Connor（1983）中得到了充分的呈现。Damasio, Tranel & Damasio（1989）总结了鲍斯维尔的案例。

[8] 这个引用来自大卫·简（David Jane）提供给我的一封未发表的访谈，其中还有描述他情况的一封信。

[9] 参见 Jones-Gotman（1986），Smith & Milner（1981）。

[10] Hall（1993）。

[11] 有关脑炎损伤的综述，参见 Parkin & Leng（1993）。

[12] Mishkin（1978, 1982）。

[13] 海马的长时程增强效应由 Bliss & Lømo（1973）发现。大量的研究发现表明，海马长时程增强效应的特性令其非常适合作为记忆机制的神经元基础。关于 LTP 的近期讨论，参见 Bliss & Collingridge（1993）以及 Maren & Baudry（1995）。

[14] 有关海马功能的最初的认知地图理论，参见 O'Keefe & Nadel（1978）。有关海马与空间地图的关系，参见 Nadel（1994），Cohen & Eichenbaum（1993），以及 Cave & Squire（1991）。灵长类海马作用于再认记忆的证据，参见 Zola-Morgan, Squire & Ramus（1994）。

[15] 参见 Murray, Gaffan & Mishkin（1993）; Squire & Zola-Morgan（1991）; Zola-Morgan et al.（1989）。

[16] Butters & Cermak（1980）。

[17] 科萨科夫综合征的例子选自 Talland（1965）, pp. 46～48。

[18] 与科萨科夫综合征患者交谈的内容选自 Gardner（1975）, p. 183。

[19] 核磁共振成像的内容报告于 Jernigan et al.（1991）, 尸体解剖的数据来自 Mair, Warrington & Weiskrantz（1979）; Victor, Adams & Collins（1989）。也可参见 Parkin & Leng（1993）。

[20] 这一脑回路通常被称为帕佩兹环路（Papez Circuit）。尽管内侧颞叶－间脑这一脑回路因其简明性颇具吸引力，但由于错误或失败的实验无法验证其直接假设——破坏大脑穹窿这一连接间脑和海马的结构会导致失忆这一点，而被研究者所排斥。早期的临床研究无法证明穹窿的损伤会引发记忆的丧失。更近期的研究发现（Gaffan, Gaffan & Hodges, 1991），穹窿受损的病人确实表现出遗忘新近记忆的症状，只是他们的遗忘没有那么严重和全面。关于这一脑回路的基本总结，参见 Mayes（1988）以及 Zola-Morgan & Squire（1993）。遗忘症的神经解剖研究的后续进展可能有助于解释与穹窿损伤相关的轻度遗忘症。在 20 世纪 80 年代早期，莫蒂默·米什金（Mortimer Mishkin, 1982）强调有两个不同的回路连接着内侧颞叶和间脑。一个回路包括海马体和乳头体，由穹窿连接。另一个回路包括杏仁核和丘脑的一个重要部分，即背内侧核，但不涉及穹窿。严重的遗忘症可能需要同时损伤两个回路。

[21] 阿尔茨海默病的神经病理学机制，参见 Price & Sisodia（1992）以及 Van Hoesen & Damasio（1987）, Pollen（1993）。Hasselmo（1994）的理论研究发现，如果乙酰胆碱（一种阿尔茨海默病病人缺乏的神经递质）缺乏，脑内的突触连接会发生脱落和改变，而这又进一步引发病理性的斑块沉积和突触的无序缠绕。

[22] 最近关于遗忘症患者语义学习的证据以及对早期研究的回顾，参见 Hamann & Squire（1995）以及 Verfaellie, Reiss & Roth（1995）。在第 6 章所述的研究中，我的同事和我设计了一些技术，使遗忘症患者能够学习大量的新词和事实，尽管速度比正常人慢（Glisky, Schacter & Tulving, 1986a, b）。

关于遗忘症病人"记得"和"知道"反应的研究，参见 Knowlton & Squire（1995）。

尽管所有研究者都认为，遗忘症病人很难回忆过去的细节性情节和背景，但有关遗忘症病人是否同时也失去了以熟悉感为基础的、对近期经验的再认能力，大家的意见并不一致。海斯特等人（Haist, Shimamura & Squire, 1992）的研究表明，对于内侧颞叶受损的病人，其回想和再认能力同时受损。虽然有些遗忘症病人在再认测验中比在回想测验中确实表现得稍微好一些（Hirst et al., 1988），但他们在二者中均表现出严重的障碍。其他一些研究表明，与记忆正常的人相比，遗忘症病人的再认能力主要依赖于熟悉感，而不是借助对于经验背景的回忆（Verfaellie & Treadwell, 1993）。但另一方面，有证据表明，遗忘症病人对经验的熟悉感同样受到了损伤。

[23] Tulving et al.（1988）提供了详细的个案研究。尽管我们当时没有核磁共振成像的数据，吉恩后来的核磁成像检测表明其左侧海马受损。

[24] 关于吉恩个性的讨论，参见 Tulving（1993）。有关他的语义学习的研究，参见 Hayman, MacDonald & Tulving（1993）。

[25] 关于鲍斯维尔的研究，见 Damasio et al.（1989）。Cermak & O'Connor（1983）提供了 SS 案例的全面描述。另一个得到深入研究的脑炎患者 RFR，也能很好地借用"语义"记忆回想过去，但他无法回忆任何特殊经历的具体细节。对于他无法回忆任何情节记忆的人生阶段，他能够提取言语性的语义记忆。比如，尽管他对 20 世纪 80 年代以来的任何事件没有任何情节记忆，但他能够充分定义"艾滋病""撒切尔主义"之类的词语。当看到一些名人和普通人的照片时，他能轻松地分辨哪些是名人，哪些不是。虽然难以想出这些名人的名字，但如果能得到一些提示线索，他也会较快地反应过来。参见 Warrington & McCarthy（1988）。

[26] Conway（1992）提供了相似的分析。吉恩和 SS 都存在对记忆起关键作用的皮层联合区的损伤。如果受伤的部位仅局限于内侧颞叶，那么病人逆行性遗忘症的表现形式会更有限。参见 Hodges（1995）。

[27] De Renzi, Liotti, & Nichelli（1987）。

[28] 引文来自 Hodges et al.（1992），他认为这种现象可能对应于某种阿尔茨海默

病的亚型。

[29] 有关类别特异性的损伤，参见 Damasio（1990），Hillis & Caramazza（1991），以及 Warrington & Shallice（1984）。有关类别特异性损伤究竟是怎样的，由什么原因导致，存在许多理论，具体可参见 Damasio（1990），Farah & McClelland（1991），以及 Patterson & Hodges（1995）。

[30] Martin et al.（1996）报告了有关识别工具与物体的 PET 数据；Decety et al.（1994）报告了有关想象动作的 PET 数据。Martin et al.（1995）发现，当人们说出表示动作的词时，左侧颞中回被激活。关于不同种类的类别特异性损伤所涉及的大脑区域的回顾，见 Gainotti et al.（1995）。

[31] 这段交谈选自 Gardner（1975），pp. 181～182。

[32] 有关科萨科夫综合征患者意识方面的观察总结，参见 Shimamura（1994）。

[33] 有关前交通动脉与基底前脑部分损伤的影响，参见 Damasio et al.（1989）以及 Parkin & Leng（1993）。Hanley et al.（1994）提供了相对于回想，再认能力得以保留的证据。

[34] 该预测研究参见 Schacter（1991）。

[35] 该脑炎患者的情况由 Rose & Symonds（1960）描述。间脑损伤患者的案例由 Kaushall, Zetin & Squire（1981）提供。有关 HM 的意识情况，参见 Hilts（1995）。Corkin（1984）也描述了患者 HM 的情况。有关对于记忆与认知障碍的意识，参见 McGlynn & Schacter（1989）以及 Prigatano & Schacter（1991）。

[36] 有关短暂性全面遗忘的观察，参见 Evans（1966），Hodges & Warlow（1990），以及 Kritchevsky，Squire & Zouzounis（1988）。

[37] 有关综述，参见 McGlynn & Schacter（1989）以及 Schacter（1991）。

[38] Mercer et al.（1977）。

[39] 有关病人 BM 的情况，参见 Ramachandran（1995）。

[40] 有关对损伤的意识与复原的讨论，参见 Prigatano（1991），Schacter（1991），以及 Stuss（1991）。

[41] 有关黛安娜疾病的故事，参见 McGowin（1993）。

[42] 格兰·柯林斯的回忆发表在 *New York Times*，November 10, 1994, "Enduring

a Disease that Steals the Soul."

[43] 有关虚构记忆、额叶损伤与阿尔茨海默病患者对自身状况不自知的关系，参见 Dalla Barba et al.（in press）。有关阿尔茨海默病患者对疾病自制力的综述与讨论，参见 McGlynn & Kasniak（1991）。

第 6 章

[1] Richardson-Klavehn & Bjork（1988）认为，对内隐记忆的研究是对于"我们如何测量和解释过去事件对当下行为体验的影响的一次革命"。

[2] 参见 Warrington & Weiskrantz（1968，1974）。

[3] 有关遗忘症与盲视之间的关系，参见 Weiskrantz（1978）；有关盲视的治疗，参见 Weiskrantz（1986）。Schacter（1992）提供了在各种神经心理综合征中内隐知识的综述。

[4] 有关动作技能学习与 HM 的案例，参见 Corkin（1968）以及 Milner, Corkin & Teuber（1968）。有关支持遗忘症病人完好的动作技能学习和记忆的近期证据，参见 Tranel et al.（1994）。有关内隐记忆早期观察的历史综述，参见 Schacter（1987a）。

[5] 有关弗洛伊德和其他人对于无意识的早期观点的总结，参见 Ellenberger（1970）。有关实验性地检测这些观点的内容，参见 Shevrin（1988，1992）。有关这位患遗忘症的裁缝的情况，参见 Dunn（1845）。有关记忆与习惯的区别，参见 Bergson（1911）。

[6] 我后来调整了和米奇所做的实验范式，用于研究第 4 章中的源记忆。参见 Schacter, Harbluk & McLachlan（1984）。

[7] 该实验由 Tulving, Schacter & Stark（1982）报告。我们的研究发现，启动效应与参与者是否记得看过目标单词无关，它所反映的问题现在被称为随机独立性。后来对随机独立性的分析逐渐成为一个颇有争议的论题。参见 Hayman & Tulving（1989）。

[8] Dannay（1980），p. 681，引用于 Brown & Murphy（1989）。

[9] 有关弗洛伊德的引言，参见 Taylor（1965），p. 1113。Brown & Murphy（1989），以及 Marsh & Landau（1995）提供了无意识剽窃的实验性类比（也称为潜在

记忆），参见 Baker（1992）。

[10] 这些实验由 Jacoby & Dallas（1981）报告。后来的研究表明，如果实验参与者在学习阶段是通过看词学习，之后需要在听觉测验中从噪声中识别目标单词，那么启动效应会减弱。参见 Jackson & Morton（1984）。

[11] 在不同测验指导语条件下引发的不同加工深度效应，参见 Graf & Mandler（1984）。Graf, Squire & Mandler（1984）证实，遗忘症病人在补全单词任务中的表现，在很大程度上取决于指导语。这些实验有一个基本模式是，若建议记忆正常参与者回想所学的单词表，就能促进他们的表现，但这对于遗忘症病人而言则无效。因为不管向他们提供什么样的指导语，他们都依赖于启动效应来完成任务。

[12] Tulving et al.（1982），p. 341。

[13] 梅因·德比兰的思想，见 Maine de Biran（1929），Schacter（1987a）以及 Schacter & Tulving（1994）的总结。对于短时记忆与长时记忆的对比，见 Baddeley（1986）。关于情景记忆和语义记忆的区别，见 Tulving（1972, 1983）。

相对于多元记忆系统的理论，单一记忆系统的理论通常关注在不同记忆任务当中的编码和提取过程。代表性的观点有 Jacoby（1983），Masson & MacLeod（1992），Roediger, Weldon & Challis（1989），以及 Ratcliff & McKoon（1995）。一些研究者试图统一单一系统和多元系统的取向，包括 Blaxton（1995）、Gabrieli（1995）、Roediger（1990）和 Schacter（1990）。关于记忆系统的一般讨论，见 Schacter & Tulving（1994）。

[14] Cohen & Squire（1980）。词语镜像阅读的任务由 Kolers（1975）设计。

[15] 有关外显与内隐记忆最初的区分，参见 Graf & Schacter（1985）。有关内隐记忆的历史综述，参见 Schacter（1987a）。内隐记忆更近期的研究回顾，参见 Roediger & McDermott（1993）以及 Schacter, Chiu & Ochsner（1993）。

[16] 关于偏好偏差的发现最早由 Kunst-Wilson & Zajonc（1980）报告。Pendergrast（1993）描述了关于可口可乐和爆米花事件是如何发展传播的以及它为什么是一场骗局。事实上，很少有证据表明阈下信息的效应在真实环境下仍然成立（Merikle, 1988）。尽管实验室的研究发现表明，意识不到的内容可以影响

我们的行为表现，但这种效应时间短暂，也无法说明能在商业广告当中运用类似的手段。有意思的是，人们通常会担心自己的行为受到阈下信息的影响（Wilson & Brekke，1994）。

[17] 有关鲍斯维尔的研究，参见 Damasio et al.（1989）；关于遗忘症病人的情绪内隐记忆的更多证据，也参见 Johnson，Kim & Risse（1985）。关于产生敌对情绪的词汇的实验，参见 Bargh & Pietromonaco（1982）。有关偏好与情绪感受的无意识塑造的其他证据，参见 Bargh（1992），Niedenthal（1992），以及 Greenwald & Banaji（1995）。

[18] 手术事故假象的研究由 Levinson（1965）报告。很难想象这类实验会被今天的伦理委员会批准或得到社会的认可。

[19] 关于在麻醉下提供暗示信息能改善术后恢复的证据，见 Evans & Richardson（1988）。Eich，Reeves & Katz（1985）提供了对记忆和麻醉的早期研究的批判性回顾。Kihlstrom & Schacter（1990）回顾了最近的工作。我们在自己的研究中发现，一种麻醉剂异氟醚有显著的启动效应（Kihlstrom et al.，1990），但用另一种麻醉剂舒芬太尼则没有启动效应（Cork，Kihlstrom & Schacter，1992）。

麻醉状态下正面效应的发现可能意味着在睡眠状态下呈现信息也可以形成内隐记忆。但整体而言，睡眠状态下的记忆效应很少见。我们自己的研究也没有探测到睡眠状态下呈现一些词语信息能够引起启动效应的证据（Wood et al.，1992）。

[20] 有关归因过程的讨论，参见 Jacoby et al.（1989）以及 Kelley & Jacoby（1990）；也可参见 Squire（1995）有关记忆扭曲与内隐记忆关系的有益讨论。

[21] 有关"似曾相识"在 19 世纪的争论，参见 Berrios（1995）。

[22] 新生儿偏好的研究可参见 DeCasper & Fifer（1980）以及 DeCasper & Spence（1986）。

[23] Rovee-Collier（1993）为她的研究提供了清晰的综述。

[24] 条件反应的研究可参见 Papousek（1967）。

[25] Schacter & Moscovitch（1984）讨论了记忆系统的早期发育情况，并对儿童和遗忘症病人的记忆系统做了比较研究。Bachevalier，Brickson & Hagger

(1993) 证明，海马受损破坏了幼猴的再认记忆。

[26] 关于婴儿期回忆隐藏物体的研究结果，见 Diamond（1990）。Meltzoff（1995）对其关于 9 个月大的婴儿延迟模仿动作的研究结果进行了有益的讨论。Nelson（1993）对自传体记忆的叙述形式的发展提供了一个有用的概念化分析。Naito & Komatsu（1993）回顾了最近对内隐和外显记忆发展的研究。

帕特丽夏·鲍尔和她的同事为 13 个月大的婴儿对事件序列的延迟模仿提供了令人印象深刻的证据，相关综述见 Bauer（1996）。遗忘症病人在成人版的此类任务中出现了记忆失败，相关数据见 McDonough et al.（1995）。

遗忘症病人的表现很差当然并不能必然说明婴儿是有意识地回想事件的序列，但起码与这一推断是一致的。Myers, Perris, & Speaker（1994）的研究发现，在他们教会 10 个月和 14 个月大的婴儿玩一种布偶玩具之后，几个月和几年之后分别在不同的场景中测试婴儿对这些玩具的反应，而这时婴儿的语言得到了发展；结果，那些学过如何玩玩具的婴儿会对玩具表现出更多的兴趣，也会更快地知道怎么玩这个玩具。然而，Myers 等人也发现孩子在语言表达上并没有表现出对这个玩具有任何记忆。所以婴儿的相关经验可能纯粹是基于内隐记忆。这一研究也有助于我们理解普遍存在的婴儿期遗忘（针对 2～3 岁前的记忆），因为这个时期的经历可能会留下持久的记忆，但它们并不能转化为可以叙述的形式，从而得到回想和表达。关于婴儿期遗忘的观察与讨论，参见 Meltzoff（1995）；Pillemer & White（1989）；以及 Usher & Neisser（1993）。

[27] 有关面孔失认症患者的皮肤电反应研究，参见 Tranel & Damasio（1985）以及 Bauer（1984）；有关启动效应，参见 Young（1992）。

[28] 有关脑损伤后记忆复原研究的综述，参见 Glisky & Schacter（1989b）以及 Wilson（1987）。

[29] Glisky, Schacter & Tulving（1986b）的研究发现，提示逐渐消失的方法可以很好地帮助遗忘症病人习得语义知识，因为它很好地利用了启动效应，但也有其他的因素在起作用。Hayman et al.（1993）发现，严重遗忘症病人吉恩也能学会大量的语义知识，只要他的学习不被任何错误所干扰和打断。尽管提示逐渐消失的方式没有防止病人做出错误的猜想，但它能保证病人每次最

后都能得到正确的答案。Hamann & Squire（1995）也发现，遗忘症病人的学习在这种消除错误干扰的条件下会有很大的提升，但相比正常的水平还是存在差距。

[30] 有关计算机学习的研究，参见 Glisky, Schacter & Tulving（1986a）以及 Glisky & Schacter（1988）。

[31] 有关工作训练的研究，参见 Glisky & Schacter（1987, 1989a）。令我们非常惊讶的是，这些研究被《华尔街日报》的头版报道。

[32] 提示消失法一个尤其有前景的扩展是零失误学习技术，由 Wilson, Baddeley, Evans & Shiel（1994）开发。

[33] 我们称这种刻板形式为"高度特异学习"（Glisky et al., 1986a）。后续研究，参见 Butters, Glisky & Schacter（1993）。Hamann & Squire（1995）的研究表明，遗忘症病人在学习新的语义知识时，只有轻微的"高度特异学习"倾向。这也许是因为，在我们让提示逐渐消失的研究中，病人更多地依赖启动效应，这是非常自动而且刻板的一种效应。而在 Hamann & Squire（1995）的研究中，更需要病人残余的外显记忆参与学习，而这种记忆系统更为灵活。

[34] Joanne Silver, "Show Focuses on the Diversity of Black Art", *Boston Herald*, February 5, 1993。

[35] 源自 1991 年 10 月 25 日与 Cheryl Warrick 的电话访谈。

[36] Nancy Stapen, "Images from the Unconscious"（*Boston Globe*, October 25, 1991）。

[37] 一些研究发现，如果实验学习阶段中的字体或大小写等特征与测验阶段不一致，那么单词的视觉启动效应会有所减弱。另一些研究并没有发现这种效应。Marsolek, Kosslyn & Squire（1992）的研究证据表明，与字体有关的启动效应是与大脑右半球相联系的。Srinivas（1993）的研究表明，一些物理细节的改变也会影响图片的启动效应；而听觉启动效应也表现出类似的特异性，甚至声音频率的微小改变也会影响效应（Church & Schacter, 1994）。综述与讨论参见 Curran, Schacter, & Bessenoff（1996）以及 Tenpenny（1995）。

[38] 有关 WLP，参见 Schwartz, Saffran & Marin（1980）。

[39] 举例而言，参见 Démonet et al.（1992）以及 Peterson et al.（1990）。

[40] 有关对熟悉图片的启动效应的讨论,参见 Srinivas(1993)。

[41] 我们对于物体判断启动效应的初步工作报告在 Schacter,Cooper & Delaney (1990)。对于遗忘症患者的研究,参见 Schacter,Cooper & Treadwell(1993)。另有研究发现,遗忘症病人能够对多种新异的知觉信息产生启动效应,包括几何图案、无意义字词和陌生面孔等。对于这些研究及其理论意义的近期回顾,见 Keane et al.(1995)。

[42] Schacter et al.(1990)发现,当参与者被鼓励联想与形状匹配的来自真实世界的物体名称时,他们对物体有更好的外显记忆,但启动效应会完全消失。这一结果表明,对新异物体的启动效应之所以不会发生,是因为参与者对它们进行了语义标定。我们认为,当参与者对物体做出语义标定时,启动效应之所以会消失,是因为参与者在思考语义时,无法很好地对物体的形状进行编码。

我们对于为何"三维世界不可能存在"的物体无法诱发启动效应的解释得到了其他研究者的质疑(Ratcliff & Mckoon,1995)。在他们看来,之所以那些"不可能存在"的物体没有启动效应,是因为这类刺激过于新异,人们在加工它时更多地注意它新异的特性,从而干扰了启动效应的形成。有部分证据与这些观点一致。但我们认为这些观点与现存的数据不完全匹配,并提出了另一种新的解释(Schacter & Cooper,1995)。

我们认为之所以没有观察到这类启动效应,是因为"不可能存在"的物体与"可能存在"物体在大小、复杂性以及其他方面的特点没有得到很好的控制。如果能消除这些因素的影响,也许启动效应就会出现。Carrasco & Seamon(1996)发现我们使用的物体确实没有控制好复杂性这一维度,在消除复杂性的影响之后,他们在实验中观察到了"可能存在"的物体与"不可能存在"物体的启动效应。这说明人们能够对相对简单的"不可能存在"物体形成结构表征。

[43] 有关 PRS 理论,参见 Schacter(1990)以及 Tulving & Schacter(1990)。

[44] 这个病人的详细情况,参见 Riddoch & Humphreys(1987)。

[45] 有关病人 JP 的听觉启动效应,见 Schacter,McGlynn,Milberg & Church(1993)。有关大学生参与者的听觉启动效应,见 Church & Schacter(1994)。

有关遗忘症病人的听觉启动效应，见 Schacter, Church & Treadwell（1994）。

[46] 最早有关启动效应的 PET 扫描研究来自 Squire et al.（1992）。他们发现，启动效应与枕叶外纹状皮层的血流量减少有关，也发现海马在启动效应过程中得到激活。后来斯奎尔等人承认，海马的激活可能说明这一实验受到了外显记忆的污染。在排除外显记忆的影响之后，我们同样在研究中发现了枕叶外纹状皮层的活动减弱，但海马并没有激活。进一步的证据来自枕叶受损的病人，枕叶的损伤也损害了视觉的启动效应（Gabrieli et al., 1995）。

伴随着血流量减少的启动效应表明，与识别非启动刺激相比，识别启动刺激需要较少的代谢活动，可能需要较少的神经元。这一观点得到了猴子实验的支持，实验表明，随着刺激越来越熟悉，内侧颞叶皮层的一些神经元的反应逐渐减少（对于这些研究的回顾，参见 Desimone, Miller, Chelazzi & Lueschow, 1995）。然而，启动效应可能并不总是以及完全伴随着血流量减少。Schacter, Alpert et al.（1996）注意到一些与启动相关的血流量增加发生在外侧纹状体之外的区域。Schacter, Reiman et al.（1995）发现，新的"可能存在"物体的启动与内侧颞叶的血流量增加有关（尽管我们也注意到这种增加的其他解释）。有趣的是，Desimone et al.（1995）指出，一些内侧颞叶神经元对重复刺激的反应增强。Ungerleider（1995）对与启动相关的血流量减少现象进行了深入的讨论。

[47] 有关物体判断和 PET 研究，参见 Schacter, Reiman et al.（1995）。PET 研究观点的充分描述，参见 Cooper et al.（1992）。有关内侧颞叶与梭状回在物体和面孔识别中的作用，参见 Plaut & Farah（1990）以及 Damasio（1989）。

[48] 启动效应与学习技能的区分可参见 Butters, Heindel, & Salmon（1990）。小脑受伤患者受损的序列学习与计划能力的情况，参见 Grafman et al.（1994）以及 Pascual-Leone et al.（1993）；有关综述，参见 Salmon & Butters（1995）。遗忘症患者保存弹钢琴和学琴能力的研究，参见 Starr & Phillips（1970）。有关小脑与学习的进一步讨论，参见 Thompson & Krupa（1994）。Nissen & Bullemer（1987）报告了遗忘症患者完好的序列学习能力；Rauch, Savage et al.（in press）提供了 PET 数据。Karni et al.（1995）报告了手指序列的核磁共振成像研究。

[49] 关于猴子的习惯学习，见 Mishkin，Malamut & Bachevalier（1984）。关于基底神经节损伤导致的习惯学习受损，见 McDonald & White（1993）以及 Salmon & Butters（1995）的评论。关于遗忘症病人的类别学习，见 Knowlton & Squire（1993）以及 Knowlton，Squire & Gluck（1994）。Kolodny（1994）报告说，当任务涉及对点状图案进行分类时，遗忘症病人可以表现出正常的类别学习。Kolodny 也报告遗忘症病人在涉及对不同艺术家绘画分类这样更复杂的任务中，存在类别学习受损。这表明，外显记忆可能是获得某些分类知识所必需的。关于遗忘症病人仍保留下来的对人工语法的学习能力，见 Knowlton，Ramus & Squire（1992）。Knowlton 等人的工作基于 Reber 及其同事的经典研究，该研究发现了大学生对人工语法的内隐学习。关于这项工作的回顾，见 Reber（1993）。

[50] 关于我们的意义模棱两可句子的实验，见 McAndrews，Glisky & Schacter（1987）。关于概念启动的其他工作，见 Blaxton（1989）；Graf, Shimamura & Squire（1985）；Hamann（1990）。一些研究表明，当启动涉及获得新的语义联想时，遗忘症病人并没有表现出完好的能力（Schacter & Graf, 1986；Shimamura & Squire, 1989）。同样的情况也出现在其他一些类型的新奇联想中（Kinoshita & Wayland, 1993；Schacter, Church & Bolton, 1995）。

[51] Devine（1989）。有关社会背景下内隐记忆的综述，参见 Greenwald & Banaji（1995）。

[52] 有关广告与内隐记忆的实验，参见 Perfect & Askew（1994），有关内隐记忆研究与消费心理学之间关系的讨论，参见 Sanyal（1992）。Wilson & Brekke（1994）介绍了心理污染的观点，并回顾了相关的大量证据。

[53] 有关记忆不同的形式的功能，以及有关快速与慢速学习系统的对比，参见 Sherry & Schacter（1987），Squire（1992），以及 McClelland et al.（1995）。

第 7 章

[1] 源自 1993 年 9 月与吉布森的访谈。

[2] 布朗和库利克研究中（Brown & Kulick, 1977）的参与者在肯尼迪遇刺时年龄都大于或等于 7 岁。Winograd & Killinger（1983）报告，1956 年出生的人几

乎都对肯尼迪遇刺有闪光灯记忆，而此后 6 年出生的人，随着出生年份往后，有闪光灯记忆的人数越少。另有研究者（Colegrove，1899）对林肯遇刺的记忆研究也有类似的发现。有关闪光灯记忆的综述，见 Conway（1995）。

[3] 闪光灯记忆系列作品复制自 Turyn（1986）。

[4] 多国研究，见 Conway et al.（1994）；洛马·普里埃塔研究，见 Neisser et al.（1996）；奥洛夫·帕尔梅的研究见 Christianson（1989）。

[5] Larsen（1992）仔细地对比了他对于帕尔梅谋杀案的记忆以及对其他更平淡无奇的新闻的记忆，后者很快就会被忘掉。与闪光灯记忆不同的是，人们很少会记得政府什么时候通过了预算的新闻，或是他们所在的城市最新一任市长当选的消息。

[6] Neisser & Harsch（1992）。

[7] Weaver（1993）。

[8] Neisser & Harsch（1992），p. 9。

[9] Brewer（1992）。

[10] 有关复述和情感对闪光灯记忆的影响的证据目前并无定论。比如，有研究（Pillemer，1984）表明复述并不会促进闪光灯记忆，另有研究（Neisser & Harsh，1992）也没有发现情绪唤醒程度与闪光灯记忆有关。

[11] Rubin & Kozin（1984）。

[12] 引自 James（1890），p. 670 以及 Terr（1988），p. 103。

[13] Wilkinson（1983）。

[14] 有关洛马·普里埃塔地震的情况，参见 Cardena & Spiegel（1993）；有关乔奇拉绑架案，参见 Terr（1981）；有关北卡罗来纳龙卷风，参见 Madakasira & O'Brien（1987）。Krystal，Southwick & Charney（1995）总结了许多退伍士兵的情况。

[15] 引自 Langer（1991），pp. 34～35。

[16] 里弗斯的观察来自 Barker（1991），pp. 25～26。威廉·里弗斯博士是一位真实的精神病学家，他治疗了英国诗人西格里夫·萨松。巴克的小说对里弗斯治疗萨松和其他士兵进行了虚构描述。对于里弗斯真实的临床病例和观点的清晰的描述见（Rivers，1918）。

[17] 有关例子，参见 van der Kolk（1994）。

[18] Terr（1994），p. 28。

[19] Pynoos & Nader（1989），p. 238。

[20] 有关1988年的校园枪击案，参见 Schwartz, Kowalski, & McNally（1993）。有关战争闪回记忆，参见 MacCurdy（1918）以及 Pendergrast（1995）。

[21] Frankel（1994），p. 329。也可参见 Spiegel（1995）。

[22] Good（1994）。有关其他错误创伤记忆的例子，参见 Ceci（1995）。

[23] Wagenaar & Groeneweg（1988）。

[24] Bradley et al.（1992）。有关类似的结果，参见 Bradley & Baddeley（1990），Brewer（1988），以及 Dutta & Kanungo（1967）。

[25] Christianson & Loftus（1987）。

[26] 有关武器聚焦效应，参见 Loftus, Loftus & Messo（1987）；有关焦虑与注意窄缩的个体差异，参见 Kramer, Buckhout & Eugenio（1990）；有关焦虑和记忆，参见 Eysenck & Mogg（1992）。有关情绪如何影响记忆的中心和周边信息的研究综述，参见 Heuer & Reisberg（1992）。

[27] 私人通信，Richard J. McNally，May 1995。

[28] 有关穿着军装的退伍军人的记忆，参见 McNally et al.（1995）。有关患有创伤后应激障碍的越战老兵的记忆研究综述，参见 Krystal et al.（1995）以及 van der Kolk（1994）。Turner（in press）讨论了退伍老兵的经历和社会对战争的反应。

[29] 有关过分泛化的记忆的研究综述，参见 Williams（1992）。Baxter et al.（1989）首次报告了抑郁症患者左侧额叶的活动性减弱，其他人成功重复了他的研究。

[30] 有关情绪一致性提取的讨论，参见 Bower（1992）。

[31] 有关抑郁症患者情绪一致性提取，参见 Clark & Teasdale（1982）；有关抑郁、焦虑与其他临床障碍中记忆偏差的综述，参见 Mineka & Nugent（1995）。

[32] 有关抑郁症患者的情况，参见 Lewinsohn & Rosenbaum（1987）；关于疼痛患者，参见 Eich, Reeves, Jaeger & Graff-Radford（1985）。

[33] 相关研究综述参见 Brewin, Andrews & Gotlib（1993）。

[34] Kluver & Bucy（1937）；Weiskrantz（1956）。

[35] Mishkin（1978）；Zola-Morgan et al.（1991）。

[36] 有关杏仁核各个部分在恐惧条件化中作用的精彩综述，参见 LeDoux（1992，1994）。

[37] Bechara et al.（1995）。

[38] 关于应激相关激素，杏仁核和记忆的动物研究，参见 McGaugh（1995）。

[39] Markowitsch et al.（1994）报告了情绪记忆选择性损伤的案例。Gloor（1992）总结了自己和其他人关于电击杏仁核的研究。Adolphs et al.（1994，1995）描述了双侧杏仁核受损的病人恐惧再认记忆的缺陷，而单侧杏仁核的损伤不会导致这种后果。有趣的是，斯奎尔等人（私人通信，October 1995）所研究的病人尽管也存在杏仁核的大范围损伤，却保留了完好的恐惧再认记忆。阿尔道夫的病人在出生之后，其杏仁核就因为疾病的影响而受到损伤，而斯奎尔研究中病人的杏仁核是在成年之后受损。这说明阿尔道夫发现的结果，很可能是因为病人在儿时无法很好地习得情绪体验和表达。此外，也有研究（Shin et al., 1995）表明患有创伤后应激障碍的越战退伍军人在回想一些近期看到的战斗场景的图片时，他们右侧的杏仁核会激活，而布洛卡区的活动性减弱。没有这类障碍的越战老兵在类似的情况下不会有这样的大脑活动变化。

[40] Krystal et al.（1995）描述了育亨宾碱对越战退伍老兵记忆和知觉的影响。有关儿茶酚胺的证据，参见 Yehuda et al.（1992）和 Brown（1994）。Krystal et al.（1995）和 van der Kolk（1994）提供了创伤后应激障碍心理生理学方面的综述。

[41] 有关物质研究，参见 Cahill et al.（1994）；也可参见 McGaugh（1995）。有关杏仁核受损的病人的情况，参见 Cahill et al.（1995）。

第 8 章

[1] "伐木工"并不是病人真正的昵称。该个案的完整情况参见 Schacter, Wang, Tulving & Freedman（1982）。

[2] Abeles & Schilder（1935）估计，精神病患者表现出功能性遗忘症的情况不到

1%。Kirschner（1973）估计在 1% 至 2% 之间。Sargent & Slater（1941）估计，在战争时期，这个比例会高达 14%。这个估计不仅囊括了丧失全部个人回忆的情况，也包括丧失一部分事件记忆的情况。

[3] 该案例在 Fisher（1945）中得到描述。有关漫游症以及相关的功能性遗忘症的综述，参见 Kihlstrom & Schacter（1995）和 Schacter & Kihlstrom（1989）。

[4] Kritchevsky, Zouzounis & Squire（in press）。

[5] 这封信是罗伯特·凯伊博士（Dr. Robert Kaye）于 1986 年 4 月 28 日写给我的。

[6] 案例在 Treadway et al.（1992）中被报告。在 20 世纪 90 年代早期，K. 并没有恢复自己的记忆（Michael McCloskey, personal communication, December 1995）。他们也描述了另一个与 K. 相似的患者。

[7] 英国精神病学家查尔斯·西蒙茨（Charles Symonds）极端地认为，所有漫游症和广泛的功能性遗忘症都是伪装的。他声称自己通过一次简单的谈话就能"治愈"半数的所谓遗忘症病人。在 1970 年 2 月 27 日伦敦国立医学院的演讲中，西蒙茨列举了一些他会对病人说的话，"从我的经验来看，我知道你们伪装的失忆，实际上是你们无法忍受某些情绪困境造成的。只要你把你的经历全部告诉我，我一定会替你保守秘密，并提供力所能及的帮助。我会告诉你的医生、亲人，说我是运用催眠的方法把你治好的。"在近期的一篇文章（Schacter, 1986）中，我描述了一个研究，结果表明当大学生被要求假装忘记了一件事情时，他们的表现通常过了头，反而会被识别出来。真的忘记某件事情的学生会觉得可能存在一些提示线索，可以帮助他们回想起来，而假装失忆的学生往往会否认这种可能性，觉得即使得到提示他们也还是会想不起来。"伪装的遗忘症病人往往会失忆过了头"，这一基本的特征是最主要的识别伪装遗忘症病人的方法。西蒙茨的演讲收录于 Merskey（1979），pp. 258～265。

[8] 有关功能性遗忘症患者脑损伤历史的记录，参见 Akhtar, Lindsey, & Kahn（1981），Daniel & Crovitz（1986），Gudjonsson & Taylor（1985），以及 Gudjonsson & Mackeith（1983）。

[9] 有关脑损伤及漫游症与功能性遗忘症的早期研究，参见 Schacter & Kihlstrom（1989）。

[10] 有关被强暴后的遗忘，参见 Christianson & Nilsson（1989）。有关局部遗忘的综述，参见 Kihlstrom & Schacter（1995），Schacter & Kihlstrom（1989），Spiegel（1995）。

[11] 26%的遗忘发生率引自 Taylor & Kopelman（1984）。在我的文章中探讨了有关遗忘症与犯罪的已知情况的其他研究（Schacter，1986）。也可参见 Herman（1995）。

[12] 有关酗酒和"断片"，参见 Lisman（1974）。

[13] 内容引自 Moldea（1995），pp. 124～125。有关瑟汉遗忘症的一手记录和催眠之下的犯罪行为重现，参见 Diamond（1969）。

[14] Bower（1981）讨论了依赖于情绪状态提取过程。此后，有关情绪状态依赖性提取过程的研究结果一直悬而未定。依赖情绪状态的提取意味着这样一种假设，即如果记忆提取时情绪状态与记忆编码时类似，则回忆的效果会更好。但有关这种假设的验证结果并没有情绪一致性提取的结果稳定。在这类提取中，与某种情绪意义一致的信息会得到更好的回忆，我已在第7章做具体说明。

[15] 所有内容引自 Moldea（1995）。Eich（1995）提供了有益的讨论。

[16] Tayloe（1995）。

[17] 另一些表明创伤导致遗忘症的观察也难以得到清晰的阐释。比如，Herman（1995）引用 Carlson & Rosser-Hogan（1994）对于50名柬埔寨战争难民的研究，作为创伤与遗忘症之间存在联系的证据。在这个研究中，大概90%的个体在一项问卷中选择自己存在对过往创伤经历的遗忘问题。这样的结果虽然很有意思，但我们无法从中得到清晰有效的含义。一位难民如果不能回忆起来自己原本遗忘掉的经历，怎么知道自己有"遗忘"问题？"遗忘"一词被翻译为柬埔寨语言时，对那些难民而言到底是什么含义？那些没有创伤经历的、年龄相当、具有类似文化背景的柬埔寨人对那些问题会如何反应？在没有更好地控制研究条件以及更好地了解研究对象的情况下，我们无法通过这样的研究观察得出结论，说明创伤和遗忘存在关联。

类似地，在表明创伤性遗忘症非常普遍时，van der Kolk & Fisler（1995）也引用了 Charles Wilkinson（1983）对堪萨斯城天桥坍塌事件见证者的研究。

正如我们在第 7 章看到的那样，几乎所有人对那次创伤都有侵入性的回忆；没有人彻底忘掉了这段恐怖的经历；半数的人尝试回避这段记忆，1/3 的人存在创伤后记忆困难的问题。这也许是 van der Kolk 和 Fisler 引用这篇文章的原因。但我们必须弄清楚的是，创伤引发的记忆困难不是针对创伤事件本身，而是更整体的记忆问题。

[18] 有关被恢复的童年恐惧记忆以及相关的动物研究综述，参见 Jacobs & Nadel（1985）。

[19] 参见 Solomon et al.（1987）。包括这位病人在内的一项研究表明，1973 年参战的 35 位受到创伤的以色列士兵当中，有 8 位在 1982 年的战争中，创伤再次得到了激活。但我们难以区分的是，到底是第二次战争激活了原来的创伤，还是他们以类似的方式对两次不同的战争做出创伤相关的反应。

[20] Van Dyke, Zilberg & McKinnon（1985），p. 1072。

[21] 参见 Coriat（1907）。在这一病例中，遗忘症的起因一直未能确定。

[22] 同性性侵的案例记载于 Kaszniak et al.（1988），打电话的案例记载于 Lyon（1985）。其他有关内隐记忆的临床案例在 Schacter & Kihlstrom（1989）以及 Kihlstrom & Schacter（1995）中得到了回顾。

[23] 有关让内的讨论，参见 Ellenberger（1970），Hacking（1995），Perry & Laurence（1984），以及 van der Kolk & van der Hart（1989）。

[24] Janet（1904）。让内的引言来自 Ellenberger（1970），p. 371。有关布洛伊尔和弗洛伊德的案例，参见 Freud & Breuer（1966）。

[25] Christianson & Nilsson（1989）。有关其他案例，参见 Schacter & Kihlstrom（1989）以及 Tobias, Kihlstrom & Schacter（1992）。

[26] 有关遗忘症病人内隐情绪记忆的综述与讨论，参见 Tobias et al.（1992）。

[27] 有关让内观点的长篇论述，参见 Janet（1907）。

[28] 莫顿·普林斯（Prince, 1910）也将解离看成是一种认知结构瓦解的自然现象。这样的理解不同于让内（Janet, 1907）所认为的严格的病理性过程。基于多重人格病例的现代解离理论，参见 Bowers（1991），Freyd（1994），Hilgard（1977），Kihlstrom（1984），以及 Spiegel（1991，1994，1995）。

[29] 有与心因性遗忘症相关的，对解离与压抑的讨论，参见 Spiegel（1995）。

[30] 一项近期对抑制、注意与大脑的综述，参见 Desimone & Duncan（1995）。

[31] 一些研究（Grasby et al., 1993; Nyberg, McIntosh, Cabeza, et al., 1996）发现了提取时存在抑制作用的证据，相比于与记忆无关的对照条件，在外显提取过程中一些脑区的活动水平会减弱。尽管这种活动水平的减少可能由很多因素造成，但 Nyberg 等人的分析确切地表明抑制过程参与其中。

[32] 有关指令性遗忘的研究，参见 Bjork（1989）。有关"话到嘴边"的状态与抑制，参见 Brown（1991）。

[33] 一个类似的观点，参见 Morton（1991）。

[34] 有关遗忘症状的评估，参见 Putnam et al.（1986），有关临床案例的描述，参见 Bliss（1986）。

[35] 有关《三面夏娃》的信息，参见 Thigpen & Cleckley（1957）；有关西碧尔，参见 Schreiber（1973）。

[36] 有关解离障碍与儿童的各种不同观点，参见 Donovan & McIntyre（1990）以及 Putnam（1993）。

[37] 1816 年，玛丽·雷诺兹（Mary Reynolds）被描述为具有"双重意识"，通常被认为是多重人格障碍的第一个病例。但是，Hacking（1995）指出，在此之前的 1791 年，就已经有人报告过一例欧洲和一例美国的病例。类似的个案在 19 世纪中期也有发表。直到 1876 年，法国学者 Eugene Azam 发表了很有标志性的案例：Felida X。病人会自发地解离成不同的人格，而 Azam 发现他可以通过催眠达到同样的效果。Azam 的病例发表后不久，法国和美国就出现了大量类似病例的报告。关于 19 世纪多重人格现象的详细历史，参见 Hacking（1995）及 Kenny（1986）。

[38] 有关本段所讨论的观点的各种变体，参见 Bower（1981），Kihlstrom（1984），Putnam（1993），以及 Spiegel（1991）。

[39] Prince（1910），p. 265。也见 Coriat（1916）和 Janet（1907），以便了解类似的观察发现。

[40] 有关我们的研究，参见 Nissen et al.（1988）。所有子人格的名字全部为假名。

[41] IC 的受虐证据由她的姐姐和母亲提供。IC 起初不承认自己受过虐待。我们不知道她一开始是想不起来这些受虐经历，还是不愿意说出来。IC 案例的完

整报告，见 Schacter, Kihlstrom, Kihlstrom & Kasniak（1989）。

[42] Ofshe & Watters（1994），p. 239。

[43] 奥夫西和沃特斯对安妮·思彤病例的描述被布劳恩医生否定，后者是思彤治疗小组中的首席精神病学家。此后，布劳恩的律师也将奥夫西和沃特斯对思彤的描述斥为一派胡言。

[44] 《前线》栏目发布的纪录片于1995年10月24日上映。有关解离身份障碍病人最终被确认的性侵经历，以及早期研究的相关讨论，参见 Coons（1994）。

[45] Merskey（1992），p. 337。

[46] 有关塑造多重人格的社会与文化因素作用的透彻讨论，参见 Hacking（1995），Kenny（1986）以及 Mulhern（1994）。

[47] 我对于糖皮质激素的探讨主要基于 Sapolsky（1992）对实验对象的良好施测。

[48] 有关灵长类动物实验的综述可参见 Sapolsky（1992）。

[49] 在 Wolkowitz et al.（1990）的研究中，糖皮质激素对记忆的损伤体现在对单词更多的错误回忆。在另一项研究中（Newcomer et al., 1994），这种记忆损伤体现在回忆故事时省略更多的内容。Keenan et al.（1995）报告糖皮质激素对长期记忆的影响只体现在外显记忆方面，对内隐记忆没有类似的效应。Bremner et al.（1993）和 Gurvitz et al.（1996）报告了受创伤的退伍军人海马体积减少的证据。在 Gurvitz 等人提供的样本中，战斗暴露程度和海马体积之间有很强的正相关（+.72），支持与战斗暴露相关的创伤性压力可能确实在海马体积减少中发挥作用的观点（Roger Pittman，个人交流，1995年11月）。

[50] Bremne et al.（1993）发现，与一般的实验参与者相比，有创伤后应激障碍的退役军人能记住的中性单词更少。有关集中营幸存者的研究，参见 Sutker, Golina & West（1990）以及 Thygesen, Hermann & Willangr（1970）。

[51] 有关受虐女性皮质醇调节方面的研究，参见 De Bellis, Lefter, et al.（1994）；De Bellis, Chrousos, et al.（1994）。该成像研究报告于 Stein et al.（1995），关于有过虐待经历的女性的自传体记忆会受损的文章，源自 Park & Balon（1995）以及 Kuyken & Brewin（1995）。

[52] 有关脑损伤患者有所谓与病灶对应的退行性遗忘症的综述，参见 Hodges

（1995）。关于关联代码与颞叶皮质的观点，参见 Damasio（1989）。Hunkin et al.（1995）将 Damasio 的观点应用于一例与病灶对应的退行性遗忘症中。

[53] Sapolsky（1992）不无讽刺地指出，大脑受到严重创伤的病人往往会得到类固醇药物的治疗，这会提高他们的糖皮质激素水平，并进一步损害他们的海马。

[54] 内侧颞叶系统受到损伤的病人的确会表现出相当广泛的逆行性遗忘症，他们甚至会失去近 10 年或几十年的记忆。而在短暂性全面遗忘综合征中，有的病人甚至无法回忆自己的童年经历，虽然他们能够辨认出久远之前的名人。参见 Evans, Wilson, Wraight & Hodges（1993）。也见 Hodges & Warlow（1990）以及 Kritchevsky et al.（1988）。但是，Kritchevsky et al.（in press）直接对比了短暂性全面遗忘症病人和心因性遗忘症病人的特点，发现他们之间存在显著的不同：前者能更好地回忆久远的记忆，后者能更好地回忆近期的记忆；前者在遗忘症出现之后无法记住新发生的经历，而后者可以。

[55] 参见 Jacobs & Nadel（1985）。

第 9 章

[1] 相关内容来自黛安娜的私人信件。

[2] 一系列文章详细描述了凯特寻找法默的过程，他与法默的一小时的通话，以及他尝试起诉法默和雇用法默的夏令营的过程。一个奇怪的地方在于，法默在电话里当即承认自己猥亵过其他孩子，但过了一会儿才说，自己也性侵了凯特。法默在法庭上辩护称，自己是为了尽快挂掉电话，才承认自己性侵了凯特和其他人。但凯特发现法默曾被人怀疑性侵儿童，甚至因为被指控猥亵了一个法官的儿子而被迫离开一座小镇。如果凯特没有被虐待过，很难想象他会突然恢复出这么一段被性侵的经历来，而且施害者还承认自己确实猥亵过儿童，也因此丢掉过工作。参见 Pendergrast（1995）。

[3] 有关被恢复记忆的个案的具体情况以及对家庭的影响的详细呈现，参见 Goldstein & Farmer（1992，1993）；Loftus & Ketcham（1994）；Ofshe & Watters（1994），以及 Pendergrast（1995）。

[4] 有关富兰克林的案例，存在不同的解读。参见 Loftus & Ketcham（1994），

Terr（1994），MacLean（1993）。

比如，《纽约时报》的报道认为，法庭推翻原来的判定，部分是因为陪审团并不知道，艾琳所述的几乎所有得到证实的记忆，在罪行发生之后不久就可以在报纸杂志中找到。

"虚假记忆综合征基金会"的信息来自会长帕米拉（Pamela Treyd, personal communication, December 1995）。她称，每年有大约 3 万人会向基金会寻求信息。除了那些恢复被压抑记忆的 1.7 万人，还有大约 9000 人是专业人士，另有 1500 人询问他们恢复的记忆是否真实，以及大约 300 人否认自己曾经恢复的记忆，剩下的是一些由于其他原因而受到错误指控的个体。

[5] 有关这次反击的讨论，参见 Bass & Davis（1994），pp. 477～534，Herman & Harvey（1993），以及 Olio（1994）。

[6] 有关这次争论的整体回顾，参见 Lindsay & Read（1994）以及 Loftus（1993）。从各种期刊最近将整期的内容都投入在这一问题上的事实可以看出，这场辩论引发了热切关注，其中的期刊包括 *Applied Cognitive Psychology*（August 1994），*Consciousness and Cognition*（September/December 1994），*International Journal of Clinical and Experimental Hypnosis*（October 1994 and April 1995），以及 *Psychiatric Annals*（December 1995）。

[7] 这次会议的文章集可参见 Schacter, Coyle, et al.（1995）。

[8] 有关对"前世"和外星人挟持的记忆材料，参见 Baker（1992），Spanos et al.（1991），以及 Mack（1994）。

[9] 我在《科学美国人》杂志 1995 年 4 月的那期上发表了一篇文章（Schacter, 1995b），深入讨论了近期出版的几本有关记忆恢复的著作。我收到了很多有关这篇文章的来信。令我感到欣慰的是，大家认可我所说的，即重新理解这场"记忆之争"的需要。我选择了"记忆之争"作为那篇文章的标题，也是本章标题的基础。无独有偶，近期一本批评弗莱德里克·克鲁斯（Frederick Crews）恢复记忆疗法的书，也采用了这个标题。

[10] 强奸记忆的研究来自 Tromp et al.（1995）。我需要指出的是，这里提到的被强奸的记忆以及其他不愉快的记忆，并没有说明这些记忆存在了多长时间。如果是很久之前的记忆，确实可以理解为什么它不够清晰和生动。然而，数

据可能支持另一种观点：无法思考和谈论某段创伤经历会让那段经历难以形成可以被分享的、可被意识提取的记忆印迹。Freyd（1994）强调与他人谈论过去对于形成社会"分享性"的记忆印迹很重要。但社会心理学家 Wegner（1992）的实验表明，在某些情况下，越是试图压抑对某个对象的想法，我们越会想到它。在实验参与者被要求不要去想"白熊"这个词时，他们反而会想到它，在没有这种要求的情况下，他们反而不会这样想。

[11] 有关贝伦岑的电视采访，于 1991 年 5 月 23 日播放。贝伦岑所写的自传中，开篇部分有一页，表明他的遗忘可能还有比主动压抑更重要的因素。在他母亲第一次猥亵他之后，他写道，"这件事发生之后，立马就从生活中被擦除掉了"。从字面上理解，我们可以认为他可能在事情发生之后自动地被遗忘。但这段话更可能是在说，事情发生之后，他的家人表现出来的感觉是好像什么都没有发生过一样。而这种状况正是贝伦岑接着描述的内容。参见 Berendzen & Palmer（1993）。

[12] 有关这类个案的举例，参见 Loftus & Ketcham（1994），Ofshe & Watters（1994），Pendergrast（1995）以及 Yapko（1994）。

[13] 有关定向遗忘的相关实验综述，参见 Bjork（1989）和 Johnson（1994）。

[14] Brewin et al.（1993）回顾了相关研究，这些研究表明，人们对童年期经历的整体回忆一般而言是准确的。

[15] 有关这类压抑的相关讨论，参见 Herman（1992），Frederickson（1992），以及 Terr（1994）；相关批评与评论，参见 Crews（1995），Loftus & Ketcham（1994），Ofshe & Watters（1994），Pope & Hudson（1995），以及 Pendergrast（1995）。

[16] Erdelyi（1985）指出，当弗洛伊德说"压抑是全部精神分析的基石，是最本质、最重要的部分"时，我们应将此处的压抑，理解为一般而言的防御。他接着表述了弗洛伊德的困境："这种作为整体性的防御意义上的压抑，怎么才能与相当简单明了的、将某些心理内容排除在意识之外的压抑区分呢？弗洛伊德在《压抑，症状与焦虑》(Inhibitions, Symptoms, and Anxiety, 1926) 这本书中，试图解决这一问题，他因此提出了'防御'这一概念，以代替当时已被赋予太多含义的'压抑'一词，并让'压抑'这个概念退守到原来的、

存在动机的遗忘的位置。尽管压抑的概念在随后的精神分析家那里仍被进一步扩展，但弗洛伊德本人并没有这样做。"

关于尝试将压抑的概念与当代记忆研究联系在一起的近期进展，参见 Jones（1993）。

[17] 关于压抑者及其页面经历记忆，参见 Davis（1990）及 Myers & Brewin（1994）。病人 BM 的案例，见 Ramachandran（1995）。Holmes（1990）在综合各种研究文献后指出，没有证据表明防御性压抑的存在。他的结论看似合理，但他所考察的实验室研究究竟能否贴合真实生活中的创伤经验，仍是一个问题。

[18] Erika Marquardt，1992。

[19] 波特神父受害者研究的信息来自 Dr. Stuart Grassian 1994 年 12 月与 1995 年 10 月的私人信件。

[20] 有关性侵受害者局部遗忘症的例子，参见 Harvey & Herman（1994）。

[21] 参见 Elliott & Briere（1995）。更早期的研究，见 Briere & Conte（1993），Herman & Schatzow（1987）以及 Loftus, Polonsky & Fullilove（1994）。相关的研究都存在一些问题。举一例而言，Herman & Schatzow（1987）的研究当中，53 位参与团体治疗的病人中，有 14 位在回忆出以乱伦方式被性侵之前，有长时间的压抑和遗忘。但这些记忆对应的性侵经历基本发生在 5 岁以前，大部分是在 2～3 岁。这些"严重"的失忆完全有可能是对早期童年经验的正常遗忘，而不是由于极度压抑。最后，所有需要被试回顾过去的研究都存在一个方法上的不足，即当我们询问病人"是否有一段时间你不记得这件事了"这类问题时，不同的人对问题的理解可能很不一样，因此人们是否能准确地回答这个问题也不得而知；而对于之前的遗忘状态，大概没有人能通过回想，判断自己在何种程度上确信自己真的完全不记得了。

[22] 有时候，访谈中的性侵受害者往往因为遗忘以外的原因而否认自己有相关经历，他们可能会在后续的访谈中才坦露实情，而 Williams（1994）的研究却并未发表这些后续的访谈。而且，如果受侵害的次数不止一次，他们更有可能将受虐的经历作为一个整体混淆在一起。而这 38% 的女性中，有大约 2/3 的人表明自己还受过其他虐待。

[23] Schooler（1994）报告被 JR 忘记的虐待事件实际上是在多年内持续发生的。JR 在几年之内一直不记得这段受虐经历，直到他看一部与性受虐有关的电影时才回想起来，牧师也立即承认了自己虐待过他。Herman & Harvey（1994）以"艾丽米 B"的名字发表的关于对长期虐待的遗忘案例，综合了好几位病人的性虐待经历。

在 Williams（1994）的研究中，那些不记得自己受过虐待的女性，被医院救治时的平均年龄要小于记得自己受过虐待的女性（7 岁 vs. 9 岁），所以童年期的正常遗忘可能起作用。但是，这些不记得自己被虐待经历的女性中，有大概一半的人当时已经大于或等于 7 岁了，所以她们的情况也不能完全通过童年期正常遗忘得到解释。另外，Williams（1994）的研究对象所受的虐待情况不太一样，比如 1/3 的人被强奸，另有 1/3 的人被不当地抚摸和猥亵。因此，我们无法确定那 12% 对受虐没有记忆的个体，究竟是因为大量严重的遗忘（这需要极强的压抑），还是她们所受的虐待更轻微一些，从而自然而然地被遗忘掉了。

此外，Williams（1994）的数据也表明，越是受到严重虐待的女性，越倾向于记得这些创伤。这一结果也与另一种假设所期待的情况相反，那种假设认为，压抑机制应被用于抑制最难以承受的虐待性创伤。不过，Williams（1994）在论文中的表述是，越是受到严重虐待的女性，越是倾向于回忆不出这些经历（p.1172）。这一错误此后被一位研究生 Evan Harrington 指正。

[24] Williams（1995），p. 655。

[25] 同上，p. 663。

[26] 同上。

[27] McNally et al.（1995）的定向遗忘实验表明，患有创伤后应激障碍的性虐待受害者，相比于未患创伤后应激障碍的性虐待受害者，他们对创伤相关单词（如乱伦）的记忆会增强，而且在需要忘记这类词时，他们也比一般人更难做到。这些研究在某些方面与抑郁症及其他情绪障碍病人所表现的情况类似（参见第 7 章）。尚不清楚这一结果与对真实创伤情节的记忆有何关系。

同样，有关解离障碍当中的记忆压抑现象，目前也缺乏可靠的科学证据。Wakefield & Underwager（1994）的调查结果显示，那些指控其父母虐待自己的子女并没有心理方面的患病史。不过，这个调查仍然存在一定的局限性，因为它是通过采信被指控父母的回忆而得到的结果。

[28] 尽管在心理治疗过程中主观性或"叙述性事实"很重要，安的痛苦也不可被否认，但在这宗涉及上百万美金赔偿的诉讼审判过程中，客观性或"历史性事实"也非常关键。

[29] MacLean（1993），pp. 391～395，讨论了富兰克林案例中大卫·斯皮格尔（David Spiegel）博士的证词。斯皮格尔强烈坚持区分压抑与解离这两种现象。

[30] MacLean（1993）的书为艾琳·富兰克林的记忆提供了最细致的记录。

[31] 这位年轻人的情况参见 Nash（1994）。类似地，在著名的前美国小姐玛丽琳·范德布尔阿特勒一案中，她恢复的受到父亲性虐待的记忆得到了妹妹的证实，妹妹一直都记得她自己所受的虐待。虽然范德布尔阿特勒是在1991年才在公众面前公布这些记忆，但她最初恢复这些记忆是在30多年前，即在她24岁的时候。她在与一位老朋友聊天的时候想了起来：自己从5岁起就开始受到父亲的性虐待，一直到她上大学离开家为止。此后她彻底忘记了这些事情。根据 Terr（1994）的看法，范德布尔阿特勒在当时的人格已"分裂"为白天的小孩和夜晚的小孩，所以每次受到父亲的虐待之后，她立马就忘掉了。虽然这个例子可能是大规模压抑或解离的证据，但 Pendergrast（1995）指出，在范德布尔阿特勒1991年公布这段被恢复的记忆之前，那三四十年当中遗忘过程的性质确实难以查证。

另一例看上去是被恢复记忆的案例来自 Szajnberg（1993）发表的研究。他描述了一位由于严重的强迫症而接受心理治疗的12岁病人。在病人接受分析的这段时间，有一次他和母亲在骑马，当时他问母亲是否曾试图掐死他。他母亲很惊讶他记得这件事情，所以承认了。但他们都想不起来这件事到底发生在什么时候，最后通过回看相簿，才确定这是病人7岁生日前后发生的事。

Szajnberg 认为这是记忆得到恢复的案例，并将这段记忆与随后病人症状的改变联系在一起。但我们不清楚的是，病人在问母亲之前，到底在何种程度上忘记了这件事，还是一直都记得。

[32] Williams（1995）还比较详细地描述了另两位病人的情况。很明显，杰西在

17 岁时被告知她被母亲虐待的经历。菲斯一直都记得至少一段受虐经历，只有开心的时候会暂时地想忘掉它们。这两位女性在这个研究中，面对与她们小时候编码的受虐经历密切相关的提示线索时，才终于想起了数年来一直被遗忘掉的相关创伤。这种情况和我在前文介绍的、发生在非创伤情境下的回忆类似。

[33] 引信来自 van der Kolk（1994）。关于创伤记忆和非创伤记忆的特征，见 van der Kolk & Fisler（1995）。他们指出，虽然创伤记忆可能反映了"创伤发生时的体验和感受"，但患者在回想时杏仁核活动水平的提高，可能也会给个体带来对记忆的确信感和对个体而言的主观重要感。

[34] 例如，Frederickson（1992）指出，"心灵能通过一个过程记录、储存和回忆发生过的所有事情"，她说这话的背景是在区分记忆的 5 种形式。她认为，"心灵至少会运用这 5 种记忆过程的一种"来记录某一件发生的事情。她认为存在一定的记忆偏差是没问题的，虐待发生时，人的感受会在巨大的压力下有所变化，但记录下来的每一帧记忆，都在某种程度上对应着真实的受虐经历。

[35] 有关案例，参见 Frederickson（1992），Herman（1992）以及 Terr（1994）。

[36] Lipinksi & Pope（1994），p. 245。

[37] 格罗夫的判决由新罕布什尔州希尔斯堡县高等法院提交。

[38] 有关描述兰宁发现的内容，参见 Ofshe & Watters（1994），pp. 178～181。有关治疗师对于仪式性虐待的观点，参见 Young（1992）。美国心理学会的调查是国家受虐儿童中心报告的一部分，内容总结可参见 Goodman et al.（1994）。有关仪式性虐待的启发性分析，参见 Nathan & Snedeker（1995）。

[39] 来自日本方面的信息表明，在神经毒气袭击案引出的邪教活动中，至少有 300 多人在加入这个团伙之后彻底失踪。人们甚至发现了处理受害者尸体的碎骨机。故事内容参见 *Boston Globe*，"Japan Cult May Have Ground Up 300 Bodies, Media Report"（May 25, 1995）。

[40] Nelson & Simpson（1994）。

[41] 同上，p. 126。有关其他悔忆者的故事，参见 Goldstein & Farmer（1993），Pasley（1994）。

[42] Spanos et al. (1991)。

[43] 临床心理学家迈克尔·亚普科（Michael Yapko）对 800 多名心理治疗师所做的问卷调查表明：大部分人并不了解或也不太关心严格控制操作条件的对于催眠的研究。亚普科提出了很多与催眠或治疗相关的问题，调查对象需要表述自己同意还是反对这些陈述。总体而言，47% 的人表示有点或非常同意"治疗师可以相信通过催眠而非其他方式得到的对于创伤的记忆"；31% 的人同意"如果有人在催眠过程中回忆出某个创伤，那么这段创伤一定是真实发生过的"；54% 的人同意"催眠可以恢复人们很早之前甚至出生时的记忆"；28% 的人同意"催眠可以恢复对于前世的回忆"。然而，以上所有问题当中的陈述，目前还没有得到任何科学证据的证实。另一个让人稍微放心的结果是，80% 的调查对象认为，"我们完全可以通过暗示让病人将某一幻想出来的内容整合到记忆之中，从而令其认为这是真实发生过的经历"。但这一结果说明仍有 1/5 的人相信暗示形成虚假记忆是不可能的。研究细节参见 Yapko（1994，1995）。

[44] 一篇优秀的对于恍惚状态下书写的历史性回顾，见 Koutstaal（1992）。Schacter（1987a）回顾了关于内隐记忆与恍惚状态下自动书写的早期传闻。Harber & Pennebaker（1992）的研究表明，将创伤写下来确实有疗愈的效果。但这种效果是针对确实存在创伤的个体而言的。不过，正如黛安娜的个例所体现的那样，让有创伤的个体将自己的经验用文字书写出来和让不一定有创伤的个体使劲挖掘自己的创伤体验完全是两回事。第 2 章尼尔的案例（尼尔能够通过写而不能通过说话回忆自己过去的经历）也说明，记忆的口头提取和书写提取可能是两个不同的系统。当然，尼尔的情况与这里所说的，由自由书写得到的记忆的准确性没有任何关系。

[45] 有关案例，参见 Bass & Davis（1988，1994），Frederickson（1992）以及 Herman（1992）。

[46] 有关社会对记忆影响的文献集，参见 Middleton & Edwards（1990）。

[47] 有关治疗对重新体验真实创伤的效应，参见 Foa et al.（1991）。有关想象被遗忘的虐待创伤，参见 Frederickson（1992），pp. 108～112。Hyman et al.（in press）报告了画面想象对生成虚假记忆的影响。有关视觉想象、知觉与大

脑的研究总结，参见 Kosslyn（1994）。

[48] 对于心理治疗师的调查报告在 Poole et al.（1995）。有关对童年性虐待的心理治疗中使用的记忆技术的详细分析与讨论，参见 Lindsay & Read（1996）。

[49] Whitfield（1995）认为，基于临床经验，对性虐待的虚假记忆几乎是不存在的。而 Pendergrast（1995）则认为，这种现象随处可见。

[50] 引言来自 Bandler & Grinder（1979），p. 96。洛夫塔斯引用了这些表述（Loftus, 1986）。有关让内的内容，参见 Hacking（1995）。

[51] 有关区分对真实事件的记忆与想象事件的实验研究，参见 Johnson et al.（1988）以及 Schooler, Gerhard & Loftus（1986）。有关区分真实与虚假的被恢复记忆的临床启示，参见 Person & Klar（1994）以及 Terr（1994）。

[52] 与这一点的相反观点，参见 Masson（1984），Erdelyi（1985）以及 Schimek（1987）。

[53] 有关创伤与游戏，参见 Terr（1988）。

[54] 有关对症状清单的严厉批评，参见 Lindsay & Read（1994），Loftus & Ketcham（1994），Ofshe & Watters（1994），Pendergrast（1995）以及 Yapko（1994）。

[55] 参见 Pope & Hudson（1992）以及 Pope et al.（1994）。

[56] Frederickson（1992, p. 41）。

[57] 参见 McElroy & Keck（1995）。

[58] 我需要强调的是，我并不认为所有这些得到恢复的记忆中的虐待一定或多或少地真实存在，我认为这些记忆包含着某种真实性的意思是，它们反映了个体早年生活经历当中一些非常有问题的方面。我认同 Neisser（1994）对于这个问题的观点：形成虚假的性受虐记忆的因素有很多，很有问题的早年家庭生活是其中之一。

第 10 章

[1] Owen（1992），pp. 15, 51。

[2] 同上，p. 97。

[3] 同上，p. 160。

[4] 展览目录中有一篇由记忆研究者恩德尔·图尔文（Endel Tulving）撰写的文章。

大部分装置都是基于图尔文有关记忆形式的想法。

[5] Pat Potter, personal communication, March 29, 1993。

[6] 关于老年人外显回想和再认记忆缺陷的评论，见 Craik et al.（1995）和 Light（1991）。关于回想与再认的对比，见 Craik & McDowd（1987）。Parkin, Walter & Hunkin（1995）报告，与时序记忆受损相比，老年人对左/右位置的记忆得以保存，尽管他们也注意到老年人空间记忆受损的其他证据（另见 Craik et al., 1995）。McDaniel & Einstein（1992）报告老年人对于待执行任务有正常的前瞻性记忆，而 Cockburn & Smith（1991）发现老年人的前瞻性记忆受损。

[7] 有关衰老与大脑变化的综述，见 Ivy et al.（1992）。Jernigan et al.（1991）的 MRI 研究发现，内侧颞叶和皮质联合区会随着老化而萎缩。

[8] 有关衰老与神经元丧失的研究综述，参见 Albert & Moss（inpress）。

[9] 海马神经元的研究见 West et al.（1994）。Albert & Moss（in press）发现，海马的核心分区 CA1/CA2/CA3 的神经元数量不会随着人体的老化而显著减少，但一些证据发现，海马下托（负责输出海马信息的通路）的神经元数量会减少。

[10] 有关海马萎缩与记忆水平的内容，参见 Golomb et al.（1994）。Albert & Moss（in press）回顾了基底前脑神经元丧失的证据。

[11] 有关额叶皮质随年龄的变化，参见 Bashore（1993），Ivy et al.（1992）以及 Mittenberg et al.（1989）。有关老年人在对额叶损伤十分敏感的测试中的记忆表现，参见 Mittenberg et al.（1989），Moscovitch & Winocur（1992）以及 Whelihan & Lesher（1985）。

[12] 有关额叶对回想而非再认，时序记忆而非空间记忆，以及一些前瞻性记忆更重要的研究证据，参见 Schacter（1987b）以及 Shimamura（1995）的综述。

[13] 在得出老年人右侧额叶活动性减弱的研究中，对比条件分别是：老年人看到三个首字母时，说出第一个想到的与之相符的单词，或者尽量回想在浅层编码当中见过的单词。研究同时也发现，老年人左侧额叶也有类似的活动性减弱，只是没有右侧额叶那么明显。相比于年轻人，老年人位于左脑额叶后回的布洛卡区有更强的激活，可能意味着他们更依靠语音提取完成任务。另

外，前扣带回这个脑区的活动性也出现年龄差异，这一脑区在年轻人注意目标刺激时会得到激活。关于额叶与扣带回对于提取的作用，参见 Buckner & Tulving（1995）。

[14] 参见 Grady et al.（1995）。必须指出的是，除了再认和回忆之间的差别，Grady et al.（1995）的研究与我们的研究存在另一个差异，即他们使用的材料是面孔，而我们使用的是词语。所以大脑激活的不同点既可以归因于前者，也可以归因于后者。有意思的是，Grady 发现老年人的海马在记忆编码中的活动水平没有年轻人的高，而在我们的研究中，老年人的海马在记忆提取阶段的活动水平与年轻人类似。这可能提示了海马在记忆编码和提取过程中作用的差异。当然，这种差异也可能是两个研究所选的记忆材料所导致的。

[15] 有关里根的轶事，参见 Wills（1987）。

[16] 关于源记忆缺陷和衰老，见 Ferguson, Hashtroudi & Johnson（1992），Mclntyre & Craik（1987）以及 Schacter et al.（1991）。这些实验表明，在不同的实验条件下，老年人对源信息的回忆受损程度不一。然而，最近的一项回顾性元分析显示，总的来说，老年人的源记忆更倾向于受损（Spencer & Raz, 1995）。对于额叶损伤和源记忆损伤之间的联系，见 Craik et al.（1990），Glisky, Polster & Routhieaux（1995）以及 Schacter et al.（1991）。Dywan, Segalowitz & Williamson（1994）的神经电生理研究表明，引起老年人源记忆提取错误的特定额叶区域的功能失灵，与解决特定问题相关的额叶区域失灵有所不同。他们也表明，单纯的额叶问题并不能解释源记忆问题的所有方面。

[17] 这项记住保密信息的研究，主要是与凯瑟琳·安吉尔（Kathryn Angell）和苏珊·麦格林（Susan McGlynn）合作完成的。

[18] 关于虚假名人效应，参见 Dywan & Jacoby（1990）。老年人对于人脸的记忆同样有类似的虚假名人效应。在见过一两次原本陌生的一些人脸一周之后，老年人会比年轻人更倾向于认为这是某些名人的脸（Bartlett, Strater & Fulton, 1991）。关于错误再认的实验由我和 Kenneth Norman 完成。

[19] 在 Cohen & Faulkner（1989）的研究中，老年人和年轻人在听完一起绑架案的录音带后，需要回答与之相关的问题。其中一部分人会读到是准确的关于

绑架案的总结信息，而另一部分人会得到带有误导性的信息。老年人更容易受到这些错误信息的影响，他们会比年轻人更有可能认定，这些错误信息是绑架案中真实发生过的内容。

[20] Hashtroudi, Johnson & Chrosniak（1990）。

[21] Parkin & Walter（1992）。

[22] 工作记忆和额叶损伤病人的证据，见 Baddeley（1986, 1994）以及 Shimamura（1995）。PET 研究来自 Petrides et al.（1993）以及 Smith et al.（1995）。两项研究均发现，除了额叶的激活，工作记忆也会引发皮层后部，特别是顶叶的激活。基于对灵长类动物的研究，Friedman & Goldman-Rakic（1994）强调，额叶的一些区域与顶叶的一些区域密切关联，它们是支持工作记忆系统的关键部分。

[23] 关于猴子和工作记忆，见 Goldman-Rakic（1994）以及 Wilson, O'Scalaidhe & Goldman-Rakic（1993）。多巴胺受体与工作记忆的联系，见 Williams & Goldman-Rakic（1995）。工作记忆中的多巴胺受体被称为"D1"受体。Arnsten et al.（1994）的研究表明，D1 受体与老年猴子工作记忆缺陷有关。de Keyser et al.（1990）提供了老年人额叶 D1 受体缺乏的证据。Park & Holzman（1992）报告了精神分裂症患者的工作记忆缺陷；Bradley, Welch & Dick（1989）报告了帕金森病患者的工作记忆缺陷。

[24] 有关工作记忆与老化，参见 Craik et al.（1995）以及 Light（1991）。

[25] 关于老年人语义记忆和推理能力的研究综述，见 Light（1991）。Charness（1981）报告了老年人下棋的实验。有关不同的编码与提取过程如何有利于老年人的记忆，见 Bäckman, Mäntylä & Herlitz（1990）。老年人经常难以回想人名，但这个现象目前还没有得到很好的理解。这也许与抑制过程的功能减弱有关，我在本章的其他地方介绍过这种情况。老年人有时候不能像年轻人那样，抑制与当前任务无关的心理内容和心理过程，这有可能在他们提取人名的时候造成干扰。

[26] 有关启动效应与老化的系统回顾，参见 La Voie & Light（1994）。Howard（1996）和 Davis & Bernstein（1992）也提供了内隐记忆与老化的综述。我相信一些研究发现老年人启动效应衰减的结果，是因为该研究没有很好地排除

外显记忆的"污染"，从而让年轻人利用外显记忆提取的策略。也有研究表明，老年人在需要学习或形成新的联想时，启动效应会减弱。Howard, Fry & Brune（1991）发现老年人在补全单词的任务中，对于新的关系不一定表现出很好的启动效应，尽管在允许他们花更长时间的情况下，他们能和年轻人一样好地完成任务。在另一项研究中，夏克特等人（Schacter, Church & Osowiecki, 1994）发现，当老年人在测试阶段和学习阶段听到的单词由同一个声音朗读时，他们在测试阶段表现出的启动效应并不会比两个阶段的声音不一样时更大；而年轻人在第一种情况下确实会表现出更强的启动效应。听力衰退与受损的听觉启动效应无关。我和同事近期的研究（Schacter, Cooper & Valdiserri, 1992）表明老年人能够对陌生的物品形成视觉启动效应，但库珀（Lynn Cooper, personal communication, June 1995）等人的研究显示老年人的这种效应不能持久，会比年轻人更快消退。而另有 LaVoie & Light（1994）根据元分析结果表明，老年人对于新异刺激的启动效应受损程度并不比对于简单而熟悉的刺激的启动效应受损程度更大。所以，这个问题目前还没有一致的结论。

[27] 启动效应与老化的 PET 研究通过与玛丽琳·阿尔伯特（Marilyn Albert）等人的合作完成。

[28] 有关老年人的序列记忆，参见 Howard & Howard（1989）。

[29] 有关老年人与遗忘症患者的汉诺塔实验，参见 Davis & Bernstein（1992）以及 Saint-Cyr & Taylor（1992）。Howard & Wiggs（1993）提供了程序学习与老化的总体讨论，其中包括对于霍华德实验中老年人展现出完好的内隐记忆这一结果的讨论。Fisk et al.（1994）表明，老年人不像年轻人那样能够记住知觉技能中细节性的内容，他们更关注总体的特征。有关老年人整体上变缓慢的讨论，参见 Salthouse（1991）。有关抑制与额叶的讨论，参见 Shimamura（1995）。有关将记忆损伤与受损的抑制过程联系起来的讨论，参见 Stoltzfus et al.（1993）。

[30] 关于闪光灯记忆和老化，参见 Cohen, Conway & Maylor（1994）。Carstensen & Turk-Charles（1994）的研究表明，老年人能更好地记住一个故事当中包含情绪的部分，而非其他不含情绪色彩的部分。Cohen & Faulkner（1988）

没有在老年人中发现记忆生动性与情绪唤起的关系。

[31] Kidder（1993），p. 184。

[32] 引言来自罗斯玛丽·皮特曼未发表的手稿，由 MIA 展览馆提供。有关皮特曼的自传，参见 Rosenak & Rosenak（1990），pp. 244～245。

[33] 引自 Hufford, Hlunt & Zeitlin（1987），他们提供了其他老年记忆画家和民间艺术家的丰富例子。

[34] 有关"回忆疗法"的综述，参见 Dobrof（1984），p. xviii 以及 Kaminsky（1984）。

[35] 有关老年人回顾生活与记忆的文献综述，参见 Coleman（1986），Molinari & Reichlin（1985），以及 Thornton & Brotchie（1987）。有关不同类型的回忆有何好处，参见 Wong & Watt（1991）。

[36] 有关回忆高峰的研究，参见 Fitzgerald（1988，1992）。

[37] Owen（1992），p. 82。

[38] 提示线索难以唤起那些从未得到回忆的记忆，这一事实表明，这个记忆的相关印迹已经在很大程度上消退了。霍夫曼夫妇（Hoffman & Hoffman, 1990, p. 145）指出，为了恢复这种几乎被忘掉的记忆，我们必须找到非常特定的线索，要么恰好找到了，要么完全错过了。这种说法与我在前文强调过的观点一致：当记忆印迹消退之后，只有一组非常特定的线索才能引发我们对它的回忆体验。

[39] 老年人比年轻人更好的故事讲述能力，见 Kemper et al.（1990）以及 Pratt & Robins（1991）。讲述不熟悉故事时，老年人表现出的问题，见 Pratt et al.（1989）。哪怕是讲述近期得到的新故事时，老年人也会比年轻人更倾向于在其中加入叙事主题、道德、教训等内容，以弥补他们记忆力不足的缺憾（Adams et al., 1990；Mergler, Faust, & Goldstein, 1984/1985）。

[40] Schleifer, Davis & Mergler（1992, chap. 3）提到了老年人讲故事的文化功能，回顾了西方社会中对衰老的负面偏见的相关文章。也可参见 Mergler et al.（1984/1985）。关于记忆与口述传统，参见 Rubin（1995）。

[41] Sams & Nitsch（1991，p. 57）；Hobson（1979，p. 163）。

[42] Hobson（1979），p. 2。

[43] 关于毕姆作品的讨论，参见 Grande（1994）。

[44] Danieli（1988）。

[45] Danieli（1994）。

[46] 同上。

[47] 有关外在象征性储存与记忆演化的广泛讨论，参见 Donald（1991）。

[48] 有关"记忆危机"的讨论，参见 Lipsitz（1990）。

[49] 有关宝贵的财产与衰老的内容，参见 Kamptner（1991），Sherman & Newman（1977/1978）以及 Wapner，Demick & Redondo（1990）。有关电影与照相机记忆产业的内容，参见 Kuhn（1991）及 Slater（1991）。

照相实验由 Wilma Koutstaal 等人实施。在真实的实验范式中，实验参与者首先会看一些我们"排演"出来的日常场景的视频，每一个场景包含了 12 个左右的小型事件。比如在其中一个视频中，一位女教授正在忙她的工作：写论文，打电话，将一个大脑模型借给同事，等等。在看完这些视频之后的某个特定时间，参与者返回实验室，浏览记录其中一半事件的系列照片，比如其中一张记录了女教授将大脑模型拿给同事这样的画面。这与我们在日常生活中会碰到的情形非常类似，我们也会在旅行或者聚会的时候拍下一些照片。而在这之后，我们会测试参与者对于所有在视频中出现的事件的再认和回忆能力。

[50] 本·弗里曼（Ben Freeman）的引言出自展览目录 *New Artists 1994: Photography Outside Tradition*（p. 12）。

参 考 文 献

Abel, T., Alberini, C., Ghirardi, M., Huang, Y.-Y., Nguyen, P., & Kandel, E. R. (1995). Steps toward a molecular definition of memory consolidation. In D. L. Schacter, J. T. Coyle, G. D. Fischbach, M. M. Mesulam, & L. E. Sullivan (Eds.), *Memory distortion: How minds, brains and societies reconstruct the past* (pp. 298–328). Cambridge: Harvard University Press.

Abeles, M., & Schilder, P. (1935). Psychogenic loss of personal identity. *Archives of Neurology and Psychiatry, 34,* 587–604.

Adams, C., Labouvie-Vief, G., Hobart, C. J., & Dorosz, M. (1990). Adult age group differences in story recall style. *Journal of Gerontology: Psychological Sciences, 45,* 17–27.

Adolphs, R., Tranel, D., Damasio, H., & Damasio, A. R. (1994). Impaired recognition of emotion in facial expressions following bilateral damage to the human amygdala. *Nature, 372,* 669–672.

Adolphs, R., Tranel, D., Damasio, H., and Damasio, A. R. (1995). Fear and the human amygdala. *Journal of Neuroscience, 15,* 5879–5891.

Akhtar, S., Lindsey, B., & Kahn, F. L. (1981). Sudden amnesia for personal identity. *Pennsylvania Medicine, 84,* 46–48.

Alba, J. W., & Hasher, L. (1983). Is memory schematic? *Psychological Bulletin, 93,* 203–231.

Albert, M. S. & Moss, M. B. (in press). Neuropsychology of aging: Findings in humans and monkeys. In E. Schneider & J. W. Rowe (Eds.), *The handbook of the biology of aging* (4th Ed.). San Diego: Academic Press.

Allende, I. (1995). *Paula* (Peden, M. S., Trans.). New York: HarperCollins.

Anderson, J. R., & Schooler, L. J. (1991). Reflections of the environment in memory. *Psychological Science, 2,* 396–408.

Anderson, M. C., Bjork, R. A., & Bjork, E. L. (1994). Remembering can cause forgetting: Retrieval dynamics in long-term memory. *Journal of Experimental Psychology: Learning, Memory, and Cognition, 20,* 1063–1087.

Anderson, R. C., Pichert, J. W., Goetz, E. T., Schallert, D. L., Stevens, K. V., & Trollip, S. R. (1976). Instantiation of general terms. *Journal of Verbal Learning and Verbal Behavior, 15,* 667–679.

Arkes, H. R., & Freedman, M. R. (1984). A demonstration of the costs and benefits of expertise in recognition memory. *Memory & Cognition, 12,* 84–89.

Arnsten, A. F. T., Cai, J. X., Murphy, B. L., & Goldman-Rakic, P. S. (1994). Dopamine D_1 receptor mechanisms in the cognitive performance of young adult and aged monkeys. *Psychopharmacology, 116,* 143–151.

Augustine (1907/1966). *Confessions of St. Augustine.* New York: Dutton.
Bachevalier, J., Brickson, M., & Hagger, C. (1993). Limbic-dependent recognition memory in monkeys develops early in infancy. *Neuroreport, 4,* 77–80.
Bäckman, L., Mäntylä, T., & Herlitz, A. (1990). The optimization of episodic remembering in old age. In P. B. Baltes & M. M. Baltes (Eds.), *Successful aging: Perspectives from the behavioral sciences* (pp. 118–163). Cambridge: Cambridge University Press.
Baddeley, A. (1986). *Working memory.* Oxford: Clarendon.
Baddeley, A. (1994). Working memory: The interface between memory and cognition. In D. L. Schacter & E. Tulving (Eds.), *Memory systems 1994* (pp. 351–368). Cambridge: MIT Press.
Bahrick, H. P. (1979). Maintenance of knowledge: Questions about memory we forgot to ask. *Journal of Experimental Psychology: General, 108,* 296–308.
Bahrick, H. P. (1984). Semantic memory content in permastore: 50 years of memory for Spanish learned in school. *Journal of Experimental Psychology: General, 113,* 1–29.
Bailey, C. H., & Chen, M. (1989). Time course of structural changes at identified sensory neuron synapses during long-term sensitization in Aplysia. *Journal of Neuroscience, 9,* 1774–1781.
Baker, R. (1992). *Hidden memories.* Buffalo, NY: Prometheus Books.
Banaji, M. R., & Crowder, R. O. (1989). The bankruptcy of everyday memory. *American Psychologist, 44,* 1185–1193.
Bancaud, J., Brunet-Bourgin, F., Chauvel, P., & Halgren, E. (1994). Anatomical origin of *déjà vu* and vivid "memories" in human temporal lobe epilepsy. *Brain, 117,* 71–90.
Bandler, R., & Grinder, J. (1979). *Frogs into princes: Neurolinguistic programming.* Moab, UT: Real People Press.
Barclay, C. R. (1986). Schematization of autobiographical memory. In D. C. Rubin (Ed.), *Autobiographical memory* (pp. 82–99). Cambridge: Cambridge University Press.
Barclay, J. R., Bransford, J. D., Franks, J. J., McCarrell, N. S., & Nitsch, K. (1974). Comprehension and semantic flexibility. *Journal of Verbal Learning and Verbal Behavior, 13,* 471–481.
Bargh, J. A. (1992). Does subliminality matter to social psychology? Awareness of the stimulus versus awareness of its influence. In R. F. Bornstein & T. S. Pittman (Eds.), *Perception without awareness: Cognitive, clinical, and social perspectives* (pp. 236–255). New York: Guilford Press.
Bargh, J. A., & Pietromonaco, P. (1982). Automatic information processing and social perception: The influence of trait information presented outside of conscious awareness on impression formation. *Journal of Personality and Social Psychology, 43,* 437–449.
Barker, P. (1991). *Regeneration.* New York: Penguin.
Barsalou, L. W. (1988). The content and organization of autobiographical memories. In U. Neisser & E. Winograd (Eds.), *Remembering reconsidered: Ecological and traditional approaches to the study of memory* (pp. 193–243). New York: Cambridge University Press.
Bartlett, F. C. (1932). *Remembering.* Cambridge: Cambridge University Press.
Bartlett, J. C., Strater, L., & Fulton, A. (1991). False recency and false fame of faces in young adulthood and old age. *Memory & Cognition, 19,* 177–188.
Bartsch, D., Ghirardi, M., Skehel, P. A., Karl, K. A., Herder, S., Chen, M., Bailey, C. H., & Kandel, E. R. (1995). CREB–2/ATF–4 as a repressor of long-term facilitation in *Aplysia*: Relief of repression converts a transient facilitation into a long-term functional and structural change, *Cell, 83,* 979–992.
Bashore, T. R. (1993). Differential effects of aging on the neurocognitive functions subserving speeded mental processing. In J. Cerella, J. Rybash, W. Hoyer, & M. L. Commons (Eds.), *Adult information processing: Limits on loss* (pp. 37–76). San Diego: Academic Press.
Bass, E., & Davis, L. (1988). *The courage to heal: A guide for women survivors of child sexual abuse* (1st ed.). New York: HarperPerennial.
Bass, E., & Davis, L. (1994). *The courage to heal: A guide for women survivors of child sexual abuse* (3rd ed.). New York: HarperPerennial.
Bauer, P. J. (1996). What do infants recall of their lives? Memory for specific events by one- to two-year-olds. *American Psychologist, 51,* 29–41.

Bauer, R. M. (1984). Autonomic recognition of names and faces in prosopagnosia: a neuropsychological application of the guilty knowledge test. *Neuropsychologia, 22,* 457–469.

Baxter, L. R., Jr., Schwartz, J. M., Phelps, M. E., Mazziotta, J. C., Guze, B. H., Selin, C. E., Gerner, R. H., & Sumida, R. M. (1989). Reduction of prefrontal cortex glucose metabolism common to three types of depression. *Archives of General Psychiatry, 46,* 243–250.

Bechara, A., Tranel, D., Damasio, H., Adolphs, R., Rockland, C., & Damasio, A. R. (1995). Double dissociation of conditioning and declarative knowledge relative to the amygdala and hippocampus in humans. *Science,* 1995, *269,* 1115–1118.

Begg, I. M., Anas, A., & Farinacci, S. (1992). Dissociation of processes in belief: Source recollection, statement familiarity, and the illusion of truth. *Journal of Experimental Psychology: General, 121,* 446–458.

Bellezza, F. S. (1981). Mnemonic devices: Classification, characteristics, and criteria. *Review of Educational Research, 51,* 247–275.

Belli, R. F., Lindsay, D. S., Gales, M. S., & McCarthy, T. T. (1994). Memory impairment and source misattribution in postevent misinformation experiments with short retention intervals. *Memory and Cognition, 22,* 40–54.

Bellow, S. (1989). *The Bellarosa Connection.* New York: Penguin.

Berendzen, R., & Palmer, L. (1993). *Come here: A man overcomes the tragic aftermath of childhood sexual abuse.* New York: Villard.

Bergson, H. (1911). *Matter and memory* (N. M. Paul & W. S. Palmer, Trans.). London: Swan Sonnenschein.

Bernstein, E. M. and Puttnam, F. W. (1986). Development, reliability, and validity of a dissociation scale. *Journal of Nervous and Mental Disease, 174,* 727–735.

Berrios, G. E. (1995). Déjà vu in France during the 19th century: A conceptual history. *Comprehensive Psychiatry, 36,* 123–129.

Bjork, R. A. (1989). Retrieval inhibition as an adaptive mechanism in human memory. In H. L. Roediger, III, & F. I. M. Craik (Eds.), *Varieties of memory and consciousness: Essays in honour of Endel Tulving* (pp. 309–330). Hillsdale, NJ: Erlbaum.

Blaxton, T. A. (1989). Investigating dissociations among memory measures: Support for a transfer-appropriate processing framework. *Journal of Experimental Psychology: Learning, Memory, and Cognition, 15,* 657–668.

Blaxton, T. A. (1995). A process-based view of memory. *Journal of the International Neuropsychological Society, 1,* 112–114.

Bliss, E. L. (1986). *Multiple personality, allied disorders, and hypnosis.* New York: Oxford University Press.

Bliss, T. V. P., & Lømo, W. (1973). Long-lasting potentiation of synaptic transmission in the dentate area of the anesthetized rabbit following stimulation of the perforant path. *Journal of Physiology, 232,* 331–356.

Bliss, T. V. P., & Collingridge, G. L. (1993). A synaptic model of memory: Long-term potentiation in the hippocampus. *Nature, 232,* 31–39.

Block, N. (1995). On a confusion about a function of consciousness. *Behavioral and Brain Sciences, 18,* 227–287.

Bloom, B. S. (Ed.). (1985). *Developing talent in young people.* New York: Ballantine.

Bootzin, R. R., Kihlstrom, J. F., & Schacter, D. L. (Eds.) (1990). *Sleep and cognition.* Washington, DC: American Psychological Association.

Borges, J. L. (1962). *Ficciones.* New York: Grove.

Bothwell, R. K., Deffenbacher, K. A., & Brigham, J. C. (1987). Correlation of eyewitness accuracy and confidence: Optimality hypothesis revisited. *Journal of Applied Psychology, 72,* 691–695.

Bower, G. H. (1972). Mental imagery and associative learning. In L. Gregg (Ed.), *Cognition and learning and memory.* New York: Wiley.

Bower, G. H. (1981). Mood and memory. *American Psychologist, 36,* 129–148.

Bower, G. H. (1992). How might emotions affect learning? In S.-Å. Christianson (Ed.), *The handbook of emotion and memory: Research and theory* (pp. 3–31). Hillsdale, NJ: Erlbaum.

Bowers, K. S. (1991). Dissociation in hypnosis and multiple personality disorder. *The International Journal of Clinical and Experimental Hypnosis, 39,* 155–173.

Bradley, B. P., & Baddeley, A. D. (1990). Emotional factors in forgetting. *Psychological Medicine, 20,* 351–355.

Bradley, M. M., Greenwald, M. K., Petry, M. C., & Lang, P. J. (1992). Remembering pictures: Pleasure and arousal in memory. *Journal of Experimental Psychology: Learning, Memory, and Cognition, 18,* 379–390.

Bradley, V. A., Welch, J. L., & Dick, D. J. (1989). Visuospatial working memory in Parkinson's disease. *Journal of Neurology, Neurosurgery, and Psychiatry, 52,* 1228–1235.

Brainerd, C. J., Reyna, V. F., and Brandse, E. (1995). Are children's false memories more persistent than their true memories? *Psychological Science, 6,* 359–364.

Brandt, J. (1992). Detecting amnesia's impostors. In L. R. Squire & N. Butters (Eds.), *Neuropsychology of memory* (pp. 156–165). New York: Guilford Press.

Bransford, J. D., & Franks, J. J. (1971). The abstraction of linguistic ideas. *Cognitive Psychology, 2,* 331–350.

Bremner, J. D., Randall, P., Scott, T. M., Bronen, R. A., Seibyl, J. P., Southwick, S. M., Delaney, R. C., McCarthy, G., Charney, D. S., & Innis, R. B. (1995). MRI-based measurement of hippocampal volume in patients with combat-related posttraumatic stress disorder. *American Journal of Psychiatry, 152,* 973–981.

Bremner, J. D., Steinberg, M., Southwick, S. M., Johnson, D. R., & Charney, D. S. (1993). Use of the structured clinical interview for DSM-IV dissociative disorders for systematic assessment of dissociative symptoms in posttraumatic stress disorder. *American Journal of Psychiatry, 150,* 1011–1014.

Brewer, W. F. (1988). Memory for randomly sampled autobiographical events. In U. Neisser & E. Winograd (Eds.), *Remembering reconsidered: Ecological and traditional approaches to the study of memory* (pp. 21–90). New York: Cambridge University Press.

Brewer, W. F. (1992). The theoretical and empirical status of the flashbulb memory hypothesis. In E. Winograd & U. Neisser (Eds.), *Affect and accuracy in recall: Studies of "flashbulb" memories* (pp. 274–305). New York: Cambridge University Press.

Brewer, W. F. (1996). What is recollective memory? In D. C. Rubin (Ed.), *Remembering our past: Studies in autobiographical memory*. Cambridge: Cambridge University Press.

Brewin, C. R., Andrews, B., & Gotlib, I. H. (1993). Psychopathology and early experience: A reappraisal of retrospective reports. *Psychological Bulletin, 113,* 82–98.

Breznitz, S. (1993). *Memory fields: The legacy of a wartime childhood in Czechoslovakia*. New York: Knopf.

Briere, J., & Conte, J. (1993). Self-reported amnesia for abuse in adults molested as children. *Journal of Traumatic Stress, 6,* 21–31.

Brown, A. S. (1991). A review of the tip-of-the-tongue experience. *Psychological Bulletin, 109,* 204–223.

Brown, A. S., & Murphy, D. R. (1989). Cryptomnesia: Delineating inadvertent plagiarism. *Journal of Experimental Psychology: Learning, Memory, and Cognition, 15,* 432–442.

Brown, D. (1995). Pseudomemories: The standard of science and the standard of care in trauma treatment. *American Journal of Clinical Hypnosis, 37,* 1–24.

Brown, N. R., Rips, L. J., & Shevell, S. K. (1985). The subjective dates of natural events in very-long-term memory. *Cognitive Psychology, 17,* 139–177.

Brown, P. (1994). Toward a psychobiological model of dissociation and post-traumatic stress disorder. In S. J. Lynn & J. W. Rhue (Eds.), *Dissociation: Clinical and theoretical perspectives* (pp. 94–122). New York: Guilford Press.

Brown, R., & Kulik, J. (1977). Flashbulb memories. *Cognition, 5,* 73–99.

Brown, R., & McNeill, D. (1966). The "tip-of-the-tongue" phenomenon. *Journal of Verbal Learning and Verbal Behavior, 5,* 325–337.

Bruck, M. L., & Ceci, S. J. (1995). Amicus brief for the case of *State of New Jersey v. Michaels* presented by Committee of Concerned Social Scientists. *Psychology, Public Policy and Law, 1,* 272–322.

Bruck, M. L., Ceci, S. J., Francoeur, E., & Barr, R. (1995). "I hardly cried when I got my shot": Young children's reports of their visit to a pediatrician. *Child Development, 66,* 193–208.

Buckhout, R. (1974). Eyewitness testimony. *Scientific American, 231,* 23–31.

Buckner, R. L., & Tulving, E. (1995). Neuroimaging studies of memory: Theory and recent

PET results. In F. Boller & J. Grafman (Eds.), *Handbook of neuropsychology*, Volume 10 (pp. 439–466). Amsterdam: Elsevier.

Buckner, R. L., Petersen, S. E., Ojemann, J. G., Miezin, F. M., Squire, L. R., & Raichle, M. E. (1995). Functional anatomical studies of explicit and implicit memory retrieval tasks. *Journal of Neuroscience, 15,* 12–29.

Butters, M. A., Glisky, E. L., & Schacter, D. L. (1993). Transfer of new learning in memory-impaired patients. *Journal of Clinical and Experimental Neuropsychology, 15,* 219–230.

Butters, N., & Albert, M. S. (1982). Processes underlying failures to recall remote events. In L. S. Cermak (Ed.), *Human memory and amnesia* (pp. 257–274). Hillsdale, NJ: Erlbaum.

Butters, N., & Cermak, L. S. (1980). *Alcoholic Korsakoff's syndrome: An information processing approach.* New York: Academic Press.

Butters, N., & Cermak, L. S. (1986). A case study of forgetting autobiographical knowledge: Implications for the study of retrograde amnesia. In D. Rubin (Ed.), *Autobiographical memory* (pp. 253–272). New York: Cambridge University Press.

Butters, N., Heindel, W. C., & Salmon, D. P. (1990). Dissociation of implicit memory in dementia: Neurological implications. *Bulletin of the Psychonomic Society, 28,* 359–366.

Cahill, L., Prins, B., Weber, M., & McGaugh, J. L. (1994). ß-Adrenergic activation and memory for emotional events. *Nature, 371,* 702–704.

Capaldi, E. J., & Neath, I. (1995). Remembering and forgetting as context discrimination. *Learning and Memory, 2,* 107–132.

Caramazza, A., & Hillis, A. E. (1991). Lexical organization of nouns and verbs in the brain. *Nature, 349,* 788–790.

Cardena, E., & Spiegel, D. (1993). Dissociative reactions to the San Francisco Bay area earthquake of 1989. *American Journal of Psychiatry, 150,* 474–478.

Carlson, E. B., & Rosser-Hogan, R. (1994). Cross-cultural response to trauma: A study of traumatic experiences and posttraumatic symptoms in Cambodian refugees. *Journal of Traumatic Stress, 7,* 43–58.

Carrasco, M., & Seamon, J. G. (1996). Priming impossible figures in object decision test: The critical importance of perceived stimulus complexity. *Psychonomic Bulletin and Review.*

Carruthers, M. J. (1990). *The book of memory: A study of memory in medieval culture.* New York: Cambridge University Press.

Carstensen, L. L., & Turk-Charles, S. (1994). The salience of emotion across the adult life span. *Psychology and Aging, 9,* 259–264.

Cash, W. S., & Moss, A. J. (1972). *Optimum recall period for reporting persons injured in motor vehicle accidents* (DHEW-HRA No. 72-1050). Washington, DC: U.S. Public Health Service.

Cave, C. B., & Squire, L. R. (1991). Equivalent impairment of spatial and nonspatial memory following damage to the human hippocampus. *Hippocampus, 1,* 329–340.

Ceci, S. J. (1995). False beliefs: Some developmental and clinical considerations. In D. L. Schacter, J. T. Coyle, G. D. Fischbach, M.-M. Mesulam, & L. E. Sullivan (Eds.), *Memory distortion: How minds, brains, and societies reconstruct the past* (pp. 91–128). Cambridge: Harvard University Press.

Ceci, S. J., & Bruck, M. (1993). Suggestibility of the child witness: A historical review and synthesis. *Psychological Bulletin, 113,* 403–439.

Ceci, S. J., & Bruck, M. (1995). *Jeopardy in the Courtroom.* Washington, DC: APA Books.

Ceci, S. J., DeSimone, M., & Johnson, S. (1992). Memory in context: A case study of "Bubbles P.," a gifted but uneven memorizer. In D. J. Herrmann, H. Weingartner, A. Searleman, & C. McEvoy (Eds.), *Memory improvement: Implications for memory theory* (pp. 169–186). New York: Springer-Verlag.

Cermak, L. S., & O'Connor, M. (1983). The anterograde and retrograde retrieval ability of a patient with amnesia due to encephalitis. *Neuropsychologia, 21,* 213–234.

Cermak, L. S., Talbot, N., Chandler, K., & Wolbarst, L. R. (1985). The perceptual priming phenomenon in amnesia. *Neuropsychologia, 23,* 615–622.

Charness, N. (1981). Aging and skilled problem solving. *Journal of Experimental Psychology: General, 110,* 21–38.

Chase, W. G., & Ericsson, K. A. (1981). Skilled memory. In J. R. Anderson (Ed.), *Cognitive skills and their acquisition.* Hillsdale, NJ: Erlbaum.

Cho, Y. H., Beracochea, D., & Jaffard, R. (1993). Extended temporal gradient for the retrograde and anterograde amnesia produced by ibotenate entorhinal cortex lesions in mice. *Journal of Neuroscience, 13,* 1759–1766.

Christianson, S.-Å. (1989). Flashbulb memories: Special, but not so special. *Memory and Cognition, 17,* 435–443.

Christianson, S.-Å., & Loftus, E. F. (1987). Memory for traumatic events. *Applied Cognitive Psychology, 1,* 225–239.

Christianson, S.-Å., & Nilsson, L. G. (1989). Hysterical amnesia: A case of adversively motivated isolation of memory. In T. Archer & L.-G. Nilsson (Eds.), *Aversion, avoidance, and anxiety: Perspectives on aversively motivated behavior* (pp. 289–310). Hillsdale, NJ: Erlbaum.

Church, B. A., & Schacter, D. L. (1994). Perceptual specificity of auditory priming: Implicit memory for voice intonation and fundamental frequency. *Journal of Experimental Psychology: Learning, Memory, and Cognition, 20,* 521–533.

Clark, D. M., & Teasdale, J. D. (1982). Diurnal variation in clinical depression and accessibility of positive and negative experiences. *Journal of Abnormal Psychology, 91,* 87–95.

Cockburn, J., & Smith, P. T. (1991). The relative influence of intelligence and age on everyday memory. *Journal of Gerontology: Psychological Sciences, 46,* P31–P36.

Cohen, G., & Faulkner, D. (1988). Life span changes in autobiographical memory. In M. M. Gruneberg, R. N. Sykes, & P. E. Morris (Eds.), *Practical aspects of memory: Current issues and theory.* New York: Wiley.

Cohen, G., & Faulkner, D. (1989). Age differences in source forgetting: Effects on reality monitoring and on eyewitness testimony. *Psychology and Aging, 4*(1), 10–17.

Cohen, G., Conway, M. A., & Maylor, E. A. (1994). Flashbulb memories in older adults. *Psychology and Aging, 9,* 454–463.

Cohen, N. J., & Eichenbaum, H. (1993). *Memory, amnesia, and the hippocampal system.* Cambridge, MA: MIT Press.

Cohen, N. J., & Squire, L. R. (1980). Preserved learning and retention of pattern analyzing skill in amnesics: Dissociation of knowing how and knowing that. *Science, 210,* 207–210.

Colegrove, F. W. (1899). Individual memories. *American Journal of Psychology, 10,* 228–255.

Coleman, P. G. (1986). *Ageing and reminiscence processes: Social and clinical implications.* New York: Wiley.

Collins, L. N., Graham, J. W., Hansen, W. B., & Johnson, C. A. (1985). Agreement between retrospective accounts of substance use and earlier reported substance use. *Applied Psychological Measurement, 9,* 301–309.

Conway, M. A. (1992). A structural model of autobiographical memory. In M. A. Conway, D. C. Rubin, H. Spinnler, & W. A. Wagenaar (Eds.), *Theoretical perspectives on autobiographical memory* (pp. 167–193). Dordrect, The Netherlands: Kluwer.

Conway, M. A. (1995). *Flashbulb memories.* Hillsdale, NJ: Erlbaum.

Conway, M. A., & Bekerian, D. A. (1987). Organization in autobiographical memory. *Memory & Cognition, 15,* 119–132.

Conway, M. A., & Rubin, D. C. (1993). The structure of autobiographical memory. In A. F. Collins, S. E. Gathercole, M. A. Conway, & P. E. Morris (Eds.), *Theories of memory* (pp. 103–137). Hillsdale, NJ: Erlbaum.

Conway, M. A., Anderson, S. J., Larsen, S. F., Donnelly, C. M., McDaniel, M. A., McClelland, A. G. R., Rawles, R. E., & Logie, R. H. (1994). The formation of flashbulb memories. *Memory & Cognition, 22,* 326–343.

Coons, P. M. (1994). Confirmation of childhood abuse in child and adolescent cases of multiple personality disorder and dissociative disorder not otherwise specified. *The Journal of Nervous and Mental Disease, 182,* 461–464.

Cooper, L. A., Schacter, D. L., Ballesteros, S., & Moore, C. (1992). Priming and recognition of transformed three-dimensional objects: Effects of size and reflection. *Journal of Experimental Psychology: Learning, Memory, and Cognition, 18,* 43–57.

Coriat, I. H. (1907). The Lowell case of amnesia. *Journal of Abnormal Psychology, 2,* 93–111.

Coriat, I. H. (1916). *Abnormal psychology.* New York: Moffat, Yard.

Cork, R. C., Kihlstrom, J. F., & Schacter, D. L. (1992). Absence of explicit or implicit mem-

ory in patients with sufentanil/nitrous oxide. *Anesthesiology, 76*, 892–898.
Corkin, S. (1968). Acquisition of motor skill after bilateral medial temporal lobe excision. *Neuropsychologia, 6*, 255–265.
Corkin, S. (1984). Lasting consequences of bilateral medial temporal lobectomy: Clinical course and experimental findings in H.M. *Seminars in Neurology, 4*, 249–259.
Craik, F. I. M., & Lockhart, R. S. (1972). Levels of processing: A framework for memory research. *Journal of Verbal Learning and Verbal Behavior, 11*, 671–684.
Craik, F. I. M., & McDowd, J. M. (1987). Age differences in recall and recognition. *Journal of Experimental Psychology: Learning, Memory, and Cognition, 13*, 474–479.
Craik, F. I. M., & Tulving, E. (1975). Depth of processing and the retention of words in episodic memory. *Journal of Experimental Psychology: General, 104*, 268–294.
Craik, F. I. M., Morris, L. W., Morris, R. G., & Loewen, E. R. (1990). Relations between source amnesia and frontal lobe functioning in older adults. *Psychology and Aging, 5*, 148–151.
Craik, F. I. M., Anderson, N. D., Kerr, S. A., & Li, K. Z. H. (1995). Memory changes in normal ageing. In A. D. Baddeley, B. A. Wilson, & F. N. Watts (Eds.), *Handbook of memory disorders* (pp. 211–241). New York: Wiley.
Crevier, D. (1993). *AI: The tumultuous history of the search for artificial intelligence.* New York: Basic Books.
Crews, F., et al. (1995). *The memory wars: Freud's legacy in dispute.* New York: A New York Review Book.
Crovitz, H. F., & Schiffman, H. (1974). Frequency of episodic memories as a function of their age. *Bulletin of the Psychonomic Society, 4*, 517–518.
Curran, T., Schacter, D. L., & Bessenoff, G. (1996). Visual specificity effects on memory: Beyond transfer appropriate processing? *Canadian Journal of Experimental Psychology.*
Dalla Barba, G. (1993). Confabulation: Knowledge and recollective experience. *Cognitive Neuropsychology, 10*, 1–20.
Dalla Barba, G., Parlato, V., Iavarone, A., & Boller, F. (in press). Anosognosia, intrusions and "frontal" functions in Alzheimer's disease and depression. *Neuropsychologia.*
Damasio, A. R. (1989). Time-locked multiregional retroactivation: A systems-level proposal for the neural substrates of recall and recognition. *Cognition, 33*, 25–62.
Damasio, A. R. (1990). Category-related recognition defects as clues to the neural substrates of knowledge. *Trends in Neuroscience, 13*, 95–98.
Damasio, A. R. (1994). *Descartes' error: Emotion, reason, and the human brain.* New York: Putnam.
Damasio, A. R., Tranel, D., & Damasio, H. (1989). Amnesia caused by herpes simplex encephalitis, infarctions in basal forebrain, Alzheimer's disease and anoxia/ischemia. In F. Boller & J. Grafman (Eds.), *Handbook of Neuropsychology, Volume 3* (pp. 149–165). Amsterdam: Elsevier.
Damasio, A. R., Tranel, D., & Damasio, H. (1990). Face agnosia and the neural substrates of memory. *Annual Review of Neuroscience, 13*, 89–109.
Damasio, A. R., & Damasio, H. (1994). Cortical systems for retrieval of concrete knowledge: The convergence zone framework. In C. Koch & J. L. Davis (Eds.), *Large-scale neuronal theories of the brain* (pp. 61–74). Cambridge: MIT Press.
Damasio, A. R., & Van Hoesen, G. W. (1985). The limbic system and the localisation of herpes simplex encephalitis. *Journal of Neurology, Neurosurgery and Psychiatry, 48*, 297–301.
Daniel, W. F., & Crovitz, H. F. (1986). ECT-induced alteration of psychogenic amnesia. *Acta Psychiatrica Scandinavica, 74*, 302–303.
Danieli, Y. (1988). On not confronting the Holocaust: Psychological reactions to victim/survivors and their children. In *Remembering for the future: Theme II: The impact of the Holocaust on the contemporary world* (pp. 1257–1271). Oxford: Pergamon.
Danieli, Y. (1994). As survivors age: Part 1. *Clinical Quarterly, 4*, 3–7.
Dannay, R. (1980). *Current developments in copyright law.* New York: Practicing Law Institute.
Darien-Smith, C., & Gilbert, C. D. (1994). Axonal sprouting accompanies functional reorganization in adult cat striate cortex. *Nature, 368*, 737–740.
Davis, H. P., & Bernstein, P. A. (1992). Age-related changes in explicit and implicit memory. In L. R. Squire & N. Butters (Eds.), *Neuropsychology of memory* (pp. 249–261). New York: Guilford Press.

Davis, P. J. (1990). Repression and the inaccessibility of emotional memories. In J. L. Singer (Ed.), *Repression and dissociation* (pp. 387–404). Chicago: University of Chicago Press.

Dawes, R. M. (1988). *Rational choice in an uncertain world.* San Diego: Harcourt, Brace, Jovanovich.

Dawes, R. M. (1991). Biases of retrospection. *Issues in Child Abuse Accusations, 1,* 25–28.

De Bellis, M. D., Chrousos, G. P., Dorn, L. D., Burke, L., Helmers, K., Kling, M. A., Trickett, P. K., & Putnam, F. W. (1994). Hypothalamic-pituitary-adrenal axis dysregulation in sexually abused girls. *Journal of Clinical Endocrinology and Metabolism, 78,* 249–255.

De Bellis, M. D., Lefter, L., Trickett, P. K., & Putnam, F. W. (1994). Urinary catecholamine excretion in sexually abused girls. *Journal of the American Academy of Child and Adolescent Psychiatry, 33,* 320–327.

DeCasper, A. J., & Fifer, W. P. (1980). Of human bonding: Newborns prefer their mothers' voices. *Science, 208,* 1174–1176.

DeCasper, A. J., & Spence, M. J. (1986). Prenatal maternal speech influences newborns' perception of speech sounds. *Infant Behavior and Development, 9,* 133–150.

Decety, J., Perani, D., Jeannerod, M., Bettinardi, V., Tadary, B., Woods, R., Mazziota, S. C., & Fazio, F. (1994). Mapping motor representations with positron emission tomography. *Nature, 371,* 600–602.

Deese, J. (1959). On the prediction of occurrence of particular verbal intrusions in immediate recall. *Journal of Experimental Psychology, 58*(1), 17–22.

de Keyser, J., De Backer, J.-P., Vauquelin, G., & Ebinger, G. (1990). The effect of aging on the D_1 dopamine receptors in human frontal cortex. *Brain Research, 528,* 308–310.

Demb, J. B., Desmond, J. E., Wagner, A. D., Vaidya, C. J., Glover, G. H., & Gabrieli, J. D. E. (1995). Semantic encoding and retrieval in the left inferior prefrontal cortex: A functional MRI study of task difficulty and process specificity. *Journal of Neuroscience, 15,* 5870–5878.

Démonet, J.-F., Chollet, F., Ramsay, S., Cardebat, D., Nespoulous, J.-L., Wise, R., Rascol, A., & Frackowiak, R. (1992). The anatomy of phonological and semantic processing in normal subjects. *Brain, 115,* 1753–1768.

Dennet, D. C. (1991). *Consciousness explained.* Boston: Little, Brown.

De Renzi, E., Liotti, M., & Nichelli, P. (1987). Semantic amnesia with preservation of autobiographic memory. A case report. *Cortex, 23,* 575–597.

Desimone, R., & Duncan, J. (1995). Neural mechanisms of selective visual attention. *Annual Review of Neuroscience, 18,* 193–222.

Desimone, R., Miller, E. K., Chelazzi, L., & Lueschow, A. (1995). Multiple memory systems in the visual cortex. In M. S. Gazzaniga (Ed.), *The cognitive neurosciences* (pp. 475–486). Cambridge: MIT Press.

Devine, P. G. (1989). Stereotypes and prejudices: Their automatic and controlled components. *Journal of Personality and Social Psychology, 56,* 5–18.

Dewhurst, S. A., & Conway, M. A. (1994). Pictures, images, and recollective experience. *Journal of Experimental Psychology: Learning, Memory, and Cognition, 20,* 1088–1098.

Diamond, A. (1990). Developmental time course in human infants and infant monkeys, and the neural bases of inhibitory control in reaching. In A. Diamond (Ed.), *The development and neural bases of higher cognitive functions* (pp. 637–676). New York: The New York Academy of Sciences.

Diamond, B. (September 1969). Interview regarding Sirhan Sirhan. *Psychology Today,* 48–55.

Dobrof, R. (1984). Introduction: A time for reclaiming the past. In Kaminsky, M. (Ed.) (1984). *The uses of reminiscence: New ways of working with older adults* (pp. xvii–xix). New York: Hayworth Press.

Donald, M. (1991). *Origins of the modern mind.* Cambridge: Harvard University Press.

Donaldson, W. (1996). The role of decision processes in remembering and knowing. *Memory and Cognition.*

Donovan, D. M., & McIntyre, D. (1990). *Healing the hurt child: A developmental-contextual approach.* New York: Norton.

Dunn, R. (1845). Case of suspension of the mental faculties. *Lancet, 2,* 588–590.

Dutta, S., & Kanungo, R. N. (1967). Retention of affective material: A further verification of the intensity hypothesis. *Journal of Personality and Social Psychology, 5,* 476–481.

Dywan, J. (1995). The illusion of familiarity: An alternative to the report-criterion account of hypnotic recall. *International Journal of Clinical and Experimental Hypnosis, 53,* 194–211.

Dywan, J., & Bowers, K. S. (1983). The use of hypnosis to enhance recall. *Science, 222,* 1184–1185.

Dywan, J., & Jacoby, L. L. (1990). Effect of aging and source monitoring: Differences in susceptibility to false fame. *Psychology and Aging, 3,* 379–387.

Dywan, J., Segalowitz, S. J., & Williamson, L. (1994). Source monitoring during name recognition in older adults: Psychometric and electrophysiological correlates. *Psychology and Aging, 9,* 568–577.

Ebbinghaus, H. (1885/1964). *Memory: A contribution to experimental psychology.* New York: Dover.

Edelman, G. (1992). *Bright air, brilliant fire: The matter of mind.* New York: Basic Books.

Eich, E. (1989). Theoretical issues in state dependent memory. In H. L. Roediger, III, & F. I. M. Craik (Eds.), *Varieties of memory and consciousness: Essays in honour of Endel Tulving* (pp. 331–354). Hillsdale, NJ: Erlbaum.

Eich, E. (1995). Searching for mood dependent memory. *Psychological Science, 6,* 67–75.

Eich, E., Reeves, J. L., & Katz, R. L. (1985). Anesthesia, amnesia, and the memory/awareness distinction. *Anesthesia and Analgesia, 64,* 1143–1148.

Eich, E., Reeves, J. L., Jaeger, B., & Graff-Radford, S. B. (1985). Memory for pain: Relation between past and present pain intensity. *Pain, 23,* 375–379.

Eichenbaum, H. (1994). The hippocampal system and declarative memory in humans and animals: Experimental analysis and historical origins. In D. L. Schacter & E. Tulving (Eds.), *Memory Systems 1994* (pp. 147–202). Cambridge: MIT Press.

Ellenberger, H. F. (1970). *The discovery of the unconscious.* New York: Basic Books.

Elliott, D. M., & Briere, J. (1995). Posttraumatic stress associated with delayed recall of sexual abuse: A general population study. *Journal of Traumatic Stress, 8,* 629–648.

Erdelyi, M. H. (1984). The recovery of unconscious (inaccessible) memories: Laboratory studies of hypermnesia. In G. H. Bower (Ed.), *The psychology of learning and motivation; Advances in research and theory* (Vol. 18, pp. 95–127). New York: Academic Press.

Erdelyi, M. H. (1985). *Psychoanalysis: Freud's cognitive psychology.* New York: Freeman.

Erdelyi, M. H. (1996). *The recovery of unconscious memories: Hypermnesia and reminiscence.* Chicago: University of Chicago Press.

Ericsson, K. A. (1992). Experts' memory. In L. R. Squire (Ed.), *Encyclopedia of learning and memory* (pp. 166–170). New York: Macmillan.

Ericsson, K. A., & Smith, J. (1991). Prospects and limits in the empirical study of expertise: An introduction. In K. A. Ericsson & J. Smith (Eds.), *Toward a general theory of expertise: Prospects and limits.* New York: Cambridge University Press.

Estes, W. K. (1980). Is human memory obsolete? *American Scientist, 68,* 62–69.

Evans, C., & Richardson, P. H. (1988). Improved recovery and reduced postoperative stay after therapeutic suggestions during general anaesthesia. *Lancet, 2,* 491–493.

Evans, J., Wilson, B., Wraight, E. P., & Hodges, J. R. (1993). Neuropsychological and SPECT scan findings during and after transient global amnesia: Evidence for the differential impairment of remote episodic memory. *Journal of Neurology, Neurosurgery and Psychiatry, 56,* 1227–1230.

Evans, J. H. (1966). Transient loss of memory, an organic mental syndrome. *Brain, 89,* 539–548.

Evans, R., & Thorn, W. A. F. (1966). Two types of posthypnotic amnesia: Recall amnesia and source amnesia. *International Journal of Clinical and Experimental Hypnosis, 14,* 162–179.

Eysenck, M. W., & Mogg, K. (1992). Clinical anxiety, trait anxiety, and memory bias. In S.-Å. Christianson (Ed). *The handbook of emotion and memory: Research and theory* (pp. 429–450). Hillsdale, NJ: Erlbaum.

Fabiani, M., & Donchin, E. (1995). Encoding processes and memory organization: A model of the von Restroff effect. *Journal of Experimental Psychology: Learning, Memory and Cognition, 21,* 3–23.

Farah, M. J. (1990). *Visual agnosia.* Cambridge: MIT Press.

Farah, M. J., & McClelland, J. L. (1991). A computational model of semantic memory impairment: Modality specificity and emergent category specificity. *Journal of Experimental Psychology: General, 120, 339–357.

Ferguson, S. A., Hashtroudi, S., & Johnson, M. K. (1992). Age differences in using source-relevant cues. *Psychology and Aging, 7,* 443–452.

Fisher, C. (1945). Amnesic states in war neuroses: The psychogenesis of fugues. *Psychoanalytic Quarterly, 14,* 437–468.

Fisher, R. P., & Craik, F. I. M. (1977). The interaction between encoding and retrieval operations in cued recall. *Journal of Experimental Psychology: Human Learning and Perception, 3,* 153–171.

Fisk, A. D., Hertzog, C., Lee, M. D., Rogers, W. A., & Anderson-Garlach, M. (1994). Long-term retention of skilled visual search: Do young adults retain more than old adults? *Psychology and Aging, 9,* 206–215.

Fitzgerald, J. M. (1986). Autobiographical memory: A developmental perspective. In D. C. Rubin (Ed.), *Autobiographical memory* (pp. 122–133). New York: Cambridge University Press.

Fitzgerald, J. M. (1988). Vivid memories and the reminiscence phenomenon: The role of a self narrative. *Human Development, 31,* 261–273.

Fivush, R., & Schwarzmueller, A. (1995). Say it once again: Effects of repeated questions on children's event recall. *Journal of Traumatic Stress, 8,* 555–580.

Foa, E. B., Rothbaum, B. O., Riggs, D., & Murdock, T. (1991). Treatment of post-traumatic stress disorder in rape victims: A comparison between cognitive-behavioral procedures and counseling. *Journal of Consulting and Clinical Psychology, 59,* 715–723.

Frankel, F. H. (1994). The concept of flashbacks in historical perspective. *The International Journal of Clinical and Experimental Hypnosis, 42,* 321–336.

Fredrickson, R. (1992). *Repressed memories.* New York: Simon & Schuster.

Freud, S. (1899). Screen Memories. In J. Strachey (Ed. and Trans.), *The standard edition of the complete psychological works of Sigmund Freud* (Vol. 3). London: Hogarth Press.

Freud, S. (1926/1959). Inhibitions, symptoms, and anxiety. In J. Strachey (Ed. and Trans.), *The standard edition of the complete psychological works of Sigmund Freud* (Vol. 20). London: Hogarth Press.

Freud, S., & Breuer, J. (1966). *Studies on hysteria* (J. Strachey, Trans.). New York: Avon.

Freyd, J. J. (1994). Betrayal-trauma: Traumatic amnesia as an adaptive response to childhood abuse. *Ethics & Behavior, 4,* 307–329.

Friedman, H. R., & Goldman-Rakic, P. S. (1994). Coactivation of prefrontal cortex and inferior parietal cortex in working memory tasks revealed by 2DG functional mapping in the rhesus monkey. *Journal of Neuroscience, 14,* 2775–2788.

Friedman, W. J. (1993). Memory for the time of past events. *Psychological Bulletin, 113,* 44–66.

Gabrieli, J. D. E. (1995). A systematic view of human memory processes. *Journal of the International Neuropsychological Society, 1,* 115–118.

Gabrieli, J. D. E., Fleischman, D., Keane, M., Reminger, S., & Morrell, F. (1995). Double dissociation between memory systems underlying explicit and implicit memory in the human brain. *Psychological Science, 6,* 76–82.

Gaffan, E. A., Gaffan, D., & Hodges, J. R. (1991). Amnesia following damage to the left fornix and to other sites. *Brain, 114,* 1297–1313.

Gainotti, G., Silveri, M. C., Daniele, A., & Giustolisi, L. (1995). Neuroanatomical correlates of category-specific semantic disorders: A critical survey. *Memory, 3,* 247–264.

Galton, F. (1879). Psychometric experiments. *Brain, 2,* 149–162.

Gardiner, J. M., & Java, R. I. (1993). Recognising and remembering. In A. F. Collins, S. E. Gathercole, M. A. Conway, & P. E. Morris (Eds.), *Theories of memory* (pp. 163–188). Hove, United Kingdom: Erlbaum.

Gardner, H. (1975). *The shattered mind: The person after brain damage.* New York: Knopf.

Garry, M., Manning, C., Lofus, E. F., & Sherman, S. J. (1996). Imagination inflation: Imagining a childhood event inflates confidence that it occurred. *Psychonomic Bulletin and Review.*

Gauld, A., & Stephenson, G. M. (1967). Some experiments related to Bartlett's theory of remembering. *British Journal of Psychology, 58,* 39–49.

Gazzaniga, M. S. (1985). *The social brain.* New York: Basic Books.
Geary, P. J. (1994). *Phantoms of rememberance.* Princeton: Princeton University Press.
Gilbert, D. T. (1991). How mental systems believe. *American Psychologist, 46,* 107–119.
Glisky, E. L., & Schacter, D. L. (1987). Acquisition of domain-specific knowledge in organic amnesia: Training for computer-related work. *Neuropsychologia, 25,* 893–906.
Glisky, E. L., & Schacter, D. L. (1988). Long-term retention of computer learning by patients with memory disorders. *Neuropsychologia, 26,* 173–178.
Glisky, E. L., & Schacter, D. L. (1989a). Extending the limits of complex learning in organic amnesia: Computer training in a vocational domain. *Neuropsychologia, 27,* 107–120.
Glisky, E. L. & Schacter, D. L. (1989b). Models and methods of memory rehabilitation. In F. Boller & J. Grafman (Eds.), *Handbook of neuropsychology, Volume 3* (pp. 233–246). Amsterdam: Elsevier.
Glisky, E. L., Polster, M. R., & Routhieaux, B. C. (1995). Double dissociation between item and source memory. *Neuropsychology 9,* 229–235.
Glisky, E. L., Schacter, D. L., & Tulving, E. (1986a). Computer learning by memory-impaired patients: Acquisition and retention of complex knowledge. *Neuropsychologia, 24,* 313–328.
Glisky, E. L., Schacter, D. L., & Tulving, E. (1986b). Learning and retention of computer-related vocabulary in memory-impaired patients: Method of vanishing cues. *Journal of Clinical and Experimental Neuropsychology, 3,* 292–312.
Gloor, P. (1992). Role of the amygdala in temporal lobe epilepsy. In J. P. Aggleton (Ed.), *The amygdala: Neurobiological aspects of emotion, memory and mental dysfunction.* New York: Wiley-Liss.
Goldman-Rakic, P. S. (1994). The issue of memory in the study of prefrontal function. In A.-M. Thierry et al. (Eds.), *Motor and cognitive functions of the prefrontal cortex* (pp. 112–121). Berlin: Springer-Verlag.
Goldstein, E., & Farmer, K. (1992). *Confabulations: Creating false memories, destroying families.* Boca Raton, FL: SIRS Books.
Goldstein, E., & Farmer, K. (1993). *True stories of false memories.* Boca Raton, FL: SIRS Books.
Golomb, J., Kluger, A., de Leon, M. J., Ferris, S. H., Convit, A., Mittleman, M. S., Cohen, J., Rusniek, H., De Santi, S., & George, A. E. (1994). Hippocampal formation size in normal human aging: A correlate of delayed secondary memory. *Learning and Memory, 1,* 45–54.
Good, M. I. (1994). The reconstruction of early childhood trauma: Fantasy, reality, and verification. *Journal of the American Psychoanalytic Association, 42,* 79–101.
Goodman, G. S., Qin, J., Bottoms, B. L., & Shaver, P. R. (1994). *Characteristics and sources of allegations of ritualistic child abuse.* Final report to the National Center on Child Abuse and Neglect.
Goodman, G. S., Quas, J. A., Batterman-Faunce, J. M., Riddlesberger, M. M., & Kuhn, J. (1994). Predictors of accurate and inaccurate memories of traumatic events experienced in childhood. *Consciousness and Cognition, 3,* 269–294.
Grady, C. L., McIntosh, A. R., Horwitz, B., Maisog, J. M., Ungerleider, L. G., Mentis, M. J., Pietrini, P., Schapiro, M. B., & Haxby, J. V. (1995). Age-related reductions in human recognition memory due to impaired encoding. *Science, 269,* 218–221.
Graf, P., & Mandler, G. (1984). Activation makes words more accessible, but not necessarily more retrievable. *Journal of Verbal Learning and Verbal Behavior, 23,* 553–568.
Graf, P., & Schacter, D. L. (1985). Implicit and explicit memory for new associations in normal subjects and amnesic patients. *Journal of Experimental Psychology: Learning, Memory, and Cognition, 11,* 501–518.
Graf, P., Shimamura, A. P., & Squire, L. R. (1985). Priming across modalities and priming across category levels: Extending the domain of preserved functioning in amnesia. *Journal of Experimental Psychology: Learning, Memory, and Cognition, 11,* 385–395.
Graf, P., Squire, L. R., & Mandler, G. (1984). The information that amnesic patients do not forget. *Journal of Experimental Psychology: Learning, Memory, and Cognition, 10,* 164–178.
Grafman, J., Litvan, I., Massaquoi, S., Stewart, J., Sirigu, A., & Hallett, M. (1992). Cognitive planning deficit in patients with cerebellar degeneration. *Neurology, 42,* 1493–1496.

Grande, J. K. (1994). *Balance: Art and nature*. Montreal, Canada: Black Rose Books.
Grasby, P. M., Frith, C. D., Friston, K. J., Bench, C., Frackowiak, R. S. J., & Dolan, R. J. (1993). Functional mapping of brain areas implicated in auditory-verbal memory function. *Brain, 116,* 1–20.
Greenwald, A. G., & Banaji, M. R. (1995). Implicit social cognition: Attitudes, self-esteem, and stereotypes. *Psychological Review, 102,* 4–27.
Grossberg, S., & Stone, G. (1986). Neural dynamics of word recognition and recall: Attentional priming, learning, and resonance. *Psychological Review, 93,* 46–74.
Gudjonsson, G. H., & MacKeith, J. A. C. (1983). A specific recognition deficit in a case of homicide. *Medicine, Science and the Law, 23,* 37–40.
Gudjonsson, G. H., & Taylor, P. J. (1985). Cognitive deficit in a case of retrograde amnesia. *British Journal of Psychiatry, 147,* 715–718.
Gurvitz, T. V., Shenton, M. E., Hokama, H., Ohta, H., Lasko, M. B., Orr, S. P., Kikinis, R., Jolesz, F. A., McCarley, R. W., & Pitman, R. K. (1996). Magnetic resonance imaging study of hippocampal volume in chronic, combat-related posttraumatic stress disorder. *Biological Psychiatry*.
Hacking, I. (1995). *Rewriting the soul: Multiple personality and the sciences of memory*. Princeton: Princeton University Press.
Haist, F., Shimamura, A. P., & Squire, L. R. (1992). On the relationship between recall and recognition memory. *Journal of Experimental Psychology: Learning Memory, and Cognition, 18,* 691–702.
Hall, C. (1993). Art and mind. *British Medical Journal, 307,* 1289.
Hamann, S. B. (1990). Level-of-processing effects in conceptually driven implicit tasks. *Journal of Experimental Psychology: Learning, Memory, and Cognition, 16,* 970–977.
Hamann, S. B., & Squire, L. R. (1995). On the acquisition of new declarative knowledge in amnesia. *Behavioral Neuroscience, 109,* 1–18.
Hanley, J. R., Davies, A.D.M., Downes, J. J., & Mayes, A. R. (1994). Impaired recall of verbal material following rupture and repair of an anterior communicating artery aneurysm. *Cognitive Neuropsychology, 11,* 543–578.
Harber, K. D., & Pennebaker, J. W. (1992). Overcoming traumatic memories. In S.-Å. Christianson (Ed.), *The handbook of emotion and memory: Research and theory* (pp. 359–387). Hillsdale, NJ: Erlbaum.
Harris, M. (1995). *Face value: The identity masks of Jerry W. Coker*. New York: Paul-Art Press.
Harvey, M. R., & Herman, J. L. (1994). Amnesia, partial amnesia, and delayed recall among adult survivors of childhood trauma. *Consciousness and Cognition, 3,* 295–306.
Hashtroudi, S., Chrosniak, L. D., & Johnson, M. K. (1990). Aging and qualitative characteristics of memories for perceived and imagined complex events. *Psychology and Aging, 5,* 119–126.
Hasselmo, M. E. (1994). Runaway synaptic modification in models of cortex: Implications for Alzheimer's disease. *Neural Networks, 7,* 13–40.
Hayman, C. A. G., & Tulving, E. (1989). Contingent dissociation between recognition and fragment completion: The method of triangulation. *Journal of Experimental Psychology: Learning, Memory, and Cognition, 15,* 228–240.
Hayman, G., Macdonald, C. A., & Tulving, E. (1993). The role of repetition and associative interference in new semantic learning in amnesia: A case experiment. *Journal of Cognitive Neuroscience, 5,* 375–389.
Hebb, D. O. (1949). *The organization of behavior*. New York: Wiley.
Herman, J. L. (1992). *Trauma and recovery*. New York: Basic Books.
Herman, J. L. (1995). Crime and memory. *Bulletin of American Academy of Psychiatry Law, 23,* 5–17.
Herman, J. L., & Harvey, M. R. (1993). The false memory debate: Social science or social backlash? *Harvard Medical School Mental Health Letter, 9,* 4–6.
Herman, J. L., & Schatzow, E. (1987). Recovery and verification of memories of childhood sexual trauma. *Psychoanalytic Psychology, 4,* 1–14.
Hermann, D., Raybeck, D., & Gutman, D. (1993). *Improving student memory*. Seattle, WA: Hogrefe & Huber.

Heuer, F., & Reisberg, D. (1992). Emotion, arousal, and memory for detail. In S.-Å. Christianson (Ed.), *The handbook of emotion and memory: Research and theory* (pp. 151–180). Hillsdale, NJ: Erlbaum.

Hilgard, E. R. (1977). *Divided consciousness.* New York: Wiley.

Hillis, A. E., & Caramazza, A. (1991). Category specific naming and comprehension impairment: A double dissociation. *Brain, 114,* 2081–2094.

Hilts, P. (1995). *Memory's ghost: The strange tale of Mr. M and the nature of memory.* New York: Simon & Schuster.

Hirsh, R. (1974). The hippocampus and contextual retrieval of information from memory: A theory. *Behavioral Psychology, 12,* 421–444.

Hirst, W., Johnson, M. K., Phelps, E., & Volpe, B. T. (1988). More on recognition and recall in amnesics. *Journal of Experimental Psychology: Learning, Memory, and Cognition, 14,* 758–762.

Hobson, G. (Ed.). (1979). *The remembered earth.* Albuquerque: University of New Mexico Press.

Hodges, A. (1983). *Alan Turing: The enigma.* New York: Simon & Schuster.

Hodges, J. R. (1995). Retrograde amnesia. In A. D. Baddeley, B. A. Wilson, & F. N. Watts (Eds.), *Handbook of memory disorders* (pp. 81–107). New York: Wiley.

Hodges, J. R., & McCarthy, R. A. (1993). Autobiographical amnesia resulting from bilateral paramedian thalamic infarction. *Brain, 116,* 921–940.

Hodges, J. R., & Warlow, C. P. (1990). The aetiology of transient global amnesia: A case-control study of 114 cases with prospective follow-up. *Brain, 113,* 639–657.

Hodges, J. R., Patterson, K., Oxbury, S., & Funnell, E. (1992). Semantic dementia: Progressive fluent aphasia with temporal lobe atrophy. *Brain, 115,* 1783–1806.

Hoffman, A. M., & Hoffman, H. S. (1990). *Archives of memory: A soldier recalls World War II.* Lexington: The University Press of Kentucky.

Holmes, D. S. (1990). The evidence for repression: An examination of sixty years of research. In J. L. Singer (Ed.), *Repression and dissociation.* Chicago: University of Chicago Press.

Horne, J. A., & McGrath, M. J. (1984). The consolidation hypothesis for REM sleep function: Stress and other confounding factors—A review. *Biological Psychology, 18,* 165–184.

Howard, D. V. (1996). The aging of implicit and explicit memory. In F. Blanchard-Fields & T. M. Hess (Eds.), *Perspectives on cognition in adulthood and aging* (pp. 221–254). New York: McGraw-Hill.

Howard, D. V., & Howard, J. H., Jr. (1989). Age differences in learning serial patterns: Direct versus indirect measures. *Psychology and Aging, 4,* 357–364.

Howard, D. V., Fry, A. F., & Brune, C. M. (1991). Aging and memory for new associations: Direct versus indirect measures. *Journal of Experimental Psychology: Learning, Memory, and Cognition, 17,* 779–792.

Hufford, M., Hunt, M., & Zeitlin, S. (1987). *The grand generation: Memory, mastery, legacy.* Seattle, WA: University of Washington Press.

Hunkin, N. A., Parkin, A. J., Bradley, V. A., Burrows, E. H., Aldrich, F. K., Jansari, A., & Burdon-Cooper, C. (1995). Focal retrograde amnesia following closed head injury: A case study and theoretical account. *Neuropsychologia, 33,* 509–523.

Hyman, I. E., Jr., & Billings, F. J. (1995). Individual differences and the creation of false childhood memories. Submitted for publication.

Hyman, I. E., Jr., & Pentland, J. (1996). The role of memtal imagery in the creation of false childhood memories. *Journal of Memory and Language.*

Hyman, I. E., Husband, T. H., & Billings, F. J. (1995). False memories of childhood experiences. *Applied Cognitive Psychology, 9,* 181–197.

Ivy, G. O., MacLeod, C. M., Petit, T. L., & Markus, E. J. (1992). A physiological framework for perceptual and cognitive changes in aging. In F. I. M. Craik & T. A. Salthouse (Eds.), *The handbook of aging and cognition* (pp. 273–314). Hillsdale, NJ: Erlbaum.

Jackson, A., & Morton, J. (1984). Facilitation of auditory word recognition. *Memory and Cognition, 12,* 568–594.

Jacobs, W. J., & Nadel, L. (1985). Stress-induced recovery of fears and phobias. *Psychological Review, 92,* 512–531.

Jacoby, L. L. (1983). Remembering the data: Analyzing interactive processes in reading. *Journal of Verbal Learning and Verbal Behavior, 22,* 485–508.

Jacoby, L. L., & Dallas, M. (1981). On the relationship between autobiographical memory and perceptual learning. *Journal of Experimental Psychology: General, 110,* 306–340.

Jacoby, L. L., Kelley, C. M., & Dywan, J. (1989). Memory attributions. In H. L. Roediger III & F. I. M. Craik (Eds.). *Varieties of memory and consciousness: Essays in honor of Endel Tulving* (pp. 391–422). Hillsdale, NJ: Erlbaum.

Jacoby, L. L., Kelley, C. M., Brown, J., & Jasechko, J. (1989). Becoming famous overnight: Limits on the ability to avoid unconscious influence of the past. *Journal of Personality and Social Psychology, 56,* 326–338.

James, W. (1890). *The principles of psychology.* New York: Holt.

Janet, P. (1904). L'amnésie et la dissociation des souvenirs par l'émotion [Amnesia and the dissociation of memories by emotion]. *Journal de Psychologie Normale et Pathologique, 1,* 417–453.

Janet, P. (1907). *The major symptoms of hysteria.* New York: Macmillan.

Janowsky, J. S., Shimamura, A. P., & Squire, L. R. (1989). Source memory impairment in patients with frontal lobe lesions. *Neuropsychologia, 27,* 1043–1056.

Jernigan, T. L., Schafer, K., Butters, N., & Cermak, L. S. (1991). Magnetic resonance imaging of alcoholic Korsakoff patients. *Neuropsychopharmacology, 4,* 175–186.

Johnson, G. (1991). *In the palaces of memory: How we build the worlds inside our heads.* New York: Knopf.

Johnson, H. M. (1994). Processes of successful intentional forgetting. *Psychological Bulletin, 116,* 274–292.

Johnson, M. K. (1996). Fact, fantasy, and public policy. In C. McEvoy & P. Hertel (Eds.), *Practical aspects of memory.* Hillsdale, NJ: Erlbaum.

Johnson, M. K., & Raye, C. L. (1981). Reality monitoring. *Psychological Review, 88,* 67–85.

Johnson, M. K., Hashtroudi, S., & Lindsay, D. S. (1993). Source monitoring. *Psychological Bulletin, 114,* 3–28.

Johnson, M. K., Kim, J. K., & Risse, G. (1985). Do alcoholic Korsakoff's patients acquire affective reactions? *Journal of Experimental Psychology: Learning, Memory, and Cognition, 11,* 22–36.

Johnson, M. K., Foley, M. A., Suengas, A. G., & Raye, C. L. (1988). Phenomenal characteristics of memories for perceived and imagined autobiographical events. *Journal of Experimental Psychology: General, 117,* 371–376.

Johnson, M. K., Nolde, S. F., Mather, M., Kounios, J., Schacter, D. L., and Curran, T. (in press). The similarity of brain activity associated with true and false recognition memory depends on test format. *Psychological Science.*

Johnson, M. K., Raye, C. L., Wang, A. Y., & Taylor, T. H. (1979). Fact and fantasy: The roles of accuracy and variability in confusing imaginations with perceptual experiences. *Journal of Experimental Psychology: Human Learning and Memory, 5,* 229–240.

Jones, B. P. (1993). Repression: The evolution of a psychoanalytic concept from the 1890's to the 1990's. *Journal of the American Psychoanalytic Association, 41,* 63–93.

Jones-Gotman, M. (1986). Memory for designs: The hippocampal contribution. *Neuropsychologia, 24,* 193–203.

Kaminsky, M. (Ed.). (1984). *The uses of reminiscence: New ways of working with older adults.* New York: Hayworth Press.

Kamptner, N. L. (1991). Personal possessions and their meanings: A life-span perspective. *Journal of Social Behavior and Personality, 6,* 209–228.

Kandel, E. R., Schwartz, J. H., & Jessell, T. M. (1995). *Essentials of neural science and behavior* (3rd ed.). Norwalk, CT: Appleton & Lange.

Kapur, N. (in press). The "Petites Madeleines" phenomenon in two amnesic patients: Sudden recovery of forgotten memories. *Brain.*

Kapur, S., Craik, F. I. M., Tulving, E., Wilson, A. A., Houle, S., & Brown, G. M. (1994). Neuroanatomical correlates of encoding in episodic memory: Levels of processing effect. *Proceedings of the National Academy of Science USA, 91,* 2008–2011.

Kapur, S., Craik, F.I.M., Jones, C., Brown, G. M., Houle, S., & Tulving, E. (1995). Functional role of prefrontal cortex in retrieval of memories: A PET study. *Neuroreport, 6,* 1880–1884.

Karni, A., Tanne, D., Rubenstein, B. S., Askenasy, J. J. M., & Sagi, D. (1994). Dependence on REM sleep of overnight improvement of a perceptual skill. *Science, 265,* 679–682.

Karni, A., Meyer, G., Jazzard, P., Adams, M. M., Turner, R., & Underleider, L. G. (1995). Functional MRI evidence for adult motor cortex plasticity during motor skill learning. *Nature, 377,* 155–158.

Kassin, S. M., Rigby, S., & Castillo, S. R. (1991). The accuracy-confidence correlation in eyewitness testimony: Limits and extensions of the retrospective self-awareness effect. *Journal of Personality and Social Psychology, 61,* 698–707.

Kaszniak, A. W., Nussbaum, P. D., Berren, M. R., & Santiago, J. (1988). Amnesia as a consequence of male rape: A case report. *Journal of Abnormal Psychology, 97,* 100–104.

Kaushall, P. I., Zetin, M., & Squire, L. R. (1981). A psychosocial study of chronic, circumscribed amnesia. *Journal of Nervous and Mental Disorders, 169,* 383–389.

Keane, M. J., Gabrieli, J. D. E., Noland, J. S., & McNealy, S. I. (1995). Normal perceptual priming of orthographically illegal nonwords. *Journal of the International Neuropsychological Society, 1,* 425–433.

Keenan, P. A., Jacobson, M. W., Soleymani, R. M., & Newcomer, J. W. (1995). Commonly used therapeutic doses of glucocorticoids impair explicit memory. *Annals of the New York Academy of Sciences, 761,* 400–402.

Kelley, C. M., & Jacoby, L. L. (1990). The construction of subjective experience: Memory attributions. *Mind & Language, 5,* 49–68.

Kemper, S., Rash, S., Kynette, D., & Norman, S. (1990). Telling stories: The structure of adults' narratives. *European Journal of Cognitive Psychology, 2,* 205–228.

Kenny, M. G. (1986). *The passion of Ansel Bourne: Multiple personality in American culture.* Washington, DC: Smithsonian Institution Press.

Kidder, T. (1993). *Old friends.* New York: Houghton Mifflin.

Kihlstrom, J. F. (1984). Conscious, subconscious, unconscious: A cognitive view. In K. S. Bowers & D. Meichenbaum (Eds.), *The unconscious reconsidered* (pp. 149–211). New York: Wiley.

Kihlstrom, J. F. (in press a). Exhumed memory. In S. J. Lynn & N. P. Spanos (Eds.), *Truth and memory.* New York: Guilford Press.

Kihlstrom, J. F. (in press b). Hypnosis, memory, and amnesia. In L. R. Squire & D. L. Schacter (Eds.), *Biological and psychological perspectives on memory and memory disorders.* Washington, DC: American Psychiatric Press.

Kihlstrom, J. F., & Schacter, D. L. (1990). Anesthesia, amnesia, and the cognitive unconscious. In B. Bonke, W. Fitch, & K. Millar (Eds.), *Memory and awareness in anesthesia* (pp. 21–44). Amsterdam: Swets & Zeitlinger.

Kihlstrom, J. F., & Schacter, D. L. (1995). Functional disorders of autobiographical memory. In A. Baddeley, B. Wilson, & F. Watts (Eds.), *Handbook of memory disorders* (pp. 337–364). Chichester: Wiley.

Kihlstrom, J. F., Schacter, D. L., Cork, R. C., Hurt, C. A., & Behr, S. E. (1990). Implicit and explicit memory following surgical anesthesia. *Psychological Science, 1,* 303–306.

Kim, J. J., & Fanselow, M. S. (1992). Modality-specific retrograde amnesia of fear. *Science, 256,* 675–677.

Kinoshita, S., & Wayland, S. V. (1993). Effects of surface features on word-fragment completion in amnesic subjects. *American Journal of Psychology, 106,* 67–80.

Kirschner, L. A. (1973). Dissociative reactions: An historical review and clinical study. *Acta Psychiatrica Scandinavica, 49,* 698–711.

Klatzky, R. L., & Erdelyi, M. H. (1985). The response criterion problem in tests of hypnosis and memory. *International Journal of Clinical and Experimental Hypnosis, 33,* 246–257.

Kluver, H., & Bucy, P. C. (1937). "Psychic blindness" and other symptoms following bilateral temporal lobectomy in rhesus monkeys. *American Journal of Physiology, 119,* 352–353.

Knowlton, B. J., & Squire, L. R. (1993). The learning of categories: Parallel brain systems for item memory and category level knowledge. *Science, 262,* 1747–1749.

Knowlton, B. J., Ramus, S. J., & Squire, L. R. (1992). Intact artificial grammar learning in amnesia: Dissociation of classification learning and explicit memory for specific instances. *Psychological Science, 3,* 172–179.

Knowlton, B. J., Squire, L. R., & Gluck, M. A. (1994). Probabilistic classification learning in amnesia. *Learning and Memory, 1,* 106–120.

Kolers, P. A. (1975). Specificity of operations in sentence recognition. *Cognitive Psychology, 7,* 289–306.

Kolodny, J. A. (1994). Memory processes in classification learning: An investigation of amnesic performance in categorization of dot patterns and artistic styles. *Psychological Science, 5,* 164–169.

Kopelman, M. D., Christensen, H., Puffett, A., & Stanhope, N. (1994). The great escape: A neuropsychological study of psychogenic amnesia. *Neuropsychologia, 32,* 675–691.

Koriat, A., & Goldsmith, M. (in press). Memory metaphors and the everyday-laboratory controversy: The correspondence versus the storehouse conceptions of memory. *Behavioral and Brain Sciences.*

Kosslyn, S. M. (1981). *Image and mind.* Cambridge: Harvard University Press.

Kosslyn, S. M. (1994). *Image and brain.* Cambridge: MIT Press.

Kotre, J. (1995). *White gloves: How we create ourselves through memory.* New York: Free Press.

Koutstaal, W. (1992). Skirting the abyss: A history of experimental explorations of automatic writing in psychology. *Journal of the History of the Behavioral Sciences, 28,* 5–27.

Koutstaal, W., & Schacter, D. L. (in press). Intentional forgetting and voluntary thought suppression: Two potential methods for coping with childhood trauma. *Review of Psychiatry.*

Kramer, T., Buckhout, R., & Eugenio, P. (1990). Weapon focus, arousal, and eyewitness memory: Attention must be paid. *Law and Human Behavior, 14,* 167–184.

Kris, E. (1956). The personal myth: A problem in psychoanalytic technique. In *The selected papers of Ernst Kris.* New Haven: Yale University Press.

Kritchevsky, M., Squire, L. R., & Zouzounis, J. A. (1988). Transient global amnesia: Characterization of anterograde and retrograde amnesia. *Neurology, 38,* 213–219.

Kritchevsky, M., Zouzounis, J. A., & Squire, L. R. (in press). Transient global amnesia and functional amnesia: Contrasting examples of episodic memory loss. In L. R. Squire & D. L. Schacter (Eds.), *Biological and psychological perspectives on memory and memory disorders.* Washington, DC: American Psychiatric Press.

Krystal, J. H., Southwick, S. M., & Charney, D. S. (1995). Post traumatic stress disorder: Psychobiological mechanisms of traumatic remembrance. In D. L. Schacter, J. T. Coyle, G. D. Fischbach, M.-M. Mesulam, & L. E. Sullivan (Eds.), *Memory distortion: How minds, brains, and societies reconstruct the past* (pp. 150–172). Cambridge: Harvard University Press.

Kuhn, A. (1991). Rememberance. In J. Spence & P. Holland (Eds.), *Family snaps: The meanings of domestic photography* (pp. 17–25). London: Virago.

Kunst-Wilson, W. R., & Zajonc, R. B. (1980). Affective discrimination of stimuli that cannot be recognized. *Science, 207,* 557–558.

Kuyken, W., & Brewin, C. R. (1995). Autobiographical memory functioning in depression and reports of early abuse. *Journal of Abnormal Psychology 104,* 585–591.

Landauer, T. K. (1975). Memory without organization: Properties of a model with random storage and undirected retrieval. *Cognitive Psychology, 7,* 495–531.

Langer, L. L. (1991). *Holocaust testimonies: The ruins of memory.* New Haven: Yale University Press.

Larsen, S. F. (1992). Potential flashbulbs: Memories of ordinary news as baseline. In E. Winograd & U. Neisser (Eds.), *Affect and accuracy in recall: Studies of "flashbulb memories"* (pp. 32–64). New York: Cambridge University Press.

Laurence, J.-R., & Perry, C. (1983). Hypnotically created memory among highly hypnotizable subjects. *Science, 222,* 523–524.

LaVoie, D., & Light, L. L. (1994). Adult age differences in repetition priming: A meta-analysis. *Psychology and Aging, 9,* 539–553.

LeDoux, J. E. (1992). Emotion as memory: Anatomical systems underlying indelible neural traces. In S.-Å. Christianson (Ed.), *The handbook of emotion and memory: Research and theory* (pp. 269–288). Hillsdale, NJ: Erlbaum.

LeDoux, J. E. (1994). Emotion, memory and the brain. *Scientific American, 270,* 32–39.

Leichtman, M. D., & Ceci, S. J. (1995). The effects of stereotypes and suggestions on preschoolers' reports. *Developmental Psychology 31,* 568–578.

Levin, H. S., Benton, A. L., & Grossman, R. G. (1982). *Neurobehavioral consequences of closed head injury*. New York: Oxford University Press.

Levinson, B. W. (1965). States of awareness during general anaesthesia: Preliminary communication. *British Journal of Anaesthesia, 37*, 544–546.

Lewinsohn, P. M., & Rosenbaum, M. (1987). Recall of parental behavior by acute depressives, remitted depressives and nondepressives. *Journal of Personality and Social Psychology, 52*, 611–619.

Light, L. L. (1991). Memory and aging: Four hypotheses in search of data. *Annual Review of Psychology, 42*, 333–376.

Lindsay, D. S. (1990). Misleading suggestions can impair eyewitnesses' ability to remember event details. *Journal of Experimental Psychology: Learning, Memory, and Cognition, 16*, 1077–1083.

Lindsay, D. S., & Johnson, M. K. (1989). The eyewitness suggestibility effect and memory for source. *Memory & Cognition, 17*, 349–358.

Lindsay, D. S., & Read, J. D. (1994). Psychotherapy and memories of childhood sexual abuse: A cognitive perspective. *Applied Cognitive Psychology, 8*, 281–338.

Lindsay, D. S., & Read, J. D. (1996). "Memory work" and recovered memories of childhood sexual abuse: Scientific evidence and public, professional, and personal issues. *Psychology, Public Policy, and the Law, 1*, 846–908.

Linton, M. (1986). Ways of searching and the contents of memory. In D. C. Rubin (Ed.), *Autobiographical memory* (pp. 50–67). Cambridge: Cambridge University Press.

Lipinski, J. F., & Pope, H. G. J. (1994). Do "flashbacks" represent obsessional imagery? *Comprehensive Psychiatry, 35*, 245–247.

Lipsitz, G. (1990). *Time passages: Collective memory and American popular culture*. Minneapolis: University of Minnesota Press.

Lisman, S. A. (1974). Alcoholic "blackout": State dependent learning? *Archives of General Psychiatry, 30*, 46–53.

Loftus, E. F. (1979). *Eyewitness testimony*. Cambridge: Harvard University Press.

Loftus, E. F. (1981). Memory and its distortions. In A. G. Kraut (Ed.), *The G. Stanley Hall lecture series* (pp. 123–154). Washington, DC: American Psychological Association.

Loftus, E. F. (1993). The reality of repressed memories. *American Psychologist, 48*, 518–537.

Loftus, E. F., & Ketcham, K. (1994). *The myth of repressed memory: False memories and allegations of sexual abuse*. New York: St. Martin's Press.

Loftus, E. F., & Loftus, G. R. (1980). On the permanence of stored information in the human brain. *American Psychologist, 35*, 409–420.

Loftus, E. F., & Palmer, J. C. (1974). Reconstruction of automobile destruction: An example of the interaction between language and memory. *Journal of Verbal Learning and Verbal Behavior, 13*, 585–589.

Loftus, E. F., & Pickrell, J. E. (1995). The formation of false memories. *Psychiatric Annals, 25*, 720–725.

Loftus, E. F., Feldman, J., & Dashiell, R. (1995). The reality of illusory memories. In D. L. Schacter, J. T. Coyle, G. D. Fischbach, M. M. Mesulam, & L. E. Sullivan (Eds.), *Memory distortion: How minds, brains and societies reconstruct the past* (pp. 47–68). Cambridge: Harvard University Press.

Loftus, E. F., Fienberg, S. E., & Tanur, J. M. (1985). Cognitive psychology meets the national survey. *American Psychologist, 40*, 175–180.

Loftus, E. F., Loftus, G., & Messo, J. (1987). Some facts about "weapon focus." *Law and Human Behavior, 11*, 55–62.

Loftus, E. F., Miller, D. G., & Burns, H. J. (1978). Semantic integration of verbal information into a visual memory. *Journal of Experimental Psychology: Human Learning and Memory, 4*, 19–31.

Loftus, E. F., Polonsky, S., & Fullilove, M. T. (1994). Memories of childhood sexual abuse: Remembering and repressing. *Psychology of Women, 18*, 67–84.

Lorayne, H., & Lucas, J. (1974). *The memory book*. New York: Ballantine.

Lucchelli, F., Muggia, S., & Spinnler, H. (1995). The "Petites Madeleines" phenomenon in two amnesic patients: Sudden recovery of forgotten memories. *Brain, 118*, 167–183.

Luria, A. R. (1968). *The mind of a mnemonist: A little book about a vast memory* (L. Solotaroff,

Trans.). New York: Basic Books.
Lynn, S. J., & Nash, M. R. (1994). Truth in memory: Ramifications for psychotherapy and hypnotherapy. *American Journal of Hypnosis, 36*, 194–208.
Lyon, L. S. (1985). Facilitating telephone number recall in a case of psychogenic amnesia. *Journal of Behavior Therapy and Experimental Psychiatry, 16*, 147–149.
MacCurdy, J. T. (1918). *War neuroses.* Cambridge: Cambridge University Press.
Mack, J. E. (1994). *Abduction: Human encounters with aliens.* New York: Scribner's.
MacKinnon, D., & Squire, L. R. (1989). Autobiographical memory in amnesia. *Psychobiology, 17*, 247–256.
MacLean, H. N. (1993). *Once upon a time: A true story of memory, murder, and the law.* New York: HarperCollins.
Madakasira, S., & O'Brien, K. F. (1987). Acute posttraumatic stress disorder in victims of a natural disaster. *The Journal of Nervous and Mental Disease, 175*, 286–290.
Maine de Biran. (1929). *The influence of habit on the faculty of thinking.* Baltimore: Williams & Wilkins.
Mair, W. G. P., Warrington, E. K., & Weiskrantz, L. (1979). Memory disorder in Korsakoff psychosis. A neuropathological and neuropsychological investigation of two cases. *Brain, 102*, 749–783.
Mandler, G. (1980). Recognition: The judgment of previous occurrence. *Psychological Review, 87*, 252–271.
Mäntylä, T. (1986). Optimizing cue effectiveness: Recall of 500 and 600 incidentally learned words. *Journal of Experimental Psychology: Learning, Memory, and Cognition, 12*, 66–71.
Marcus, G. B. (1986). Stability and change in political attitudes: Observe, recall, and "explain." *Political Behavior, 8*, 21–44.
Maren, S., & Baudry, M. (1995). Properties and mechanisms of long-term synaptic plasticity in the mammalian brain: Relationships to learning and memory. *Neurobiology of Learning and Memory, 63*, 1–18.
Markowitsch, H. J., Calabrese, P., Würker, M., Durwen, H. F., Kessler, J., Babinsky, R., Brechtelsbauer, D., Heuser, L., & Gehlen, W. (1994). The amygdala's contribution to memory—a study on two patients with Urbach-Wiethe disease. *Neuroreport, 5*, 1349–1352.
Márquez, G. G. (1970). *One hundred years of solitude.* New York: Avon.
Marsh, R. L., & Landau, J. D. (1995). Item availability in cryptomnesia: Assessing its role in two paradigms of unconscious plagiarism. *Journal of Experimental Psychology: Learning, Memory, and Cognition, 21*, 1568–1582.
Marsolek, C. J., Kosslyn, S. M., & Squire, L. R. (1992). Form specific visual priming in the right cerebral hemisphere. *Journal of Experimental Psychology: Learning, Memory, and Cognition, 18*, 492–508.
Martin, A., Haxby, J. V., LaLonde, F. M., Wiggs, C. L., & Ungerleider, L. G. (1995). Discrete cortical regions associated with knowledge of color and knowledge of action. *Science, 270*, 102–105.
Martin, A., Wiggs, C. L., Ungerleider, L. G., & Haxby, J. V. (1996). Neural correlates of category-specific knowledge. *Nature, 379*, 649–652.
Masson, J. M. (1984). *The assault on truth: Freud's suppression of the seduction theory.* New York: Farrar, Straus, & Giroux.
Masson, M. E. J., & MacLeod, C. M. (1992). Re-enacting the route to interpretation: Context dependency in encoding and retrieval. *Journal of Experimental Psychology: General, 121*, 145–176.
Mayes, A. R. (1988). *Human organic memory disorders.* New York: Cambridge University Press.
McAdams, D. P. (1993). *The stories we live by: Personal myths and the making of the self.* New York: Morrow.
McAndrews, M. P., Glisky, E. L., & Schacter, D. L. (1987). When priming persists: Long-lasting implicit memory for a single episode in amnesic patients. *Neuropsychologia, 25*, 497–506.
McClelland, J. L. (1995). Constructive memory and memory distortions: A parallel-distributed processing approach. In D. L. Schacter, J. T. Coyle, G. D. Fischbach, M.-M. Mesulam, & L. E. Sullivan (Eds.), *Memory distortion: How minds, brains and societies reconstruct the past*

(pp. 69–90). Cambridge: Harvard University Press.

McClelland, J. L., & Rumelhart, D. E. (1986). *Parallel distributed processing: Explorations in the microstructure of cognition.* Cambridge: MIT Press.

McClelland, J. L., McNaughton, B. L., & O'Reilly, R. C. (1995). Why there are complementary learning systems in the hippocampus and neocortex: Insights from the successes and failures of connectionist models of learning and memory. *Psychological Review, 102,* 419–457.

McCloskey, M., & Zaragoza, M. (1985). Misleading postevent information and memory for events: Arguments and evidence against memory impairment hypotheses. *Journal of Experimental Psychology: General, 114,* 1–16.

McDaniel, M. A., & Einstein, G. O. (1992). Aging and prospective memory: Basic findings and practical applications. *Advances in Learning and Behavioral Disabilities, 7,* 87–105.

McDonald, R. J., & White, N. M. (1993). A triple dissociation of memory systems: Hippocampus, amygdala, and dorsal striatum. *Behavioral Neuroscience, 107,* 3–22.

McDonough, L., Mandler, J. M., McKee, R. D., Squire, L. R. (1995). The deferred imitation task as a nonverbal measure of declarative memory. *Proceedings of the National Academy of Sciences, 92,* 7580–7584.

McElroy, S. L., & Keck, P. E., Jr. (1995). Recovered memory therapy: false memory syndrome and other complications. *Psychiatric Annals, 25,* 731–735.

McGaugh, J. L. (1995). Emotional activation, neuromodulatory systems and memory. In D. L. Schacter, J. T. Coyle, G. D. Fischbach, M.-M. Mesulam, & L. E. Sullivan (Eds.), *Memory distortion: How minds, brains, and societies reconstruct the past* (pp. 255–273). Cambridge: Harvard University Press.

McGinn, C. (1990). *The problem of consciousness.* Oxford: Blackwell.

McGlynn, S. M., & Kaszniak, A. W. (1991). Unawareness of deficits in dementia and schizophrenia. In G. P. Prigatano & D. L. Schacter (Eds.), *Awareness of deficit after brain injury: Clinical and theoretical issues* (pp. 84–110). New York: Oxford University Press.

McGlynn, S. M., & Schacter, D. L. (1989). Unawareness of deficits in neuropsychological syndromes. *Journal of Clinical and Experimental Neuropsychology, 11,* 143–205.

McGowin, D. F. (1993). *Living in the labyrinth: A personal journey through the maze of Alzheimer's.* New York: Dell.

McIntyre, J. S., & Craik, F. I. M. (1987). Age differences in memory for item and source information. *Canadian Journal of Psychology, 41,* 175–192.

McNally, R. J., Lasko, N. B., Macklin, M. L., & Pitman, R. K. (1995). Autobiographical memory disturbance in combat-related posttraumatic stress disorder. *Behaviour Research and Therapy, 33,* 619–630.

McNally, R. J., Metzger, L. J., Lasko, N. B., & Pitman, R. K. (1995). Directed forgetting of trauma cues in women with histories of childhood sexual abuse. Submitted for publication.

McNaughton, B., & Nadel, L. (1989). Hebb-Marr networks and the neurobiological representation of action in space. In M. A. Gluck & D. E. Rumelhart (Eds.), *Neuroscience and connectionist theory* (pp. 1–64). Hillsdale, NJ: Erlbaum.

Melcher, J. & Schooler, J. W. (1996). The misremembrance of wines past: Verbal and perceptual expertise differentially mediate verbal overshadowing of taste. *Journal of Memory and Language.*

Meltzoff, A. N. (1995). What infant memory tells us about infantile amnesia: Long-term recall and deferred imitation. *Journal of Experimental Child Psychology, 59,* 497–515.

Mercer, B., Wapner, W., Gardner, H., & Benson, D. F. (1977). A study of confabulation. *Archives of Neurology, 34,* 429–433.

Mergler, N. L., Faust, M., & Goldstein, M. D. (1984–1985). Storytelling as an age-dependent skill: Oral recall of orally presented stories. *International Journal of Aging and Human Development, 20,* 205–228.

Merikle, P. M. (1988). Subliminal auditory messages: An evaluation. *Psychology and Marketing, 5,* 355–372.

Merskey, H. (1979). *The analysis of hysteria.* London: Baillière Tindall.

Merskey, H. (1992). The manufacture of personalities: The production of multiple personality disorder. *British Journal of Psychiatry, 160,* 327–340.

Merzenich, M. M., & Jameshima, K. (1993). Cortical plasticity and memory. *Current Opinion in Neurobiology, 3,* 187–196.

Mesulam, M.-M. (1990). Large-scale neurocognitive networks and distributed processing for attention, language, and memory. *Annals of Neurology, 28,* 597–613.

Metcalfe, J. (1993). Novelty monitoring, metacognition and control in a composite holographic associative recall model: Implications for Korsakoff amnesia. *Psychological Review, 100,* 3–22.

Metcalfe, J., & Shimamura, A. P. (Eds.). (1994). *Metacognition: Knowing about knowing.* Cambridge: MIT Press.

Metcalfe, J., Schwartz, B. L., & Joaquim, S. G. (1993). The cue familiarity heuristic in metacognition. *Journal of Experimental Psychology: Learning, Memory, and Cognition, 19,* 851–861.

Metcalfe, J., Funnell, M., & Gazzaniga, M. S. (1995). Right-hemisphere memory superiority: studies of a split-brain patient. *Psychological Science, 6,* 157–164.

Middleton, D., & Edwards, D. (1990). *Collective remembering.* London: Sage.

Miller, G. A. (1956). The magical number seven, plus or minus two: Some limits on our capacity for processing information. *Psychological Review, 63,* 81–96.

Milner, B., Corkin, S., & Teuber, H. L. (1968). Further analysis of the hippocampal amnesic syndrome: Fourteen year follow-up study of H. M. *Neuropsychologia, 6,* 215–234.

Milner, B., Corsi, P., & Leonard, G. (1991). Frontal-lobe contribution to recency judgments. *Neuropsychologia, 29,* 601–618.

Mineka, S., & Nugent, K. (1995). Mood-congruent memory biases in anxiety and depression. In D. L. Schacter, J. T. Coyle, G. D. Fischbach, M.-M. Mesulam, & L. E. Sullivan (Eds.), *Memory distortion: How minds, brains, and societies reconstruct the past* (pp. 173–196). Cambridge: Harvard University Press.

Mishkin, M. (1978). Memory in monkeys severely impaired by combined but not separate removal of amygdala and hippocampus. *Nature, 273,* 297–298.

Mishkin, M. (1982). A memory system in the monkey. *Philosophical Transactions of the Royal Society of London Series B, 298,* 85–95.

Mishkin, M., Malamut, B., & Bachevalier, J. (1984). Memories and habits: Two neural systems. In G. Lynch, J. L. McGaugh, & N. M. Weinberger (Eds.), *Neurobiology of learning and memory* (pp. 65–77). New York: Guilford Press.

Mittenberg, W., Seidenberg, M., O'Leary, D. S., & DiGiulio, D. V. (1989). Changes in cerebral functioning associated with normal aging. *Journal of Clinical and Experimental Neuropsychology, 11,* 918–932.

Moldea, D. E. (1995). *The killing of Robert F. Kennedy: An investigation of motive, means, and opportunity.* New York: Norton.

Molinari, V., & Reichlin, R. E. (1985). Life review reminiscence in the elderly: A review of the literature. *International Journal of Aging and Human Development, 20,* 81–92.

Morris, C. D., Bransford, J. D., & Franks, J. J. (1977). Levels of processing versus transfer-appropriate processing. *Journal of Verbal Learning and Verbal Behavior, 16,* 519–533.

Morton, J. (1991). Cognitive pathologies of memory: A headed records analysis. In W. Kessen, A. Ortony, & F. Craik (Eds.), *Memories, thoughts, and emotions: Essays in honor of George Mandler* (pp. 199–210). Hillsdale, NJ: Erlbaum.

Moscovitch, M. (1994). Memory and working-with-memory: Evaluation of a component process model and comparisons with other models. In D. L. Schacter & E. Tulving (Eds.), *Memory systems 1994* (pp. 269–310). Cambridge: MIT Press.

Moscovitch, M. (1995). Confabulation. In D. L. Schacter, J. T. Coyle, G. D. Fischbach, M.-M. Mesulam, & L. E. Sullivan (Eds.), *Memory distortion: How minds, brains, and societies reconstruct the past* (pp. 226–254). Cambridge: Harvard University Press.

Moscovitch, M., & Winocur, G. (1992). The neuropsychology of memory and aging. In F. I. M. Craik & T. A. Salthouse (Eds.), *The handbook of aging and cognition* (pp. 315–372). Hillsdale, NJ: Erlbaum.

Moscovitch, M., Kohler, S., & Houle, S. (1995). Distinct neural correlates of visual long-term memory for spatial location and object identity: A positron emission tomography (PET) study. *Proceedings of the National Academy of Sciences, USA, 92,* 3721–3725.

Mulhern, S. (1994). Satanism, ritual abuse, and multiple personality disorder: A sociohistorical perspective. *International Journal of Clinical and Experimental Hypnosis, 42*, 265–288.

Murray, E. A., Gaffan, D., & Mishkin, M. (1993). Neural substrates of visual stimulus-stimulus association in Rhesus monkeys. *Journal of Neuroscience, 13*, 4549–4561.

Myers, L. B., & Brewin, C. R. (1994). Recall of early experience and the repressive coping style. *Journal of Abnormal Psychology, 103*, 288–292.

Myers, N. A., Perris, E. E., & Speaker, C. J. (1994). Fifty months of memory: A longitudinal study in early childhood. *Memory, 2*, 383–415.

Nadel, L. (1994). Multiple memory systems: What and why, an update. In D. L. Schacter & E. Tulving (Eds.), *Memory systems 1994* (pp. 39–63). Cambridge: MIT Press.

Naito, M., & Komatsu, S. (1993). Processes involved in childhood development of implicit memory. In P. Graf & M. E. J. Masson (Eds.), *Implicit memory: New directions in cognition, development, and neuropsychology* (pp. 231–264). Hillsdale, NJ: Erlbaum.

Nash, M. R. (1994). Memory distortion and sexual trauma: The problem of false negatives and false positives. *The International Journal of Clinical and Experimental Hypnosis, 42*, 346–362.

Nathan, D., & Snedeker, M. (1995). *Satan's silence: Ritual abuse and the making of a modern American witch hunt*. New York: Basic Books.

Neisser, U. (1967). *Cognitive psychology*. New York: Appleton-Century-Crofts.

Neisser, U. (1978). Memory: What are the important questions? In M. M. Gruneberg, P. E. Morris, & R. N. Sykes (Eds.), *Practical aspects of memory* (pp. 3–24). London: Academic Press.

Neisser, U. (1982). John Dean's memory: A case study. In U. Neisser (Ed.), *Memory observed: Remembering in natural contexts* (pp. 139–159). San Francisco: Freeman.

Neisser, U. (1986). Nested structure in autobiographical memory. In D. C. Rubin (Ed.), *Autobiographical memory* (pp. 71–81). Cambridge: Cambridge University Press.

Neisser, U. (1994). Self-narratives: True and false. In U. Neisser and R. Fivush (Eds.), *The remembering self: Construction and accuracy in the self-narrative* (pp. 1–18). New York: Cambridge University Press.

Neisser, U., & Harsch, N. (1992). Phantom flashbulbs: False recollections of hearing the news about *Challenger*. In E. Winograd & U. Neisser (Eds.), *Affect and accuracy in recall: Studies of "flashbulb memories"* (pp. 9–31). Cambridge: Cambridge University Press.

Neisser, U., Winograd, E., Bergman, E. T., Schreiber, C. A., Palmer, S. E., & Weldon, M. S. (1996). Remembering the earthquake: Direct experience vs. hearing the news. *Memory*.

Nelson, E. L., & Simpson, P. (1994). First glimpse: An initial examination of subjects who have rejected their recovered visualizations as false memories. *Issues in Child Abuse Accusations, 6*, 123–133.

Nelson, K. (1993). The psychological and social origins of autobiographical memory. *Psychological Science, 4*, 7–14.

Newcomer, J. W., Craft, S., Hershey, T., Askins, K., & Bardgett, M. E. (1994). Glucocorticoid-induced impairment in declarative memory performance in adult humans. *Journal of Neuroscience, 14*, 2047–2053.

Nickerson, R. S., & Adams, M. J. (1979). Long-term memory for a common object. *Cognitive Psychology, 11*, 287–307.

Niedenthal, P. M. (1992). Affect and social perception: On the psychological validity of rose-colored glasses. In R. F. Bornstein & T. S. Pittman (Eds.), *Perception without awareness: Cognitive, clinical, and social perspectives* (pp. 211–235). New York: Guilford Press.

Nigro, G., & Neisser, U. (1983). Point of view in personal memories. *Cognitive Psychology, 15*, 467–482.

Nissen, M. J., & Bullemer, P. (1987). Attentional requirements of learning: Evidence from performance measures. *Cognitive Psychology, 19*, 1–32.

Nissen, M. J., Ross, J. L., Willingham, D. B., Mackenzie, T. B., & Schacter, D. L. (1988). Memory and awareness in a patient with multiple personality disorder. *Brain and Cognition, 8*, 21–38.

Noice, H., & Noice, T. (1996). Two approaches to learning a theatrical script. *Memory, 4*, 1–18.

Norman, K. A., & Schacter, D. L. (1996). Implicit memory, explicit memory, and false recollection: A cognitive neuroscience perspective. In L. M. Reder (Ed.), *Implicit memory and metacognition*. Hillsdale, NJ: Erlbaum.

Nyberg, L., McIntosh, A. R., Cabeza, R., Nilsson, L.-G., Houle, S., Habib, R., & Tulving, E. (1996). Network analysis of PET rCBF data: Ensemble inhibition during episodic memory retrieval. *Journal of Neuroscience*.

Nyberg, L., McIntosh, A. R., Houle, S., Nilsson, L.-G., & Tulving, E. (1996). Activation of medial temporal lobe structures during episodic memory retrieval.

Ofshe, R., & Watters, E. (1994). *Making monsters: False memories, psychotherapy, and sexual hysteria*. New York: Scribner's.

O'Keefe, J., & Nadel, L. (1978). *The hippocampus as a cognitive map*. Oxford: Clarendon Press.

Olio, K. A. (1994). Truth in memory. *American Psychologist, 49*, 442.

Olio, K. A., & Cornell, W. F. (1995). The facade of scientific documentation: A case study of Richard Ofshe's analysis of the Paul Ingram case. Submitted for publication.

Orne, M. T., Soskis, D. A., Dinges, D. F., & Orne, E. C. (1984). Hypnotically induced testimony. In G. L. Wells & E. F. Loftus (Eds.), *Eyewitness testimony: Psychological perspectives*. New York: Cambridge University Press.

Orne, M. T., Whitehouse, W. G., Dinges, D. F., & Orne, E. C. (1988). Reconstructing memory through hypnosis: Forensic and clinical implications. In H. M. Pettinati (Ed.), *Hypnosis and memory* (pp. 21–63). New York: Guilford Press.

Owen, H. (1992). *Littlejohn*. New York: Villard.

Papousek, H. (1967). Experimental studies of appetitional behavior in human newborns and infants. In H. W. Stevenson, E. H. Hess, & H. L. Rheingold (Eds.), *Early behavior*. New York: Wiley.

Park, S., & Holzman, P. S. (1992). Schizophrenics show spatial working memory deficits. *Archives of General Psychiatry, 49*, 975–982.

Parkin, A. J., & Leng, N. R. C. (1993). *Neuropsychology of the amnesic syndrome*. Hillsdale, NJ: Erlbaum.

Parkin, A. J., & Walter, B. M. (1992). Recollective experience, normal aging and frontal dysfunction. *Psychology and Aging, 7*, 290–298.

Parkin, A. J., Gardiner, J. M., & Rosser, R. (1995). Functional aspects of recollective experience in face recognition. *Consciousness and Cognition, 4*, 387–398.

Parkin, A. J., Walter, B. M., & Hunkin, N. M. (1995). The relationships between normal aging, frontal lobe function, and memory for temporal and spatial information. Submitted for publication.

Parkin, A., Bindschaedler, C., Harsent, L., & Metzler, C. (in press). Pathological false alarm rates following damage to the left frontal cortex. *Brain and Cognition*.

Parks, E. D., & Balon, R. (1995). Autobiographical memory for childhood events: Pattern of recall in psychiatric patients with a history of alleged trauma. *Psychiatry, 58*, 199–208.

Pascual-Leone, A., Grafman, J., Clark, K., Stewart, M., Massaquoi, S., Lou, J., & Hallet, M. (1993). Procedural learning in Parkinson's disease and cerebellar degeneration. *Annals of Neurology, 34*, 594–602.

Pasley, L. (1994). Misplaced trust: a first-person account of how my therapist created false memories. *Skeptic, 2*, 62–67.

Patterson, K., & Hodges, J. R. (1995). Disorders of semantic memory. In A. D. Baddeley, B. A. Wilson, & F. N. Watts (Eds.), *Handbook of memory disorders* (pp. 167–186). Chichester, England: Wiley.

Payne, D. G. (1987). Hypermnesia and reminiscence in recall: A historical and empirical review. *Psychological Bulletin, 101*, 5–27.

Pearce, M. (1988). A memory artist. *Exploratorium Quarterly, 12*, 12–17.

Pendergrast, M. (1993). *For God, Country, and Coca-Cola*. New York: Collier Books.

Pendergrast, M. (1995). *Victims of memory: Incest accusations and shattered lives*. Hinesburg, VT: Upper Access.

Penfield, W. (1969). Consciousness, memory, and man's conditioned reflexes. In K. Pribram (Ed.), *On the biology of learning*. New York: Harcourt, Brace & World.

Penfield, W., & Perot, P. (1963). The brain's record of auditory and visual experience. *Brain, 86,* 595–696.

Penrose, R. (1989). *The emperor's new mind: Concerning computers, minds, and the laws of physics.* New York: Penguin.

Perfect, T. J., & Askew, C. (1994). Print adverts: Not remembered but memorable. *Applied Cognitive Psychology, 8,* 693–703.

Perry, C., & Laurence, J.-R. (1984). Mental processing outside of awareness: The contributions of Freud and Janet. In K. S. Bowers & D. Meichenbaum (Eds.), *The unconscious reconsidered* (pp. 9–48). New York: Wiley.

Person, E. S., & Klar, H. (1994). Establishing trauma: The difficulty of distinguishing between memories and fantasies. *Journal of the American Psychological Association, 42,* 1055–1081.

Petersen, S. E., Fox, P. T., Posner, M. I., Mintun, M. A., & Raichle, M. E. (1989). Positron emission tomographic studies of the processing of single words. *Journal of Cognitive Neuroscience, 1,* 153–170.

Petersen, S. E., Fox, P. T., Snyder, A. Z., & Raichle, M. E. (1990). Activation of extrastriate and frontal cortical areas by visual words and word-like stimuli. *Science, 249,* 1041–1044.

Petrides, M., Alivisatos, B., Evans, A. C., & Meyer, E. (1993). Dissociation of human middorsolateral from posterior dorsolateral frontal cortex in memory processing. *Proceedings of the National Academy of Sciences* (USA), *90,* 873–877.

Pettinati, H. M. (Ed.). (1988). *Hypnosis and memory.* New York: Guilford Press.

Pezdek, K., & Prull, M. (1993). Fallacies in memory for conversations: Reflections on Clarence Thomas, Anita Hill, and the like. *Applied Cognitive Psychology, 7,* 299–310.

Phelps, E., & Gazzaniga, M. S. (1992). Hemispheric differences in mnemonic processing: The effects of left hemisphere interpretation. *Neuropsychologia, 30,* 293–297.

Pillemer, D. B. (1984). Flashbulb memories of the assassination attempt on President Reagan. *Cognition, 16,* 63–80.

Pillemer, D. B., & White, S. H. (1989). Childhood events recalled by children and adults. In H. W. Reese (Ed.), *Advances in childhood development and behavior* (vol. 21, pp. 297–340). San Diego: Academic Press.

Pinker, S., & Bloom, P. (1992). Natural language and natural selection. In J. Barkow, L. Cosmides, & J. Tooby (Eds.), *The adapted mind: Evolutionary psychology and the generation of culture* (pp. 451–493). New York: Oxford University Press.

Plaut, D. C., & Farah, M. J. (1990). Visual object representation: Interpreting neurophysiological data within a computational framework. *Journal of Cognitive Neuroscience, 2,* 320–343.

Pollen, D. A. (1993). *Hannah's heirs: The quest for the genetic origins of Alzheimer's disease.* New York: Oxford University Press.

Polster, M. R., Nadel, L., & Schacter, D. L. (1991). Cognitive neuroscience analysis of memory: A historical perspective. *Journal of Cognitive Neuroscience, 3,* 95–116.

Poole, D. A., & White, L. T. (1995). Tell me again and again: Stability and change in the repeated testimonies of children and adults. In M. Zaragoza, J. R. Graham, G. C. N. Hall, R. Hirschman, & Y. S. Ben-Porath (Eds.), *Memory and testimony in the child witness* (pp. 24–43). Thousand Oaks, CA: Sage.

Poole, D. A., Lindsay, S. D., Memon, A., & Bull, R. (1995). Psychotherapy and the recovery of memories of childhood sexual abuse: U.S. and British practitioners' opinions, practices, and experiences. *Journal of Consulting and Clinical Psychology, 63,* 426–437.

Pope, H. G., Jr., & Hudson, J. I. (1992). Is childhood sexual abuse a risk factor for bulimia nervosa? *American Journal of Psychiatry, 149,* 455–463.

Pope, H. G., Jr., & Hudson, J. I. (1995). Can memories of childhood sexual abuse be repressed? *Psychological Medicine, 25,* 121–126.

Pope, H. G., Mangweth, B., Negrão, A. B., Hudson, J. I., & Cordás, T. A. (1994). Childhood sexual abuse and bulimia nervosa: A comparison of American, Austrian, and Brazilian women. *American Journal of Psychiatry, 151,* 732–737.

Posner, M. I., & Raichle, M. E. (1994). *Images of the mind.* New York: Scientific American

Library.

Postman, L., & Underwood, B. J. (1973). Critical issues in interference theory. *Memory and Cognition, 1,* 19–40.

Pratkanis, A. R., Greenwald, A. G., Leippe, M. R., & Baumgardner, M. H. (1988). In search of reliable persuasion effects: III. The sleeper effect is dead: Long live the sleeper effect. *Journal of Personality and Social Psychology, 54,* 203–218.

Pratt, M. W., & Robins, S. L. (1991). That's the way it was: Age differences in the structure and quality of adults' personal narratives. *Discourse Processes, 14,* 73–85.

Pratt, M. W., Boyes, C., Robins, S., & Manchester, J. (1989). Telling tales: Aging, working memory, and the narrative cohesion of story retellings. *Developmental Psychology, 25,* 628–635.

Price, D. L., & Sisodia, S. S. (1992). Alzheimer's Disease: Neural and molecular basis. In L. R. Squire (Ed.), *Encyclopedia of learning and memory* (pp. 22–25). New York: Macmillan.

Price, R. (1992). For the family. In *Sally Mann: Immediate family.* New York: Aperture Foundation.

Prigatano, G. P. (1991). Disturbances of self-awareness of deficit after traumatic brain injury. In G. P. Prigatano & D. L. Schacter (Eds.), *Awareness of deficit after brain injury: Clinical and theoretical issues* (pp. 111–126). New York: Oxford University Press.

Prigatano, G. P., & Schacter, D. L. (Eds.). (1991). *Awareness of deficit after brain injury: Clinical and theoretical issues.* New York: Oxford University Press.

Prince, M. (1910). *The dissociation of a personality.* New York: Longman, Green.

Proust, M. (1992). *In search of lost time: Swann's way* (Moncrieff, C. K. S., Kilmartin, T., & Enright, D. J., Trans.). New York: The Modern Library.

Putnam, F. W. (1993). Dissociative disorders in children: Behavioral profiles and problems. *Child Abuse & Neglect, 17,* 39–45.

Putnam, F. W., Guroff, J. J., Silberman, E. K., Barban, L., & Post, R. M. (1986). The clinical phenomenology of multiple personality disorder: Review of 100 recent cases. *Journal of Clinical Psychiatry, 47,* 285–293.

Pynoos, R. S., & Nader, K. (1989). Children's memory and proximity to violence. *Journal of the American Academy of Child and Adolescent Psychiatry, 28,* 236–241.

Rajaram, S. (1993). Remembering and knowing: Two means of access to the personal past. *Memory & Cognition, 21,* 89–102.

Ramachandran, V. S. (1995). Anosognosia in parietal lobe syndrome. *Consciousness and Cognition, 4,* 22–51.

Ratcliff, R., & McKoon, G. (1995). Bias and explicit memory in priming of object decisions. *Journal of Experimental Psychology: Learning, Memory, and Cognition 21,* 754–767.

Rauch, S. L., Savage, C. R., Brown, H. D., Curran, T., Alpert, N. M., Kendrick, A., Fischman, A. J., & Kosslyn, S. M. (in press). A PET investigation of implicit and explicit sequence learning. *Human Brain Mapping.*

Rauch, S. L., van der Kolk, B. A., Fisler, R. E., Alpert, N. M., Orr, S. P., Savage, C. R., Fischman, A. J., Jenike, M. A., & Pitman, R. K. (in press). A symptom provocation study of posttraumatic stress disorder using positron emission tomography and script-driven imagery. *Archives of General Psychiatry.*

Read, J. D., Tollestrup, P., Hammersley, R., McFadzen, E., & Christensen, A. (1990). The unconscious transference effect: Are innocent bystanders ever misidentified? *Applied Cognitive Psychology, 4,* 3–31.

Reber, A. S. (1993). *Implicit learning and tacit knowledge: An essay on the cognitive unconscious.* New York: Oxford University Press.

Reder, L. M., & Ritter, F. E. (1992). What determines initial feeling of knowing? Familiarity with question terms, not with the answer. *Journal of Experimental Psychology: Learning, Memory, and Cognition, 18,* 435–452.

Reiser, B. J., Black, J. B., & Abelson, R. P. (1985). Knowledge structures in the organization and retrieval of autobiographical memories. *Cognitive Psychology, 17,* 89–137.

Reiser, M. F. (1990). *Memory in mind and brain: What dream imagery reveals.* New York: Basic Books.

Ribot, T. (1882). *Diseases of memory.* New York: Appleton-Century-Crofts. (Original work published 1881)

Riccio, D. C., Rabinowitz, V. C., & Axelrod, S. (1994). Memory: When less is more. *American Psychologist, 49,* 917–926.

Richardson-Klavehn, A., & Bjork, R. A. (1988). Measures of memory. *Annual Review of Psychology, 36,* 475–543.

Riddoch, M. J., & Humphreys, G. W. (1987). Visual object processing in optic aphasia: A case of semantic access agnosia. *Cognitive Neuropsychology, 4,* 131–186.

Rivers, W. H. R. (1918). The repression of war experience. *The Lancet, 1,* 173–177.

Robinson, J. A., & Swanson, K. L. (1993). Field and observer modes of remembering. *Memory, 1,* 169–184.

Roediger, H. L., III (1980). Memory metaphors in cognitive psychology. *Memory & Cognition, 8,* 231–246.

Roediger, H. L., III (1990). Implicit memory: Retention without remembering. *American Psychologist, 45,* 1043–1056.

Roediger, H. L., III, & McDermott, K. B. (1993). Implicit memory in normal human subjects. In H. Spinnler & F. Boller (Eds.), *Handbook of neuropsychology* (pp. 63–131). Amsterdam: Elsevier.

Roediger, H. L., III, & McDermott, K. B. (1995). Creating false memories: Remembering words not presented in lists. *Journal of Experimental Psychology: Learning, Memory, and Cognition, 21,* 803–814.

Roediger, H. L., III, Weldon, M. S., & Challis, B. H. (1989). Explaining dissociations between implicit and explicit measures of retention: A processing account. In H. L. Roediger III & F. I. M. Craik (Eds.), *Varieties of memory and consciousness: Essays in honor of Endel Tulving* (pp. 3–41). Hillsdale, NJ: Erlbaum.

Roediger, H. L., III, Wheeler, M. A., & Rajaram, S. (1993). Remembering, knowing, and reconstructing the past. In D. L. Medin (Ed.), *The psychology of learning and motivation: Advances in research and theory* (pp. 97–134). San Diego: Academic Press.

Rosch, E., Mervis, C., Gray, W., Johnson, D., & Boyes-Braem, P. (1976). Basic objects in natural categories. *Cognitive Psychology, 8,* 382–439.

Rose, F. C., & Symonds, C. P. (1960). Persistent memory defect following encephalitis. *Brain, 83,* 195–212.

Rose, S. (1992). *The making of memory: From molecules to mind.* London: Bantam.

Rosenak, C., & Rosenak, J. (1990). *Museum of American Folk Art encyclopedia of twentieth-century American folk art and artists.* New York: Abbeville.

Ross, D. F., Ceci, S. J., Dunning, D., & Toglia, M. P. (1994). Unconscious transference and mistaken identity: When a witness misidentifies a familiar but innocent person. *Journal of Applied Psychology, 79,* 918–930.

Ross, M. (1989). Relation of implicit theories to the construction of personal histories. *Psychological Review, 96,* 341–357.

Ross, M., & Conway, M. (1986). Remembering one's own past: The construction of personal histories. In R. M. Sorrentino & E. T. Higgins (Eds.) *Handbook of motivation and cognition* (pp.122–144). New York: Guilford Press.

Roth, M. S. (1989). Remembering forgetting: *Maladies de la Mémoire* in nineteenth-century France. *Representations, 26,* 49–68.

Rovee-Collier, C. (1993). The capacity for long-term memory in infancy. *Current Directions in Psychological Science, 2,* 130–135.

Rozin, P. (1976). The psychobiological approach to human memory. In M. R. Rosenzweig & E. L. Bennet (Eds.), *Neural mechanisms of learning and memory* (pp. 3–46). Cambridge: MIT Press.

Rubin, D. C. (1982). On the retention function for autobiographical memory. *Journal of Verbal Learning and Verbal Behavior, 21,* 21–38.

Rubin, D. C. (1995). *Memory in oral traditions: The cognitive psychology of epic, ballads, and counting-out rhymes.* New York: Oxford University Press.

Rubin, D. C., & Kozin, M. (1984). Vivid memories. *Cognition, 16,* 81–95.

Russell, W. R., & Nathan, P. W. (1946). Traumatic amnesia. *Brain, 69,* 280–300.

Sacks, O. (1985). *The man who mistook his wife for a hat.* New York: Summit.

Sacks, O. (1995). *An anthropologist on Mars*. New York: Knopf.
Saint-Cyr, J. A., & Taylor, A. E. (1992). The mobilization of procedural learning: The "key signature" of the basal ganglia. In L. R. Squire & N. Butters (Eds.), *Neuropsychology of memory* (pp. 188–202). New York: Guilford Press.
Salmon, D. P., & Butters, N. (1995). Neurobiology of skill and habit learning. *Current Opinion in Neurobiology, 5*, 184–190.
Salthouse, T. A. (1991). *Theoretical perspectives on cognitive aging*. Hillsdale, NJ: Erlbaum.
Sams, J., & Nitsch, T. (1991). *Other council fires were here before ours*. New York: HarperCollins.
Sanyal, A. (1992). Priming and implicit memory: A review and a synthesis relevant for consumer behavior. *Advances in Consumer Research, 19*, 795–805.
Sapolsky, R. M. (1992). *Stress, the aging brain, and the mechanisms of neuron death*. Cambridge: MIT Press.
Sargent, W., & Slater, E. (1941). Amnesic syndromes in war. *Proceedings of the Royal Society of Medicine, 34*, 757–764.
Saywitz, K. J., & Moan-Hardie, S. (1994). Reducing the potential for distortion of childhood memories. *Consciousness and Cognition, 3*, 408–425.
Schacter, D. L. (1982). *Stranger behind the engram: Theories of memory and the psychology of science*. Hillsdale, NJ: Erlbaum.
Schacter, D. L. (1983). Amnesia observed: Remembering and forgetting in a natural environment. *Journal of Abnormal Psychology, 92*, 236–242.
Schacter, D. L. (1986). Amnesia and crime: How much do we really know? *American Psychologist, 41*, 286–295.
Schacter, D. L. (1987a). Implicit memory: History and current status. *Journal of Experimental Psychology: Learning, Memory, and Cognition, 13*, 501–518.
Schacter, D. L. (1987b). Memory, amnesia, and frontal lobe dysfunction. *Psychobiology, 15*, 21–36.
Schacter, D. L. (1990). Perceptual representation systems and implicit memory: Toward a resolution of the multiple memory systems debate. *Annals of the New York Academy of Sciences, 608*, 543–571.
Schacter, D. L. (1991). Unawareness of deficit and unawareness of knowledge in patients with memory disorders. In G. P. Prigatano & D. L. Schacter (Eds.), *Awareness of deficit after brain injury: Clinical and theoretical issues* (pp. 127–151). New York: Oxford University Press.
Schacter, D. L. (1992). Implicit knowledge: New perspectives on unconscious processes. *Proceedings of the National Academy of Science, USA, 89*, 11113–11117.
Schacter, D. L. (1993). *Fragile power: Explorations of memory*. Newton, MA: Newton Art Center.
Schacter, D. L. (1995a). Memory distortion: History and current status. In D. L. Schacter, J. T. Coyle, G. D. Fischbach, M.-M. Mesulam, & L. E. Sullivan (Eds.), *Memory distortion: How minds, brains and societies reconstruct the past* (pp. 1–43). Cambridge: Harvard University Press.
Schacter, D. L. (1995b). Memory wars. *Scientific American, 272*, 135–139.
Schacter, D. L., & Cooper, L. A. (1995). Bias in the priming of object decisions: Logic, assumptions, and data. *Journal of Experimental Psychology: Learning, Memory and Cognition, 21*, 768–776.
Schacter, D. L., & Crovitz, H. F. (1977). Memory function after closed head injury: A review of the quantitative research. *Cortex, 13*, 150–176.
Schacter, D. L., & Graf, P. (1986). Preserved learning in amnesic patients: perspectives from research on direct priming. *Journal of Clinical and Experimental Neuropsychology, 8*, 727–743.
Schacter, D. L., & Kihlstrom, J. F. (1989). Functional amnesia. In F. Boller & J. Grafman (Eds.), *Handbook of neuropsychology* (Vol. 3, pp. 209–231). Amsterdam: Elsevier.
Schacter, D. L., & Moscovitch, M. (1984). Infants, amnesics, and dissociable memory systems. In M. Moscovitch (Ed.), *Infant Memory* (pp. 173–216). New York: Plenum.
Schacter, D. L., & Nadel, L. (1991). Varieties of spatial memory: A problem for cognitive neuroscience. In R. G. Lister & H. J. Weingartner (Eds.), *Perspectives on cognitive neuroscience* (pp. 165–185). New York: Oxford University Press.

Schacter, D. L., & Tulving, E. (1994). What are the memory systems of 1994? In D. L. Schacter & E. Tulving (Eds.), *Memory systems 1994* (pp. 1–38). Cambridge: MIT Press.

Schacter, D. L., & Worling, J. R. (1985). Attribute information and the feeling-of-knowing. *Canadian Journal of Psychology, 39*, 467–475.

Schacter, D. L., Alpert, N. M., Savage, C. R., Rauch, S. L., & Albert, M. S. (1996). Conscious recollection and the human hippocampal formation: Evidence from positron emission tomography. *Proceedings of the National Academy of Sciences, USA, 93*, 321–325.

Schacter, D. L., Bowers, J., & Booker, J. (1989). Intention, awareness, and implicit memory: The retrieval intentionality criterion. In S. Lewandowsky, J. C. Dunn, & K. Kirsner (Eds.), *Implicit memory: Theoretical issues* (pp. 47–69). Hillsdale, NJ: Erlbaum.

Schacter, D. L., Chiu, C. Y. P., & Ochsner, K. N. (1993). Implicit memory: A selective review. *Annual Review of Neuroscience, 16*, 159–182.

Schacter, D. L., Church, B., & Bolton, E. (1995). Implicit memory in amnesic patients: Impairment of voice-specific priming. *Psychological Science, 6*, 20–25.

Schacter, D. L., Church, B., & Osowiecki, D. M. (1994). Auditory priming in elderly adults: Impairment of voice-specific implicit memory. *Memory, 2*, 295–323.

Schacter, D. L., Church, B., & Treadwell, J. (1994). Implicit memory in amnesic patients: Evidence for spared auditory priming. *Psychological Science, 5*, 20–25.

Schacter, D. L., Cooper, L. A., & Delaney, S. M. (1990). Implicit memory for unfamiliar objects depends on access to structural descriptions. *Journal of Experimental Psychology: General, 119*, 5–24.

Schacter, D. L., Cooper, L. A., & Treadwell, J. (1993). Preserved priming of novel objects across size transformation in amnesic patients. *Psychological Science, 4*, 331–335.

Schacter, D. L., Cooper, L. A., & Valdiserri, M. (1992). Implicit and explicit memory for novel objects in older and younger adults. *Psychology and Aging, 7*, 299–308.

Schacter, D. L., Coyle, J. T., Fischbach, G. D., Mesulam, M.-M., & Sullivan, L. E. (Eds.) (1995). *Memory distortion: How minds, brains, and societies reconstruct the past.* Cambridge: Harvard University Press.

Schacter, D. L., Curran, T., Galluccio, L. D., Milberg, W., & Bates, J. (1996). False recognition and the right frontal lobe: A case study. *Neuropsychologia.*

Schacter, D. L., Eich, J. E., & Tulving, E. (1978). Richard Semon's theory of memory. *Journal of Verbal Learning and Verbal Behavior, 17*, 721–743.

Schacter, D. L., Harbluk, J. L., & McLachlan, D. R. (1984). Retrieval without recollection: An experimental analysis of source amnesia. *Journal of Verbal Learning and Verbal Behavior, 23*, 593–611.

Schacter, D. L., Kagan, J., & Leichtman, M. D. (1995). True and false memories in children and adults: A cognitive neuroscience perspective. *Psychology, Public Policy, and Law, 1*, 411–428.

Schacter, D. L., Kaszniak, A. K., Kihlstrom, J. F., & Valdiserri, M. (1991). The relation between source memory and aging. *Psychology and Aging, 6*, 559–568.

Schacter, D. L., Kihlstrom, J. F., Kaszniak, A. W., & Valdiserri, M. (1993). Preserved and impaired memory functions in elderly adults. In J. Cerella, J. Rybsh, W. Hoyer, & M. L. Commons (Eds.), *Adult information processing: Limits on loss* (pp. 327–350). San Diego: Academic Press.

Schacter, D. L., Kihlstrom, J. F., Kihlstrohm, L. C., & Berren, M. B. (1989). Autobiographical memory in a case of multiple personality disorder. *Journal of Abnormal Psychology, 98* 508–514.

Schacter, D. L., McGlynn, S. M., Milberg, W. P., & Church, B. A. (1993). Spared priming despite impaired comprehension: Implicit memory in a case of word meaning deafness. *Neuropsychology, 7*, 107–118.

Schacter, D. L., Reiman, E., Uecker, A., Polster, M. R., Yun, L. S., & Cooper, L. A. (1995). Neuroanatomical correlates of memory for structurally coherent visual objects. *Nature, 376*, 587–590.

Schacter, D. L., Wang, P. L., Tulving, E., & Freedman, M. (1982). Functional retrograde amnesia: A quantitative case study. *Neuropsychologia, 20*, 523–532.

Schacter, D. L., Verfaellie, M., & Pradere, D. (1996). The neuropsychology of memory illusions: False recall and recognition in amnesic patients. *Journal of Memory and Language.*

Schank, R. C. (1990). *Tell me a story: A new look at real and artificial memory.* New York: Scribner's.

Schimek, J. G. (1987). Fact and fantasy in the seduction theory: A historical review. *Journal of the American Psychoanalytic Association, 35,* 937–965.

Schleifer, R., Davis, R. C., & Mergler, N. (1992). *Culture and cognition: The boundaries of literary and scientific inquiry.* Ithaca, NY: Cornell University Press.

Schooler, J. W. (1994). Seeking the core: The issues and evidence surrounding recovered accounts of sexual trauma. *Consciousness and Cognition, 3,* 452–469.

Schooler, J. W., & Engstler-Schooler, T. Y. (1990). Verbal overshadowing of visual memories: Some things are better left unsaid. *Cognitive Psychology, 22,* 36–71.

Schooler, J. W., Gerhard, D., & Loftus, E. F. (1986). Qualities of the unreal. *Journal of Experimental Psychology: Learning, Memory, and Cognition, 12,* 171–181.

Schreiber, F. (1973). *Sybil.* Chicago: Regency.

Schwartz, M. F., Saffran, E. M., & Marin, O. S. M. (1980). Fractionating the reading process in dementia: Evidence for word specific print-to-sound associations. In M. Coltheart, K. Patterson, & J. C. Marshall (Eds.), *Deep dyslexia* (pp. 259–269). London: Routledge & Kegan Paul.

Schwarz, E. D., Kowalski, J. M., & McNally, R. J. (1993). Malignant memories: Post-traumatic changes in memory in adults after a school shooting. *Journal of Traumatic Stress, 6,* 545–553.

Scoville, W. B., & Milner, B. (1957). Loss of recent memory after bilateral hippocampal lesions. *Journal of Neurology, Neurosurgery and Psychiatry, 20,* 11–21.

Searle, J. (1983). *Intentionality: An essay in the philosophy of mind.* Cambridge: Cambridge University Press.

Semon, R. (1904/1921). *The mneme.* London: George Allen & Unwin.

Semon, R. (1909/1923). *Mnemic psychology.* London: George Allen & Unwin.

Shattuck, R. (1983). *Proust's binoculars: A study of memory, time, and recognition in "A La Recherche du Temps Perdu."* Princeton: Princeton University Press.

Sheehan, P. W. (1988). Memory distortion in hypnosis. *International Journal of Clinical and Experimental Hypnosis, 36,* 296–311.

Shepard, R. N. (1967). Recognition memory for words, sentences, and pictures. *Journal of Verbal Learning and Verbal Behavior, 6,* 156–163.

Sherman, E., & Newman, E. S. (1977/1978). The meaning of cherished personal possessions for the elderly. *International Journal of Aging and Human Development, 8,* 181–192.

Sherry, D. F., & Schacter, D. L. (1987). The evolution of multiple memory systems. *Psychological Review, 94,* 439–454.

Shevrin, H. (1988). Unconscious conflict: A convergent psychodynamic and electrophysiological approach. In M. Horowitz (Ed.), *Psychodynamics and cognition* (pp. 117–167). Chicago: University of Chicago Press.

Shevrin, H. (1992). Subliminal perception, memory, and consciousness: Cognitive and dynamic perspectives. In R. F. Bornstein & T. S. Pittman (Eds.), *Perception without awareness: Cognitive, clinical, and social perspectives* (pp. 123–142). New York: Guilford Press.

Shimamura, A. P. (1994). The neuropsychology of metacognition. In J. Metcalfe & A. P. Shimamura (Eds.), *Metacognition: Knowing about knowing* (pp. 253–276). Cambridge: MIT Press.

Shimamura, A. P. (1995). Memory and frontal lobe function. In M. Gazzaniga (Ed.), *The cognitive neurosciences* (pp. 803–813). Cambridge: MIT Press.

Shimamura, A. P., & Squire, L. R. (1989). Impaired priming of new associations in amnesia. *Journal of Experimental Psychology: Learning, Memory, and Cognition, 15,* 721–728.

Shin, L. M., Kosslyn, S. M., McNally, R. J., Alpert, N. M., Thompson, W. L., Rauch, S. L., Macklin, M. L., & Pitman, R. K. (1995). A PET study of imagery and perception in Vietnam combat veterans with and without posttraumatic stress disorder. Submitted for publication.

Silbersweig, D. A., Stern, E., Frith, C., Cahill, C., Holmes, A., Grootoonk, S., Seaward, S., Mckenna, P., Chua, S. E., Schnorr, L., Jones, T., & Frackowiak, R. S. J. (1995). A functional neuroanatomy of hallucinations in schizophrenia. *Nature, 378,* 176–179.

Singer, J. A., & Salovey, P. (1993). *The remembered self: Emotion and memory in personality.* New York: Free Press.

Slamecka, N. J. (1985). Ebbinghaus: Some associations. *Journal of Experimental Psychology: Learning, Memory, and Cognition, 11,* 414–435.

Slater, D. (1991). Consuming Kodak. In J. Spence & P. Holland (Eds.), *Family snaps: The meanings of domestic photography* (pp. 49–59). London: Virago.

Smith, E. E., Jonides, J., Koeppe, R. A., Awh, E., Schumacher, E. H., & Minoshima, S. (1995). Spatial versus object working memory: PET investigations. *Journal of Cognitive Neuroscience, 7,* 337–356.

Smith, M. L., & Milner, B. (1981). The role of the right hippocampus in the recall of spatial location. *Neuropsychologia, 19,* 781–793.

Solomon, Z., Garb, R., Bleich, A., & Grupper, D. (1987). Reactivation of combat-related posttraumatic stress disorder. *American Journal of Psychiatry, 144,* 51–55.

Spanos, N. P., Cross, P. A., Dickson, K., & DuBreuil, S. C. (1993). Close encounters: An examination of UFO experiences. *Journal of Abnormal Psychology, 102,* 624–632.

Spanos, N. P., Menary, E., Gabora, N., DuBreuil, S., & Dewhirst, B. (1991). Secondary identity enactments during hypnotic past-life regression: A sociocognitive perspective. *Journal of Personality and Social Psychology, 61,* 308–320.

Spence, D. P. (1984). *Narrative truth and historical truth.* New York: Norton.

Spence, J. (1984). *The memory palace of Matteo Ricci.* New York: Viking.

Spencer, W. D., & Raz, N. (1995). Differential effects of aging on memory for content and context: A meta-analysis. *Psychology and Aging, 10,* 527–539.

Spiegel, D. (1991). Dissociation and trauma. In A. Tasman & S. M. Goldfinger (Eds.), *American Psychiatric Press Review of Psychiatry* (pp. 261–266). Washington, DC: American Psychiatric Press.

Spiegel, D. (Ed.). (1994). *Dissociation: Culture, mind and body.* Washington, DC: American Psychiatric Press.

Spiegel, D. (1995). Hypnosis and suggestion. In D. L. Schacter, J. T. Coyle, G. D. Fischbach, M.-M. Mesulam, & L. E. Sullivan (Eds.), *Memory distortion: How minds, brains, and societies reconstruct the past* (pp. 129–149). Cambridge: Harvard University Press.

Sporer, S. L., Penrod, S., Read, D., & Cutler, B. (1995). Choosing, confidence, and accuracy: A meta-analysis of the confidence-accuracy relation in eyewitness identification studies. *Psychological Bulletin, 118,* 315–327.

Squire, L. R. (1987). *Memory and brain.* New York: Oxford University Press.

Squire, L. R. (1992). Memory and the hippocampus: A synthesis from findings with rats, monkeys, and humans. *Psychological Review, 99,* 195–231.

Squire, L. R. (1994). Declarative and nondeclarative memory: Multiple brain systems supporting learning and memory. In D. L. Schacter & E. Tulving (Eds.), *Memory systems 1994* (pp. 203–232). Cambridge: MIT Press.

Squire, L. R. (1995). Biological foundations of accuracy and inaccuracy in memory. In D. L. Schacter, J. T. Coyte, G. D. Fischbach, M.-M. Mesulam, & L. E. Sullivan (Eds.), *Memory distortion: How minds, brains, and societies reconstruct the past* (pp. 197–225). Cambridge, MA: Harvard University Press.

Squire, L. R., & Zola-Morgan, M. (1991). The medial temporal lobe memory system. *Science, 253,* 1380–1386.

Squire, L. R., Cohen, N. J., & Nadel, L. (1984). The medial temporal region and memory consolidation: A new hypothesis. In H. Weingartner & E. Parker (Eds.), *Memory consolidation* (pp. 185–210). Hillsdale, NJ: Erlbaum.

Squire, L. R., Ojemann, J. G., Miezin, F. M., Petersen, S. E., Videen, T. O., & Raichle, M. E. (1992). Activation of the hippocampus in normal humans: A functional anatomical study of memory. *Proceedings of the National Academy of Sciences, USA, 89,* 1837–1841.

Srinivas, K. (1993). Perceptual specificity in nonverbal priming. *Journal of Experimental Psychology: Learning, Memory, and Cognition, 19,* 582–602.

Stadler, M. (1990). *Landscape: Memory.* New York: Scribner's.

Standing, L. (1973). Learning 10,000 pictures. *Quarterly Journal of Experimental Psychology, 25,* 207–222.

Starr, A., & Phillips, L. (1970). Verbal and motor memory in the amnesic syndrome. *Neu-*

ropsychologia, 8, 75–88.

Stein, B. S., & Bransford, J. D. (1979). Constraints on effective elaboration: Effects of precision and subject generation. *Journal of Verbal Learning and Verbal Behavior, 18*, 769–777.

Stein, M. B., Koverola, C., Hanna, C., Torchia, M., & McClarty, B. (1995). Neurobiological correlates of childhood sexual abuse: II. MRI-based measurement of hippocampal volume in adult women. Submitted for publication.

Stoltzfus, E. R., Hasher, L., Zacks, R. T., Ulivi, M. S., & Goldstein, D. (1993). Investigations of inhibition and interference in younger and older adults. *Journal of Gerontology, 48*, 179–188.

Storr, R. (1992). *Dislocations.* New York: The Museum of Modern Art.

Stuss, D. T. (1991). Disturbance of self-awareness after frontal system damage. In G. P. Prigatano & D. L. Schacter (Eds.), *Awareness of deficit after brain injury: Clinical and theoretical issues* (pp. 63–83). New York: Oxford University Press.

Stuss, D. T., Eskes, G. A., & Foster, J. K. (1994). Experimental neuropsychological studies of frontal lobe functions. In F. Boller & J. Grafman (Eds.), *Handbook of Neuropsychology* (pp. 149–185). Amsterdam: Elsevier.

Sulin, R. A., & Dooling, D. J. (1974). Intrusion of a thematic idea in retention of prose. *Journal of Experimental Psychology, 103*, 255–262.

Sutker, P. B., Galina, Z. H., & West, J. A. (1990). Trauma-induced weight loss and cognitive deficits among former prisoners of war. *Journal of Consulting and Clinical Psychology, 58*, 323–328.

Szajnberg, N. M. (1993). Recovering a repressed memory, and representational shift in an adolescent. *Journal of the American Psychoanalytic Association, 41*, 711–727.

Talland, G. A. (1965). *Deranged memory: A psychonomic study of the amnesic syndrome.* New York: Academic Press.

Tayloe, D. R. (1995). The validity of repressed memories and the accuracy of their recall through hypnosis: A case study from the courtroom. *American Journal of Hypnosis, 37*, 25–31.

Taylor, K. (1965). Cryptomnesia and plagiarism. *British Journal of Psychiatry, 111*, 1111–1118.

Taylor, P. J., & Kopelman, M. D. (1984). Amnesia for criminal offences. *Psychological Medicine, 14*, 581–588.

Tenpenny, P. L. (1995). Abstractionist versus episodic theories of repetition priming and word identification. *Psychonomic Bulletin and Review, 2*, 339–363.

Terr, L. C. (1981). Psychic trauma in children: Observations following the Chowchilla school-bus kidnapping. *American Journal of Psychiatry, 138*, 14–19.

Terr, L. C. (1988). What happens to early memories of trauma? *Journal of the American Academy of Child Adolescent Psychiatry, 27*, 96–104.

Terr, L. C. (1994). *Unchained memories.* New York: Basic Books.

Teyler, T. J., & DiScenna, P. (1986). The hippocampal memory indexing theory. *Behavioral Neuroscience, 100*, 147–154.

Thigpen, C., & Cleckley, H. (1957). *The three faces of Eve.* New York: Popular Library.

Thompson, C. P., Cowan, T. M., & Frieman, J. (1993). *Memory search by a memorist.* Hillsdale, NJ: Erlbaum.

Thompson, R. F., & Krupa, D. J. (1994). Organization of memory traces in the mammalian brain. *Annual Review of Neurosciences, 17*, 519–549.

Thomson, D. M. (1988). Context and false recognition. In G. M. Davies & D. M. Thomson (Eds.), *Memory in context: Context in memory* (pp. 285–304). Chichester, England: Wiley.

Thornton, S., & Brotchie, J. (1987). Reminiscence: A critical review of the empirical literature. *British Journal of Clinical Psychology, 26*, 93–111.

Thygesen, P., Hermann, K., & Willanger, R. (1970). Concentration camp survivors in Denmark: Persecution, disease, disability, compensation. *Danish Medical Bulletin, 17*, 65–87.

Tobias, B. A., Kihlstrom, J. F., & Schacter, D. L. (1992). Emotion and implicit memory. In S.-Å. Christianson (Ed.), *The handbook of emotion and memory: Research and theory* (pp. 67–92). Hillsdale, NJ: Erlbaum.

Tooby, J., & Cosmides, L. (1995). Mapping the evolved functional organization of mind and brain. In M. S. Gazzaniga (Ed.), *The cognitive neurosciences* (pp. 1185–1197). Cambridge:

MIT Press.

Tranel, D., & Damasio, A. R. (1985). Knowledge without awareness: an autonomic index of facial recognition by prosopagnosics. *Science, 228*, 1453–1454.

Tranel, D., Damasio, A. R., Damasio, H., & Brandt, J. P. (1994). Sensorimotor skill learning in amnesia: Additional evidence for the neural basis of nondeclarative memory. *Learning and Memory, 1,* 165–179.

Treadway, M., McCloskey, M., Gordon, B., & Cohen, N. J. (1992). Landmark life events and the organization of memory: Evidence from functional retrograde amnesia. In S.-Å. Christianson (Ed.), *The handbook of emotion and memory: Research and theory* (pp. 389–410). Hillsdale, NJ: Erlbaum.

Tromp, S., Koss, M. P., Figueredo, A. J., & Tharan, M. (1995). Are rape memories different? A comparison of rape, other unpleasant, and pleasant memories among employed women. *Journal of Traumatic Stress, 8,* 607–628.

Tulving, E. (1972). Episodic and semantic memory. In E. Tulving & W. Donaldson (Eds.), *Organization of memory* (pp. 381–403). New York: Academic Press.

Tulving, E. (1983). *Elements of episodic memory.* Oxford: Clarendon Press.

Tulving, E. (1985). Memory and consciousness. *Canadian Psychologist, 26,* 1–12.

Tulving, E. (1993). Self-knowledge of an amnesic individual is represented abstractly. In T. K. Srull & R. S. Wyer, Jr. (Eds.), *The mental representation of trait and autobiographical knowledge about the self* (pp. 147–156). Hillsdale, NJ: Erlbaum.

Tulving, E., & Schacter, D. L. (1990). Priming and human memory systems. *Science, 247,* 301–306.

Tulving, E., & Thomson, D. M. (1973). Encoding specificity and retrieval processes in episodic memory. *Psychological Review, 80,* 352–373.

Tulving, E., Kapur, S., Craik, F. I. M., Moscovitch, M., & Houle, S. (1994). Hemispheric encoding/retrieval asymmetry in episodic memory: Positron emission tomography findings. *Proceedings of the National Academy of Science, USA, 91,* 2016–2020.

Tulving, E., Markowitsch, H. J., Kapur, S. Habib, R., & Houle, S. (1994). Novelty encoding networks in the human brain: Positron emission tomography studies. *Neuroreport, 5,* 2525–2528.

Tulving, E., Schacter, D. L., McLachlan, D. R., & Moscovitch, M. (1988). Priming of semantic autobiographical knowledge: A case study of retrograde amnesia. *Brain and Cognition, 8,* 3–20.

Tulving, E., Schacter, D. L., & Stark, H. (1982). Priming effects in word-fragment completion are independent of recognition memory. *Journal of Experimental Psychology: Learning, Memory, and Cognition, 8,* 336–342.

Turner, F. (in press). *Echoes of combat: Trauma, memory and the Vietnam war.* New York: Anchor/Doubleday.

Turyn, A. (1986). *Missives.* New York: Alfred Van Der Marck Editions.

Ungerleider, L. G. (1995). Functional brain imaging studies of cortical mechanisms for memory. *Science, 270,* 769–775.

Usher, J. A., & Neisser, U. (1993). Childhood amnesia and the beginnings of memory for four early life events. *Journal of Experimental Psychology: General, 122,* 155–165.

Vallar, G., & Shallice, T. (1990). *Neuropsychological impairments of short-term memory.* Cambridge: Cambridge University Press.

Van Arsdale, S. (1995). *Toward amnesia.* New York: Riverhead Books.

van der Kolk, B. A. (1994). The body keeps the score: Memory and the evolving psychobiology of PTSD. *Harvard Review of Psychiatry, 1,* 253–265.

van der Kolk, B. A., & Fisler, R. (1995). Dissociation and the fragmentary nature of traumatic memories: Overview and exploratory study. *Journal of Traumatic Stress, 8,* 505–525.

van der Kolk, B. A. & van der Hart, O. (1989). Pierre Janet and the breakdown of adaptation in psychological trauma. *American Journal of Psychiatry, 146,* 1530–1540.

Van Dyke, C., Zilberg, N. J., & McKinnon, J. A. (1985). Posttraumatic stress disorder: A thirty-year delay in a World War II veteran. *American Journal of Psychiatry, 142,* 1070–1073.

Van Hoesen, G. W., & Damasio, A. R. (1987). Neural correlates of cognitive impairment in Alzheimer's disease. In *Handbook of physiology* (Vol. 5, pp. 871–898). Bethesda, MD: American Physiological Association.

Vargha-Khadem, F., Isaacs, E., & Mishkin, M. (1994). Agnosia, alexia and a remarkable form of amnesia in an adolescent boy. *Brain, 117,* 683–703.

Verfaellie, M. & Treadwell, J. R. (1993). Status of recognition memory in amnesia. *Neuropsychology, 7,* 5–13.

Verfaellie, M., Reiss, L., & Roth, H. L. (1995). Knowledge of new English vocabulary in amnesia: An examination of premorbidly acquired semantic memory. *Journal of the International Neuropsychological Society, 1,* 443–453.

Victor, M., Adams, R. D., & Collins, G. H. (1989). *The Wernicke-Korsakoff Syndrome and related neurologic disorders due to alcoholism and malnutrition* (2nd ed.). Philadelphia: Davis.

Wagenaar, W. A. (1988). *Identifying Ivan: A case study in legal psychology.* Cambridge: Harvard University Press.

Wagenaar, W. A. & Groeneweg, J. (1988). The memory of concentration camp survivors. *Applied Cognitive Psychology, 4,* 77–87.

Wakefield, H., & Underwager, R. (1994). *Return of the furies: An investigation into recovered memory therapy.* Chicago: Open Court.

Wapner, S., Demick, J., & Redondo, J. P. (1990). Cherished possessions and adaptation of older people to nursing homes. *International Journal of Aging and Human Development, 31,* 219–235.

Warrington, E. K., & McCarthy, R. A. (1988). The fractionation of retrograde amnesia. *Brain and Cognition, 7,* 184–200.

Warrington, E. K., & Shallice, T. (1984). Category specific semantic impairments. *Brain, 107,* 829–854.

Warrington, E. K., & Weiskrantz, L. (1968). New method of testing long-term retention with special reference to amnesic patients. *Nature, 217,* 972–974.

Warrington, E. K., & Weiskrantz, L. (1974). The effect of prior learning on subsequent retention in amnesic patients. *Neuropsychologia, 12,* 419–428.

Waterhouse, L. (1988). Extraordinary visual memory and pattern perception in an autistic boy. In L. K. Obler & D. Fein (Eds.), *The exceptional brain: Neuropsychology of talent and special abilities* (pp. 325–340). New York: Guilford Press.

Watt, H. J. (1905). Review of *Die Mneme. Archiv für die Gesamte Psychologie, 5,* 127–130.

Weaver, C. A., III (1993). Do you need a "flash" to form a flashbulb memory? *Journal of Experimental Psychology: General, 122,* 39–46.

Wegner, D. M. (1992). You can't always think what you want: Problems in the suppression of unwanted thoughts. In M. Zanna (Ed.), *Advances in experimental social psychology.* San Diego: Academic Press.

Weiskrantz, L. (1956). Behavioral changes associated with ablation of the amygdaloid complex in monkeys. *Journal of Comparative Physiological Psychology, 49,* 381–391.

Weiskrantz, L. (1978). Some aspects of visual capacity in monkeys and man following striate cortex lesions. *Archives Italiennes de Biologie, 116,* 318–323.

Weiskrantz, L. (1986). *Blindsight. A case study and implications.* Oxford: Clarendon Press.

Wells, G. L. (1993). What do we know about eyewitness identification? *American Psychologist, 48,* 553–571.

West, M. J., Coleman, P. D., Flood, D. G., & Troncoso, J. C. (1994). Differences in the pattern of hippocampal neuronal loss in normal ageing and Alzheimer's disease. *Lancet, 344,* 769–772.

Whelihan, W. M., & Lesher, E. L. (1985). Neuropsychological changes in frontal functions with aging. *Developmental Neuropsychology, 1,* 371–380.

White, H. C. (1993). *Careers & creativity: Social forces in the arts.* Boulder, CO: Westview.

Whitfield, C. L. (1995). *Memory and abuse: Remembering and healing the effects of trauma.* Deerfield Beach, FL: Health Communication, Inc.

Wilkinson, C. B. (1983). Aftermath of a disaster: The collapse of the Hyatt Regency Hotel skywalks. *American Journal of Psychiatry, 140,* 1134–1139.

Williams, G.V., & Goldman-Rakic, P. S. (1995). Modulation of memory fields by dopamine D_1 receptors in prefrontal cortex. *Nature, 376,* 572–575.

Williams, J. M. G. (1992). Autobiographical memory and emotional disorders. In S.-Å.

Christianson (Ed.), *The handbook of emotion and memory: Research and theory* (pp. 451–477). Hillsdale, NJ: Erlbaum.

Williams, L. M. (1994). Recall of childhood trauma: A prospective study of women's memories of child sexual abuse. *Journal of Consulting and Clinical Psychology, 62,* 1167–1176.

Williams, L. M. (1995). Recovered memories of abuse in women with documented childhood sexual victimization histories. *Journal of Traumatic Stress, 8,* 649–674.

Wills, G. (1987). *Reagan's America: Innocents at home.* Garden City, NY: Doubleday.

Wilson, B. A. (1987). *Rehabilitation of memory.* London: Guilford Press.

Wilson, B. A., Baddeley, A., Evans, J., & Shiel, A. (1994). Errorless learning in the rehabilitation of memory impaired people. *Neuropsychological Rehabilitation, 4,* 307–326.

Wilson, F. A. W., O'Scalaidhe, S. P., & Goldman-Rakic, P. S. (1993). Dissociation of object and spatial processing domains in primate prefrontal cortex. *Science, 260,* 1955–1958.

Wilson, M. A., & McNaughton, B. L. (1994). Reactivation of hippocampal ensemble memories during sleep. *Science, 265,* 676–682.

Wilson, S. C., & Barber, T. X. (1978). The Creative Imagination Scale as a measure of hypnotic responsiveness: Applications to experimental and clinical hypnosis. *American Journal of Clinical Hypnosis, 20,* 235–249.

Wilson, T. D., & Brekke, N. (1994). Mental contamination and mental correction: Unwanted influences on judgments and evaluations. *Psychological Bulletin, 116,* 117–142.

Winograd, E., & Killinger, W. A. (1983). Relating age at encoding in early childhood to adult recall: Development of flashbulb memories. *Journal of Experimental Psychology: General, 112,* 413–422.

Winson, J. (1985). *Brain and psyche: The biology of the unconscious.* New York: Doubleday/Anchor Press.

Wixted, J. T., & Ebbensen, E. (1991). On the form of forgetting. *Psychological Science, 2,* 409–415.

Wolkowitz, O. M., Reus, V. I., Weingartner, H., Thompson, K., Breier, A., Doran, A., Rubinow, D., & Pickar, D. (1990). Cognitive effects of corticosteroids. *American Journal of Psychiatry, 147,* 1297–1303.

Wong, P. T. P., & Watt, L. M. (1991). What types of reminiscence are associated with successful aging? *Psychology and Aging, 6,* 272–279.

Wood, J., Bootzin, R. R., Kihlstrom, J. F., & Schacter, D. L. (1992). Implicit and explicit memory for verbal information presented during sleep. *Psychological Science, 3,* 236–239.

Wright, L. (1993). Remembering Satan. *The New Yorker,* May 17 and May 24, 60–81, 54–76.

Wright, L. (1994). *Remembering satan: A case of recovered memory and the shattering of an American Family.* New York: Knopf.

Yapko, M. D. (1994). *Suggestions of abuse: True and false memories of childhood sexual traumas.* New York: Simon & Schuster.

Yapko, M. D. (1995). Suggestibility and repressed memories of abuse: A survey of psychotherapists' beliefs. *American Journal of Clinical Hypnosis, 36,* 163–171.

Yarnell, P. R., & Lynch, S. (1973). The "ding": Amnesic states in football trauma. *Neurology, 23,* 196–197.

Yates, F. A. (1966). *The art of memory.* Chicago: University of Chicago Press.

Yehuda, R., Southwick, S., Giller, E. L., Ma, X., & Mason, J. W. (1992). Urinary catecholamine excretion and severity of PTSD symptoms in Vietnam combat veterans. *The Journal of Nervous and Mental Disease, 180,* 321–325.

Young, A. W., & DeHaan, E. H. F. (1992). Face recognition and awareness after brain injury. In A. D. Milner & M. D. Rugg (Eds.), *The neuropsychology of consciousness* (pp.69–90). London: Academic Press.

Young, W. (1992). Recognition and treatment of survivors reporting ritual abuse. In D. K. Sakheim & S. Devine (Eds.), *Out of darkness.* New York: Lexington Books.

Zaragoza, M. S., & Lane, S. M. (1994). Source misattributions and the suggestibility of eyewitness memory. *Journal of Experimental Psychology: Learning, Memory, and Cognition, 20,* 934–945.

Zola-Morgan, S. (1996). Memory: Clinical and anatomical aspects. In T. E. Feinberg & M.